기출과 개념을 한 번에 잡는

전기자기학

전수기 지음

BM (주)도서출판 **성안당**

■ 도서 A/S 안내

성안당에서 발행하는 모든 도서는 저자와 출판사, 그리고 독자가 함께 만들어 나갑니다.

좋은 책을 펴내기 위해 많은 노력을 기울이고 있습니다. 혹시라도 내용상의 오류나 오탈자 등이 발견되면 "좋은 책은 나라의 보배"로서 우리 모두가 함께 만들어 간다는 마음으로 연락주시기 바랍니다. 수정 보완하여 더 나은 책이 되도록 최선을 다하겠습니다.

성안당은 늘 독자 여러분들의 소중한 의견을 기다리고 있습니다. 좋은 의견을 보내주시는 분께는 성안당 쇼핑몰의 포인트(3,000포인트)를 적립해 드립니다.

잘못 만들어진 책이나 부록 등이 파손된 경우에는 교환해 드립니다.

저자 문의 : jeon6363@hanmail.net(전수기)

본서 기획자 e-mail : coh@cyber.co.kr(최옥현)

홈페이지 : http://www.cyber.co.kr   전화 : 031) 950-6300

이 책을 펴내면서…

전기수험생 여러분!

합격하기도, 학습하기도 어려운 전기자격증시험 어떻게 하면 합격할 수 있을까요? 이것은 과거부터 현재까지 끊임없이 제기되고 있는 전기수험생들의 고민이며 가장 큰 바람입니다.

필자가 강단에서 30여 년 강의를 하면서 안타깝게도 전기수험생들이 열심히 준비하지만 합격하지 못한 채 중도에 포기하는 경우를 많이 보았습니다. 전기자격증시험이 너무 어려워서?, 머리가 나빠서?, 수학실력이 없어서?, 그렇지 않습니다. 그것은 전기자격증 시험대비 학습방법이 잘못되었기 때문입니다.

전기기사·산업기사 시험문제는 전체 과목의 이론에 대해 출제될 수 있는 문제가 모두 출제된 상태로 현재는 문제은행방식으로 기출문제를 그대로 출제하고 있습니다.

따라서 이 책은 기출개념원리에 의한 독특한 교수법으로 시험에 강해질 수 있는 사고력을 기르고 이를 바탕으로 기출문제 해결능력을 키울 수 있도록 다음과 같이 구성하였습니다.

이 책의 특징

❶ 기출핵심개념과 기출문제를 동시에 학습
중요한 기출문제를 기출핵심이론의 하단에서 바로 학습할 수 있도록 구성하였습니다. 따라서 기출개념과 기출문제풀이가 동시에 학습이 가능하여 어떠한 형태로 문제가 출제되는지 출제감각을 익힐 수 있게 구성하였습니다.

❷ 전기자격증시험에 필요한 내용만 서술
기출문제를 토대로 방대한 양의 이론을 모두 서술하지 않고 시험에 필요 없는 부분은 과감히 삭제, 시험에 나오는 내용만 담아 수험생의 학습시간을 단축시킬 수 있도록 교재를 구성하였습니다.

이 책으로 인내심을 가지고 꾸준히 시험대비를 한다면 학습하기도, 합격하기도 어렵다는 전기자격증시험에 반드시 좋은 결실을 거둘 수 있으리라 확신합니다.

전수기 씀

기출개념과 문제를
한번에 잡는 합격 구성

기출개념
기출문제에 꼭 나오는 핵심개념을 관련 기출문제와 구성하여 한 번에 쉽게 이해

단원 최근 빈출문제
단원별로 자주 출제되는 기출문제를 엄선하여 출제 가능성이 높은 필수 기출문제 공략

실전 기출문제
최근 출제되었던 기출문제를 풀면서 실전시험 최종 마무리

이 책의 구성과 특징

01 기출개념

시험에 출제되는 중요한 핵심개념을 체계적으로 정리해 먼저 제시하고 그 개념과 관련된 기출문제를 동시에 학습할 수 있도록 구성하였다.

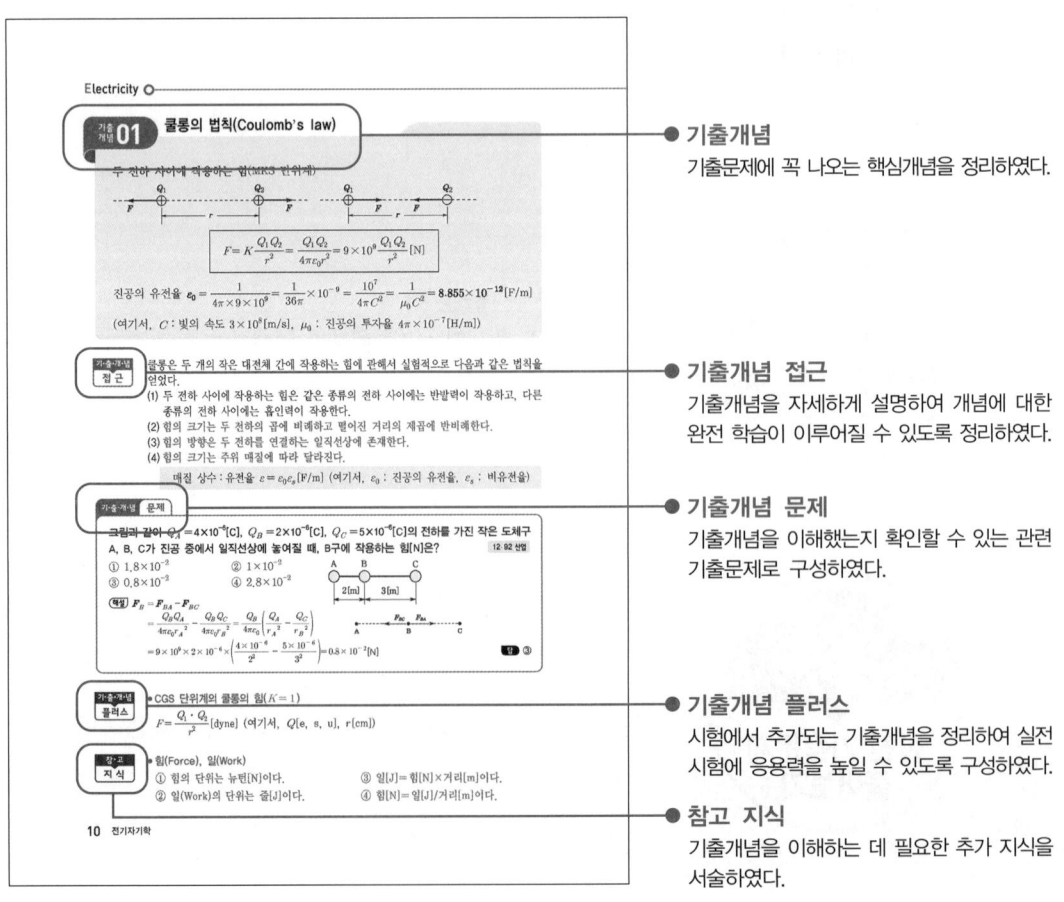

- **기출개념**
  기출문제에 꼭 나오는 핵심개념을 정리하였다.

- **기출개념 접근**
  기출개념을 자세하게 설명하여 개념에 대한 완전 학습이 이루어질 수 있도록 정리하였다.

- **기출개념 문제**
  기출개념을 이해했는지 확인할 수 있는 관련 기출문제로 구성하였다.

- **기출개념 플러스**
  시험에서 추가되는 기출개념을 정리하여 실전 시험에 응용력을 높일 수 있도록 구성하였다.

- **참고 지식**
  기출개념을 이해하는 데 필요한 추가 지식을 서술하였다.

02 단원별 출제비율

단원별로 다년간 출제문제를 분석한 출제비율을 제시하여 학습방향을 세울 수 있도록 구성하였다.

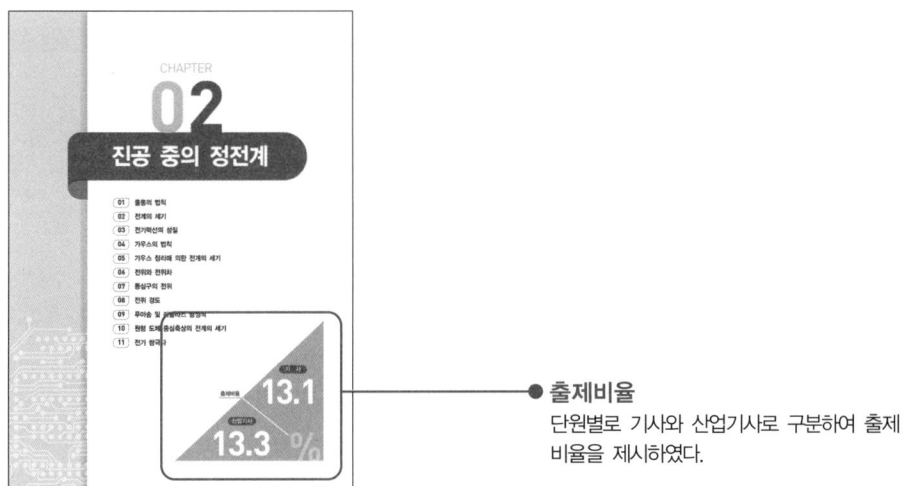

● 출제비율
단원별로 기사와 산업기사로 구분하여 출제 비율을 제시하였다.

03 단원 최근 빈출문제

자주 출제되는 기출문제를 엄선하여 단원별로 학습할 수 있도록 빈출문제로 구성하였다.

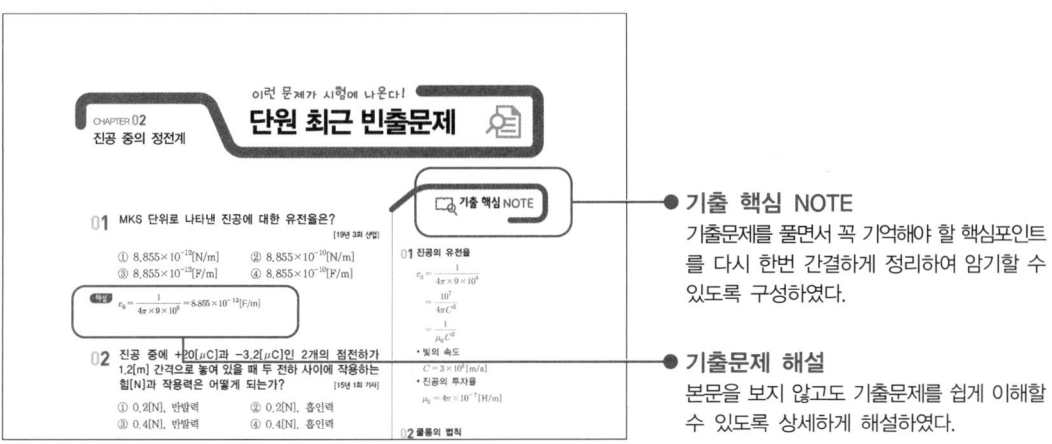

● 기출 핵심 NOTE
기출문제를 풀면서 꼭 기억해야 할 핵심포인트를 다시 한번 간결하게 정리하여 암기할 수 있도록 구성하였다.

● 기출문제 해설
본문을 보지 않고도 기출문제를 쉽게 이해할 수 있도록 상세하게 해설하였다.

04 최근 과년도 출제문제

실전시험에 대비할 수 있도록 최근 기출문제를 수록하여 시험에 대한 감각을 기를 수 있도록 구성하였다.

전기자격시험안내

01 시행처
한국산업인력공단

02 시험과목

구분	전기기사	전기산업기사	전기공사기사	전기공사산업기사
필기	1. 전기자기학 2. 전력공학 3. 전기기기 4. 회로이론 및 제어공학 5. 전기설비기술기준	1. 전기자기학 2. 전력공학 3. 전기기기 4. 회로이론 5. 전기설비기술기준	1. 전기응용 및 공사재료 2. 전력공학 3. 전기기기 4. 회로이론 및 제어공학 5. 전기설비기술기준	1. 전기응용 2. 전력공학 3. 전기기기 4. 회로이론 5. 전기설비기술기준
실기	전기설비 설계 및 관리	전기설비 설계 및 관리	전기설비 견적 및 시공	전기설비 견적 및 시공

03 검정방법

[기사]
- **필기** : 객관식 4지 택일형, 과목당 20문항(과목당 30분)
- **실기** : 필답형(2시간 30분)

[산업기사]
- **필기** : 객관식 4지 택일형, 과목당 20문항(과목당 30분)
- **실기** : 필답형(2시간)

04 합격기준
- **필기** : 100점을 만점으로 하여 과목당 40점 이상, 전과목 평균 60점 이상
- **실기** : 100점을 만점으로 하여 60점 이상

05 출제기준

■ 전기기사, 전기산업기사

주요항목	세부항목
1. 진공 중의 정전계	(1) 정전기 및 정전유도 (2) 전계 (3) 전기력선 (4) 전하 (5) 전위 (6) 가우스의 정리 (7) 전기쌍극자
2. 진공 중의 도체계	(1) 도체계의 전하 및 전위분포 (2) 전위계수, 용량계수 및 유도계수 (3) 도체계의 정전에너지 (4) 정전용량 (5) 도체 간에 작용하는 정전력 (6) 정전차폐
3. 유전체	(1) 분극도와 전계 (2) 전속밀도 (3) 유전체 내의 전계 (4) 경계조건 (5) 정전용량 (6) 전계의 에너지 (7) 유전체 사이의 힘 (8) 유전체의 특수현상
4. 전계의 특수해법 및 전류	(1) 전기영상법 (2) 정전계의 2차원 문제 (3) 전류에 관련된 제현상 (4) 저항률 및 도전율
5. 자계	(1) 자석 및 자기유도 (2) 자계 및 자위 (3) 자기쌍극자 (4) 자계와 전류 사이의 힘 (5) 분포전류에 의한 자계
6. 자성체와 자기회로	(1) 자화의 세기 (2) 자속밀도 및 자속 (3) 투자율과 자화율 (4) 경계면의 조건 (5) 감자력과 자기차폐 (6) 자계의 에너지 (7) 강자성체의 자화 (8) 자기회로 (9) 영구자석
7. 전자유도 및 인덕턴스	(1) 전자유도현상 (2) 자기 및 상호유도작용 (3) 자계에너지와 전자유도 (4) 도체의 운동에 의한 기전력 (5) 전류에 작용하는 힘 (6) 전자유도에 의한 전계 (7) 도체 내의 전류분포 (8) 전류에 의한 자계에너지 (9) 인덕턴스
8. 전자계	(1) 변위전류 (2) 맥스웰의 방정식 (3) 전자파 및 평면파 (4) 경계조건 (5) 전자계에서의 전압 (6) 전자와 하전입자의 운동 (7) 방전현상

이 책의 차례

CHAPTER 01 벡터　　기사 1.8% / 산업 1.9%

기출개념 01	스칼라와 벡터	2
기출개념 02	직각좌표계	2
기출개념 03	벡터의 합과 차	3
기출개념 04	벡터의 곱	3
기출개념 05	미분 연산자	5
기출개념 06	벡터의 미분	5
기출개념 07	스토크스의 정리와 발산의 정리	7
■ 단원 최근 빈출문제		8

CHAPTER 02 진공 중의 정전계　　기사 13.1% / 산업 13.3%

기출개념 01	쿨롱의 법칙(Coulomb's law)	10
기출개념 02	전계의 세기	11
기출개념 03	전기력선의 성질	11
기출개념 04	가우스(Gauss)의 법칙	12
기출개념 05	가우스 정리에 의한 전계의 세기	13
기출개념 06	전위와 전위차	18
기출개념 07	동심구의 내구전위	19
기출개념 08	전위 경도	19

기출개념 09	푸아송 및 라플라스 방정식	20
기출개념 10	원형 도체 중심축상의 전계의 세기	21
기출개념 11	전기 쌍극자	22
■ 단원 최근 빈출문제		24

CHAPTER 03 도체계와 정전용량   기사 6.7% / 산업 7.7%

기출개념 01	전위계수(p)	32
기출개념 02	용량계수와 유도계수(q)	33
기출개념 03	정전용량(커패시턴스)	34
기출개념 04	도체 모양에 따른 정전용량 계산	35
기출개념 05	콘덴서 연결	38
기출개념 06	직렬 콘덴서의 전압 분포	40
기출개념 07	콘덴서에 축적되는 에너지(정전에너지)	41
기출개념 08	공간 전하계가 갖는 에너지	42
■ 단원 최근 빈출문제		43

CHAPTER 04 유전체   기사 12.6% / 산업 10.7%

기출개념 01	유전율과 비유전율	50
기출개념 02	진공과 유전체의 제법칙 비교	51
기출개념 03	복합 유전체	52
기출개념 04	전속과 전속밀도	55
기출개념 05	전기분극	56
기출개념 06	유전체에서의 경계면 조건	57
기출개념 07	유전체 경계면에 작용하는 힘(Maxwell's 변형력)	58
기출개념 08	패러데이관	59
기출개념 09	단절연	59
■ 단원 최근 빈출문제		60

CHAPTER 05 전계의 특수해법(전기영상법) 기사 4.3% / 산업 4.7%

기출개념 01 접지 무한 평면도체와 점전하	68
기출개념 02 무한 평면도체와 선전하	70
기출개념 03 접지 구도체와 점전하	71
■ 단원 최근 빈출문제	72

CHAPTER 06 전류 기사 6.3% / 산업 7.7%

기출개념 01 전류	76
기출개념 02 전기저항	77
기출개념 03 전류밀도	78
기출개념 04 전류의 열 작용	78
기출개념 05 정전계와 도체계의 관계식	79
기출개념 06 전기의 여러 가지 현상	80
■ 단원 최근 빈출문제	81

CHAPTER 07 진공 중의 정자계 기사 14.3% / 산업 14.0%

기출개념 01 자계의 쿨롱의 법칙	88
기출개념 02 자계의 세기(자장의 세기)	89
기출개념 03 자기력선의 성질	89
기출개념 04 자속과 자속밀도	90
기출개념 05 자위와 자위경도	90
기출개념 06 자기 쌍극자	91
기출개념 07 평등자계 내에 막대자석이 받는 회전력	92
기출개념 08 앙페르의 오른나사법칙과 주회적분법칙	93
기출개념 09 앙페르의 주회적분법칙 계산 예	94

기출개념 10	비오-사바르(Biot-Savart)의 법칙	97
기출개념 11	비오-사바르의 법칙 계산 예	98
기출개념 12	플레밍의 왼손법칙	99
기출개념 13	전자의 원운동	101
기출개념 14	평행 전류 도선 간에 작용하는 힘	102

■ 단원 최근 빈출문제   103

CHAPTER 08 자성체 및 자기회로   기사 13.6% / 산업 13.3%

기출개념 01	자성체	114
기출개념 02	자화의 세기	115
기출개념 03	자성체 특성 곡선	116
기출개념 04	감자작용	117
기출개념 05	자성체의 경계면 조건	118
기출개념 06	자기회로	119
기출개념 07	전기회로와 자기회로의 대응관계	120
기출개념 08	공극을 가진 자기회로	121
기출개념 09	자계 내에 축적되는 에너지	122

■ 단원 최근 빈출문제   123

CHAPTER 09 전자유도   기사 6.3% / 산업 6.3%

기출개념 01	전자유도현상	134
기출개념 02	정현파 자속에 의한 코일에 유기되는 기전력	135
기출개념 03	플레밍의 오른손법칙	136
기출개념 04	표피효과	137
기출개념 05	핀치효과	138
기출개념 06	홀효과	138

■ 단원 최근 빈출문제   139

CHAPTER 10 인덕턴스

기사 **8.3%** / 산업 **7.7%**

기출개념 01 자기 인덕턴스	144
기출개념 02 각 도체의 자기 인덕턴스	145
기출개념 03 상호 인덕턴스와 결합계수	148
기출개념 04 인덕턴스 접속	149
■ 단원 최근 빈출문제	150

CHAPTER 11 전자장

기사 **12.7%** / 산업 **12.7%**

기출개념 01 변위전류	158
기출개념 02 맥스웰(Maxwell's)의 전자방정식	159
기출개념 03 전자파(평면파)	160
기출개념 04 포인팅 정리	161
■ 단원 최근 빈출문제	162

부 록

과년도 출제문제

CHAPTER 01

벡터

- **01** 스칼라와 벡터
- **02** 직각좌표계
- **03** 벡터의 합과 차
- **04** 벡터의 곱
- **05** 미분 연산자
- **06** 벡터의 미분
- **07** 스토크스의 정리와 발산의 정리

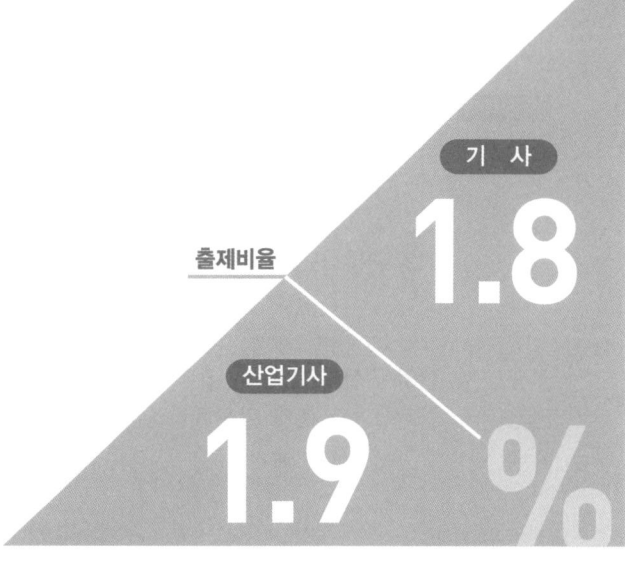

출제비율 기 사 1.8
산업기사 1.9 %

CHAPTER 01 벡터

기출개념 01 스칼라와 벡터

(1) 스칼라와 벡터 구분
① 스칼라(Scalar) : 길이, 면적, 체적, 전력 등과 같이 크기만을 가지고 있는 양
② 벡터(Vector) : 힘, 속도, 전계, 자계 등과 같이 크기와 방향을 가지고 있는 양

(2) 벡터 표시방법
화살표의 길이로 크기를 화살표의 방향으로 그 방향을 나타낸다.
① 표시 : $\vec{A}$, $\dot{A}$, $\boldsymbol{A}$
② 크기 : $|A|$, A

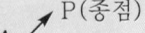

기출개념 02 직각좌표계

(1) 단위벡터
크기가 1이면서 각 축의 방향을 나타내는 벡터 i, j, k 또는 a_x, a_y, a_z로 나타낸다.

(2) 벡터 표시
$$A = iA_x + jA_y + kA_z$$

(3) 벡터의 크기
$$A = |A| = \sqrt{A_x^2 + A_y^2 + A_z^2}$$

(4) 벡터 A의 방향벡터(단위벡터)
크기가 1이면서 벡터 A의 방향을 제시해주는 벡터
$$a_0 = \frac{A}{|A|} = \frac{iA_x + jA_y + kA_z}{\sqrt{A_x^2 + A_y^2 + A_z^2}}$$

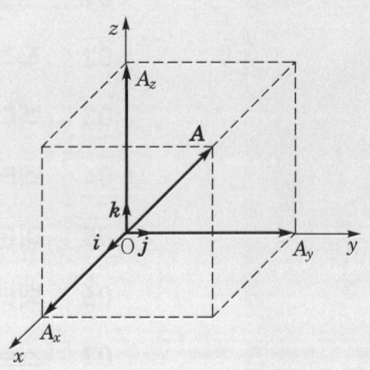

기·출·개념 접근

공간상의 임의의 점을 나타내는 방법으로 직각좌표계, 원통좌표계, 구좌표계의 3가지 방법이 있다.
(1) 직각좌표계(x, y, z)
  ① 각 축의 단위벡터 : i, j, k 또는 a_x, a_y, a_z
  ② 미소 체적 : $dv = dxdydz$
(2) 원통좌표계(r, ϕ, z)
  ① 각 축의 단위벡터 : a_r, a_ϕ, a_z
  ② 미소 체적 : $v = rdrd\phi dz$
(3) 구좌표계(r, θ, ϕ)
  ① 각 축의 단위벡터 : a_r, a_θ, a_ϕ
  ② 미소 체적 : $dv = r^2 \sin\theta drd\theta d\phi$

기출개념 03 벡터의 합과 차

$A = iA_x + jA_y + kA_z$
$B = iB_x + jB_y + kB_z$

(1) **벡터의 합** : 같은 성분의 단위벡터 계수끼리 더한다.
$A + B = i(A_x + B_x) + j(A_y + B_y) + k(A_z + B_z)$

(2) **벡터의 차** : 같은 성분의 단위벡터 계수끼리 뺀다.
$A - B = i(A_x - B_x) + j(A_y - B_y) + k(A_z - B_z)$

* 힘의 평형조건 $\sum_{i=1}^{n} F_i = 0$ 즉, 힘의 합이 0이 될 때이다.

기·출·개·념 문제

어떤 물체에 $F_1 = -3i + 4j - 5k$와 $F_2 = 6i + 3j - 2k$의 힘이 작용하고 있다. 이 물체에 F_3을 가하였을 때 세 힘이 평형이 되기 위한 F_3은? **19 산업**

① $F_3 = -3i - 7j + 7k$ ② $F_3 = 3i + 7j - 7k$ ③ $F_3 = 3i - j - 7k$ ④ $F_3 = 3i - j + 3k$

[해설] 힘의 평형조건 $\sum_{i=1}^{n} F_i = 0$ 즉, $F_1 + F_2 + F_3 = 0$에서
$F_3 = -(F_1 + F_2) = -i(-3+6) - j(4+3) - k(-5-2) = -3i - 7j + 7k$ **답 ①**

기출개념 04-1 벡터의 곱 – 내적(스칼라적)

(1) **내적(스칼라적)** : $A \cdot B$ (' · '는 도트라 읽음)

① $\boxed{A \cdot B = |A||B|\cos\theta}$ 같은 방향 성분의 곱

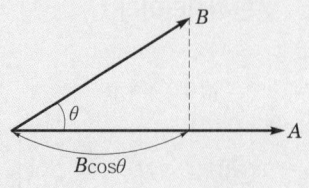

② 단위벡터에 적용하면
$\boxed{\begin{array}{l} i \cdot i = j \cdot j = k \cdot k = 1 \times 1 \times \cos 0° = 1 \\ i \cdot j = j \cdot k = k \cdot i = 1 \times 1 \times \cos 90° = 0 \end{array}}$

③ 내적 계산
$A \cdot B = (iA_x + jA_y + kA_z) \cdot (iB_x + jB_y + kB_z) = A_x B_x + A_y B_y + A_z B_z$

기·출·개·념 문제

$A = -i7 - j$, $B = -i3 - j4$의 두 벡터가 이루는 각도는? **17·09 산업**

① $30°$ ② $45°$ ③ $60°$ ④ $90°$

[해설] $A \cdot B = AB\cos\theta$
$A \cdot B = (-i7 - j) \cdot (-i3 - j4) = 21 + 4 = 25$, $|A||B| = \sqrt{7^2 + 1^2} \times \sqrt{3^2 + 4^2} = 25\sqrt{2}$
$\cos\theta = \dfrac{A \cdot B}{|A||B|} = \dfrac{25}{25\sqrt{2}} = \dfrac{1}{\sqrt{2}}$ ∴ $\theta = \cos^{-1}\dfrac{1}{\sqrt{2}} = 45°$ **답 ②**

제1장 벡터 **3**

CHAPTER 01 벡터

기출개념 04-2 벡터의 곱 – 외적(벡터적)

(2) 외적(벡터적) : $A \times B$ ('$\times$'는 크로스라 읽음)

① $\boxed{A \times B = |A||B|\sin\theta \vec{n}}$

② 외적의 크기($|A \times B|$) : 평행사변형의 면적이 된다.

③ 외적의 방향($\vec{n}$) : 벡터 A를 벡터 B방향으로 회전시킬 때 오른나사의 진행방향

④ 단위벡터에 적용하면
$i \times i = j \times j = k \times k = 1 \times 1 \times \sin 0° = 0$
방향 단위벡터 $\vec{n}$는 i에서 j방향으로 회전시킬 때 오른나사 진행방향이 k방향이 되므로 $i \times j = k$이다.
같은 원리로 $j \times k = i$, $k \times i = j$, $j \times i = -k$, $i \times k = -j$, $k \times j = -i$

⑤ 외적 계산 : 행렬식으로 계산한다.
$A \times B = (iA_x + jA_y + kA_z) \times (iB_x + jB_y + kB_z)$
$= \begin{vmatrix} i & j & k \\ A_x & A_y & A_z \\ B_x & B_y & B_z \end{vmatrix} = i\begin{vmatrix} A_y & A_z \\ B_y & B_z \end{vmatrix} - j\begin{vmatrix} A_x & A_z \\ B_x & B_z \end{vmatrix} + k\begin{vmatrix} A_x & A_y \\ B_x & B_y \end{vmatrix}$

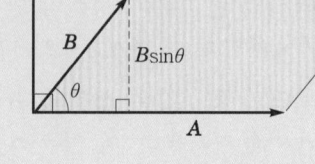

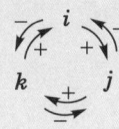

기·출·개·념 문제

1. 두 벡터 $A = 2i + 2j + 4k$, $B = 4i - 2j + 6k$일 때, $A \times B$는? (단, i, j, k는 x, y, z방향의 단위벡터이다.) 〔82 기사〕

① 28
② $8i - 4j + 24k$
③ $6i + j + 10k$
④ $20i + 4j - 12k$

(해설) $A \times B = \begin{vmatrix} i & j & k \\ 2 & 2 & 4 \\ 4 & -2 & 6 \end{vmatrix} = i\begin{vmatrix} 2 & 4 \\ -2 & 6 \end{vmatrix} - j\begin{vmatrix} 2 & 4 \\ 4 & 6 \end{vmatrix} + k\begin{vmatrix} 2 & 2 \\ 4 & -2 \end{vmatrix} = 20i + 4j - 12k$ 답 ④

2. $A = 10i - 10j + 5k$, $B = 4i - 2j + 5k$가 어떤 평행사변형의 두 변을 표시하는 벡터일 때, 이 평행사변형의 면적은? (단, i : x축 방향의 기본 벡터, j : y축 방향의 기본 벡터, k : z축 방향의 기본 벡터이며, 좌표는 직각좌표(rectangular coordinate system)이다.) 〔96·89 산업〕

① $5\sqrt{3}$
② $7\sqrt{9}$
③ $10\sqrt{29}$
④ $14\sqrt{7}$

(해설) $A \times B = \begin{vmatrix} i & j & k \\ 10 & -10 & 5 \\ 4 & -2 & 5 \end{vmatrix} = i\begin{vmatrix} -10 & 5 \\ -2 & 5 \end{vmatrix} - j\begin{vmatrix} 10 & 5 \\ 4 & 5 \end{vmatrix} + k\begin{vmatrix} 10 & -10 \\ 4 & -2 \end{vmatrix} = -40i - 30j + 20k$

$\therefore |A \times B| = \sqrt{(-40)^2 + (-30)^2 + (20)^2} = \sqrt{2,900} = 10\sqrt{29}$ 답 ③

기출개념 05 미분 연산자

① nabla 또는 del : ∇

$$\nabla = \frac{\partial}{\partial x}\boldsymbol{i} + \frac{\partial}{\partial y}\boldsymbol{j} + \frac{\partial}{\partial z}\boldsymbol{k}$$

② 라플라시안(Laplacian)

$$\nabla^2 = \frac{\partial^2}{\partial x^2} + \frac{\partial^2}{\partial y^2} + \frac{\partial^2}{\partial z^2}$$

기·출·개념 접근

(1) 벡터 $\boldsymbol{A}$가 x, y, z 함수일 때 $\boldsymbol{A}(x, y, z)$, y와 z가 일정하고 x에 대해서 미분한 것을 x에 대한 편미분 $\frac{\partial \boldsymbol{A}}{\partial x} = \frac{\partial \boldsymbol{A}(x, y, z)}{\partial x}$, y에 대한 편미분 $\frac{\partial \boldsymbol{A}}{\partial y} = \frac{\partial \boldsymbol{A}(x, y, z)}{\partial y}$, z에 대한 편미분 $\frac{\partial \boldsymbol{A}}{\partial z} = \frac{\partial \boldsymbol{A}(x, y, z)}{\partial z}$로 표현된다.

(2) 라플라시안

$$\nabla^2 = \nabla \cdot \nabla = \left(\boldsymbol{i}\frac{\partial}{\partial x} + \boldsymbol{j}\frac{\partial}{\partial y} + \boldsymbol{k}\frac{\partial}{\partial z}\right) \cdot \left(\boldsymbol{i}\frac{\partial}{\partial x} + \boldsymbol{j}\frac{\partial}{\partial y} + \boldsymbol{k}\frac{\partial}{\partial z}\right)$$

$$= \frac{\partial^2}{\partial x^2} + \frac{\partial^2}{\partial y^2} + \frac{\partial^2}{\partial z^2}$$

$\frac{\partial^2}{\partial x^2}$는 x에 대해서 미분하고 미분한 결과를 다시 x에 대해서 미분한다는 뜻이므로 라플라시안 ∇^2는 x로 2번 미분하고, y로 2번 미분하고, z로 2번 미분하여 모두 더한 결과가 된다.

기출개념 06-1 벡터의 미분 – 스칼라의 기울기(구배) gradient

$$\operatorname{grad} \phi = \nabla \phi = \left(\boldsymbol{i}\frac{\partial}{\partial x} + \boldsymbol{j}\frac{\partial}{\partial y} + \boldsymbol{k}\frac{\partial}{\partial z}\right)\phi = \boldsymbol{i}\frac{\partial \phi}{\partial x} + \boldsymbol{j}\frac{\partial \phi}{\partial y} + \boldsymbol{k}\frac{\partial \phi}{\partial z}$$

스칼라 함수 ϕ를 벡터량으로 변환시킨다.

기·출·개념 문제

점전하에 의한 전위 함수가 $V = \frac{1}{x^2 + y^2}$ [V]일 때 grad V는?   17 기사

① $-\dfrac{ix + jy}{(x^2 + y^2)^2}$
② $-\dfrac{i2x + j2y}{(x^2 + y^2)^2}$
③ $-\dfrac{i2x}{(x^2 + y^2)^2}$
④ $-\dfrac{j2y}{(x^2 + y^2)^2}$

해설 $\operatorname{grad} V = \nabla V = \left(\dfrac{\partial}{\partial x}\boldsymbol{i} + \dfrac{\partial}{\partial y}\boldsymbol{j} + \dfrac{\partial}{\partial z}\boldsymbol{k}\right)V = \dfrac{\partial V}{\partial x}\boldsymbol{i} + \dfrac{\partial V}{\partial y}\boldsymbol{j} + \dfrac{\partial V}{\partial z}\boldsymbol{k}$

$\dfrac{\partial V}{\partial x} = \dfrac{\partial}{\partial x}\left(\dfrac{1}{x^2 + y^2}\right) = \dfrac{-2x}{(x^2 + y^2)^2}$, $\dfrac{\partial V}{\partial y} = \dfrac{\partial}{\partial y}\left(\dfrac{1}{x^2 + y^2}\right) = \dfrac{-2y}{(x^2 + y^2)^2}$

$\therefore \operatorname{grad} V = -\dfrac{2x}{(x^2 + y^2)^2}\boldsymbol{i} - \dfrac{2y}{(x^2 + y^2)^2}\boldsymbol{j} = -\dfrac{i2x + j2y}{(x^2 + y^2)^2}$

답 ②

제1장 벡터

CHAPTER 01 벡터

기출개념 06-2 벡터의 미분 – 벡터의 발산(divergence)

$$\text{div } \boldsymbol{A} = \nabla \cdot \boldsymbol{A} = \left(i\frac{\partial}{\partial x} + j\frac{\partial}{\partial y} + k\frac{\partial}{\partial z}\right) \cdot (iA_x + jA_y + kA_z)$$

$$= \boxed{\frac{\partial}{\partial x}A_x + \frac{\partial}{\partial y}A_y + \frac{\partial}{\partial z}A_z}$$

벡터 함수 $\boldsymbol{A}$를 스칼라량으로 변환시킨다.

기·출·개념 문제

1. 전계 E의 x, y, z성분을 E_x, E_y, E_z라 할 때 $\text{div } E$는? 〔18 기사 / 16 산업〕

① $\dfrac{\partial E_x}{\partial x} + \dfrac{\partial E_y}{\partial y} + \dfrac{\partial E_z}{\partial z}$ 　　② $i\dfrac{\partial E_x}{\partial x} + j\dfrac{\partial E_y}{\partial y} + k\dfrac{\partial E_z}{\partial z}$

③ $\dfrac{\partial^2 E_x}{\partial x^2} + \dfrac{\partial^2 E_y}{\partial y^2} + \dfrac{\partial^2 E_z}{\partial z^2}$ 　　④ $i\dfrac{\partial^2 E_x}{\partial x^2} + j\dfrac{\partial^2 E_y}{\partial y^2} + k\dfrac{\partial^2 E_z}{\partial z^2}$

(해설) $\text{div } \boldsymbol{E} = \nabla \cdot \boldsymbol{E} = \left(i\dfrac{\partial}{\partial x} + j\dfrac{\partial}{\partial y} + k\dfrac{\partial}{\partial z}\right) \cdot (iE_x + jE_y + kE_z) = \dfrac{\partial E_x}{\partial x} + \dfrac{\partial E_y}{\partial y} + \dfrac{\partial E_z}{\partial z}$ 　답 ①

2. 전계 $\boldsymbol{E} = i\,3x^2 + j\,2xy^2 + k\,x^2yz$의 $\text{div } \boldsymbol{E}$는 얼마인가? 〔15·11·05·01 산업〕

① $-i6x + jxy + kx^2y$ 　　② $i6x + j6xy + kx^2y$

③ $-(6x + 6xy + x^2y)$ 　　④ $6x + 4xy + x^2y$

(해설) $\text{div } \boldsymbol{E} = \nabla \cdot \boldsymbol{E} = \left(i\dfrac{\partial}{\partial x} + j\dfrac{\partial}{\partial y} + k\dfrac{\partial}{\partial z}\right) \cdot (i\,3x^2 + j\,2xy^2 + k\,x^2yz)$

$= \dfrac{\partial}{\partial x}(3x^2) + \dfrac{\partial}{\partial y}(2xy^2) + \dfrac{\partial}{\partial z}(x^2yz) = 6x + 4xy + x^2y$ 　답 ④

기출개념 06-3 벡터의 미분 – 벡터의 회전(rotation, curl)

$$\text{rot } \boldsymbol{A} = \text{curl } \boldsymbol{A} = \nabla \times \boldsymbol{A} = \begin{vmatrix} i & j & k \\ \dfrac{\partial}{\partial x} & \dfrac{\partial}{\partial y} & \dfrac{\partial}{\partial z} \\ A_x & A_y & A_z \end{vmatrix}$$

$$= i\begin{vmatrix} \dfrac{\partial}{\partial y} & \dfrac{\partial}{\partial z} \\ A_y & A_z \end{vmatrix} - j\begin{vmatrix} \dfrac{\partial}{\partial x} & \dfrac{\partial}{\partial z} \\ A_x & A_z \end{vmatrix} + k\begin{vmatrix} \dfrac{\partial}{\partial x} & \dfrac{\partial}{\partial y} \\ A_x & A_y \end{vmatrix}$$

$$= i\left(\dfrac{\partial A_z}{\partial y} - \dfrac{\partial A_y}{\partial z}\right) - j\left(\dfrac{\partial A_z}{\partial x} - \dfrac{\partial A_x}{\partial z}\right) + k\left(\dfrac{\partial A_y}{\partial x} - \dfrac{\partial A_x}{\partial y}\right)$$

벡터 함수 $\boldsymbol{A}$를 벡터량으로 변환시킨다.

기출개념 07 스토크스의 정리와 발산의 정리

(1) 스토크스(Stokes)의 정리

$$\oint_c A \cdot dl = \int_s \mathrm{rot}\, A \cdot ds$$

선적분을 면적분으로 변환 시 rot를 붙여 주면 된다.

(2) 가우스(Gauss)의 발산의 정리

$$\int_s A \cdot ds = \int_v \mathrm{div}\, A \cdot dv$$

면적분을 체적적분으로 변환 시 div를 붙여 주면 된다.

기·출·개념 문제

1. 스토크스(Stokes) 정리를 표시하는 식은? 〔19·88 기사 / 90 산업〕

① $\int_s A \cdot ds = \int_v \mathrm{div} A \cdot dv$
② $\oint_c A \cdot dl = \int_v \mathrm{div} A\, dv$
③ $\oint_c A \cdot dl = \int_s (\mathrm{rot} A)_n \cdot ds$
④ $\int_s A \cdot ds = \int_s \mathrm{rot} A \cdot ds$

〔해설〕 스토크스의 정리는 선적분을 면적분으로 변환하는 정리로 선적분을 면적분으로 변환 시 rot를 붙여 간다.

$$\oint_c A \cdot dl = \int_s \mathrm{rot} A \cdot ds = \int_s \mathrm{curl} A \cdot ds = \int_s \nabla \times A \cdot ds$$

답 ③

2. $\int_s E \cdot ds = \int_{vol} \nabla \cdot E\, dv$ 는 다음 중 어느 것에 해당하는가? 〔01·90 기사〕

① 발산의 정리
② 가우스의 정리
③ 스토크스의 정리
④ 암페어의 법칙

〔해설〕 발산의 정리는 면적분을 체적적분으로 변환하는 정리로 면적분을 체적적분으로 변환 시 div를 붙여 간다.

$$\int_s E \cdot ds = \int_v \mathrm{div} E\, dv = \int_v \nabla \cdot E\, dv$$

답 ①

CHAPTER 01 벡터

이런 문제가 시험에 나온다! 단원 최근 빈출문제

기출 핵심 NOTE

01 두 벡터 $A = 2i + 4j$, $B = 6j - 4k$가 이루는 각은 약 몇 도인가? [15년 2회 산업]

① 36° ② 42°
③ 50° ④ 61°

해설 내적 $A \cdot B = |A||B|\cos\theta$
내적 계산 $A \cdot B = (2i+4j) \cdot (6j-4k) = 24$
각 벡터의 크기 $= |A||B| = \sqrt{2^2+4^2} \times \sqrt{6^2+4^2} = \sqrt{1,040}$
$\fallingdotseq 32.25$
$\cos\theta = \dfrac{A \cdot B}{|A||B|} = \dfrac{24}{32.25}$
$\therefore \theta = \cos^{-1}\dfrac{24}{32.25} = 42°$

01 • 내적
$A \cdot B = AB\cos\theta$
$i \cdot i = j \cdot j = k \cdot k = 1$
$i \cdot j = j \cdot k = k \cdot i = 0$
• 내적 계산
같은 성분끼리 계수 곱의 합으로 계산된다.

02 두 벡터가 $A = 2a_x + 4a_y - 3a_z$, $B = a_x - a_y$일 때 $A \times B$는? [19년 1회 산업]

① $6a_x - 3a_y + 3a_z$
② $-3a_x - 3a_y - 6a_z$
③ $6a_x + 3a_y - 3a_z$
④ $-3a_x + 3a_y + 6a_z$

해설
$A \times B = \begin{vmatrix} a_x & a_y & a_z \\ 2 & 4 & -3 \\ 1 & -1 & 0 \end{vmatrix}$
$= a_x\begin{vmatrix} 4 & -3 \\ -1 & 0 \end{vmatrix} - a_y\begin{vmatrix} 2 & -3 \\ 1 & 0 \end{vmatrix} + a_z\begin{vmatrix} 2 & 4 \\ 1 & -1 \end{vmatrix}$
$= -3a_x - 3a_y - 6a_z$

02 외적은 행렬식으로 계산한다.

03 다음 중 스토크스(Stokes)의 정리는? [19년 2회 기사]

① $\oint_c H \cdot ds = \iint_s (\nabla \cdot H)ds$
② $\int_s B \cdot ds = \int_s (\nabla \times H) \cdot ds$
③ $\oint_c H \cdot ds = \int (\nabla \cdot H)dl$
④ $\oint_c H \cdot dl = \int_s (\nabla \times H) \cdot ds$

해설 스토크스(Stokes)의 정리
$\oint_c H \cdot dl = \int_s \text{rot} H \cdot ds = \int_s (\nabla \times H) \cdot ds$

03 • 스토크스의 정리
선적분을 면적분으로 변환 시 rot를 붙여 간다.
• 발산의 정리
면적분을 체적적분으로 변환 시 div를 붙여 간다.

정답 01. ② 02. ② 03. ④

CHAPTER 02

진공 중의 정전계

- **01** 쿨롱의 법칙(Coulomb's law)
- **02** 전계의 세기
- **03** 전기력선의 성질
- **04** 가우스(Gauss)의 법칙
- **05** 가우스 정리에 의한 전계의 세기
- **06** 전위와 전위차
- **07** 동심구의 내구전위
- **08** 전위 경도
- **09** 푸아송 및 라플라스 방정식
- **10** 원형 도체 중심축상의 전계의 세기
- **11** 전기 쌍극자

출제비율
기 사 **13.1**%
산업기사 **13.3**%

CHAPTER 02 진공 중의 정전계

기출개념 01 쿨롱의 법칙(Coulomb's law)

두 전하 사이에 작용하는 힘(MKS 단위계)

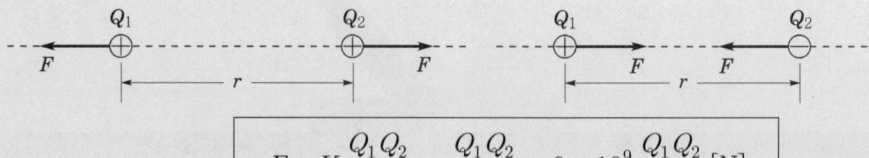

$$F = K\frac{Q_1 Q_2}{r^2} = \frac{Q_1 Q_2}{4\pi\varepsilon_0 r^2} = 9\times 10^9 \frac{Q_1 Q_2}{r^2} [\text{N}]$$

진공의 유전율 $\varepsilon_0 = \dfrac{1}{4\pi\times 9\times 10^9} = \dfrac{10^7}{4\pi C^2} = \dfrac{1}{\mu_0 C^2} = 8.855\times 10^{-12}[\text{F/m}]$

(여기서, C : 빛의 속도 $3\times 10^8[\text{m/s}]$, μ_0 : 진공의 투자율 $4\pi\times 10^{-7}[\text{H/m}]$)

기·출·개념 접근

쿨롱은 두 개의 작은 대전체 간에 작용하는 힘에 관해서 실험적으로 다음과 같은 법칙을 얻었다.
(1) 두 전하 사이에 작용하는 힘은 같은 종류의 전하 사이에는 반발력이 작용하고, 다른 종류의 전하 사이에는 흡인력이 작용한다.
(2) 힘의 크기는 두 전하의 곱에 비례하고 떨어진 거리의 제곱에 반비례한다.
(3) 힘의 방향은 두 전하를 연결하는 일직선상에 존재한다.
(4) 힘의 크기는 주위 매질에 따라 달라진다.

매질 상수 : 유전율 $\varepsilon = \varepsilon_0\varepsilon_s [\text{F/m}]$ (여기서, ε_0 : 진공의 유전율, ε_s : 비유전율)

기·출·개념 문제

그림과 같이 $Q_A = 4\times 10^{-6}[\text{C}]$, $Q_B = 2\times 10^{-6}[\text{C}]$, $Q_C = 5\times 10^{-6}[\text{C}]$의 전하를 가진 작은 도체구 A, B, C가 진공 중에서 일직선상에 놓여질 때, B구에 작용하는 힘[N]은?   12·92 산업

① 1.8×10^{-2} ② 1×10^{-2}
③ 0.8×10^{-2} ④ 2.8×10^{-2}

해설
$$F_B = F_{BA} - F_{BC}$$
$$= \frac{Q_B Q_A}{4\pi\varepsilon_0 r_A^2} - \frac{Q_B Q_C}{4\pi\varepsilon_0 r_B^2} = \frac{Q_B}{4\pi\varepsilon_0}\left(\frac{Q_A}{r_A^2} - \frac{Q_C}{r_B^2}\right)$$
$$= 9\times 10^9 \times 2\times 10^{-6} \times \left(\frac{4\times 10^{-6}}{2^2} - \frac{5\times 10^{-6}}{3^2}\right) = 0.8\times 10^{-2}[\text{N}]$$

답

기·출·개념 플러스

• CGS 단위계의 쿨롱의 힘($K = 1$)
$F = \dfrac{Q_1 Q_2}{r^2}[\text{dyne}]$ (여기서, $Q[\text{e, s, u}]$, $r[\text{cm}]$)

참·고 지식

• 힘(Force), 일(Work)
① 힘의 단위는 뉴턴[N]이다.　　③ 일[J] = 힘[N] × 거리[m]이다.
② 일(Work)의 단위는 줄[J]이다.　④ 힘[N] = 일[J]/거리[m]이다.

기출개념 02 전계의 세기

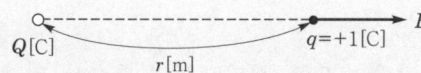

① 정의 : 전계 내의 임의의 점에 단위 정전하를 놓았을 때 단위 정전하가 받는 힘
② 전계의 세기

$$E = \frac{F}{q} = \frac{1}{4\pi\varepsilon_0} \times \frac{Q}{r^2} = 9 \times 10^9 \times \frac{Q}{r^2} [\text{N/C}]$$

③ 전계의 세기 단위

$$E = \frac{F}{Q}[\text{N/C}] = \left[\frac{\text{Nm}}{\text{Cm}}\right] = \left[\frac{\text{J}}{\text{Cm}}\right] = \left[\frac{\text{Ws}}{\text{Cm}}\right] = \left[\frac{\text{VAs}}{\text{Asm}}\right] = [\text{V/m}]$$

기·출·개·념 문제

진공 중에 놓인 1[μC]의 점전하에서 3[m] 되는 점의 전계[V/m]는?   94 산업

① 10^{-3} ② 10^{-1} ③ 10^2 ④ 10^3

[해설] $E = \dfrac{Q}{4\pi\varepsilon_0 r^2} = 9 \times 10^9 \times \dfrac{Q}{r^2} = 9 \times 10^9 \times \dfrac{1 \times 10^{-6}}{3^2} = 10^3 [\text{V/m}]$ 답 ④

기출개념 03 전기력선의 성질

전계의 +1[C]당 작용력 계산은 복잡한 적분 과정을 수반하므로 패러데이에 의한 전계를 나타내기 위한 가상된 선을 전기력선이라 한다.
① 전기력선은 정(+)전하에서 시작하여 부(-)전하에서 끝난다.
② 전하가 없는 곳에서는 전기력선의 발생, 소멸이 없다.
③ 전기력선의 방향은 그 점의 전계의 방향과 같고, 밀도는 전계의 세기와 같다.
④ 전기력선은 전위가 높은 곳에서 낮은 곳으로 향한다.
⑤ 전기력선은 등전위면과 직교(수직)한다.
⑥ 전기력선은 도체 표면(등전위면)에 수직으로 출입한다.
⑦ 도체에 주어진 전하는 표면에만 분포하므로 내부에는 전기력선이 존재하지 않는다.
⑧ 전기력선은 그 자신만으로는 폐곡선(루프)을 만들지 않는다.
⑨ 단위 전하(+1[C])에서는 $\dfrac{1}{\varepsilon_0}$개의 전기력선이 출입한다.

기·출·개·념 문제

전기력선의 성질에 대하여 틀린 것은?   14·01 기사
① 전하가 없는 곳에서 전기력선은 발생, 소멸이 없다.
② 전기력선은 그 자신만으로 폐곡선이 되는 일은 없다.
③ 전기력선은 등전위면과 수직이다.
④ 전기력선은 도체 내부에 존재한다.

[해설] 전기력선은 도체 내부에 존재하지 않는다.   답 ④

CHAPTER 02 진공 중의 정전계

기출개념 04 가우스(Gauss)의 법칙

임의의 폐곡면(S)을 통해서 나오는 전기력선의 총수는 전계의 면적분과 같고 그 양은 그 폐곡면 내에 존재하는 전하 $Q[C]$의 $\dfrac{1}{\varepsilon_0}$배와 같다.

$$\text{전기력선의 총수 } N = \int_s E\,ds = \dfrac{Q}{\varepsilon_0}$$

기·출·개념 접근

가우스의 법칙은 점전하를 기초로 한 쿨롱의 법칙을 일반화하여 일반전하 분포에 의한 전계를 간단하게 해석하기 위한 방법으로 제시하였는데 전하분포 상태에 관계없이 성립되는 일반성을 지닌 법칙이다.

폐곡면 내의 전하 Q는 점전하, 선전하, 면전하, 체적전하 또는 이들의 조합적인 분포 형태로 존재한다.

(1) 점전하의 경우 점전하계는 $Q_i[C/m]$
$$Q = \sum_{i=1}^{n} Q_i [C]$$

(2) 선전하의 경우 선전하 밀도는 λ 또는 $\rho_l[C/m]$
$$Q = \int_l \rho_l\,dl\,[C] = \rho_l l$$

(3) 면전하의 경우 면전하 밀도는 σ 또는 $\rho_s[C/m^2]$
$$Q = \int_s \rho_s\,ds\,[C] = \rho_s s$$

(4) 체적전하의 경우 체적전하 밀도는 ρ 또는 $\rho_v[C/m^3]$
$$Q = \int_v \rho_v\,dv\,[C] = \rho_v v$$

기·출·개념 문제

어떤 폐곡면 내에 +8[μC]의 전하와 −3[μC]의 전하가 있을 경우, 이 폐곡면에서 나오는 전기력선의 총수는? 91 기사

① 5.65×10^5 ② 10^7 ③ 10^5 ④ 9.65×10^5

해설 전기력선의 총수를 N이라 하면
$$N = \dfrac{1}{\varepsilon_0}\sum_{i=1}^{n} Q_i = \dfrac{(8-3)\times 10^{-6}}{8.855 \times 10^{-12}} = \dfrac{5 \times 10^6}{8.855} = 5.65 \times 10^5 \text{개}$$

답 ①

기·출·개념 플러스

• 가우스 법칙의 미분형을 발산 정리를 이용하여 정리한 것

$$\int_s \boldsymbol{E}\,ds = \int_v \text{div}\,\boldsymbol{E}\,dv = \dfrac{Q}{\varepsilon_0}, \text{ 전하 } Q = \int_v \rho_v dv \text{로 나타낼 수 있으므로}$$

$$\int_v \text{div}\,\boldsymbol{E}\,dv = \dfrac{1}{\varepsilon_0}\int_v \rho_v\,dv \text{ 적분 기호를 제거하고 정리하면 다음과 같다.}$$

$$\text{div}\,\boldsymbol{E} = \dfrac{\rho_v}{\varepsilon_0}$$

이 식을 가우스 법칙의 미분형이라 한다.

기출개념 05-1 가우스 정리에 의한 전계의 세기(Ⅰ)

(1) 점전하에 의한 전계의 세기

$$\int_s E\,ds = \frac{Q}{\varepsilon_0}$$

가우스 폐곡면의 면적=구의 표면적=$4\pi r^2$

$$E \cdot 4\pi r^2 = \frac{Q}{\varepsilon_0}$$

$$\therefore \boxed{E = \frac{Q}{4\pi\varepsilon_0 r^2} = 9 \times 10^9 \frac{Q}{r^2}\,[\text{V/m}]}$$

(전계의 세기는 거리 제곱에 반비례한다.)

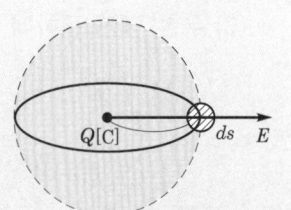

기·출·개념 문제

진공 중에 놓인 3[μC]의 점전하에서 3[m]가 되는 점의 전계는 몇 [V/m]인가?   16 산업

① 100   ② 1,000   ③ 300   ④ 3,000

(해설) 전계의 세기

$$E = \frac{Q}{4\pi\varepsilon_0 r^2} = 9 \times 10^9 \times \frac{Q}{r^2} = 9 \times 10^9 \times \frac{3 \times 10^{-6}}{3^2} = 3,000\,[\text{V/m}]$$

답 ④

기출개념 05-2 가우스 정리에 의한 전계의 세기(Ⅱ)

(2) 무한 직선 전하에 의한 전계의 세기

$$4\int_s E\,ds = \frac{\lambda l}{\varepsilon_0}$$

가우스 폐곡면의 면적=원통의 표면적=$2\pi rl$

$$E\,2\pi rl = \frac{\lambda l}{\varepsilon_0}$$

$$\therefore \boxed{E = \frac{\lambda}{2\pi\varepsilon_0 r} = 18 \times 10^9 \frac{\lambda}{r}\,[\text{V/m}]}$$

(전계의 세기는 거리 r에 반비례한다.)

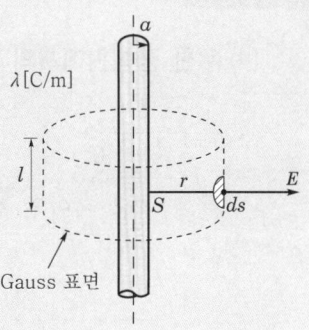

기·출·개념 문제

무한 길이의 직선 도체에 전하가 균일하게 분포되어 있다. 이 직선 도체로부터 l인 거리에 있는 점의 전계의 세기는?   15 산업

① l에 비례한다.   ② l에 반비례한다.   ③ l^2에 비례한다.   ④ l^2에 반비례한다.

(해설) $E = \frac{\rho_l}{2\pi\varepsilon_0 l}\,[\text{V/m}] = 18 \times 10^9 \frac{\rho_l}{l}\,[\text{V/m}]$

답 ②

CHAPTER 02 진공 중의 정전계

기출개념 05-3 가우스 정리에 의한 전계의 세기(Ⅲ)

(3) 무한 평면 전하에 의한 전계의 세기

$$\int_s E\,ds = \frac{\rho_s S}{\varepsilon_0}$$

$$2ES = \frac{\rho_s S}{\varepsilon_0}$$

$$\therefore \boxed{E = \frac{\rho_s}{2\varepsilon_0}\,[\text{V/m}]}$$

(전계의 세기는 거리와 관계없이 일정하다.)

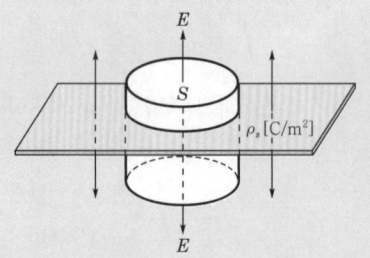

기·출·개념 문제

무한 평면 전하에 의한 전계의 세기는? 　　　　05·90 산업
① 거리에 관계없다.　　② 거리에 비례한다.
③ 거리의 제곱에 비례한다.　　④ 거리에 반비례한다.

[해설] 전계의 세기 $E = \dfrac{\rho_s}{2\varepsilon_0}\,[\text{V/m}]$

무한 평면 전하에 의한 전계의 세기는 거리에 관계없는 평등 전계이다.　　답 ①

기출개념 05-4 가우스 정리에 의한 전계의 세기(Ⅳ)

(4) 무한 평행판에서의 전계의 세기
  ① 평행판 외부 전계의 세기
  $$\boxed{E_o = 0}$$
  ② 평행판 사이의 전계의 세기
  $$\boxed{E_i = \frac{\rho_s}{2\varepsilon_0} + \frac{\rho_s}{2\varepsilon_0} = \frac{\rho_s}{\varepsilon_0}\,[\text{V/m}]}$$

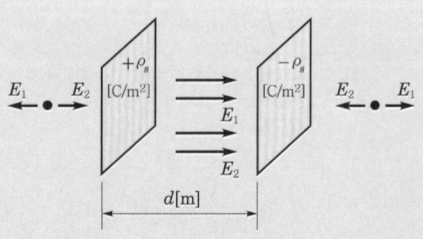

기·출·개념 문제

$x=0$ 및 $x=a$인 무한 평면에 각각 면전하 $-\rho_s\,[\text{C/m}^2]$, $\rho_s\,[\text{C/m}^2]$가 있는 경우, $x>a$인 영역에서 전계 E는?　　82 기사

① $E = 0$
② $E = \dfrac{\rho_s}{2\pi\varepsilon_0} a_x$
③ $E = \dfrac{\rho_s}{2\pi\varepsilon_0}$
④ $E = \dfrac{\rho_s}{\varepsilon_0} a_x$

[해설] $x > a$인 영역은 평행판 외부의 전계의 세기이므로 0이다.　　답 ①

기출개념 05-5 가우스 정리에 의한 전계의 세기(Ⅴ)

(5) 도체 표면에서의 전계의 세기

$$\int_s E ds = \frac{\rho_s s}{\varepsilon_0}$$

$$Es = \frac{\rho_s s}{\varepsilon_0}$$

$$\therefore \boxed{E = \frac{\rho_s}{\varepsilon_0} [\text{V/m}]}$$

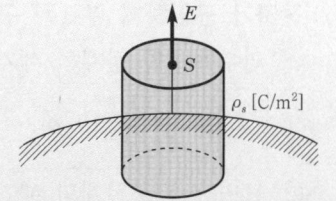

도체 내부에서는 전기력선이 존재하지 않는다.
→ 도체 내에서의 전계의 세기는 $E=0$이다.

기·출·개·념 문제

자유 공간층에서 점 P(5, -2, 4)가 도체면 상에 있으며 이 점에서 전계 $E = 6a_x - 2a_y + 3a_z$ [V/m]이다. 점 P에서의 면전하 밀도 ρ_s[C/m²]는?　　90 기사

① $-2\varepsilon_0$　　　② $3\varepsilon_0$　　　③ $6\varepsilon_0$　　　④ $7\varepsilon_0$

(해설) $E = \frac{\rho_s}{\varepsilon_0}$ [V/m]

$\therefore \rho_s = \varepsilon_0 E = \varepsilon_0(6a_x - 2a_y + 3a_z) = \varepsilon_0(\sqrt{6^2 + (-2)^2 + 3^2}) = 7\varepsilon_0$[C/m²]　　답 ④

기출개념 05-6 가우스 정리에 의한 전계의 세기(Ⅵ)

(6) 중공 구도체의 전계의 세기

① 내부 전계의 세기 ($r < a$) : $\boxed{E_i = 0}$

② 표면 전계의 세기 ($r = b$) : $\boxed{E = \frac{Q}{4\pi\varepsilon_0 b^2} [\text{V/m}]}$

③ 외부 전계의 세기 ($r > b$) : $\boxed{E_o = \frac{Q}{4\pi\varepsilon_0 r^2} [\text{V/m}]}$

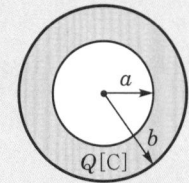

기·출·개·념 문제

중공 도체의 중공구 내에 전하를 놓지 않으면 외부에서 준 전하는 외부 표면에만 분포한다. 도체 내의 전계[V/m]는 얼마인가?　　03·01·96 산업

① 0　　　② $\frac{Q_1}{4\pi\varepsilon_0 a}$

③ $\frac{Q_1}{4\pi\varepsilon_0 b}$　　　④ $\frac{Q_1}{\varepsilon_0}$

(해설) 중공구 도체는 전하가 구도체 표면에만 존재하므로 도체 내부의 전계의 세기는 0이다.　　답 ①

제2장 진공 중의 정전계 **15**

CHAPTER 02 진공 중의 정전계

기출개념 05-7 가우스 정리에 의한 전계의 세기(Ⅶ)

(7) 전하가 균일하게 분포된 구도체
① 외부에서의 전계의 세기($r > a$)
$$E_o = \frac{Q}{4\pi\varepsilon_0 r^2} \text{[V/m]}$$

② 표면에서의 전계의 세기($r = a$)
$$E = \frac{Q}{4\pi\varepsilon_0 a^2} \text{[V/m]}$$

③ 내부에서의 전계의 세기($r < a$)
전하는 구의 체적에 비례하므로
$$Q : Q' = \frac{4}{3}\pi a^3 : \frac{4}{3}\pi r^3$$
$$Q' = \frac{r^3}{a^3}Q$$
$$\therefore E_i = \frac{\frac{r^3}{a^3}Q}{4\pi\varepsilon_0 r^2}$$
$$= \frac{rQ}{4\pi\varepsilon_0 a^3} \text{[V/m]}$$

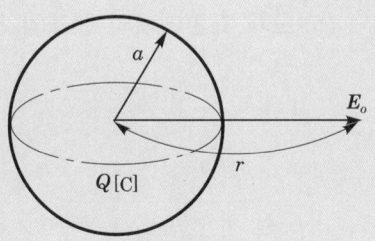
| 외부 |

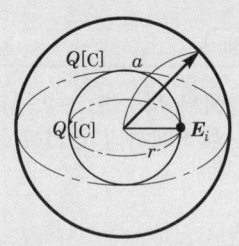
| 내부 |

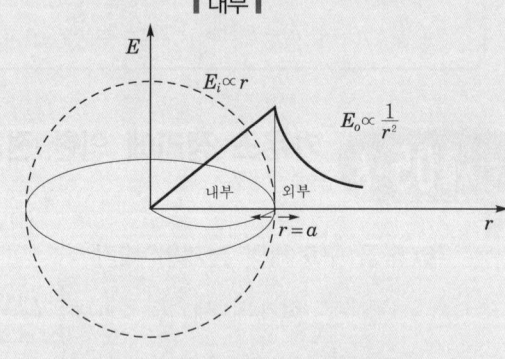
| 전계의 세기와 거리와의 관계 |

기·출·개·념 문제

진공 중에서 Q[C]의 전하가 반지름 a[m]인 구에 내부까지 균일하게 분포되어 있는 경우, 구의 중심으로부터 $\frac{a}{2}$인 거리에 있는 점의 전계 세기[V/m]는? [82 산업]

① $\dfrac{Q}{16\pi\varepsilon_0 a^2}$ ② $\dfrac{Q}{8\pi\varepsilon_0 a^2}$ ③ $\dfrac{Q}{4\pi\varepsilon_0 a^2}$ ④ $\dfrac{Q}{\pi\varepsilon_0 a^2}$

(해설) $E = \dfrac{\frac{a}{2}Q}{4\pi\varepsilon_0 a^3} = \dfrac{Q}{8\pi\varepsilon_0 a^2}$ [V/m]   답 ②

가우스 정리에 의한 전계의 세기(Ⅷ)

(8) 전하가 균일하게 분포된 원주(원통) 도체

① 외부에서의 전계의 세기($r > a$)

$$E_o = \frac{\rho_l}{2\pi\varepsilon_0 r} \text{ [V/m]}$$

② 표면에서의 전계의 세기($r = a$)

$$E = \frac{\rho_l}{2\pi\varepsilon_0 a} \text{ [V/m]}$$

③ 내부에서의 전계의 세기($r < a$)
전하는 원통의 체적에 비례하므로
$\rho_l : \rho_l' = \pi a^2 : \pi r^2$

$$\rho_l' = \frac{r^2}{a^2}\rho_l$$

$$E_i = \frac{r\rho_l}{2\pi\varepsilon_0 a^2} \text{ [V/m]}$$

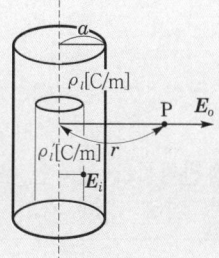

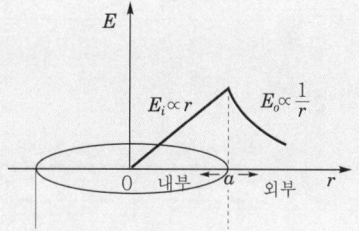

∥ 전계의 세기와 거리와의 관계 ∥

기·출·개념 문제

반지름 a인 원주 대전체에 전하가 균등하게 분포되어 있을 때, 원주 대전체의 내외 전계 세기 및 축으로부터의 거리와 관계되는 그래프는?

02·98 산업

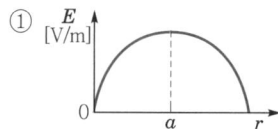

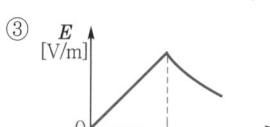

[해설] 전하가 균등하게 분포되어 있을 때에는 전계의 세기가 내부에서는 거리에 비례하고, 외부에서는 거리에 반비례한다.

답 ③

CHAPTER 02 진공 중의 정전계

기출개념 06 전위와 전위차

(1) 전위

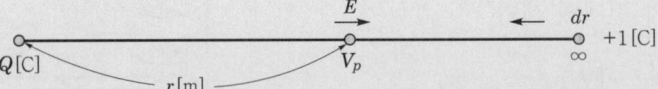

단위 정전하를 전계 0인 무한 원점에서 전계에 대항하여 점 P까지 운반하는 데 필요한 일을 그 점에 대한 전위라 한다.

$$V_p = \frac{W}{Q} = -\int_\infty^r E \cdot dr = \int_r^\infty E \cdot dr \, [\text{J/C}] = [\text{V}]$$

단위 : $[\text{J/C}] = [\text{W} \cdot \text{s/C}] = [\text{VA} \cdot \text{s/A} \cdot \text{s}] = [\text{V}]$

(2) 전위차

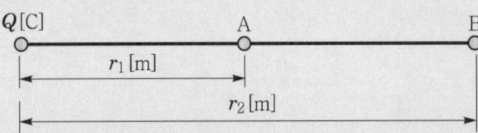

단위 정전하를 점 B에서 점 A까지 운반하는 데 필요한 일 = 점 B에 대한 점 A의 전위

$$V_{AB} = -\int_B^A E \cdot dr = -\int_{r_2}^{r_1} \frac{Q}{4\pi\varepsilon_0 r^2} dr = \frac{Q}{4\pi\varepsilon_0}\left(\frac{1}{r_1} - \frac{1}{r_2}\right) [\text{V}]$$

* 전계의 비회전성

전계 내에서 폐회로를 따라 단위 전하를 일주시킬 때 전계가 하는 일은 항상 0이다.

$$\oint E \cdot dr = \int_s (\text{rot} E) \cdot ds = 0$$

$$\text{rot} E = \nabla \times E = 0$$

"전계는 보존적이고 비회전성이다."

기출·개념 문제

1. 무한장의 직선 도체에 선전하 밀도 $\rho[\text{C/m}]$로 전하가 충전될 때 이 직선 도체에서 $r[\text{m}]$만큼 떨어진 점의 전위는? 07·91 기사

① ρ이다. ② $\rho \cdot r$이다. ③ 0(zero)이다. ④ 무한대(∞)이다.

(해설) $V = -\int_\infty^r E \cdot dr = -\int_\infty^r \frac{\rho}{2\pi\varepsilon_0 r} dr = \frac{-\rho}{2\pi\varepsilon_0}[\ln r]_\infty^r = \frac{\rho}{2\pi\varepsilon_0}[\ln r]_r^\infty = \infty$ **답** ④

2. 원점에 전하 $0.01[\mu\text{C}]$이 있을 때, 두 점 A(0, 2, 0)[m]와 B(0, 0, 3)[m] 간의 전위차 V_{AB}는 몇 [V]인가? 01 산업

① 10 ② 15 ③ 18 ④ 20

(해설) 전위차 $V_{AB} = 9 \times 10^9 \times Q\left(\frac{1}{r_1} - \frac{1}{r_2}\right) = 9 \times 10^9 \times 0.01 \times 10^{-6} \times \left(\frac{1}{2} - \frac{1}{3}\right) = 15[\text{V}]$ **답** ②

동심구의 내구전위

내구 전하는 Q[C], 외구 전하는 O[C] 대전 시 내구 표면의 전위 V_a

$$V_a = \frac{Q}{4\pi\varepsilon_0}\left(\frac{1}{a} - \frac{1}{b} + \frac{1}{c}\right)[\text{V}]$$

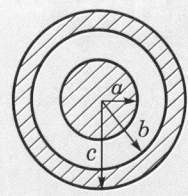

기·출·개념 접근

전위 $V_a = -\int_\infty^a E\,dr = -\int_\infty^c E\,dr - \int_b^a E\,dr = -\int_\infty^c \frac{Q}{4\pi\varepsilon_0 r^2}dr - \int_b^a \frac{Q}{4\pi\varepsilon_0 r^2}dr$

$= \int_c^\infty \frac{Q}{4\pi\varepsilon_0 r^2}dr + \int_a^b \frac{Q}{4\pi\varepsilon_0 r^2}dr = \frac{Q}{4\pi\varepsilon_0}\left[\left(-\frac{1}{r}\right)_c^\infty + \left(-\frac{1}{r}\right)_a^b\right]$

$= \frac{Q}{4\pi\varepsilon_0}\left(\frac{1}{a} - \frac{1}{b} + \frac{1}{c}\right)$

기·출·개념 문제

그림과 같이 동심구 도체에서 도체 1의 전하가 $Q_1 = 4\pi\varepsilon_0$[C], 도체 2의 전하가 $Q_2 = 0$일 때 도체 1의 전위는 몇 [V]인가? (단, $a = 10$[cm], $b = 15$[cm], $c = 20$[cm]라 한다.)   09·97 기사

① $\frac{1}{12}$ ② $\frac{13}{60}$ ③ $\frac{25}{3}$ ④ $\frac{65}{3}$

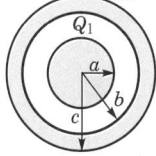

해설 $V_1 = \frac{Q}{4\pi\varepsilon_0}\left(\frac{1}{a} - \frac{1}{b} + \frac{1}{c}\right) = \frac{4\pi\varepsilon_0}{4\pi\varepsilon_0}\left(\frac{1}{0.1} - \frac{1}{0.15} + \frac{1}{0.2}\right) = \frac{25}{3}$[V]

답 ③

전위 경도

전계의 세기와 전위와의 관계식

$$\boldsymbol{E} = -\text{grad}\,V = -\nabla V = -\left(\boldsymbol{i}\frac{\partial}{\partial x}V + \boldsymbol{j}\frac{\partial}{\partial y}V + \boldsymbol{k}\frac{\partial}{\partial z}V\right)[\text{V/m}]$$

기·출·개념 접근

전위 $V = -\int E \cdot dr$

이 식을 r로 양변을 미분하면 $\boldsymbol{E} = -\dfrac{dv}{dr}$

이것을 직각좌표계로 표시하면 $\boldsymbol{E} = \boldsymbol{i}E_x + \boldsymbol{j}E_y + \boldsymbol{k}E_z$이므로

$E_x = -\dfrac{\partial V}{\partial x}\boldsymbol{i}$, $E_y = -\dfrac{\partial V}{\partial y}\boldsymbol{j}$, $E_z = -\dfrac{\partial V}{\partial z}\boldsymbol{k}$

$\therefore \boldsymbol{E} = -\text{grad}\,V = -\nabla V$[V/m]

기·출·개념 문제

전위 함수가 $V = 2x + 5yz + 3$일 때, 점 (2, 1, 0)에서의 전계 세기[V/m]는?   13 기사

① $-\boldsymbol{i} - \boldsymbol{j}5 - \boldsymbol{k}3$ ② $\boldsymbol{i} - \boldsymbol{j}2 + \boldsymbol{k}3$ ③ $-\boldsymbol{i}2 - \boldsymbol{k}5$ ④ $\boldsymbol{j}4 + \boldsymbol{k}3$

해설 $\boldsymbol{E} = -\text{grad}\,V = -\nabla V = -\left(\dfrac{\partial}{\partial x}\boldsymbol{i} + \dfrac{\partial}{\partial y}\boldsymbol{j} + \dfrac{\partial}{\partial z}\boldsymbol{k}\right)(2x + 5yz + 3) = -(2\boldsymbol{i} + 5z\boldsymbol{j} + 5y\boldsymbol{k})$[V/m]

$\therefore [\boldsymbol{E}]_{x=2,\,y=1,\,z=0} = -2\boldsymbol{i} - 5\boldsymbol{k}$[V/m]

답 ③

제2장 진공 중의 정전계

CHAPTER 02 진공 중의 정전계

기출개념 09 푸아송 및 라플라스 방정식

(1) 푸아송(Poisson) 방정식

$$\nabla^2 V = -\frac{\rho_v}{\varepsilon_0}$$

(2) 라플라스(Laplace) 방정식

$\rho_v = 0$일 때 $\nabla^2 V = 0$

기·출·개념 접근

전위 함수를 이용하여 체적전하 밀도를 구하고자 할 때 사용하는 방정식으로 전위 경도와 가우스 정리의 미분형에 의해

$$\text{div } \boldsymbol{E} = \nabla \cdot \boldsymbol{E} = \frac{\rho_v}{\varepsilon_0}$$

여기에 전계의 세기 $\boldsymbol{E} = -\text{grad } V = -\nabla V$이므로

$$\nabla \cdot \boldsymbol{E} = \nabla \cdot (-\nabla V) = -\nabla^2 V = \frac{\rho_v}{\varepsilon_0}$$

이것을 푸아송의 방정식이라 하며 전하가 없는 곳, 즉 $\rho_v = 0$일 때의 푸아송의 방정식은 $\nabla^2 V = 0$인 경우를 라플라스 방정식이라 한다.

기·출·개념 문제

1. 전위 분포가 $V = 2x^2 + 3y^2 + z^2$ [V]의 식으로 표시되는 공간의 전하 밀도 ρ [C/m³]는 얼마인가?   13·93 산업

① $-\varepsilon_0$ ② $-4\varepsilon_0$ ③ $-8\varepsilon_0$ ④ $-12\varepsilon_0$

해설 푸아송의 방정식

$$\nabla^2 V = -\frac{\rho}{\varepsilon_0}$$

$$\nabla^2 V = \frac{\partial^2 V}{\partial x^2} + \frac{\partial^2 V}{\partial y^2} + \frac{\partial^2 V}{\partial z^2} = 4 + 6 + 2 = -\frac{\rho}{\varepsilon_0}$$

$$\therefore \rho = -12\varepsilon_0 \text{ [C/m}^3\text{]}$$

답 ④

2. 공간적 전하 분포를 갖는 유전체 중의 전계 E에 있어서 전하 밀도 ρ와 전하 분포 중의 한 점에 대한 전위 V와의 관계 중 전위를 생각하는 고찰점에 ρ의 전하 분포가 없다면 $\nabla^2 V = 0$이 된다는 것은?   97·92 산업

① Laplace의 방정식   ② Poisson의 방정식
③ Stokes의 정리   ④ Thomson의 정리

해설
• 푸아송의 방정식 : $\nabla^2 V = -\dfrac{\rho}{\varepsilon_0}$
• 라플라스 방정식 : $\nabla^2 V = 0$

답 ①

기출개념 10 원형 도체 중심축상의 전계의 세기

반지름 a[m]인 원형 도체에 선전하 밀도 ρ_l[C/m]가 분포 시 중심축상 거리 r[m]인 원형 도체 중심축상의 전계의 세기

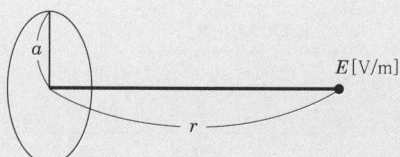

① 전체 전하량 : $Q = \rho_l l = \rho_l 2\pi a$[C]

② 중심축상의 전계의 세기 : $E = \dfrac{Qr}{4\pi\varepsilon_0(a^2+r^2)^{\frac{3}{2}}} = \dfrac{\rho_l a r}{2\varepsilon_0(a^2+r^2)^{\frac{3}{2}}}$ [V/m]

③ 원형 도체 중심점의 전계의 세기($r=0$인 점) : $E = 0$[V/m]

기·출·개념 접근

(1) r점의 미소전위 $dv = \dfrac{\rho_l dl}{4\pi\varepsilon_0\sqrt{a^2+r^2}}$

$\therefore$ 전위 $V = \dfrac{Q}{4\pi\varepsilon_0\sqrt{a^2+r^2}}$

$= \dfrac{\rho_l \cdot 2\pi a}{4\pi\varepsilon_0\sqrt{a^2+r^2}} = \dfrac{\rho_l a}{2\varepsilon_0\sqrt{a^2+r^2}}$ [V] (원둘레 : $l=2\pi a$[m])

(2) 전계의 세기

$E = -\text{grad}\, V = -\nabla V$

$\therefore E = E_r = -\dfrac{\partial V}{\partial r} = -\dfrac{\partial}{\partial r}\left(\dfrac{\rho_l a}{2\varepsilon_0\sqrt{a^2+r^2}}\right) = \dfrac{\rho_l a r}{2\varepsilon_0(a^2+r^2)^{\frac{3}{2}}}$ [V/m]

기·출·개념 문제

그림과 같이 반지름 a[m]인 원형 도선에 전하가 선밀도 λ[C/m]로 균일하게 분포되어 있다. 그 중심에 수직인 z축상에 있는 점 P의 전계 세기[V/m]는?   05·95·92 기사

① $\dfrac{\pi z a}{2\varepsilon_0(a^2+z^2)^{\frac{3}{2}}}$

② $\dfrac{\lambda z a}{2\varepsilon_0(a^2+z^2)^{\frac{3}{2}}}$

③ $\dfrac{\lambda z a}{4\pi\varepsilon_0(a^2+z^2)^{\frac{3}{2}}}$

④ $\dfrac{\lambda z a}{4\varepsilon_0(a^2+z^2)^{\frac{3}{2}}}$

[해설] $E = E_z = -\dfrac{\partial V}{\partial z} = -\dfrac{\partial}{\partial z}\left(\dfrac{a\lambda}{2\varepsilon_0\sqrt{a^2+z^2}}\right) = \dfrac{a\lambda z}{2\varepsilon_0(a^2+z^2)^{\frac{3}{2}}}$ [V/m]

답 ②

CHAPTER 02 진공 중의 정전계

기출개념 11 전기 쌍극자

같은 크기의 정·부의 전하가 미소길이 δ[m] 떨어진 한 쌍의 전하계

(1) 전위 : $V = \dfrac{Q\delta}{4\pi\varepsilon_0 r^2}\cos\theta = \dfrac{M}{4\pi\varepsilon_0 r^2}\cos\theta$ [V]

(여기서, $M = Q \cdot \delta$[C·m] : 전기 쌍극자 모멘트(=쌍극자 능률))

(2) 전계의 세기

① r성분의 전계의 세기 : $E_r = \dfrac{2M}{4\pi\varepsilon_0 r^3}\cos\theta$ [V/m]

② θ성분의 전계의 세기 : $E_\theta = \dfrac{M}{4\pi\varepsilon_0 r^3}\sin\theta$ [V/m]

③ 전체 전계의 세기 : $E = \sqrt{E_r^2 + E_\theta^2} = \dfrac{M}{4\pi\varepsilon_0 r^3}\sqrt{1 + 3\cos^2\theta}$ [V/m]

* 최대전계 발생각도 $\theta = 0°$, $180°$가 되고, 최소전계 발생각도는 $\theta = 90°$이다.

기·출·개·념 접근

$+Q$, $-Q$에서 P점까지의 거리 r_1, r_2[m]는 $r_1 = r - \dfrac{\delta}{2}\cos\theta$, $r_2 = r + \dfrac{\delta}{2}\cos\theta$

(1) P점의 전위

$$V_P = V_1 + V_2 = \dfrac{Q}{4\pi\varepsilon_0}\left(\dfrac{1}{r_1} - \dfrac{1}{r_2}\right)$$

$$V_P = \dfrac{Q}{4\pi\varepsilon_0}\left(\dfrac{1}{r - \dfrac{\delta}{2}\cos\theta} - \dfrac{1}{r + \dfrac{\delta}{2}\cos\theta}\right)$$

$$= \dfrac{Q}{4\pi\varepsilon_0}\left(\dfrac{\delta\cos\theta}{r^2 - \left(\dfrac{\delta}{2}\cos\theta\right)^2}\right)$$

이때 $r \gg \delta$이므로 $V_P = \dfrac{Q\delta}{4\pi\varepsilon_0 r^2}\cos\theta = \dfrac{M}{4\pi\varepsilon_0 r^2}\cos\theta$

(2) P점의 전계의 세기

구좌표계의 편미분을 이용하면

$$\boldsymbol{E} = -\operatorname{grad} V = -\nabla V = -\left(a_r\dfrac{\partial}{\partial r} + a_\theta\dfrac{1}{r}\dfrac{\partial}{\partial \theta} + a_\phi\dfrac{1}{r\sin\theta}\dfrac{\partial}{\partial \phi}\right)V$$

r방향 성분 $\boldsymbol{E_r}$은

$$\boldsymbol{E_r} = -\dfrac{\partial V}{\partial r} = -\dfrac{M\cos\theta}{4\pi\varepsilon_0}\dfrac{\partial}{\partial r}\left(\dfrac{1}{r^2}\right) = \dfrac{2M\cos\theta}{4\pi\varepsilon_0 r^3} = \dfrac{M}{2\pi\varepsilon_0 r^3}\cos\theta\,[\text{V/m}]$$

θ방향 성분 $\boldsymbol{E_\theta}$는

$$\boldsymbol{E_\theta} = -\dfrac{1}{r}\dfrac{\partial V}{\partial \theta} = -\dfrac{1}{4\pi\varepsilon_0 r^3}\dfrac{\partial}{\partial \theta}(\cos\theta) = \dfrac{M}{4\pi\varepsilon_0 r^3}\sin\theta\,[\text{V/m}]$$

따라서, P점의 합성 전계 $\boldsymbol{E_P}$는

$$\boldsymbol{E_P} = \sqrt{\boldsymbol{E_r}^2 + \boldsymbol{E_\theta}^2} = \dfrac{M}{4\pi\varepsilon_0 r^3}\sqrt{4\cos^2\theta + \sin^2\theta}$$

여기서, $\cos^2\theta + \sin^2\theta = 1$이므로

$$\boldsymbol{E_P} = \dfrac{M}{4\pi\varepsilon_0 r^3}\sqrt{4\cos^2\theta + (1-\cos^2\theta)} = \dfrac{M}{4\pi\varepsilon_0 r^3}\sqrt{1 + 3\cos^2\theta}\,[\text{V/m}]$$

기·출·개·념 문제

1. 전기 쌍극자로부터 r만큼 떨어진 점의 전위 크기 V는 r과 어떤 관계가 있는가?

04·99 산업

① $V \propto r$
② $V \propto \dfrac{1}{r^3}$
③ $V \propto \dfrac{1}{r^2}$
④ $V \propto \dfrac{1}{r}$

[해설] $V = \dfrac{M\cos\theta}{4\pi\varepsilon_0 r^2}$ [V/m] $\propto \dfrac{1}{r^2}$

답 ③

2. 전기 쌍극자가 만드는 전계는? (단, M은 쌍극자 능률이다.)

05·02·91 기사 / 02 산업

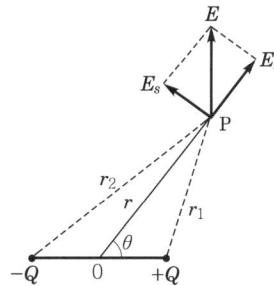

① $E_r = \dfrac{M}{2\pi\varepsilon_0 r^3}\sin\theta$, $E_\theta = \dfrac{M}{4\pi\varepsilon_0 r^3}\cos\theta$
② $E_r = \dfrac{M}{4\pi\varepsilon_0 r^3}\sin\theta$, $E_\theta = \dfrac{M}{4\pi\varepsilon_0 r^3}\cos\theta$
③ $E_r = \dfrac{M}{2\pi\varepsilon_0 r^3}\cos\theta$, $E_\theta = \dfrac{M}{4\pi\varepsilon_0 r^3}\sin\theta$
④ $E_r = \dfrac{M}{4\pi\varepsilon_0 r^3}\omega$, $E_\theta = \dfrac{M}{4\pi\varepsilon_0 r^3}(1-\omega)$

[해설] $V = \dfrac{M\cos\theta}{4\pi\varepsilon_0 r^2}$ [V]

- r방향 성분 $E_r = -\dfrac{\partial V}{\partial r} = -\dfrac{M\cos\theta}{4\pi\varepsilon_0}\dfrac{\partial}{\partial r}\left(\dfrac{1}{r^2}\right) = \dfrac{2M\cos\theta}{4\pi\varepsilon_0 r^3} = \dfrac{M}{2\pi\varepsilon_0 r^3}\cos\theta$ [V/m]

- θ방향 성분 $E_\theta = -\dfrac{1}{r}\dfrac{\partial V}{\partial \theta} = -\dfrac{1}{4\pi\varepsilon_0 r^3}\dfrac{\partial}{\partial\theta}(\cos\theta) = \dfrac{M}{4\pi\varepsilon_0 r^3}\sin\theta$ [V/m]

답 ③

3. 전기 쌍극자에 의한 전계의 세기는 쌍극자로부터의 거리 r에 대해서 어떠한가?

13·11·90 기사 / 94·93 산업

① r에 반비례한다.
② r^2에 반비례한다.
③ r^3에 반비례한다.
④ r^4에 반비례한다.

[해설]
- 전기 쌍극자에 의한 전계 $E = \dfrac{M\sqrt{1+3\cos^2\theta}}{4\pi\varepsilon_0 r^3}$ [V/m] $\propto \dfrac{1}{r^3}$
- 전기 쌍극자에 의한 전위 $V = \dfrac{M\cos\theta}{4\pi\varepsilon_0 r^2}$ [V] $\propto \dfrac{1}{r^2}$

답 ③

제2장 진공 중의 정전계

CHAPTER 02 진공 중의 정전계

단원 최근 빈출문제

기출 핵심 NOTE

01 MKS 단위로 나타낸 진공에 대한 유전율은?
[19년 3회 산업]

① 8.855×10^{-12}[N/m]
② 8.855×10^{-10}[N/m]
③ 8.855×10^{-12}[F/m]
④ 8.855×10^{-10}[F/m]

해설 $\varepsilon_0 = \dfrac{1}{4\pi \times 9 \times 10^9} = 8.855 \times 10^{-12}$[F/m]

02 진공 중에 +20[μC]과 -3.2[μC]인 2개의 점전하가 1.2[m] 간격으로 놓여 있을 때 두 전하 사이에 작용하는 힘[N]과 작용력은 어떻게 되는가?
[15년 1회 기사]

① 0.2[N], 반발력
② 0.2[N], 흡인력
③ 0.4[N], 반발력
④ 0.4[N], 흡인력

해설
$F = \dfrac{Q_1 Q_2}{4\pi\varepsilon_0 r^2} = 9 \times 10^9 \times \dfrac{Q_1 Q_2}{r^2}$
$= 9 \times 10^9 \times \dfrac{(20 \times 10^{-6}) \times (-3.2 \times 10^{-6})}{(1.2)^2}$
$= -0.4$[N]

서로 다른 종류의 전하 사이에는 흡인력이 작용한다. 즉, 쿨롱의 힘이 -로 표시된다.

03 진공 중에 같은 전기량 +1[C]의 대전체 두 개가 약 몇 [m] 떨어져 있을 때, 각 대전체에 작용하는 반발력이 1[N]인가?
[15년 1회 산업]

① 3.2×10^{-3}
② 3.2×10^{3}
③ 9.5×10^{-4}
④ 9.5×10^{4}

해설
$F = \dfrac{Q_1 Q_2}{4\pi\varepsilon_0 r^2} = 9 \times 10^9 \times \dfrac{Q_1 Q_2}{r^2}$[N]

$\therefore r^2 = 9 \times 10^9 \times \dfrac{Q_1 Q_2}{F}$[m]

$\therefore r = \sqrt{9 \times 10^9 \times \dfrac{1 \times 1}{1}} = 9.48 \times 10^4$[m]

---

01 진공의 유전율

$\varepsilon_0 = \dfrac{1}{4\pi \times 9 \times 10^9}$
$= \dfrac{10^7}{4\pi C^2}$
$= \dfrac{1}{\mu_0 C^2}$

• 빛의 속도
$C = 3 \times 10^8$[m/s]

• 진공의 투자율
$\mu_0 = 4\pi \times 10^{-7}$[H/m]

02 쿨롱의 법칙

$F = \dfrac{Q_1 Q_2}{4\pi\varepsilon_0 r^2}$
$= 9 \times 10^9 \dfrac{Q_1 Q_2}{r^2}$[N]

• 동종의 전하 : 반발력(+)
• 이종의 전하 : 흡인력(-)

정답 01. ③ 02. ④ 03. ④

04 $E = i + 2j + 3k$ [V/cm]로 표시되는 전계가 있다. 0.02 [μC]의 전하를 원점으로부터 $r = 3i$ [m]로 움직이는 데 필요로 하는 일[J]은?   [19년 3회 산업]

① 3×10^{-6} ② 6×10^{-6}
③ 3×10^{-8} ④ 6×10^{-8}

해설 전기적 일(W)
$W = F \cdot r = QE \cdot r$
$= 0.02 \times 10^{-6}(i + 2j + 3k) \times 10^2 \cdot (3i) = 6 \times 10^{-6}$ [J]

05 전기력선의 기본 성질에 관한 설명으로 틀린 것은?   [17년 2회 산업]

① 전기력선의 방향은 그 점의 전계의 방향과 일치한다.
② 전기력선은 전위가 높은 점에서 낮은 점으로 향한다.
③ 전기력선은 그 자신만으로도 폐곡선을 만든다.
④ 전계가 0이 아닌 곳에서는 전기력선은 도체 표면에 수직으로 만난다.

해설 전기력선의 성질
• 전기력선은 정(+)전하에서 시작하여 부(−)전하에서 끝난다.
• 전기력선은 그 자신만으로 폐곡선이 되는 일은 없다.
• 전기력선은 전위가 높은 점에서 낮은 점으로 향한다.
• 도체 내부에는 전기력선이 없다.

06 점전하에 의한 전계는 쿨롱의 법칙을 사용하면 되지만 분포되어 있는 전하에 의한 전계를 구할 때는 무엇을 이용하는가?   [18년 1회 기사]

① 렌츠의 법칙   ② 가우스의 정리
③ 라플라스 방정식   ④ 스토크스의 정리

해설 전하가 임의의 분포, 즉 선, 면적, 체적 분포로 하고 있을 때 폐곡면 내의 전하에 대한 폐곡면을 통과하는 전기력선의 수 또는 전속과의 관계를 수학적으로 표현한 식을 가우스 정리라 한다.

07 진공 중에 10^{-10} [C]의 점전하가 있을 때 전하에서 2[m] 떨어진 점의 전계는 몇 [V/m]인가?   [16년 3회 산업]

① 2.25×10^{-1} ② 4.50×10^{-1}
③ 2.25×10^{-2} ④ 4.50×10^{-2}

해설 $E = \dfrac{Q}{4\pi\varepsilon_0 r^2} = 9 \times 10^9 \times \dfrac{Q}{r^2}$
$= 9 \times 10^9 \times \dfrac{10^{-10}}{2^2} = 2.25 \times 10^{-1}$ [V/m]

기출 핵심 NOTE

04 • 전계 내에 전하를 놓았을 때 받는 힘
$F = QE$ [N]
• 일[J]=힘[N]×거리[m]
$W = F \cdot r$
$= QE \cdot r$ [J]

05 전기력선
전계를 나타내기 위한 가상된 선
• 전기력선의 방향은 그 점의 전계의 방향과 같다.
→ 전기력선의 방정식
• 전기력선의 밀도는 전계의 세기와 같다.
• 단위 정전하에서는 $\dfrac{1}{\varepsilon_0}$ 개의 전기력선에 출입한다. →가우스의 정리

06 가우스의 법칙
전하 분포상태에 관계없이 성립되는 일반성을 지닌 법칙
$N = \displaystyle\int_s E \cdot ds = \dfrac{Q}{\varepsilon_0}$
• 선전하의 경우
$Q = \rho_l l (\rho_l$: 선전하 밀도)
• 면전하의 경우
$Q = \rho_s S (\rho_s$: 면전하 밀도)
• 체적전하의 경우
$Q = \rho_v V (\rho_v$: 체적전하 밀도)

07 점전하의 전계의 세기
$E = \dfrac{Q}{4\pi\varepsilon_0 r^2}$
$= 9 \times 10^9 \times \dfrac{Q}{r^2}$ [V/m]

정답 04. ② 05. ③ 06. ② 07. ①

CHAPTER 02 진공 중의 정전계

08 한 변의 길이가 a[m]인 정육각형의 각 정점에 각각 Q[C]의 전하를 놓았을 때, 정육각형의 중심 O의 전계의 세기는 몇 [V/m]인가? [15년 3회 산업]

① 0
② $\dfrac{Q}{2\pi\varepsilon_0 a}$
③ $\dfrac{Q}{4\pi\varepsilon_0 a}$
④ $\dfrac{Q}{8\pi\varepsilon_0 a}$

해설 $E_A = E_B = E_C = E_D = E_E = E_F$
$= \dfrac{Q}{4\pi\varepsilon_0 a^2} = 9 \times 10^9 \dfrac{Q}{a^2}$ [V/m]
$E_A = -E_D,\ E_B = -E_E,\ E_C = -E_F$
∴ 중심 전계의 세기는 0이 된다.

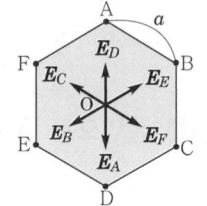

기출 핵심 NOTE

08 전계의 세기는 전계 내의 임의의 점에 단위 정전하를 놓았을 때 단위 정전하가 받는 힘으로 벡터량이다.

---

09 전하 밀도 ρ_s[C/m²]인 무한판상 전하 분포에 의한 임의 점의 전장에 대하여 틀린 것은? [18년 2회 기사]

① 전장의 세기는 매질에 따라 변한다.
② 전장의 세기는 거리 r에 반비례한다.
③ 전장은 판에 수직방향으로만 존재한다.
④ 전장의 세기는 전하 밀도 ρ_s에 비례한다.

해설 $E = \dfrac{\rho_s}{2\varepsilon_0}$ [V/m]
전장의 세기는 거리에 관계없이 일정하다.

09 무한 평면 전하의 전계의 세기
• 전계(전장)의 세기는 평면에 수직방향으로 존재한다.
• 전계의 세기
$E = \dfrac{\rho_s}{2\varepsilon_0}$ [V/m]
• 전계는 거리와 관계없다.

---

10 반지름이 3[m]인 구에 공간 전하 밀도가 1[C/m³] 분포되어 있을 경우 구의 중심으로부터 1[m]인 곳의 전계는 몇 [V]인가? [16년 1회 기사]

① $\dfrac{1}{2\varepsilon_0}$
② $\dfrac{1}{3\varepsilon_0}$
③ $\dfrac{1}{4\varepsilon_0}$
④ $\dfrac{1}{5\varepsilon_0}$

해설 전하가 균일하게 분포된 구도체의 내부 전계의 세기
$E = \dfrac{rQ}{4\pi\varepsilon_0 a^3} = \dfrac{r}{4\pi\varepsilon_0 a^3}\rho\dfrac{4}{3}\pi a^3 = \dfrac{\rho r}{3\varepsilon_0} = \dfrac{1r}{3\varepsilon_0} = \dfrac{r}{3\varepsilon_0}$ [V/m]
$r = 1$[m]인 곳의 전계
∴ $E_i = \dfrac{1}{3\varepsilon_0}$ [V]

10 전하가 균일하게 분포된 구도체
• 외부($r > a$)
$E_o = \dfrac{Q}{4\pi\varepsilon_0 r^2}$ [V/m]
• 내부($r < a$)
$E_i = \dfrac{rQ}{4\pi\varepsilon_0 a^3}$ [V/m]

정답 08. ① 09. ② 10. ②

11 축이 무한히 길고 반지름이 a[m]인 원주 내에 전하가 축대칭이며, 축방향으로 균일하게 분포되어 있을 경우, 반지름 $r > a$[m] 되는 동심 원통면상 외부의 한 점 P의 전계의 세기는 몇 [V/m]인가? (단, 원주의 단위 길이당의 전하를 λ[C/m]라 한다.)   [15년 2회 산업]

① $\dfrac{\lambda}{\varepsilon_0}$ ② $\dfrac{\lambda}{2\pi\varepsilon_0}$
③ $\dfrac{\lambda}{\pi a}$ ④ $\dfrac{\lambda}{2\pi\varepsilon_0 r}$

해설 원주 도체의 전계의 세기
• 도체 외부의 전계의 세기
$$E_o = \dfrac{\lambda}{2\pi\varepsilon_0 r}\,[\text{V/m}]$$
• 도체 표면의 전계의 세기
$$E = \dfrac{\lambda}{2\pi\varepsilon_0 a}\,[\text{V/m}]$$
• 도체 내부의 전계의 세기
$$E_i = \dfrac{r\lambda}{2\pi\varepsilon_0 a^2}\,[\text{V/m}]$$

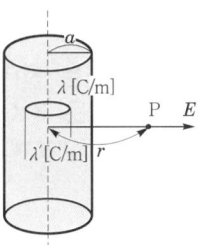

기출 핵심 NOTE

11 원주(원통) 도체
㉠ 전하가 균일하게 분포 시
• 외부($r > a$)
$$E_o = \dfrac{\rho_l}{2\pi\varepsilon_0 r}\,[\text{V/m}]$$
• 내부($r < a$)
$$E_i = \dfrac{r\rho_l}{2\pi\varepsilon_0 a^2}\,[\text{V/m}]$$

㉡ 전하 대전 시
(내부 전하는 존재하지 않는다.)
• 외부($r > a$)
$$E_o = \dfrac{\rho_l}{2\pi\varepsilon_0 r}\,[\text{V/m}]$$
• 내부($r < a$)
$$E_i = 0\,[\text{V/m}]$$

12 어느 점전하에 의하여 생기는 전위를 처음 전위의 $\dfrac{1}{2}$이 되게 하려면 전하로부터의 거리를 어떻게 해야 하는가?   [19년 1회 산업]

① $\dfrac{1}{2}$로 감소시킨다.   ② $\dfrac{1}{\sqrt{2}}$로 감소시킨다.
③ 2배 증가시킨다.   ④ $\sqrt{2}$배 증가시킨다.

해설 점전하에 의한 전위 $V = \dfrac{1}{4\pi\varepsilon_0}\dfrac{Q}{r}$[V]이므로 전위를 $\dfrac{1}{2}$로 하려면 거리(r)를 2배로 증가시킨다.

12 점전하의 전위
$$V = \dfrac{Q}{4\pi\varepsilon_0 r} = 9\times 10^9 \dfrac{Q}{r}\,[\text{V}]$$
점전하의 전위는 거리 r에 반비례한다.

13 30[V/m]의 전계 내의 80[V] 되는 점에서 1[C]의 전하를 전계 방향으로 80[cm] 이동한 경우, 그 점의 전위[V]는?   [19년 2회 기사]

① 9   ② 24
③ 30   ④ 56

해설 전위차 $V_{AB} = -\int_b^a E\,dr = E \times r = 30 \times 0.8 = 24$[V]
B점의 전위 $V_B = V_A - V_{AB} = 80 - 24 = 56$[V]

13 전위차
$$V_{AB} = -\int_B^A E\cdot dr$$
$$= \int_A^B E\cdot dr\,[\text{V}]$$

정답 11. ④ 12. ③ 13. ④

CHAPTER 02 진공 중의 정전계

14 한 변의 길이가 $\sqrt{2}$[m]인 정사각형의 4개 꼭짓점에 +10⁻⁹[C]의 점전하가 각각 있을 때 이 사각형의 중심에서의 전위[V]는? [17년 1회 기사]

① 0　　② 18
③ 36　　④ 72

해설
$$V_1 = \frac{Q}{4\pi\varepsilon_0 r} = 9\times 10^9 \times \frac{Q}{r} = 9\times 10^9 \times \frac{10^{-9}}{1} = 9[\text{V}]$$
사각형 중심의 합성 전위 V_0는 전하가 4개 존재하므로
∴ $V_0 = 4V_1 = 4\times 9 = 36[\text{V}]$

14 전위
단위 정전하를 전계 0인 무한 원점에서 전계에 대항하여 점 P까지 운반하는 데 필요한 일로 스칼라량이다.

15 반지름이 1[m]인 도체구에 최고로 줄 수 있는 전위는 몇 [kV]인가? (단, 주위 공기의 절연내력은 3×10^6[V/m]이다.) [18년 1회 산업]

① 30　　② 300
③ 3,000　　④ 30,000

해설 전위와 전계의 세기와의 관계
$V = E\times r = 3\times 10^6 \times 1 = 3\times 10^6[\text{V}] = 3,000[\text{kV}]$

15 전계와 전위와의 관계
$V = E\times r[\text{V}]$
$E = \dfrac{V}{r}[\text{V/m}]$

16 $V = x^2$[V]로 주어지는 전위 분포일 때 $x = 20$[cm]인 점의 전계는? [17년 3회 기사]

① $+x$방향으로 40[V/m]
② $-x$방향으로 40[V/m]
③ $+x$방향으로 0.4[V/m]
④ $-x$방향으로 0.4[V/m]

해설
$E = -\text{grad}\,V = -\nabla V = -\left(\dfrac{\partial}{\partial x}i + \dfrac{\partial}{\partial y}j + \dfrac{\partial}{\partial z}k\right)\cdot x^2$
$= -2x\,i[\text{V/m}]$
∴ $[E]_{x=0.2} = 0.4i[\text{V/m}]$
∵ 전계는 $-x$방향으로 0.4[V/m]이다.

16 전위 경도
전위 함수로 전계의 세기 구하는 식
$E = -\text{grad}\,V$
$\quad = -\nabla V$
$\quad = -\left(i\dfrac{\partial V}{\partial x} + j\dfrac{\partial V}{\partial y} + k\dfrac{\partial V}{\partial z}\right)[\text{V/m}]$

17 어떤 공간의 비유전율은 2이고, 전위 $V(x, y) = \dfrac{1}{x} + 2xy^2$이라고 할 때 점 $\left(\dfrac{1}{2}, 2\right)$에서의 전하 밀도 ρ는 약 몇 [pC/m³]인가? [17년 2회 기사]

① -20　　② -40
③ -160　　④ -320

17
- 푸아송 방정식
$\nabla^2 V = -\dfrac{\rho_v}{\varepsilon_0}$
- 라플라스 방정식
$\rho_v = 0$일 때 $\nabla^2 V = 0$

정답 14. ③　15. ③　16. ④　17. ④

해설 푸아송의 방정식

$$\nabla^2 V = -\frac{\rho}{\varepsilon}$$

$$\nabla^2 V = \left(\frac{\partial^2}{\partial x^2} + \frac{\partial^2}{\partial y^2} + \frac{\partial^2}{\partial z^2}\right)\left(\frac{1}{x} + 2xy^2\right) = \frac{2}{x^3} + 4x$$

점 $\left(\frac{1}{2}, 2\right)$ 에서 $\nabla^2 V = \frac{2}{x^3} + 4x = 16 + 2 = 18$

$\therefore\ 18 = -\frac{\rho}{\varepsilon} = -\frac{\rho}{\varepsilon_0 \varepsilon_s}$

$\therefore\ \rho = -8.855 \times 10^{-12} \times 2 \times 18 = -3.19 \times 10^{-10}$
   $\fallingdotseq -320\,[\text{pC}/\text{m}^3]$

18 전기 쌍극자에서 전계의 세기(E)와 거리(r)와의 관계는? [17년 1회 산업]

① E는 r^2에 반비례
② E는 r^3에 반비례
③ E는 $r^{\frac{3}{2}}$에 반비례
④ E는 $r^{\frac{5}{2}}$에 반비례

해설 • 전기 쌍극자에 의한 전계

$$E = \frac{M\sqrt{1+3\cos^2\theta}}{4\pi\varepsilon_0 r^3}\,[\text{V/m}] \propto \frac{1}{r^3}$$

∴ 전계의 세기(E)는 r^3에 반비례한다.

• 전기 쌍극자에 의한 전위

$$V = \frac{M\cos\theta}{4\pi\varepsilon_0 r^2}\,[\text{V}] \propto \frac{1}{r^2}$$

기출 핵심 NOTE

18 전기 쌍극자
같은 크기의 정·부의 전하가 미소 길이 $\delta[\text{m}]$ 떨어진 한 쌍의 전하계

• 전위
$$V = \frac{Q\delta}{4\pi\varepsilon_0 r^2}\cos\theta\,[\text{V}]$$

$M = Q \cdot \delta$ (전기 쌍극자 모멘트)

• 전계의 세기
$$E = \frac{M}{4\pi\varepsilon_0 r^3}\sqrt{1+3\cos^2\theta}\,[\text{V/m}]$$

• 최대전계 발생각도
$\theta = 0°,\ 180°$

• 최소전계 발생각도
$\theta = 90°$

정답 18. ②

잠깐! 쉬어가세요.

"인생에서 성공하려거든 끈기를 죽마고우로,
경험을 현명한 조언자로, 신중을 형님으로,
희망을 수호신으로 삼아라."

- 존 러스킨 -

CHAPTER 03
도체계와 정전용량

- **01** 전위계수(p)
- **02** 용량계수와 유도계수(q)
- **03** 정전용량(커패시턴스)
- **04** 도체 모양에 따른 정전용량 계산
- **05** 콘덴서 연결
- **06** 직렬 콘덴서의 전압 분포
- **07** 콘덴서에 축적되는 에너지(정전에너지)
- **08** 공간 전하계가 갖는 에너지

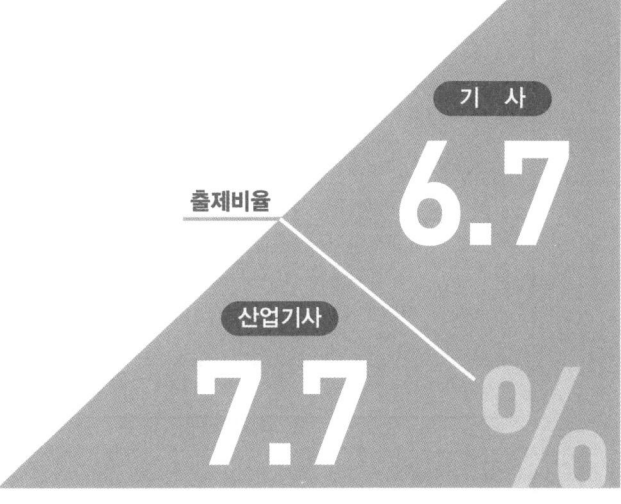

CHAPTER 03 도체계와 정전용량

기출개념 01 전위계수(p)

$$V_1 = V_{11} + V_{12} = \frac{Q_1}{4\pi\varepsilon_0 a} + \frac{Q_2}{4\pi\varepsilon_0 r} = \boxed{p_{11}Q_1 + p_{12}Q_2}$$

$$V_2 = V_{21} + V_{22} = \frac{Q_1}{4\pi\varepsilon_0 r} + \frac{Q_2}{4\pi\varepsilon_0 b} = \boxed{p_{21}Q_1 + p_{22}Q_2}$$

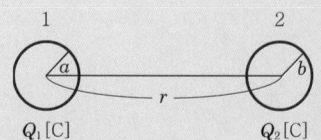

여기서, p_{11}, p_{12}, p_{21}, p_{22} : 전위계수
전위계수는 전위를 전하량으로 표현 시 전하량의 계수이다.

(1) 전위계수의 성질

① $p_{11} > 0$ 일반적으로 $p_{rr} > 0$
② $p_{11} \geqq p_{12}$ 일반적으로 $p_{rr} \geqq p_{rs}$
③ $p_{21} \geqq 0$ 일반적으로 $p_{sr} \geqq 0$
④ $p_{12} = p_{21}$ 일반적으로 $p_{rs} = p_{sr}$

(2) 단위 : $p = \frac{V}{Q}\left[\frac{\text{V}}{\text{C}}\right] = \left[\frac{1}{\text{F}}\right]$

기·출·개·념 문제

1. 각각 $\pm Q$[C]으로 대전된 두 개의 도체 간의 전위차를 전위계수로 표시하면?

00·96·88 기사/10·06 산업

① $(p_{11} + p_{12} + p_{22})Q$ ② $(p_{11} + 2p_{12} + p_{22})Q$ ③ $(p_{11} - p_{12} + p_{22})Q$ ④ $(p_{11} - 2p_{12} + p_{22})Q$

(해설) $Q_1 = Q$, $Q_2 = -Q$이므로
$V_1 = p_{11}Q_1 + p_{12}Q_2 = p_{11}Q - p_{12}Q$ [V]
$V_2 = p_{21}Q_1 + p_{22}Q_2 = p_{21}Q - p_{22}Q$ [V]
두 도체 간의 전위차 V는 $p_{12} = p_{21}$이므로
$\therefore V = V_1 - V_2 = (p_{11}Q - p_{12}Q) - (p_{21}Q - p_{22}Q) = (p_{11}Q - p_{12}Q - p_{21}Q + p_{22}Q)$
$= (p_{11} - 2p_{12} + p_{22})Q$ [V]

답 ④

2. 2개의 도체를 $+Q$[C]과 $-Q$[C]으로 대전했을 때, 이 두 도체 간의 정전용량을 전위계수로 표시하면 어떻게 되는가?

91 기사/83·82·81 산업

① $\dfrac{p_{11}p_{22} - p_{12}^2}{p_{11} + 2p_{12} + p_{22}}$ ② $\dfrac{p_{11}p_{22} + p_{12}^2}{p_{11} + 2p_{12} + p_{22}}$ ③ $\dfrac{1}{p_{11} + 2p_{12} + p_{22}}$ ④ $\dfrac{1}{p_{11} - 2p_{12} + p_{22}}$

(해설) $Q_1 = Q$[C], $Q_2 = -Q$[C]이므로
$V_1 = p_{11}Q_1 + p_{12}Q_2 = p_{11}Q - p_{12}Q$ [V]
$V_2 = p_{21}Q_1 + p_{22}Q_2 = p_{21}Q - p_{22}Q$ [V]
$\therefore V = V_1 - V_2 = (p_{11} - 2p_{12} + p_{22})Q$ [V]
전위계수로 표시한 정전용량 C는
$\therefore C = \dfrac{Q}{V} = \dfrac{Q}{V_1 - V_2} = \dfrac{1}{p_{11} - 2p_{12} + p_{22}}$ [F]

답 ④

기출개념 02 용량계수와 유도계수(q)

$$Q_1 = q_{11} V_1 + q_{12} V_2$$
$$Q_2 = q_{21} V_1 + q_{22} V_2$$

여기서, q_{11}, q_{22} : 용량계수, q_{12}, q_{21} : 유도계수
용량계수와 유도계수는 전하량을 전위로 표현 시 전위의 계수가 된다.

(1) 용량계수와 유도계수의 성질

① $q_{11} > 0$, $q_{22} > 0$ 일반적으로 $q_{rr} > 0$
② $q_{12} \leq 0$, $q_{21} \leq 0$ 일반적으로 $q_{rs} \leq 0$
③ $q_{11} \geq -(q_{21} + q_{31} + \cdots\cdots + q_{n1})$
④ $q_{12} = q_{21}$ 일반적으로 $q_{rs} = q_{sr}$

(2) 단위 : $q = \dfrac{Q}{V} \left[\dfrac{\mathrm{C}}{\mathrm{V}}\right] = [\mathrm{F}]$

기·출·개념 접근

전위계수식에서 용량계수와 유도계수가 다음 식에 의해 만들어진다.

$$V_1 = p_{11} Q_1 + p_{12} Q_2$$
$$V_2 = p_{21} Q_1 + p_{22} Q_2$$

$$\begin{bmatrix} V_1 \\ V_2 \end{bmatrix} = \begin{bmatrix} p_{11} & p_{12} \\ p_{21} & p_{22} \end{bmatrix} \begin{bmatrix} Q_1 \\ Q_2 \end{bmatrix}$$

$$\begin{bmatrix} Q_1 \\ Q_2 \end{bmatrix} = \begin{bmatrix} p_{11} & p_{12} \\ p_{21} & p_{22} \end{bmatrix}^{-1} \begin{bmatrix} V_1 \\ V_2 \end{bmatrix} = \frac{1}{p_{11}p_{22} - p_{12}p_{21}} \begin{bmatrix} p_{22} & -p_{12} \\ -p_{21} & p_{11} \end{bmatrix} \begin{bmatrix} V_1 \\ V_2 \end{bmatrix} = \begin{bmatrix} q_{11} & q_{12} \\ q_{21} & q_{22} \end{bmatrix} \begin{bmatrix} V_1 \\ V_2 \end{bmatrix}$$

기·출·개념 문제

용량계수와 유도계수의 설명 중 옳지 않은 것은?   07 기사 / 89 산업

① 유도계수는 항상 0이거나 0보다 작다.
② 용량계수는 항상 0보다 크다.
③ $q_{11} \geq -(q_{21} + q_{31} + \cdots + q_{n1})$
④ 용량계수와 유도계수는 항상 0보다 크다.

[해설] ① 유도계수 q_{rs}는 0이거나 0보다 작다. ($q_{rs} \leq 0$)
② 용량계수 q_{rr}은 0보다 크다. ($q_{rr} > 0$)
③ 용량계수 $q_{11} \geq -(q_{21} + q_{31} + \cdots + q_{n1})$이다.

답 ④

제3장 도체계와 정전용량

CHAPTER 03 도체계와 정전용량

기출개념 03 정전용량(커패시턴스)

도체가 전하를 축적할 수 있는 능력으로 전위차에 대한 전기량의 비를 말한다.

$$C = \frac{Q}{V} \left[\frac{C}{V}\right] = [F]$$

(1) 독립 도체의 정전용량 : $\boxed{C = \dfrac{Q}{V(\text{전위})}}$

(2) 두 도체 사이의 정전용량 : $\boxed{C = \dfrac{Q}{V_{AB}(\text{전위차})}}$

기·출·개·념 접근

엘라스턴스(elastance)는 정전용량의 역수로 단위는 다라프(daraf)를 사용한다.

$$\text{엘라스턴스} = \frac{1}{C} = \frac{V}{Q} = \frac{\text{전위차}}{\text{전기량}} \left[\frac{V}{C}\right] = \left[\frac{1}{F}\right] = [\text{daraf}]$$

기·출·개·념 문제

1. $5[\mu F]$의 콘덴서에 $100[V]$의 직류 전압을 가하면 축적되는 전하[C]는?

① 5×10^{-3} ② 5×10^{-4}
③ 5×10^{-5} ④ 5×10^{-6}

(해설) $C = \dfrac{Q}{V}[F]$

$\therefore Q = CV = 5 \times 10^{-6} \times 100 = 5 \times 10^{-4}[C]$

답 ②

2. 엘라스턴스(elastance)란? 00·92 산업

① $\dfrac{1}{\text{전위차} \times \text{전기량}}$ ② 전위차 × 전기량

③ $\dfrac{\text{전위차}}{\text{전기량}}$ ④ $\dfrac{\text{전기량}}{\text{전위차}}$

(해설) 엘라스턴스 $= \dfrac{1}{\text{정전용량}} = \dfrac{\text{전위차}}{\text{전기량}}[\text{daraf}]$

$[\text{daraf}] = \left[\dfrac{1}{F}\right] = \left[\dfrac{V}{C}\right]$

답 ③

기출개념 04-1 도체 모양에 따른 정전용량 계산 – 구도체

(1) 구도체의 정전용량

① 구도체의 표면전위

$$V = \frac{Q}{4\pi\varepsilon_0 a}\,[\text{V}]$$

② 구도체의 정전용량

$$C = \frac{Q}{V} = 4\pi\varepsilon_0 a = \frac{1}{9}\times 10^{-9}\times a\,[\text{F}]$$

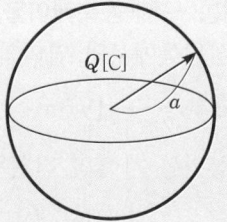

기·출·개·념 문제

공기 중에 있는 지름 6[cm]인 단일 도체구의 정전용량은 몇 [pF]인가? 18·05·02 기사

① 0.33　　② 3.3　　③ 0.67　　④ 6.7

[해설] $C = 4\pi\varepsilon_0 a = \frac{1}{9\times 10^9}\cdot a = \frac{1}{9\times 10^9}\times(3\times 10^{-2}) = 3.3\times 10^{-12}\,[\text{F}] = 3.3\,[\text{pF}]$

답 ②

기출개념 04-2 도체 모양에 따른 정전용량 계산 – 동심구

(2) 동심구의 정전용량

① a~b 사이의 전위차

$$V_{ab} = -\int_b^a \boldsymbol{E}\cdot d\boldsymbol{r} = \frac{Q}{4\pi\varepsilon_0}\left(\frac{1}{a}-\frac{1}{b}\right)[\text{V}]$$

② 동심구의 정전용량

$$C = \frac{Q}{\dfrac{Q}{4\pi\varepsilon_0}\left(\dfrac{1}{a}-\dfrac{1}{b}\right)} = \frac{4\pi\varepsilon_0}{\dfrac{1}{a}-\dfrac{1}{b}} = \frac{4\pi\varepsilon_0 ab}{b-a}\,[\text{F}]$$

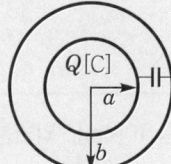

기·출·개·념 문제

동심구형 콘덴서의 내외 반지름을 각각 5배로 증가시키면 정전용량은 몇 배로 증가하는가? 18·00·97·94·90 기사 / 95 산업

① 5　　② 10　　③ 15　　④ 20

[해설] 동심구형 콘덴서의 정전용량 $C = \dfrac{4\pi\varepsilon_0 ab}{b-a}\,[\text{F}]$

내외구의 반지름을 5배 증가한 후의 정전용량을 C'라 하면

$$C' = \frac{4\pi\varepsilon_0(5a\times 5b)}{5b-5a} = \frac{25\times 4\pi\varepsilon_0 ab}{5(b-a)} = 5C\,[\text{F}]$$

답 ①

CHAPTER 03 도체계와 정전용량

기출개념 04-3 도체 모양에 따른 정전용량 계산 – 동심원통(동축케이블)

(3) 동심원통 도체(동축케이블)의 정전용량

① 동심원통에서의 임의의 r점의 전계의 세기

$$E = \frac{\lambda}{2\pi\varepsilon_0 r} \text{[V/m]}$$

② 동심원통 사이의 전위차

$$V_{ab} = \frac{\lambda}{2\pi\varepsilon_0} \ln\frac{b}{a} \text{[V]}$$

③ 정전용량

$$C = \frac{Q}{V_{ab}} = \frac{\lambda l}{V_{ab}} = \frac{2\pi\varepsilon_0 l}{\ln\frac{b}{a}} \text{[F]}$$

④ 단위길이당 정전용량

$$C' = \frac{2\pi\varepsilon_0}{\ln\frac{b}{a}} \text{[F/m]} = \frac{2\pi\varepsilon_0}{2.303\log\frac{b}{a}} \text{[F/m]} = \frac{0.02416}{\log\frac{b}{a}} [\mu\text{F/km}] = \frac{24.16}{\log\frac{b}{a}} \text{[pF/m]}$$

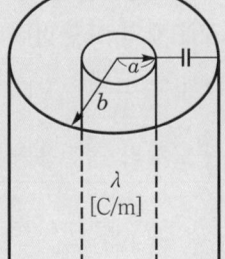

기·출·개념 접근 동심원통 사이의 전위차

$$V_{ab} = -\int_b^a \frac{\lambda}{2\pi\varepsilon_0 r} dr = \int_a^b \frac{\lambda}{2\pi\varepsilon_0 r} dr = \frac{\lambda}{2\pi\varepsilon_0}[\ln r]_a^b = \frac{\lambda}{2\pi\varepsilon_0}\ln\frac{b}{a} \text{[V]}$$

기·출·개념 문제

내원통 반지름 10[cm], 외원통 반지름 20[cm]인 동축원통 도체의 정전용량[pF/m]은? 00·88 산업

① 100　　　　　　　　② 90
③ 80　　　　　　　　④ 70

[해설] $C = \dfrac{2\pi\varepsilon_0}{\ln\dfrac{b}{a}} \text{[F/m]} = \dfrac{0.02416}{\log\dfrac{b}{a}} [\mu\text{F/km}] = \dfrac{24.16}{\log\dfrac{b}{a}} \text{[pF/m]}$

$\therefore C = \dfrac{24.16}{\log\dfrac{0.2}{0.1}} = \dfrac{24.16}{\log 2} = \dfrac{24.16}{0.301} \fallingdotseq 80 \text{[pF/m]}$

 ③

참·고 지식
- $\log_e = \ln$: 자연로그
- $\log_{10} = \log$: 상용로그
- 자연로그와 상용로그와의 관계 : $\ln = 2.303\log$

기출개념 04-4 도체 모양에 따른 정전용량 계산 – 평행판 콘덴서

(4) 평행판 콘덴서의 정전용량

① 평행판 사이의 전계의 세기

$$E = \frac{\rho_s}{\varepsilon_0} \, [\text{V/m}]$$

② 평행판 사이의 전위차

$$V_{AB} = -\int_d^0 E\, dr = \frac{\rho_s}{\varepsilon_0} d \, [\text{V}]$$

③ 평행판 사이의 정전용량

$$C = \frac{Q}{V_{AB}} = \frac{\rho_s S}{\frac{\rho_s d}{\varepsilon_0}} = \frac{\varepsilon_0 S}{d} \, [\text{F}]$$

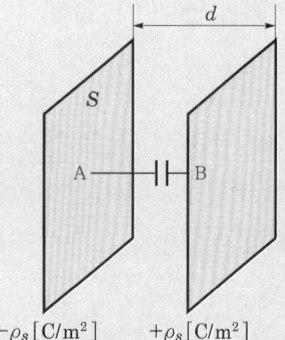

기·출·개·념 문제

1변이 50[cm]인 정사각형 전극을 가진 평행판 콘덴서가 있다. 이 극판 간격을 5[mm]로 할 때 정전용량은 얼마인가? (단, $\varepsilon_0 = 8.855 \times 10^{-12}$[F/m]이고 단말 효과를 무시한다.) 02·93 산업

① 443[pF]   ② 380[μF]   ③ 410[μF]   ④ 0.5[pF]

(해설) $C = \dfrac{\varepsilon_0 S}{d} = \dfrac{8.855 \times 10^{-12} \times (0.5 \times 0.5)}{5 \times 10^{-3}} = 443 \times 10^{-12} = 443[\text{pF}]$ 답 ①

기출개념 04-5 도체 모양에 따른 정전용량 계산 – 평행 왕복도선

(5) 평행 왕복도선 간의 정전용량

① 평행 왕복도선 사이의 전계의 세기

$$E = \frac{\rho_l}{2\pi\varepsilon_0}\left(\frac{1}{x} + \frac{1}{d-x}\right) [\text{V/m}]$$

② 평행 왕복도선 사이의 전위차

$$V_{AB} = -\int_{d-a}^{a} E\, dr = \frac{\rho_l}{\pi\varepsilon_0} \ln\frac{d-a}{a} \, [\text{V}]$$

③ 평행 왕복도선의 정전용량

$$C = \frac{\rho_l l}{V_{AB}} = \frac{\rho_l l}{\dfrac{\rho_l}{\pi\varepsilon_0} \ln\dfrac{d-a}{a}} = \frac{\pi\varepsilon_0 l}{\ln\dfrac{d-a}{a}} \, [\text{F}]$$

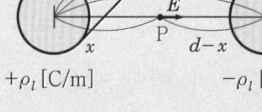

$d \gg a$인 경우 단위길이당 정전용량 $C' = \dfrac{\pi\varepsilon_0}{\ln\dfrac{d}{a}} [\text{F/m}] = \dfrac{12.06}{\log\dfrac{d}{a}} [\text{pF/m}]$

CHAPTER 03 도체계와 정전용량

기출개념 05-1 콘덴서 연결 – 병렬 연결

(1) 콘덴서 병렬 연결(V=일정)

$$Q_1 = C_1 V$$
$$Q_2 = C_2 V$$

총전하 : $Q = Q_1 + Q_2 = (C_1 + C_2) V [\text{C}]$

① 합성 정전용량 : $\boxed{C_0 = C_1 + C_2 [\text{F}]}$

② 전하량 분배법칙

$$Q_1 = C_1 V = \frac{C_1}{C_1 + C_2} Q = \frac{C_1}{C_1 + C_2} (Q_1 + Q_2) [\text{C}]$$

$$Q_2 = C_2 V = \frac{C_2}{C_1 + C_2} Q = \frac{C_2}{C_1 + C_2} (Q_1 + Q_2) [\text{C}]$$

③ 같은 정전용량 $C[\text{F}]$를 n개 병렬 연결 시 합성 정전용량 : $\boxed{C_0 = nC [\text{F}]}$

기·출·개·념 접근 문제 해석에서 도체를 가는 선으로 연결한다는 용어나 두 구를 접촉시킨다는 용어는 모두 병렬 연결되어 있음을 나타내는 용어이다.

기·출·개·념 문제

1. 정전용량 1[μF], 2[μF]의 콘덴서에 각각 2×10^{-4}[C] 및 3×10^{-4}[C]의 전하를 주고 극성을 같게 하여 병렬로 접속할 때, 콘덴서에 축적된 에너지[J]는 얼마인가? *91·90 기사 / 11·97 산업*

① 약 0.025
② 약 0.303
③ 약 0.042
④ 약 0.525

(해설) 총전하 : $Q = Q_1 + Q_2 = 5 \times 10^{-4}$[C]

합성 정전용량 : $C = C_1 + C_2 = (1+2) \times 10^{-6} = 3 \times 10^{-6}$[F]

$$\therefore W = \frac{Q^2}{2C} = \frac{(5 \times 10^{-4})^2}{2 \times 3 \times 10^{-6}} = 0.042 [\text{J}]$$

답 ③

2. 동일 용량 $C[\mu\text{F}]$의 커패시터 n개를 병렬로 연결하였다면 합성 정전용량은 얼마인가? *19 산업*

① $n^2 C$
② nC
③ $\dfrac{C}{n}$
④ C

(해설) 커패시터를 병렬로 접속하면 합성 정전용량

$$C_0 = C_1 + C_2 + \cdots + C_n = nC [\text{F}]$$

답 ②

기출개념 05-2 콘덴서 연결 - 직렬 연결

(2) 콘덴서 직렬 연결(Q = 일정)

$$V_1 = \frac{Q}{C_1}$$

$$V_2 = \frac{Q}{C_2}$$

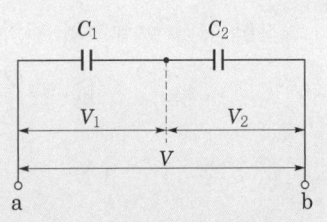

전체 전압 : $V = V_1 + V_2 = \left(\dfrac{1}{C_1} + \dfrac{1}{C_2}\right)Q[\text{V}]$

① 합성 정전용량 : $\boxed{\dfrac{1}{C_0} = \dfrac{1}{C_1} + \dfrac{1}{C_2}}$, $\boxed{C_0 = \dfrac{C_1 C_2}{C_1 + C_2}[\text{F}]}$

② 전압분배법칙

$$V_1 = \frac{Q}{C_1} = \frac{C_0 V}{C_1} = \frac{C_2}{C_1 + C_2} V[\text{V}]$$

$$V_2 = \frac{Q}{C_2} = \frac{C_0 V}{C_2} = \frac{C_1}{C_1 + C_2} V[\text{V}]$$

③ 같은 정전용량 $C[\text{F}]$를 n개 직렬 연결 시 합성 정전용량 : $\boxed{C_0 = \dfrac{C}{n}[\text{F}]}$

기·출·개·념 문제

1. 30[F] 콘덴서 3개를 직렬로 연결하면 합성 정전용량[F]은?

① 10　　　② 30　　　③ 40　　　④ 90

[해설] 직렬 연결이므로 합성 정전용량을 C_0라 하면 $\dfrac{1}{C_0} = \dfrac{1}{30} + \dfrac{1}{30} + \dfrac{1}{30} = \dfrac{3}{30}$

∴ $C_0 = \dfrac{30}{3} = 10[\text{F}]$　　　**답 ①**

2. 1[μF]과 2[μF]인 두 개의 콘덴서가 직렬로 연결된 양단에 150[V]의 전압이 가해졌을 때, 1[μF]의 콘덴서에 걸리는 전압[V]은?

① 30　　　② 50　　　③ 100　　　④ 120

[해설] $V_1 = \dfrac{C_2}{C_1 + C_2} V = \dfrac{2}{1+2} \times 150 = 100[\text{V}]$　　　**답 ③**

3. $C_1 = 1[\mu\text{F}]$, $C_2 = 2[\mu\text{F}]$, $C_3 = 3[\mu\text{F}]$인 3개의 콘덴서를 직렬 연결하여 600[V]의 전압을 가할 때, C_1 양단 사이에 걸리는 전압[V]은?　　　11 기사/90·80 산업

① 약 55　　　② 약 327　　　③ 약 164　　　④ 약 382

[해설] 합성 정전용량 $\dfrac{1}{C_0} = \dfrac{1}{C_1} + \dfrac{1}{C_2} + \dfrac{1}{C_3} = 1 + \dfrac{1}{2} + \dfrac{1}{3} = \dfrac{11}{6}$

∴ $C_0 = \dfrac{6}{11}[\mu\text{F}]$

C_1 양단의 전압 : $V_1 = \dfrac{C_0}{C_1} V = \dfrac{6}{11} V = \dfrac{6}{11} \times 600 ≒ 327[\text{V}]$　　　**답 ②**

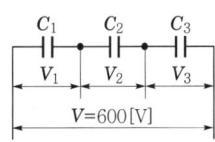

CHAPTER 03 도체계와 정전용량

기출개념 06 직렬 콘덴서의 전압 분포

직렬 연결 콘덴서의 전압 분포

$$V_1 = \frac{Q}{C_1},\ V_2 = \frac{Q}{C_2},\ V_3 = \frac{Q}{C_3}$$

$$V_1 : V_2 : V_3 = \frac{1}{C_1} : \frac{1}{C_2} : \frac{1}{C_3}$$

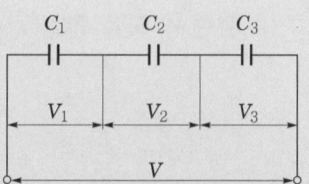

콘덴서에 가해지는 전압은 정전용량에 반비례하므로 정전용량이 가장 큰 것에 최소 전압이 걸리고 정전용량이 최소인 것에 최대 전압이 걸린다.

(1) 내압이 같은 경우 : 정전용량 C가 가장 적은 것이 가장 먼저 절연파괴 된다.

(2) 내압이 다른 경우 : 각 내압을 $V_{\max}$이라 하면 $Q = CV_{\max}$가 가장 적은 것이 가장 먼저 절연파괴 된다.

기·출·개·념 문제

1. 내압이 1[kV]이고 용량이 각각 0.01[μF], 0.02[μF], 0.04[μF]인 콘덴서를 직렬로 연결했을 때의 전체 내압[V]은?   14·03·98·96 기사 / 12 산업

① 3,000   ② 1,750
③ 1,700   ④ 1,500

해설 각 콘덴서에 가해지는 전압을 $V_1,\ V_2,\ V_3$[V]라 하면

$$V_1 : V_2 : V_3 = \frac{1}{0.01} : \frac{1}{0.02} : \frac{1}{0.04} = 4 : 2 : 1$$

$\therefore\ V_1 = 1,000[\text{V}]$

$V_2 = 1,000 \times \frac{2}{4} = 500[\text{V}]$

$V_3 = 1,000 \times \frac{1}{4} = 250[\text{V}]$

$\therefore$ 전체 내압 : $V = V_1 + V_2 + V_3 = 1,000 + 500 + 250 = 1,750[\text{V}]$ **답** ②

2. 내압 1,000[V], 정전용량 3[μF], 내압 500[V], 정전용량 5[μF], 내압 250[V], 정전용량 6[μF] 인 3개의 콘덴서를 직렬로 접속하고 양단에 가한 전압을 서서히 증가시키면 최초로 파괴되는 콘덴서는?   18·09 기사 / 09·88·80 산업

① 3[μF]   ② 5[μF]
③ 6[μF]   ④ 동시에 파괴된다.

해설 각 콘덴서에 축적할 수 있는 전하량은

$Q_{1\max} = C_1 V_{1\max} = 3 \times 10^{-6} \times 1,000 = 3 \times 10^{-3}[\text{C}]$

$Q_{2\max} = C_2 V_{2\max} = 5 \times 10^{-6} \times 500 = 2.5 \times 10^{-3}[\text{C}]$

$Q_{3\max} = C_3 V_{2\max} = 6 \times 10^{-6} \times 250 = 1.5 \times 10^{-3}[\text{C}]$

$\therefore\ Q_{\max}$가 가장 적은 $C_3(6[\mu\text{F}])$가 가장 먼저 절연파괴 된다.   **답** ③

기출개념 07 콘덴서에 축적되는 에너지(정전에너지)

콘덴서에 저장에너지
정전용량 C를 갖는 모든 도체에 성립되는 관계식

$$W = \frac{Q^2}{2C} = \frac{1}{2}CV^2 = \frac{1}{2}QV \text{[J]}$$

(단, $C = \frac{Q}{V}$, $V = \frac{Q}{C}$, $Q = CV$)

기·출·개·념 접근

충전한다는 것은 미소전하량 dq[C]을 이동하여 전하 Q[C]을 운반한다는 것을 의미한다.

$$V = \frac{W}{Q}, \quad W = QV$$

미소전하 dq를 이동하기 위한 일 $dW = V \cdot dq = \frac{q}{C}dq$

$$\therefore W = \int_0^Q \frac{q}{C}dq = \frac{1}{C}\left[\frac{1}{2}q^2\right]_0^Q = \frac{Q^2}{2C} \text{[J]}$$

기·출·개·념 문제

1. 5,000[μF]의 콘덴서를 60[V]로 충전시켰을 때, 콘덴서에 축적되는 에너지는 몇 [J]인가?

15 기사

① 5 ② 9
③ 45 ④ 90

[해설] $W = \frac{1}{2}CV^2$
$= \frac{1}{2} \times 5,000 \times 10^{-6} \times 60^2 = 9 \text{[J]}$

답 ②

2. 유전율 ε[F/m]인 유전체 내에서 반지름 a인 도체구의 전위가 V[V]일 때, 이 도체구가 가지는 에너지[J]는?

14 산업

① $2\pi\varepsilon a V$ ② $4\pi\varepsilon a V$
③ $4\pi\varepsilon a V^2$ ④ $2\pi\varepsilon a V^2$

[해설] 반지름이 a[m]인 고립 도체구의 정전용량 C는
$C = 4\pi\varepsilon a \text{[F]}$
$\therefore W = \frac{1}{2}CV^2 = \frac{1}{2}(4\pi\varepsilon a)V^2 = 2\pi\varepsilon a V^2 \text{[J]}$

답 ④

CHAPTER 03 도체계와 정전용량

기출개념 08 공간 전하계가 갖는 에너지

① 평행판 사이의 전위차 : $V = \dfrac{\rho_s d}{\varepsilon_0}$ [V]

② 평행판 사이의 정전용량 : $C = \dfrac{\varepsilon_0 S}{d}$ [F]

③ 콘덴서에 축적되는 에너지(Sd는 양극판의 체적(v))

$$W = \frac{1}{2}CV^2 = \frac{1}{2} \cdot \frac{\varepsilon_0 S}{d}\left(\frac{\rho_s d}{\varepsilon_0}\right)^2 = \frac{\rho_s^2 Sd}{2\varepsilon_0} = \frac{\rho_s^2 v}{2\varepsilon_0} [\text{J}]$$

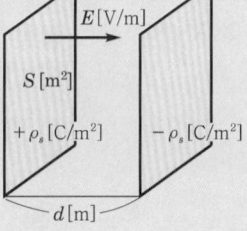

* 전계 내 단위체적당 축적되는 에너지

$$\boxed{w = \frac{W}{v} = \frac{\rho_s^2}{2\varepsilon_0} = \frac{1}{2}\varepsilon_0 E^2 = \frac{D^2}{2\varepsilon_0} = \frac{1}{2}ED [\text{J/m}^3]}$$

(전계의 세기 : $E = \dfrac{\rho_s}{\varepsilon_0}$ [V/m], $\rho_s = \varepsilon_0 E = D$ [C/m²])

* 단위면적당 받는 힘 = 정전 흡인력

$$\boxed{f = \frac{F}{S} = \frac{\rho_s^2}{2\varepsilon_0} = \frac{1}{2}\varepsilon_0 E^2 = \frac{D^2}{2\varepsilon_0} = \frac{1}{2}ED [\text{N/m}^2]}$$

기·출·개·념 문제

면적 $S[\text{m}^2]$, 간격 $d[\text{m}]$인 평행판 콘덴서에 전하 $Q[\text{C}]$를 충전하였을 때 정전에너지 $W[\text{J}]$는?

17 기사

① $W = \dfrac{dQ^2}{\varepsilon_0 S}$

② $W = \dfrac{dQ^2}{2\varepsilon_0 S}$

③ $W = \dfrac{dQ^2}{4\varepsilon_0 S}$

④ $W = \dfrac{dQ^2}{8\varepsilon_0 S}$

(해설) 평행판 콘덴서의 정전용량 $C = \dfrac{\varepsilon_0 S}{d}$ [F]

전하 $Q[\text{C}]$을 충전하였을 때, 즉 전하가 일정할 때

정전에너지 $W = \dfrac{Q^2}{2C} = \dfrac{Q^2}{2\left(\dfrac{\varepsilon_0 S}{d}\right)} = \dfrac{dQ^2}{2\varepsilon_0 S}$ [J]

답 ②

CHAPTER 03 도체계와 정전용량

이런 문제가 시험에 나온다! 단원 최근 빈출문제

기출 핵심 NOTE

01 진공 중에 서로 떨어져 있는 두 도체 A, B가 있다. A에만 1[C]의 전하를 줄 때 도체 A, B의 전위가 각각 3[V], 2[V]였다고 하면, A에 2[C], B에 1[C]의 전하를 주면 도체 A의 전위는 몇 [V]인가? [19년 2회 산업]

① 6 ② 7
③ 8 ④ 9

해설 1도체의 전위를 전위계수로 나타내면
$V_1 = P_{11}Q_1 + P_{12}Q_2 = P_{11} \times 1 + P_{12} \times 0 = 3$
$\therefore P_{11} = 3$
$V_2 = P_{21}Q_1 + P_{22}Q_2 = P_{21} \times 1 + P_{22} \times 0 = 2$
$\therefore P_{21} = 2 = P_{12}$
$Q_1 = 2[C], \ Q_2 = 1[C]$의 전하를 주면
1도체의 전위 $V_1 = P_{11} \times Q_1 + P_{12} \times Q_2 = 3 \times 2 + 2 \times 1 = 8[V]$

01 전위계수(p)
- $V_1 = P_{11}Q_1 + P_{12}Q_2[V]$
- $V_2 = P_{21}Q_1 + P_{22}Q_2[V]$

02 두 도체 사이에 100[V]의 전위를 가하는 순간 700[μC]의 전하가 축적되었을 때 이 두 도체 사이의 정전용량은 몇 [μF]인가? [18년 3회 산업]

① 4 ② 5
③ 6 ④ 7

해설 정전용량
$C = \dfrac{Q}{V} = \dfrac{700 \times 10^{-6}}{100} = 7 \times 10^{-6} = 7[\mu F]$

02 정전용량(커패시턴스)
$C = \dfrac{Q}{V} \left[\dfrac{C}{V}\right] = [F]$

03 내구의 반지름이 a[m], 외구의 내 반지름이 b[m]인 동심 구형 콘덴서의 내구의 반지름과 외구의 내 반지름을 각각 $2a$, $2b$로 증가시키면, 이 동심 구형 콘덴서의 정전용량은 몇 배로 되는가? [15년 2회 기사]

① 1 ② 2
③ 3 ④ 4

해설 동심 구형 콘덴서의 정전용량 C는 $C = \dfrac{4\pi\varepsilon_0 ab}{b-a}[F]$
내·외구의 반지름을 2배로 증가한 후의 정전용량을 C'라 하면
$C' = \dfrac{4\pi\varepsilon_0 (2a \times 2b)}{2b-2a} = \dfrac{4 \times 4\pi\varepsilon_0 ab}{2(b-a)} = 2C[F]$

03 동심구의 정전용량
$C = \dfrac{4\pi\varepsilon_0}{\dfrac{1}{a} - \dfrac{1}{b}}$
$= \dfrac{4\pi\varepsilon_0 ab}{b-a}[F]$

정답 01. ③ 02. ④ 03. ②

CHAPTER 03 도체계와 정전용량

04 그림과 같은 길이가 1[m]인 동축 원통 사이의 정전용량 [F/m]은? [17년 2회 기사]

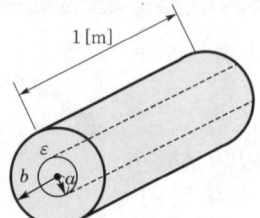

① $C = \dfrac{2\pi}{\varepsilon \ln \dfrac{b}{a}}$ ② $C = \dfrac{\varepsilon}{2\pi \ln \dfrac{b}{a}}$

③ $C = \dfrac{2\pi\varepsilon}{\ln \dfrac{b}{a}}$ ④ $C = \dfrac{2\pi\varepsilon}{\ln \dfrac{a}{b}}$

해설 $C = \dfrac{Q}{V_{AB}}$ ($Q = \lambda L$에서 $L = 1$[m]인 단위길이이므로 $Q = \lambda$)

$C = \dfrac{\lambda}{\dfrac{\lambda}{2\pi\varepsilon}\ln\dfrac{b}{a}} = \dfrac{2\pi\varepsilon}{\ln\dfrac{b}{a}}$ [F/m]

기출 핵심 NOTE

04 동축 원통의 정전용량

$C = \dfrac{2\pi\varepsilon_0}{\ln\dfrac{b}{a}}$ [F/m]

$= \dfrac{24.16}{\log\dfrac{b}{a}}$ [pF/m]

자연로그와 상용로그의 관계
$\ln = 2.303 \log$

---

05 정전용량 6[μF], 극간 거리 2[mm]의 평판 콘덴서에 300[μC]의 전하를 주었을 때, 극판 간의 전계는 몇 [V/mm]인가? [15년 1회 산업]

① 25   ② 50
③ 150   ④ 200

해설 $V = \dfrac{Q}{C} = \dfrac{300 \times 10^{-6}}{6 \times 10^{-6}} = 50$ [V]

$\therefore E = \dfrac{V}{d} = \dfrac{50}{2} = 25$ [V/mm]

05 평행판 콘덴서
- 평행판의 전계의 세기
$E = \dfrac{\rho_s}{\varepsilon_0}$ [V/m]
- 평행판 사이의 전위차
$V = \dfrac{\rho_s}{\varepsilon_0}d$ [V]
- 전계와 전위와의 관계
$V = Ed$, $E = \dfrac{V}{d}$
- 정전용량
$C = \dfrac{\varepsilon_0 S}{d}$ [F]

---

06 평행판 콘덴서의 양 극판 면적을 3배로 하고 간격을 $\dfrac{1}{3}$로 줄이면 정전용량은 처음의 몇 배가 되는가? [17년 1회 산업]

① 1   ② 3
③ 6   ④ 9

해설 평행판 콘덴서의 정전용량 $C = \dfrac{\varepsilon_0 S}{d}$ [F]

면적을 3배, 간격을 $\dfrac{1}{3}$로 줄이면

$C = \dfrac{\varepsilon_0 (3S)}{\left(\dfrac{1}{3}d\right)} = \dfrac{9\varepsilon_0 S}{d} = 9C$ [F]

정답 04. ③ 05. ① 06. ④

07 반지름 a[m]인 두 개의 무한장 도선이 d[m]의 간격으로 평행하게 놓여 있을 때 $a \ll d$인 경우, 단위길이당 정전용량[F/m]은? [18년 2회 산업]

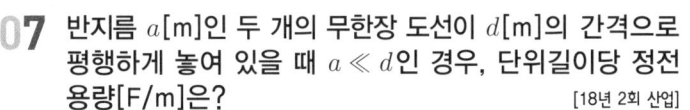

해설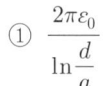

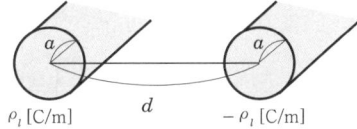

단위길이당 정전용량 $C = \dfrac{\pi\varepsilon_0}{\ln\dfrac{d-a}{a}}$ [F/m]

$d \gg a$인 경우 $C = \dfrac{\pi\varepsilon_0}{\ln\dfrac{d}{a}}$ [F/m] $= \dfrac{12.08}{\log\dfrac{d}{a}}$ [pF/m]

기출 핵심 NOTE

07 평행 왕복도선
- 전위차
  $V_{AB} = \dfrac{\rho_l}{\pi\varepsilon_0} \ln\dfrac{d-a}{a}$ [V]
- 정전용량
  $C = \dfrac{\pi\varepsilon_0 l}{\ln\dfrac{d-a}{a}}$ [F]
  $d \gg a$인 경우
  $C = \dfrac{\pi\varepsilon_0}{\ln\dfrac{d}{a}}$ [F/m]
  $= \dfrac{12.08}{\log\dfrac{d}{a}}$ [pF/m]

08 정전용량이 각각 C_1, C_2 그 사이의 상호 유도계수가 M인 절연된 두 도체가 있다. 두 도체를 가는 선으로 연결할 경우, 정전용량은 어떻게 표현되는가? [19년 3회 기사]

① $C_1 + C_2 - M$ ② $C_1 + C_2 + M$
③ $C_1 + C_2 + 2M$ ④ $2C_1 + 2C_2 + M$

해설 두 도체에 축적되는 전하
$Q_1 = q_{11}V_1 + q_{12}V_2$ [C]
$Q_2 = q_{21}V_1 + q_{22}V_2$ [C]
$q_{11} = C_1$, $q_{22} = C_2$, $q_{12} = q_{21} = M$
가는 도선으로 연결은 병렬 연결이므로 $V_1 = V_2 = V$
∴ $Q_1 = C_1 V + MV$ [C]
$Q_2 = MV + C_2 V$ [C]
합성 정전용량
$C = \dfrac{Q}{V} = \dfrac{Q_1 + Q_2}{V} = \dfrac{(C_1 + C_2 + 2M)V}{V} = C_1 + C_2 + 2M$ [F]

08 콘덴서 병렬 연결
가는 도선으로 연결할 경우의 용어는 병렬 연결의 의미이다.
- 총전하
  $Q = Q_1 + Q_2$ [C]
- 합성 정전용량
  $C = C_1 + C_2$ [F]

09 반지름이 2, 3[m] 절연 도체구의 전위를 각각 5, 6[V]로 한 후, 가는 도선으로 두 도체구를 연결하면 공통 전위는 몇 [V]가 되는가? [15년 2회 산업]

① 5.2 ② 5.4
③ 5.6 ④ 5.8

정답 07. ② 08. ③ 09. ③

CHAPTER 03 도체계와 정전용량

해설 가는 도선으로 연결하면 콘덴서 병렬 연결의 의미이므로

공통 전위 $V = \dfrac{\text{전체 전하량}}{\text{합성 정전용량}} = \dfrac{Q_1 + Q_2}{C_1 + C_2} = \dfrac{C_1 V_1 + C_2 V_2}{C_1 + C_2}$

$C_1 = 4\pi\varepsilon_0 a_1 [\text{F}], \quad C_2 = 4\pi\varepsilon_0 a_2 [\text{F}]$

$= \dfrac{a_1 V_1 + a_2 V_2}{a_1 + a_2} = \dfrac{2 \times 5 + 3 \times 6}{2 + 3} = 5.6 [\text{V}]$

10 회로에서 단자 a-b 간에 V의 전위차를 인가할 때 C_1의 에너지는? [15년 1회 기사]

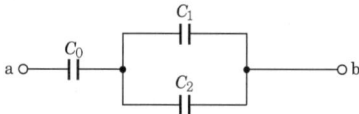

① $\dfrac{C_1^2 V^2}{2} \left(\dfrac{C_1 + C_2}{C_0 + C_1 + C_2} \right)^2$
② $\dfrac{C_1 V^2}{2} \left(\dfrac{C_0}{C_0 + C_1 + C_2} \right)^2$
③ $\dfrac{C_1 V^2}{2} \dfrac{C_0 (C_1 + C_2)}{(C_0 + C_1 + C_2)^2}$
④ $\dfrac{C_1 V^2}{2} \dfrac{C_0^2 C_2}{(C_0 + C_1 + C_2)}$

해설

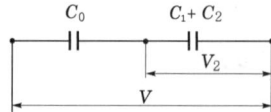

$V_2 = \dfrac{C_0}{C_0 + C_1 + C_2} V [\text{V}]$

따라서 C_1에 축적되는 에너지

$W = \dfrac{1}{2} C_1 V_2^2 [\text{J}] = \dfrac{1}{2} C_1 \left(\dfrac{C_0}{C_0 + C_1 + C_2} \times V \right)^2$

$= \dfrac{1}{2} C_1 V^2 \left(\dfrac{C_0}{C_0 + C_1 + C_2} \right)^2$

기출 핵심 NOTE

10 콘덴서 직렬 연결
• 전체 전압
$V = V_1 + V_2$
$= \left(\dfrac{1}{C_1} + \dfrac{1}{C_2} \right) Q [\text{V}]$
• 합성 정전용량
$\dfrac{1}{C_0} = \dfrac{1}{C_1} + \dfrac{1}{C_2}$
• 전압분배법칙
$V_1 = \dfrac{C_2}{C_1 + C_2} V [\text{V}]$
$V_2 = \dfrac{C_1}{C_1 + C_2} V [\text{V}]$

11 내압과 용량이 각각 200[V] 5[μF], 300[V] 4[μF], 400[V] 3[μF], 500[V] 3[μF]인 4개의 콘덴서를 직렬 연결하고 양단에 직류 전압을 가하여 전압을 서서히 상승시키면 최초로 파괴되는 콘덴서는? (단, 콘덴서의 재질이나 형태는 동일하다.) [16년 3회 산업]

① 200[V] 5[μF]
② 300[V] 4[μF]
③ 400[V] 3[μF]
④ 500[V] 3[μF]

해설 각 콘덴서의 전하량

$Q_1 = C_1 V_1 = 5 \times 10^{-6} \times 200 = 1 \times 10^{-3} [\text{C}]$

$Q_2 = C_2 V_2 = 4 \times 10^{-6} \times 300 = 1.2 \times 10^{-3} [\text{C}]$

$Q_3 = C_3 V_3 = 3 \times 10^{-6} \times 400 = 1.2 \times 10^{-3} [\text{C}]$

11 콘덴서 절연파괴
• 내압이 같은 경우
정전용량 C가 가장 적은 것이 가장 먼저 절연파괴 된다.
• 내압이 다른 경우
각 내압을 $V_{\max}$이라 하면 $Q = CV_{\max}$가 가장 적은 것이 가장 먼저 절연파괴 된다.

정답 10. ② 11. ①

$Q_4 = C_4 V_4 = 3 \times 10^{-6} \times 500 = 1.5 \times 10^{-3}[C]$
전하량이 제일 적은 것이 최초로 파괴된다.
$Q_4 > Q_3 = Q_2 > Q_1$
∴ 200[V] 5[μF]의 콘덴서가 최초로 파괴된다.

12 정전용량이 0.5[μF], 1[μF]인 콘덴서에 각각 2×10^{-4}[C] 및 3×10^{-4}[C]의 전하를 주고 극성을 같게 하여 병렬로 접속할 때 콘덴서에 축적된 에너지는 약 몇 [J]인가?

[17년 2회 산업]

① 0.042
② 0.063
③ 0.083
④ 0.126

해설
- 총전하 $Q = Q_1 + Q_2 = 2 \times 10^{-4} + 3 \times 10^{-4} = 5 \times 10^{-4}[C]$
- 합성 정전용량 : $C = C_1 + C_2 = 0.5 \times 10^{-6} + 1 \times 10^{-6}$
  $= 1.5 \times 10^{-6}[F]$
- ∴ 콘덴서에 축적된 에너지
  $W = \dfrac{Q^2}{2C} = \dfrac{(5 \times 10^{-4})^2}{2 \times 1.5 \times 10^{-6}} = 0.083[J]$

12 ㉠ 정전에너지
$W = \dfrac{Q^2}{2C} = \dfrac{1}{2}CV^2$
$= \dfrac{1}{2}QV[J]$

㉡ 콘덴서 병렬 연결
- 총전하 : $Q = Q_1 + Q_2[C]$
- 합성 정전용량
  : $C = C_1 + C_2[F]$

13 무한히 넓은 2개의 평행 도체판의 간격이 d[m]이며 그 전위차는 V[V]이다. 도체판의 단위면적에 작용하는 힘은 몇 [N/m²]인가? (단, 유전율은 ε_0이다.)

[16년 3회 산업]

① $\varepsilon_0 \left(\dfrac{V}{d}\right)^2$
② $\dfrac{1}{2}\varepsilon_0 \left(\dfrac{V}{d}\right)^2$
③ $\dfrac{1}{2}\varepsilon_0 \left(\dfrac{V}{d}\right)$
④ $\varepsilon_0 \left(\dfrac{V}{d}\right)$

해설 $f = \dfrac{\rho_s^2}{2\varepsilon_0} = \dfrac{1}{2}\varepsilon_0 E^2 = \dfrac{1}{2}\varepsilon_0 \left(\dfrac{V}{d}\right)^2 [N/m^2]$

13 정전 흡인력(정전응력)
$f = \dfrac{\rho_s^2}{2\varepsilon_0} = \dfrac{1}{2}\varepsilon_0 E^2 = \dfrac{D^2}{2\varepsilon_0}$
$= \dfrac{1}{2}ED[N/m^2]$

14 100[kV]로 충전된 8×10^3[pF]의 콘덴서가 축적할 수 있는 에너지는 몇 [W] 전구가 2초 동안 한 일에 해당되는가?

[17년 3회 산업]

① 10
② 20
③ 30
④ 40

해설 $P = \dfrac{W}{t} = \dfrac{\dfrac{1}{2}CV^2}{t} = \dfrac{\dfrac{1}{2} \times 8 \times 10^3 \times 10^{-12} \times (100 \times 10^3)^2}{2}$
$= 20[W]$

14
- 전력
$P = \dfrac{W}{t}[J/s] = [W]$
- 정전에너지
$W = \dfrac{1}{2}CV^2[J]$

정답 12. ③ 13. ② 14. ②

"사람을 고귀하게 만드는 것은 고난이 아니라
다시 일어서는 것이다."

- 의사 크리스티앙 바너트 -

CHAPTER 04 유전체

- **01** 유전율과 비유전율
- **02** 진공과 유전체의 제법칙 비교
- **03** 복합 유전체
- **04** 전속과 전속밀도
- **05** 전기분극
- **06** 유전체에서의 경계면 조건
- **07** 유전체 경계면에 작용하는 힘(Maxwell's 변형력)
- **08** 패러데이관
- **09** 단절연

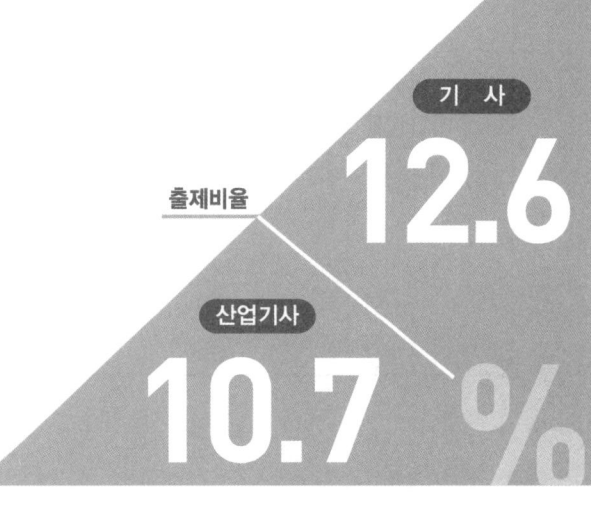

출제비율
기 사 **12.6**
산업기사 **10.7** %

CHAPTER 04 유전체

기출개념 01 유전율과 비유전율

(1) **유전체** : 정전계가 가해지면 표면에 전하가 유기되는 절연체

(2) 유전체의 유전율과 비유전율

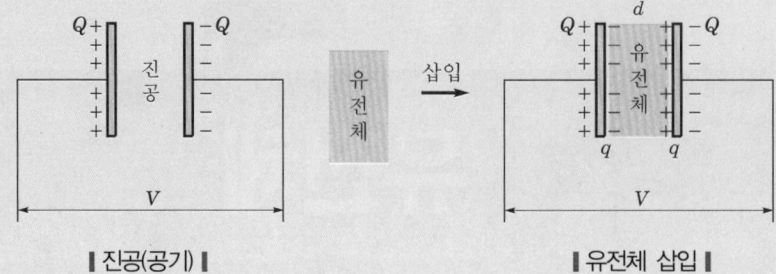

|진공(공기)| |유전체 삽입|

(3) 공기인 경우의 정전용량 : $C_0 = \dfrac{Q}{V}$ [F]

(4) 유전체를 넣었을 경우의 정전용량 : $C = \dfrac{Q+q}{V}$ [F]

① 비유전율 : $\varepsilon_s = \varepsilon_r = \dfrac{C}{C_0} > 1$

② 유전율 : $\varepsilon = \varepsilon_0 \varepsilon_s$ [F/m]

(5) 유전체의 비유전율의 특징

① 비유전율 ε_s는 1보다 크다.
② 진공이나 공기의 비유전율 $\varepsilon_s = 1$이다.
③ 비유전율 ε_s는 재질에 따라 다르다.

기·출·개·념 문제

1. 임의의 절연체에 대한 유전율의 단위로 옳은 것은?   17 산업

① F/m   ② V/m   ③ N/m   ④ C/m²

(해설) 유전율 $\varepsilon = \varepsilon_0 \varepsilon_s$ [F/m]   **답 ①**

2. 비유전율 ε_s의 설명으로 틀린 것은?   05 기사

① 진공의 비유전율은 0이다.
② 공기의 비유전율은 약 1 정도이다.
③ ε_s는 항상 1보다 큰 값이다.
④ ε_s는 절연물의 종류에 따라 다르다.

(해설) • 진공의 비유전율은 1이며, 공기의 비유전율도 약 1이 된다.
• 비유전율 ε_s는 1보다 크다.
• 비유전율 ε_s는 재질에 따라 다르다.   **답 ①**

기출개념 02 진공과 유전체의 제법칙 비교

구 분	진공 시	유전체 삽입	관 계
힘	$F_0 = \dfrac{Q_1 Q_2}{4\pi\varepsilon_0 r^2}$	$F = \dfrac{Q_1 Q_2}{4\pi\varepsilon_0 \varepsilon_s r^2}$	$\dfrac{1}{\varepsilon_s}$ 배 감소
전계의 세기	$E_0 = \dfrac{Q}{4\pi\varepsilon_0 r^2}$	$E = \dfrac{Q}{4\pi\varepsilon_0 \varepsilon_s r^2}$	$\dfrac{1}{\varepsilon_s}$ 배 감소
전위	$V_0 = \dfrac{Q}{4\pi\varepsilon_0 r}$	$V = \dfrac{Q}{4\pi\varepsilon_0 \varepsilon_s r}$	$\dfrac{1}{\varepsilon_s}$ 배 감소
정전용량	$C_0 = \dfrac{\varepsilon_0 S}{d}$	$C = \dfrac{\varepsilon_0 \varepsilon_s S}{d}$	ε_s 배 증가
전기력선의 수	$N_0 = \dfrac{Q}{\varepsilon_0}$	$N = \dfrac{Q}{\varepsilon_0 \varepsilon_s}$	$\dfrac{1}{\varepsilon_s}$ 배 감소
전속선	$\Phi_0 = Q$	$\Phi_0 = Q$	일정

콘덴서에 축적되는 에너지(=정전에너지)	$W = \dfrac{1}{2}CV^2 = \dfrac{Q^2}{2C} = \dfrac{1}{2}QV\,[\text{J}]$
단위체적당 정전에너지(=에너지 밀도)	$w = \dfrac{1}{2}\varepsilon E^2 = \dfrac{D^2}{2\varepsilon} = \dfrac{1}{2}ED\,[\text{J/m}^3]$
단위면적당 받는 힘(=정전 흡인력)	$f = \dfrac{1}{2}\varepsilon E^2 = \dfrac{D^2}{2\varepsilon} = \dfrac{1}{2}ED\,[\text{N/m}^2]$

기·출·개·념 문제

1. 공기 중 두 전하 사이에 작용하는 힘이 5[N]이었다. 두 전하 사이에 유전체를 넣었더니 힘이 2[N]으로 되었다면 유전체의 비유전율은 얼마인가? <small>12·99·98·95 기사 / 96 산업</small>

① 15　　② 10　　③ 5　　④ 2.5

[해설] $F_0 = \dfrac{Q_1 Q_2}{4\pi\varepsilon_0 r^2}$ [N] (공기 중에서), $F = \dfrac{Q_1 Q_2}{4\pi\varepsilon_0 \varepsilon_s r^2}$ [N] (유전체 중에서)

$$\dfrac{F_0}{F} = \dfrac{\dfrac{Q_1 Q_2}{4\pi\varepsilon_0 r^2}}{\dfrac{Q_1 Q_2}{4\pi\varepsilon_0 \varepsilon_s r^2}} = \varepsilon_s \quad \therefore\ \text{비유전율}\ \varepsilon_s = \dfrac{F_0}{F} = \dfrac{5}{2} = 2.5$$

답 ④

2. 공기 콘덴서의 극판 사이에 비유전율 ε_s의 유전체를 채운 경우, 동일 전위차에 대한 극판 간의 전하량은? <small>16 산업</small>

① $\dfrac{1}{\varepsilon_s}$로 감소　　② ε_s배로 증가　　③ $\pi\varepsilon_s$배로 증가　　④ 불변

[해설] 전하량 $Q = CV$ [C]

$$C = \dfrac{\varepsilon S}{d} = \dfrac{\varepsilon_0 \varepsilon_s S}{d}\,[\text{F}] \quad \therefore\ Q = \dfrac{\varepsilon_0 \varepsilon_s S}{d} \cdot V\,[\text{C}]$$

즉, 전하량은 비유전율(ε_s)에 비례한다.

답 ②

CHAPTER 04 유전체

기출개념 03-1 복합 유전체(Ⅰ)

(1) 서로 다른 유전체를 극판과 수직으로 채우는 경우

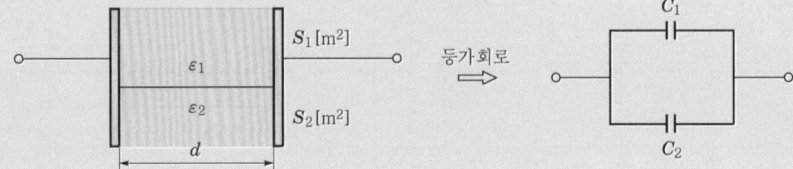

① ε_1 부분의 정전용량 : $C_1 = \dfrac{\varepsilon_1 S_1}{d}$

② ε_2 부분의 정전용량 : $C_2 = \dfrac{\varepsilon_2 S_2}{d}$

③ 전체 정전용량 : $\boxed{C = C_1 + C_2 = \dfrac{\varepsilon_1 S_1}{d} + \dfrac{\varepsilon_2 S_2}{d} = \dfrac{\varepsilon_1 S_1 + \varepsilon_2 S_2}{d} \,[\text{F}]}$

기·출·개념 문제

1. 정전용량이 6[μF]인 평행 평판 콘덴서의 극판 면적의 2/3에 비유전율 3인 운모를 그림과 같이 삽입했을 때, 콘덴서의 정전용량은 몇 [μF]가 되는가? <small>83 기사 / 80 산업</small>

① 14
② 45
③ $\dfrac{10}{3}$
④ $\dfrac{12}{7}$

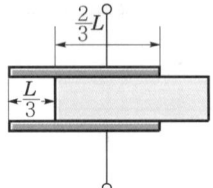

[해설] $C = C_1 + C_2 = \dfrac{1}{3}C_0 + \dfrac{2}{3}\varepsilon_s C_0 = \dfrac{(1+2\varepsilon_s)}{3}C_0 = \dfrac{(1+2\times 3)}{3}\times 6 = 14\,[\mu\text{F}]$ **답 ①**

2. 그림과 같은 극판 간의 간격이 d[m]인 평행판 콘덴서에서 S_1 부분의 유전체의 비유전율이 ε_{s1}, S_2 부분의 비유전율이 ε_{s2}, S_3 부분의 비유전율이 ε_{s3}일 때, 단자 AB 사이의 정전용량[F]은?

① $\dfrac{1}{d\varepsilon_0}\left(\dfrac{S_1}{\varepsilon_{s1}} + \dfrac{S_2}{\varepsilon_{s2}} + \dfrac{S_3}{\varepsilon_{s3}}\right)$
② $\dfrac{\varepsilon_0}{d}(\varepsilon_{s1}S_1 + \varepsilon_{s2}S_2 + \varepsilon_{s3}S_3)$
③ $\dfrac{\varepsilon_0}{d}(S_1 + S_2 + S_3)$
④ $\varepsilon_0(\varepsilon_{s1}S_1 + \varepsilon_{s2}S_2 + \varepsilon_{s3}S_3)$

[해설] S_1, S_2, S_3 부분의 정전용량을 각각 C_1, C_2, C_3라 하면

$C_1 = \varepsilon_0\varepsilon_{s1}\dfrac{S_1}{d}\,[\text{F}],\ C_2 = \varepsilon_0\varepsilon_{s2}\dfrac{S_2}{d}\,[\text{F}],\ C_3 = \varepsilon_0\varepsilon_{s3}\dfrac{S_3}{d}\,[\text{F}]$

$\therefore\ C = C_1 + C_2 + C_3 = \dfrac{\varepsilon_0}{d}(\varepsilon_{s1}S_1 + \varepsilon_{s2}S_2 + \varepsilon_{s3}S_3)\,[\text{F}]$ **답 ②**

기출개념 03-2 복합 유전체(Ⅱ)

(2) 서로 다른 유전체를 극판과 평행하게 채우는 경우

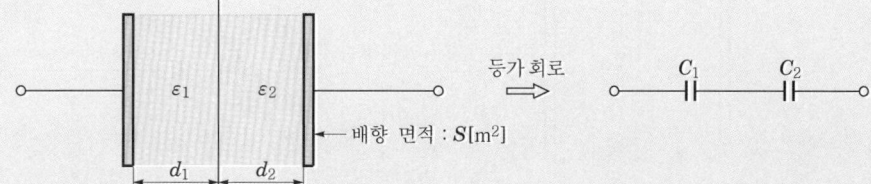

① ε_1 부분의 정전용량 : $C_1 = \dfrac{\varepsilon_1 S}{d_1}$

② ε_2 부분의 정전용량 : $C_2 = \dfrac{\varepsilon_2 S}{d_2}$

③ 전체 정전용량 : $$C = \dfrac{1}{\dfrac{1}{C_1} + \dfrac{1}{C_2}} = \dfrac{1}{\dfrac{d_1}{\varepsilon_1 S} + \dfrac{d_2}{\varepsilon_2 S}} = \dfrac{\varepsilon_1 \varepsilon_2 S}{\varepsilon_2 d_1 + \varepsilon_1 d_2} \, [\text{F}]$$

기·출·개념 문제

면적 $S[\text{m}^2]$, 간격 $d[\text{m}]$인 평행판 콘덴서에 그림과 같이 두께 d_1, $d_2[\text{m}]$이며, 유전율 ε_1, ε_2 [F/m]인 두 유전체를 극판 간에 평행으로 채웠을 때, 정전용량[F]은 얼마인가?

12·09 기사 / 14·03 91 산업

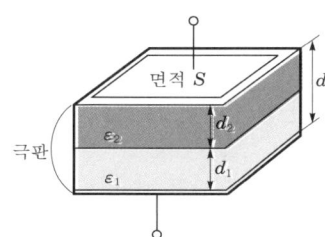

① $\dfrac{S}{\dfrac{d_1}{\varepsilon_1} + \dfrac{d_2}{\varepsilon_2}}$ 　② $\dfrac{\varepsilon_1 \varepsilon_2 S}{d}$ 　③ $\dfrac{\varepsilon_1 S}{d_1} + \dfrac{\varepsilon_2 S}{d_2}$ 　④ $\dfrac{S}{\dfrac{d_1}{\varepsilon_2} + \dfrac{d_2}{\varepsilon_1}}$

(해설) 유전율이 ε_1, ε_2인 유전체의 정전용량을 C_1, C_2라 하면

$C_1 = \dfrac{\varepsilon_1 S}{d_1} [\text{F}]$

$C_2 = \dfrac{\varepsilon_2 S}{d_2} [\text{F}]$

∴ 합성 정전용량 $C = \dfrac{1}{\dfrac{1}{C_1} + \dfrac{1}{C_2}} = \dfrac{S}{\dfrac{d_1}{\varepsilon_1} + \dfrac{d_2}{\varepsilon_2}} [\text{F}]$

답 ①

CHAPTER 04 유전체

기출개념 03-3 복합 유전체(Ⅲ)

(3) 공기 콘덴서에 유전체를 판 간격 절반만 평행하게 채운 경우

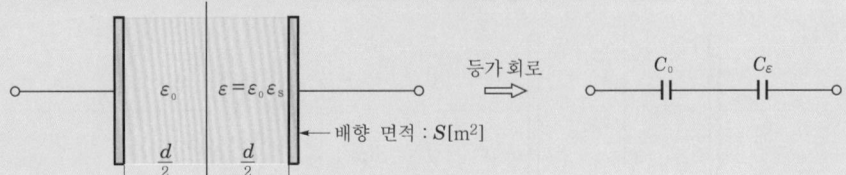

① 공기 부분의 정전용량 : $C_0 = \dfrac{\varepsilon_0 S}{\dfrac{d}{2}} = \dfrac{2\varepsilon_0 S}{d}$

② 유전체 부분의 정전용량 : $C_\varepsilon = \dfrac{\varepsilon_0 \varepsilon_s S}{\dfrac{d}{2}} = \dfrac{2\varepsilon_0 \varepsilon_s S}{d}$

③ 전체 정전용량 : $C = \dfrac{1}{\dfrac{1}{C_0} + \dfrac{1}{C_\varepsilon}} = \dfrac{1}{\dfrac{d}{2\varepsilon_0 S} + \dfrac{d}{2\varepsilon_0 \varepsilon_s S}} = \dfrac{2\varepsilon_0 \varepsilon_s S}{\varepsilon_s d + d} = \dfrac{2\varepsilon_s \varepsilon_0 S}{d(1+\varepsilon_s)}$

$= \dfrac{1}{1+\dfrac{1}{\varepsilon_s}}\left(\dfrac{2\varepsilon_0 S}{d}\right) = \boxed{\dfrac{2C_0}{1+\dfrac{1}{\varepsilon_s}}}\,[\text{F}]$

기·출·개념 문제

1. 0.2[μF]인 평행판 공기 콘덴서가 있다. 전극 간에 그 간격의 절반 두께의 유리판을 넣었다면 콘덴서의 용량은 약 몇 [μF]인가? (단, 유리의 비유전율은 10이다.)   17 기사

① 0.26   ② 0.36   ③ 0.46   ④ 0.56

(해설) 공기 콘덴서에 유전체를 판 간격 절반만 평행하게 채운 경우이므로

$C = \dfrac{2C_0}{1+\dfrac{1}{\varepsilon_s}} = \dfrac{2\times 0.2}{1+\dfrac{1}{10}} = 0.36\,[\mu\text{F}]$

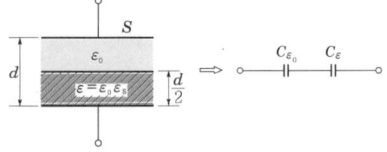

답 ②

2. 정전용량이 C_0[F]인 평행판 공기 콘덴서가 있다. 이것의 극판에 평행으로 판 간격 d[m]의 $\dfrac{1}{2}$ 두께인 유리판을 삽입하였을 때의 정전용량[F]은? (단, 유리판의 유전율은 ε[F/m]이라 한다.)   17 기사

① $\dfrac{2C_0}{1+\dfrac{1}{\varepsilon}}$ ② $\dfrac{C_0}{1+\dfrac{1}{\varepsilon}}$ ③ $\dfrac{2C_0}{1+\dfrac{\varepsilon_0}{\varepsilon}}$ ④ $\dfrac{C_0}{1+\dfrac{\varepsilon}{\varepsilon_0}}$

(해설) 공기 콘덴서에 유전체를 판 간격 절반만 평행하게 채운 경우이므로

$C = \dfrac{2C_0}{1+\dfrac{1}{\varepsilon_s}} = \dfrac{2\varepsilon_s C_0}{\varepsilon_s + 1} = \dfrac{2C_0}{1+\dfrac{\varepsilon_0}{\varepsilon}}\,[\text{F}]$

답 ③

기출개념 04 전속과 전속밀도

(1) 전속 Ψ[C]

전기력선의 묶음으로 매질에 관계없이 Q[C]의 전하에서 Q개의 선이 나온다고 가정한 것으로 전속은 폐곡면 내의 전하량과 같다.

(2) 전속밀도 D[C/m²]

전속밀도는 단위면적당 전속의 수로 반지름 r[m]의 구 표면을 통해 나아가는 전속선을 수식으로 정리하면 구의 표면적은 $4\pi r^2$[m²] 이므로 $D = \dfrac{\Psi}{S} = \dfrac{Q}{S} = \dfrac{Q}{4\pi r^2}$ [C/m²]이다.

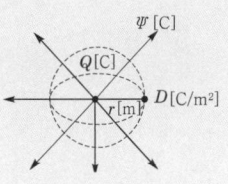

* 전속밀도와 전계의 세기와의 관계 : $\boxed{D = \varepsilon E \text{[C/m}^2]}$

기·출·개·념 문제

1. 유전율 $\varepsilon_0 \varepsilon_s$의 유전체 내에 전하 Q에서 나오는 전기력선 수는?   95 기사/90·82 산업

① Q개   ② $\dfrac{Q}{\varepsilon_0 \varepsilon_s}$개

③ $\dfrac{Q}{\varepsilon_0}$개   ④ $\dfrac{Q}{\varepsilon_s}$개

(해설) Q[C]에서 나오는 전기력선 수는 $\dfrac{Q}{\varepsilon_0 \varepsilon_s}$ 개이다.   답 ②

2. 유전율 $\varepsilon_0 \varepsilon_s$의 유전체 내에 있는 전하 Q에서 나오는 전속선 총수는?   83·81 산업

① $\dfrac{Q}{\varepsilon_s}$ ② $\dfrac{Q}{\varepsilon_0}$

③ $\dfrac{Q}{\varepsilon_0 \varepsilon_s}$ ④ Q

(해설) Q[C]에서 나오는 전속선 수는 Q개이다.   답 ④

3. 비유전율이 4이고 전계의 세기가 20[kV/m]인 유전체 내의 전속밀도[μC/m²]는?   00·98 산업

① 0.708   ② 0.168
③ 6.28   ④ 2.83

(해설) $D = \varepsilon_0 \varepsilon_s E$
$= 8.855 \times 10^{-12} \times 4 \times 20 \times 10^3$
$= 0.708 \times 10^{-6}$ [C/m²] $= 0.708$ [μC/m²]   답 ①

제4장 유전체

CHAPTER 04 유전체

기출개념 05 전기분극

(1) **분극현상** : 유전체 내에 외부 전계를 가하면 속박전하의 변위에 의해 전기 쌍극자가 형성되는 현상

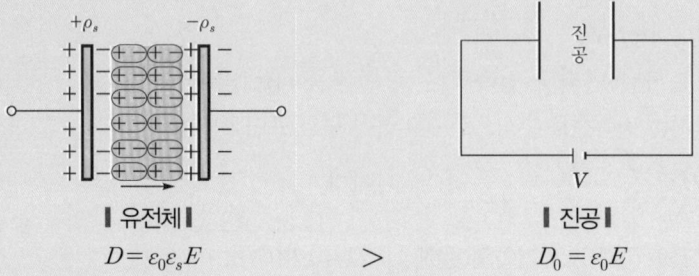

|유전체|　　　　　　　　　　　|진공|
$D = \varepsilon_0 \varepsilon_s E$ 　　　>　　　$D_0 = \varepsilon_0 E$

(2) **유전체 내의 전계의 세기**

$$E = \frac{\rho_s - \rho_p}{\varepsilon_0}[\text{V/m}]$$

여기서, ρ_s : 진전하밀도, ρ_p : 분극전하밀도

(3) **분극의 세기**

$$D = \varepsilon_0 E + P$$

$$P = D - \varepsilon_0 E = D\left(1 - \frac{1}{\varepsilon_s}\right) = \varepsilon_0 \varepsilon_s E - \varepsilon_0 E = \varepsilon_0(\varepsilon_s - 1)E = \chi E [\text{C/m}^2]$$

① 분극률 : $\chi = \varepsilon_0(\varepsilon_s - 1)$

② 비분극률 : $\dfrac{\chi}{\varepsilon_0} = \chi_e = \varepsilon_s - 1$

기·출·개·념 문제

1. 유전체에 가한 전계 E [V/m]와 분극의 세기 P [C/m²]와의 관계로 옳은 것은?　　　18 산업

① $P = \varepsilon_0(\varepsilon_s + 1)E$　　② $P = \varepsilon_0(\varepsilon_s - 1)E$　　③ $P = \varepsilon_s(\varepsilon_0 + 1)E$　　④ $P = \varepsilon_s(\varepsilon_0 - 1)E$

(해설) 분극의 세기
$P = D - \varepsilon_0 E = \varepsilon_0 \varepsilon_s E - \varepsilon_0 E = \varepsilon_0(\varepsilon_s - 1)E = \chi E [\text{C/m}^2]$
여기서, $\chi = \varepsilon_0(\varepsilon_s - 1)$: 분극률

답 ②

2. 비유전율 $\varepsilon_s = 5$인 유전체 내의 한 점에서 전계의 세기가 $E = 10^4$[V/m]일 때, 이 점의 분극의 세기 P [C/m²]는?　　　05·97 기사 / 07·83 산업

① $\dfrac{10^{-5}}{9\pi}$　　② $\dfrac{10^{-9}}{9\pi}$　　③ $\dfrac{10^{-5}}{18\pi}$　　④ $\dfrac{10^{-9}}{18\pi}$

(해설) 진공의 유전율 $\varepsilon_0 = \dfrac{1}{4\pi \times 9 \times 10^9} = \dfrac{10^{-9}}{36\pi}$ [F/m]

분극의 세기 $P = D - \varepsilon_0 E = \varepsilon_0(\varepsilon_s - 1)E = \dfrac{10^{-9}}{36\pi} \times (5-1) \times 10^4 = \dfrac{10^{-5}}{9\pi}$ [C/m²]

답 ①

유전체에서의 경계면 조건

(1) 전계는 경계면에서 수평성분(= 접선성분)이 서로 같다.

$$E_1 \sin\theta_1 = E_2 \sin\theta_2$$

$$E_{1t} = E_{2t}$$

여기서, t : 접선(수평)성분

(2) 전속밀도는 경계면에서 수직성분(= 법선성분)이 서로 같다.

$$D_1 \cos\theta_1 = D_2 \cos\theta_2$$

$$D_{1n} = D_{2n}$$

여기서, n : 법선(수직)성분

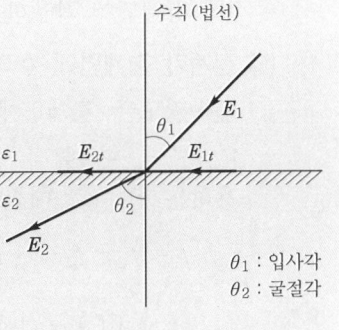

(3) (1)과 (2)의 비를 취하면

$$\frac{E_1 \sin\theta_1}{D_1 \cos\theta_1} = \frac{E_2 \sin\theta_2}{D_2 \cos\theta_2}$$

$$\frac{E_1 \sin\theta_1}{\varepsilon_1 E_1 \cos\theta_1} = \frac{E_2 \sin\theta_2}{\varepsilon_2 E_2 \cos\theta_2}$$

$$\frac{1}{\varepsilon_1}\tan\theta_1 = \frac{1}{\varepsilon_2}\tan\theta_2$$

이를 정리하면 $\boxed{\dfrac{\tan\theta_1}{\tan\theta_2} = \dfrac{\varepsilon_1}{\varepsilon_2}}$ 이다.

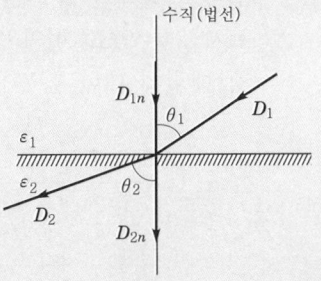

기·출·개·념 문제

서로 다른 두 유전체 사이의 경계면에 전하분포가 없다면 경계면 양쪽에서의 전계 및 전속밀도는?   19 기사

① 전계 및 전속밀도의 접선성분은 서로 같다.
② 전계 및 전속밀도의 법선성분은 서로 같다.
③ 전계의 법선성분이 서로 같고, 전속밀도의 접선성분이 서로 같다.
④ 전계의 접선성분이 서로 같고, 전속밀도의 법선성분이 서로 같다.

(해설) 유전체의 경계면 조건
전계 세기의 접선성분이 서로 같고, 전속밀도의 법선성분이 서로 같다.   답 ④

제4장 유전체

CHAPTER 04 유전체

기출개념 07 유전체 경계면에 작용하는 힘(Maxwell's 변형력)

유전체 경계면에 작용하는 힘은 유전율이 큰 쪽에서 작은 쪽으로 작용한다.

(1) 전계가 경계면에 수직으로 입사 시($\varepsilon_1 > \varepsilon_2$)

전속밀도는 경계면에서 수직성분이 같으므로 $D_1 = D_2 = D$ [C/m²]로 표시할 수 있고, 힘의 방향은 반대이므로 경계면에 작용하는 힘은 각 매질에 대한 힘을 구하여 그 차로 구한다.

$$f = f_2 - f_1 = \frac{1}{2}E_2 D_2 - \frac{1}{2}E_1 D_1 = \frac{1}{2}(E_2 - E_1)D$$

$$= \boxed{\frac{1}{2}\left(\frac{1}{\varepsilon_2} - \frac{1}{\varepsilon_1}\right)D^2 [\text{N/m}^2]}$$

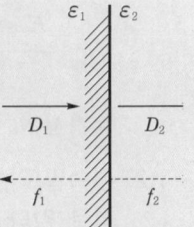

∥인장응력 작용∥

(2) 전계가 경계면에 수평으로 입사 시($\varepsilon_1 > \varepsilon_2$)

전계는 경계면에서 수평성분이 같으므로 $E_1 = E_2 = E$ [V/m]로 표시할 수 있고, 힘의 방향은 반대이므로 경계면에 작용하는 힘은 각 매질에 대한 힘을 구하여 그 차로 구한다.

$$f = f_1 - f_2 = \frac{1}{2}E_1 D_1 - \frac{1}{2}E_2 D_2$$

$$= \boxed{\frac{1}{2}(\varepsilon_1 - \varepsilon_2)E^2 [\text{N/m}^2]}$$

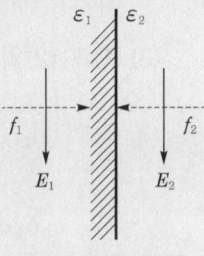

∥압축응력 작용∥

기·출·개념 문제

$\varepsilon_1 > \varepsilon_2$의 유전체 경계면에 전계가 수직으로 입사할 때, 경계면에 작용하는 힘과 방향에 대한 설명이 옳은 것은?   92·91·90 기사 / 94·90 산업

① $f = \frac{1}{2}\left(\frac{1}{\varepsilon_2} - \frac{1}{\varepsilon_1}\right)D^2$의 힘이 ε_1에서 ε_2로 작용

② $f = \frac{1}{2}\left(\frac{1}{\varepsilon_1} - \frac{1}{\varepsilon_2}\right)E^2$의 힘이 ε_2에서 ε_1으로 작용

③ $f = \frac{1}{2}(\varepsilon_2 - \varepsilon_1)D^2$의 힘이 ε_1에서 ε_2로 작용

④ $f = \frac{1}{2}(\varepsilon_1 - \varepsilon_2)D^2$의 힘이 ε_2에서 ε_1으로 작용

[해설] 전계가 경계면에 수직이므로 $f = \frac{1}{2}(E_2 - E_1)D = \frac{1}{2}\left(\frac{1}{\varepsilon_2} - \frac{1}{\varepsilon_1}\right)D^2 [\text{N/m}^2]$인 인장응력이 작용한다.

$\varepsilon_1 > \varepsilon_2$이므로 ε_1에서 ε_2로 작용한다.   **답 ①**

기출개념 08 패러데이관

전속 한 줄에 1개의 역관(力管)이 있다고 본 것으로 그 양단에는 ±1[C]의 전하가 있다. 즉 단위 전하에서 나오는 전속선의 관으로 +1[C]에서 나와 −1[C]에서 끝난다.

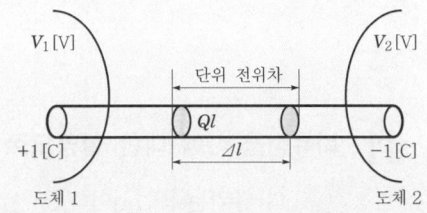

* 패러데이관의 성질
  ① 패러데이관 내의 전속선의 수는 일정하다.
  ② 패러데이관 양단에는 정·부의 단위 전하가 있다.
  ③ 패러데이관의 밀도는 전속밀도와 같다.
  ④ 단위 전위차당 패러데이관의 보유에너지는 $\frac{1}{2}$[J]이다.

기·출·개념 접근

패러데이관의 에너지 $W = \frac{1}{2}Q_1 V_1 + \frac{1}{2}Q_2 V_2$
$= \frac{1}{2}(+1)V_1 + \frac{1}{2}(-1)V_2 = \frac{1}{2}(V_1 - V_2)$[J]이므로

단위 전위차당($V_1 - V_2 = 1$[V]) 패러데이관의 에너지 $W = \frac{1}{2}$[J]이 된다.

기·출·개념 문제

패러데이관에 관한 설명으로 옳지 않은 것은?   04·95 기사
① 패러데이관은 진전하가 없는 곳에서 연속적이다.
② 패러데이관의 밀도는 전속밀도보다 크다.
③ 진전하가 없는 점에서는 패러데이관이 연속적이다.
④ 패러데이관 양단에 정·부의 단위 전하가 있다.

(해설) 패러데이관의 밀도는 전속밀도와 같다.   답 ②

기출개념 09 단절연

동축 케이블에서 절연층의 전계의 세기를 거의 일정하게 유지할 목적으로 도선에서 가까운 곳은 유전율이 큰 것으로, 먼 곳은 유전율이 작은 것으로 절연하는 방법으로 $\varepsilon_1 > \varepsilon_2 > \varepsilon_3$로 절연하는 것을 단절연이라 한다.

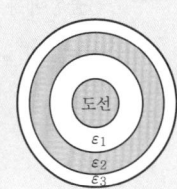

기·출·개념 문제

그림과 같이 단심 연피 케이블의 내외 도체를 단절연(graded insulation)할 경우, 두 도체 간의 절연내력을 최대로 하기 위한 조건은? (단, ε_1, ε_2는 각각의 유전율이다.)   05·82 기사

① $\varepsilon_1 < \varepsilon_2$ ② $\varepsilon_1 > \varepsilon_2$
③ $\varepsilon_1 = \varepsilon_2$ ④ 유전율과는 관계없다.

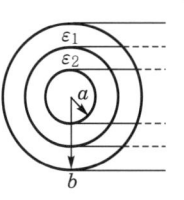

(해설) 절연내력을 최대로 하기 위해 중심에 가까울수록 유전율이 큰 물질을 채운다.   답 ①

제4장 유전체

CHAPTER 04 유전체

단원 최근 빈출문제

01 비유전율 ε_s에 대한 설명으로 옳은 것은? [16년 2회 산업]

① ε_s의 단위는 [C/m]이다.
② ε_s는 항상 1보다 작은 값이다.
③ ε_s는 유전체의 종류에 따라 다르다.
④ 진공의 비유전율은 0이고, 공기의 비유전율은 1이다.

해설
- 비유전율 $\varepsilon_s = \dfrac{C}{C_0} > 1$이다.
  즉, 비유전율은 항상 1보다 큰 값이다.
- 비유전율은 유전체의 종류에 따라 다르다.
  산화티탄자기 115~5,000, 운모 5.5~6.6의 비유전율의 값을 갖는다.
- 진공의 비유전율은 1이고, 공기의 비유전율도 약 1이 된다.

기출 핵심 NOTE

01 ㉠ 유전율의 단위는 [F/m]이다.
㉡ 비유전율의 특징
- 비유전율 ε_s는 1보다 크다.
- 진공, 공기의 비유전율 $\varepsilon_s = 1$이다.
- 매질의 종류에 따라 다르다.

02 유전율이 ε인 유전체 내에 있는 점전하 Q에서 발산되는 전기력선의 수는 총 몇 개인가? [18년 2회 기사]

① Q
② $\dfrac{Q}{\varepsilon_0 \varepsilon_s}$
③ $\dfrac{Q}{\varepsilon_s}$
④ $\dfrac{Q}{\varepsilon_0}$

해설
진공상태에서 단위 정전하(+1[C])는 $\dfrac{1}{\varepsilon_0}$개의 전기력선이 출입한다.
유전율이 ε인 유전체 내에 있는 점전하 Q[C]에서는
$\dfrac{Q}{\varepsilon}\left(=\dfrac{Q}{\varepsilon_0 \varepsilon_s}\right)$개의 전기력선이 출입한다.

02 Q[C]의 전하에서의 전기력선의 수
- 진공인 경우
  $N_0 = \dfrac{Q}{\varepsilon_0}$개
- 유전체인 경우
  $N = \dfrac{Q}{\varepsilon_0 \varepsilon_s}$개

03 비유전율이 9인 유전체 중에 1[cm]의 거리를 두고 1[μC]과 2[μC]의 두 점전하가 있을 때 서로 작용하는 힘은 약 몇 [N]인가? [18년 1회 산업]

① 18
② 20
③ 180
④ 200

해설
$F = \dfrac{Q_1 Q_2}{4\pi\varepsilon_0 \varepsilon_s r^2} = 9 \times 10^9 \dfrac{Q_1 Q_2}{\varepsilon_s r^2}$
$= 9 \times 10^9 \times \dfrac{1 \times 10^{-6} \times 2 \times 10^{-6}}{9 \times (1 \times 10^{-2})^2} = 20[\text{N}]$

03 쿨롱의 법칙
- 진공인 경우
  $F = \dfrac{Q_1 Q_2}{4\pi\varepsilon_0 r^2}[\text{N}]$
- 유전체인 경우
  $F = \dfrac{Q_1 Q_2}{4\pi\varepsilon_0 \varepsilon_s r^2}[\text{N}]$

정답 01. ③ 02. ② 03. ②

04 평행판 콘덴서에 어떤 유전체를 넣었을 때 전속밀도가 4.8×10^{-7}[C/m^2]이고, 단위체적당 정전에너지가 5.3×10^{-3} [J/m^3]이었다. 이 유전체의 유전율은 몇 [F/m]인가?

[16년 2회 기사]

① 1.15×10^{-11} ② 2.17×10^{-11}
③ 3.19×10^{-11} ④ 4.21×10^{-11}

해설 정전에너지

$$W = \frac{D^2}{2\varepsilon}[\text{J/m}^3]$$

$$\therefore \varepsilon = \frac{D^2}{2W} = \frac{(4.8 \times 10^{-7})^2}{2 \times 5.3 \times 10^{-3}} = 2.17 \times 10^{-11}[\text{F/m}]$$

05 극판의 면적 $S = 10$[cm^2], 간격 $d = 1$[mm]의 평행판 콘덴서에 비유전율 $\varepsilon_s = 3$인 유전체를 채웠을 때 전압 100[V]를 인가하면 축적되는 에너지는 약 몇 [J]인가?

[19년 1회 산업]

① 0.3×10^{-7} ② 0.6×10^{-7}
③ 1.3×10^{-7} ④ 2.1×10^{-7}

해설 콘덴서의 축적에너지 W

$$W = \frac{1}{2}CV^2 = \frac{1}{2}\frac{\varepsilon_0 \varepsilon_s S}{d} V^2$$

$$= \frac{1}{2} \times \frac{8.85 \times 10^{-12} \times 3 \times 10 \times 10^{-4}}{1 \times 10^{-3}} \times 100^2$$

$$= 1.33 \times 10^{-7}[\text{J}]$$

06 그림과 같은 정전용량이 C_0[F]가 되는 평행판 공기 콘덴서가 있다. 이 콘덴서의 판 면적의 $\frac{2}{3}$가 되는 공간에 비유전율 ε_s인 유전체를 채우면 공기 콘덴서의 정전용량[F]은?

[18년 1회 산업]

① $\frac{2\varepsilon_s}{3}C_0$
② $\frac{3}{1+2\varepsilon_s}C_0$
③ $\frac{1+\varepsilon_s}{3}C_0$
④ $\frac{1+2\varepsilon_s}{3}C_0$

해설 합성 정전용량은 두 콘덴서의 병렬 연결과 같으므로

$$C = C_1 + C_2 = \frac{1}{3}C_0 + \frac{2}{3}\varepsilon_s C_0 = \frac{1+2\varepsilon_s}{3}C_0[\text{F}]$$

기출 핵심 NOTE

04 단위체적당 정전에너지
- 진공인 경우
$$W = \frac{1}{2}\varepsilon_0 E^2 = \frac{D^2}{2\varepsilon_0}[\text{J/m}^3]$$
- 유전체인 경우
$$W = \frac{1}{2}\varepsilon_0 \varepsilon_s E^2 = \frac{D^2}{2\varepsilon_0 \varepsilon_s}[\text{J/m}^3]$$

05 정전에너지
- 진공인 경우
$$W = \frac{1}{2}C_0 V^2 = \frac{Q^2}{2C_0}[\text{J}]$$
- 유전체인 경우
$$W = \frac{1}{2}\varepsilon_s C_0 V^2 = \frac{Q^2}{2\varepsilon_s C_0}[\text{J}]$$

06 서로 다른 유전체를 극판과 수직하게 채운 복합 유전체

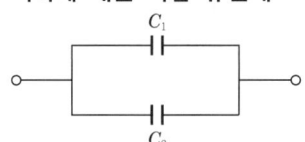

합성 정전용량 계산은 콘덴서 병렬 연결로 계산한다.

정답 04. ② 05. ③ 06. ④

CHAPTER 04 유전체

07 면적 $S[\text{m}^2]$의 평행한 평판 전극 사이에 유전율이 ε_1, $\varepsilon_2[\text{F/m}]$ 되는 두 종류의 유전체를 $\dfrac{d}{2}[\text{m}]$ 두께가 되도록 각각 넣으면 정전용량은 몇 $[\text{F}]$이 되는가? [15년 2회 산업]

① $\dfrac{2S}{d(\varepsilon_1+\varepsilon_2)}$

② $\dfrac{2\varepsilon_1\varepsilon_2}{dS(\varepsilon_1+\varepsilon_2)}$

③ $\dfrac{2S\varepsilon_1\varepsilon_2}{d(\varepsilon_1+\varepsilon_2)}$

④ $\dfrac{S\varepsilon_1\varepsilon_2}{2d(\varepsilon_1+\varepsilon_2)}$

기출 핵심 NOTE

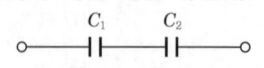

07 서로 다른 유전체를 극판과 평행하게 채운 복합 유전체

합성 정전용량 계산은 콘덴서 직렬 연결로 계산한다.

해설 유전율이 ε_1, ε_2인 유전체의 정전용량을 C_1, C_2라 하면

$C_1 = \dfrac{\varepsilon_1 S}{d_2} = \dfrac{2\varepsilon_1 S}{d}[\text{F}]$

$C_2 = \dfrac{\varepsilon_2 S}{d_2} = \dfrac{2\varepsilon_2 S}{d}[\text{F}]$

∴ 합성 정전용량

$C = \dfrac{1}{\dfrac{1}{C_1}+\dfrac{1}{C_2}} = \dfrac{1}{\dfrac{d}{2\varepsilon_1 S}+\dfrac{d}{2\varepsilon_2 S}} = \dfrac{2\varepsilon_1\varepsilon_2 S}{d\varepsilon_2+d\varepsilon_1}$

$= \dfrac{2S\varepsilon_1\varepsilon_2}{d(\varepsilon_1+\varepsilon_2)}[\text{F}]$

08 정전용량이 $1[\mu\text{F}]$이고, 판의 간격이 d인 공기 콘덴서가 있다. 두께 $\dfrac{1}{2}d$, 비유전율 $\varepsilon_r = 2$ 유전체를 그 콘덴서의 한 전극면에 접촉하여 넣었을 때 전체의 정전용량$[\mu\text{F}]$은? [19년 3회 기사]

① 2

② $\dfrac{1}{2}$

③ $\dfrac{4}{3}$

④ $\dfrac{5}{3}$

08 • 공기 콘덴서에 유전체를 판 간격 절반만 평행하게 채운 복합 유전체
• 합성 정전용량

$C = \dfrac{2C_0}{1+\dfrac{1}{\varepsilon_s}} = \dfrac{2\varepsilon_s C_0}{\varepsilon_s+1}[\text{F}]$

해설 공기 콘덴서에 유전체를 판 간격 절반만 평행하게 채운 경우이므로 문제 조건에서 $C_0 = \dfrac{\varepsilon_0 S}{d} = 1[\mu\text{F}]$이다.

∴ $C = \dfrac{2C_0}{1+\dfrac{1}{\varepsilon_r}} = \dfrac{2\times 1}{1+\dfrac{1}{2}} = \dfrac{4}{3}[\mu\text{F}]$

정답 07. ③ 08. ③

09 어떤 대전체가 진공 중에서 전속이 $Q[C]$이었다. 이 대전체를 비유전율 10인 유전체 속으로 가져갈 경우에 전속[C]은?   [19년 2회 기사]

① Q
② $10Q$
③ $\dfrac{Q}{10}$
④ $10\varepsilon_0 Q$

해설 전속은 주위의 매질과 관계없이 일정하므로 유전체 중에서의 전속은 공기 중의 $Q[C]$과 같다.

10 비유전율이 4이고, 전계의 세기가 20[kV/m]인 유전체 내의 전속밀도는 약 몇 [μC/m²]인가?   [17년 1회 산업]

① 0.71
② 1.42
③ 2.83
④ 5.28

해설 전속밀도
$D = \varepsilon E = \varepsilon_0 \varepsilon_s E$
$= 8.855 \times 10^{-12} \times 4 \times 20 \times 10^3 = 0.71 \times 10^{-6} = 0.71\,[\mu C/m^2]$

11 베이클라이트 중의 전속밀도가 $D[C/m^2]$일 때의 분극의 세기는 몇 [C/m²]인가? (단, 베이클라이트의 비유전율은 ε_r이다.)   [16년 3회 기사]

① $D(\varepsilon_r - 1)$
② $D\left(1 + \dfrac{1}{\varepsilon_r}\right)$
③ $D\left(1 - \dfrac{1}{\varepsilon_r}\right)$
④ $D(\varepsilon_r + 1)$

해설 분극의 세기
$P = D - \varepsilon_0 E = D\left(1 - \dfrac{1}{\varepsilon_r}\right)[C/m^2]$

12 전계 $E[V/m]$, 전속밀도 $D[C/m^2]$, 유전율 $\varepsilon = \varepsilon_0 \varepsilon_s$ [F/m], 분극의 세기 $P[C/m^2]$ 사이의 관계는?   [17년 2회 기사]

① $P = D + \varepsilon_0 E$
② $P = D - \varepsilon_0 E$
③ $P = \dfrac{D + E}{\varepsilon_0}$
④ $P = \dfrac{D - E}{\varepsilon_0}$

해설 $D = \varepsilon_0 E + P$
∴ $P = D - \varepsilon_0 E = \varepsilon_0 \varepsilon_s E - \varepsilon_0 E = \varepsilon_0(\varepsilon_s - 1)E\,[C/m^2]$

기출 핵심 NOTE

09 • $Q[C]$ 전하에서의 전기력선의 수
$N = \dfrac{Q}{\varepsilon} = \dfrac{Q}{\varepsilon_0 \varepsilon_s}$ 개
• $Q[C]$ 전하에서의 전속의 수
$\Psi = Q$ 개

10 전속밀도와 전계의 세기와의 관계
$D = \varepsilon E[C/m^2]$

11 분극의 세기
$P = D - \varepsilon_0 E$
$= D\left(1 - \dfrac{1}{\varepsilon_r}\right)[C/m^2]$

12 분극의 세기
$P = D - \varepsilon_0 E$
$= \varepsilon_0 \varepsilon_s E - \varepsilon_0 E$
$= \varepsilon_0(\varepsilon_s - 1)E$
$= \chi E\,[C/m^2]$
$\chi = \varepsilon_0(\varepsilon_s - 1)$: 분극률

정답 09.① 10.① 11.③ 12.②

CHAPTER 04 유전체

13 비유전율 $\varepsilon_r = 5$인 유전체 내의 한 점에서 전계의 세기가 10^4[V/m]라면, 이 점의 분극의 세기는 약 몇 [C/m²]인가?
[19년 2회 산업]

① 3.5×10^{-7}
② 4.3×10^{-7}
③ 3.5×10^{-11}
④ 4.3×10^{-11}

해설 분극의 세기
$$P = \varepsilon_0(\varepsilon_r - 1)E = 8.855 \times 10^{-12} \times (5-1) \times 10^4$$
$$= 3.5 \times 10^{-7} [\text{C/m}^2]$$

14 두 유전체의 경계면에서 정전계가 만족하는 것은?
[18년 3회 산업]

① 전계의 법선성분이 같다.
② 전계의 접선성분이 같다.
③ 전속밀도의 접선성분이 같다.
④ 분극 세기의 접선성분이 같다.

해설 유전체의 유전율 값이 서로 다른 경우에 전계의 세기와 전속밀도는 경계면에서 다음과 같은 조건이 성립된다.
• 전계는 경계면에서 수평성분(=접선성분)이 서로 같다.
• 전속밀도는 경계면에서 수직성분(=법선성분)이 서로 같다.

15 그림과 같은 평행판 콘덴서에 극판의 면적이 S[m²], 진전하밀도를 σ[C/m²], 유전율이 각각 $\varepsilon_1 = 4$, $\varepsilon_2 = 2$인 유전체를 채우고 a, b 양단에 V[V]의 전압을 인가할 때 ε_1, ε_2인 유전체 내부의 전계의 세기 E_1, E_2와의 관계식은?
[16년 3회 기사]

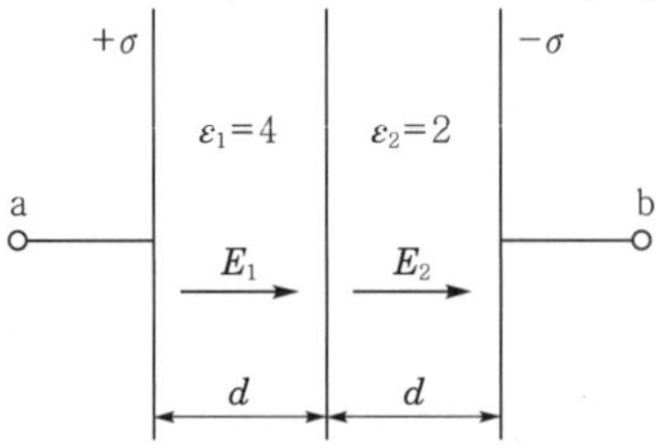

① $E_1 = 2E_2$
② $E_1 = 4E_2$
③ $2E_1 = E_2$
④ $E_1 = E_2$

해설 유전체의 경계면 조건
$D_1 \cos\theta_1 = D_2 \cos\theta_2$
경계면에 수직이므로 $\theta_1 = \theta_2 = 0°$ 이다.
∴ $D_1 = D_2$, $\varepsilon_1 E_1 = \varepsilon_2 E_2$
∵ $E_1 = \dfrac{\varepsilon_2}{\varepsilon_1} E_2 = \dfrac{2}{4} E_2 = \dfrac{1}{2} E_2$
즉, $2E_1 = E_2$가 된다.

기출 핵심 NOTE

13 진공의 유전율
$\varepsilon_0 = 8.855 \times 10^{-12}$[F/m]

14 유전체에서의 경계면 조건
• 전계는 경계면에서 접선성분이 같다.
• 전속밀도는 경계면에서 법선성분이 같다.
• $\dfrac{\tan\theta_1}{\tan\theta_2} = \dfrac{\varepsilon_1}{\varepsilon_2}$

15 유전체의 경계면 조건
전속밀도는 경계면에서 법선(수직)성분이 서로 같다.
$D_1 \cos\theta_1 = D_2 \cos\theta_2$

정답 13. ① 14. ② 15. ③

16 두 종류의 유전율 (ε_1, ε_2)을 가진 유전체 경계면에 진전하가 존재하지 않을 때 성립하는 경계조건을 옳게 나타낸 것은? (단, θ_1, θ_2는 각각 유전체 경계면의 법선 벡터와 E_1, E_2가 이루는 각이다.) [16년 2회 기사]

① $E_1\sin\theta_1 = E_2\sin\theta_2$, $D_1\sin\theta_1 = D_2\sin\theta_2$, $\dfrac{\tan\theta_1}{\tan\theta_2} = \dfrac{\varepsilon_2}{\varepsilon_1}$

② $E_1\cos\theta_1 = E_2\cos\theta_2$, $D_1\sin\theta_1 = D_2\sin\theta_2$, $\dfrac{\tan\theta_1}{\tan\theta_2} = \dfrac{\varepsilon_2}{\varepsilon_1}$

③ $E_1\sin\theta_1 = E_2\sin\theta_2$, $D_1\cos\theta_1 = D_2\cos\theta_2$, $\dfrac{\tan\theta_1}{\tan\theta_2} = \dfrac{\varepsilon_1}{\varepsilon_2}$

④ $E_1\cos\theta_1 = E_2\cos\theta_2$, $D_1\cos\theta_1 = D_2\cos\theta_2$, $\dfrac{\tan\theta_1}{\tan\theta_2} = \dfrac{\varepsilon_1}{\varepsilon_2}$

해설 유전체의 경계면 조건
- 전계는 경계면에서 수평성분이 서로 같다.
  $E_1\sin\theta_1 = E_2\sin\theta_2$
- 전속밀도는 경계면에서 수직성분이 서로 같다.
  $D_1\cos\theta_1 = D_2\cos\theta_2$
- 위의 비를 취하면
  $\dfrac{E_1\sin\theta_1}{D_1\cos\theta_1} = \dfrac{E_2\sin\theta_2}{D_2\cos\theta_2}$
  여기서, $D_1 = \varepsilon_1 E_1$, $D_2 = \varepsilon_2 E_2$
  $\therefore \dfrac{\tan\theta_1}{\tan\theta_2} = \dfrac{\varepsilon_1}{\varepsilon_2}$

기출 핵심 NOTE

16 유전체의 경계면 조건
- $E_1\sin\theta_1 = E_2\sin\theta_2$
- $D_1\cos\theta_1 = D_2\cos\theta_2$
- $\dfrac{\tan\theta_1}{\tan\theta_2} = \dfrac{\varepsilon_1}{\varepsilon_2}$

17 매질 1(ε_1)은 나일론(비유전율 $\varepsilon_s = 4$)이고 매질 2(ε_2)는 진공일 때 전속밀도 D가 경계면에서 각각 θ_1, θ_2의 각을 이룰 때, $\theta_2 = 30°$라면 θ_1의 값은? [17년 1회 기사]

① $\tan^{-1}\dfrac{4}{\sqrt{3}}$

② $\tan^{-1}\dfrac{\sqrt{3}}{4}$

③ $\tan^{-1}\dfrac{\sqrt{3}}{2}$

④ $\tan^{-1}\dfrac{2}{\sqrt{3}}$

해설 유전체의 경계면 조건
$\dfrac{\tan\theta_1}{\tan\theta_2} = \dfrac{\varepsilon_1}{\varepsilon_2}$

$\tan\theta_1 \varepsilon_2 = \tan\theta_2 \varepsilon_1$

$\tan\theta_1 = \dfrac{\varepsilon_1}{\varepsilon_2}\tan\theta_2$

$\therefore \theta_1 = \tan^{-1}\left(\dfrac{\varepsilon_1}{\varepsilon_2}\tan\theta_2\right) = \tan^{-1}\left(\dfrac{4}{1}\tan 30°\right) = \tan^{-1}\dfrac{4}{\sqrt{3}}$

17 유전체의 경계면 조건
$\dfrac{\tan\theta_1}{\tan\theta_2} = \dfrac{\varepsilon_1}{\varepsilon_2}$

$\tan\theta_1\varepsilon_2 = \tan\theta_2\varepsilon_1$

- 입사각 : $\theta_1 = \tan^{-1}\left(\dfrac{\varepsilon_1}{\varepsilon_2}\tan\theta_2\right)$
- 굴절각 : $\theta_2 = \tan^{-1}\left(\dfrac{\varepsilon_2}{\varepsilon_1}\tan\theta_1\right)$

정답 16. ③ 17. ①

CHAPTER 04 유전체

18 두 유전체가 접했을 때 $\dfrac{\tan\theta_1}{\tan\theta_2} = \dfrac{\varepsilon_1}{\varepsilon_2}$의 관계식에서 $\theta_1 = 0°$일 때의 표현으로 틀린 것은? [19년 1회 산업]

① 전속밀도는 불변이다.
② 전기력선은 굴절하지 않는다.
③ 전계는 불연속적으로 변한다.
④ 전기력선은 유전율이 큰 쪽에 모여진다.

해설 $\theta_1 = 0°$, 즉 전계가 경계면에 수직일 때
- 입사각 $\theta_1 = 0$, 굴절각 $\theta_2 = 0$: 굴절하지 않는다.
- $D_1 \cos\theta_1 = D_2 \cos\theta_2$, $D_1 = D_2$: 전속밀도는 불변(연속)이다.
- $E_1 \sin\theta_1 = E_2 \sin\theta_2$, $E_1 \neq E_2$: 전계는 불연속이다.
- 전속은 유전율이 큰 쪽으로 모이려는 성질이 있고, 전기력선은 유전율이 작은 쪽으로 모인다.

19 유전율이 ε_1, ε_2인 유전체 경계면에 수직으로 전계가 작용할 때 단위면적당에 작용하는 수직력은? [16년 3회 기사]

① $2\left(\dfrac{1}{\varepsilon_2} - \dfrac{1}{\varepsilon_1}\right)E^2$
② $2\left(\dfrac{1}{\varepsilon_2} - \dfrac{1}{\varepsilon_1}\right)D^2$
③ $\dfrac{1}{2}\left(\dfrac{1}{\varepsilon_2} - \dfrac{1}{\varepsilon_1}\right)E^2$
④ $\dfrac{1}{2}\left(\dfrac{1}{\varepsilon_2} - \dfrac{1}{\varepsilon_1}\right)D^2$

해설 전계가 경계면에 수직이므로
$f = \dfrac{1}{2}(E_2 - E_1)D = \dfrac{1}{2}\left(\dfrac{1}{\varepsilon_2} - \dfrac{1}{\varepsilon_1}\right)D^2 [\text{N/m}^2]$

20 패러데이관(Faraday tube)의 성질에 대한 설명으로 틀린 것은? [18년 1회 기사]

① 패러데이관 중에 있는 전속수는 그 관 속에 진전하가 없으면 일정하며 연속적이다.
② 패러데이관의 양단에는 양 또는 음의 단위 진전하가 존재하고 있다.
③ 패러데이관 한 개의 단위 전위차당 보유에너지는 $\dfrac{1}{2}$[J]이다.
④ 패러데이관의 밀도는 전속밀도와 같지 않다.

해설 패러데이관의 성질
- 패러데이관 내의 전속선의 수는 일정하다.
- 패러데이관 양단에는 정·부의 단위 전하가 있다.
- 패러데이관의 밀도는 전속밀도와 같다.
- 단위 전위차당 패러데이관의 보유에너지는 $\dfrac{1}{2}$[J]이다.

기출 핵심 NOTE

18 전속과 전기력이 경계면에 수직으로 도달하는 경우
- 전속과 전기력선은 굴절하지 않는다.
- 전속밀도는 변화하지 않는다.
- 전계의 세기는 $\varepsilon_1 E_1 = \varepsilon_2 E_2$로 되고 경계면에서 불연속적이다.

19 경계면에 작용하는 힘($\varepsilon_1 > \varepsilon_2$)
- 전계가 경계면에 수직으로 입사 시
$f = \dfrac{1}{2}(E_2 - E_1)D$
$= \dfrac{1}{2}\left(\dfrac{1}{\varepsilon_2} - \dfrac{1}{\varepsilon_1}\right)D^2 [\text{N/m}^2]$
- 전계가 경계면에 수평으로 입사 시
$f = \dfrac{1}{2}(D_1 - D_2)E$
$= \dfrac{1}{2}(\varepsilon_1 - \varepsilon_2)E^2 [\text{N/m}^2]$

20 패러데이관
전속 한 줄에 1개의 역관이 있다고 본 것으로 그 양단에는 ±1[C]의 전하가 있다.

정답 18. ④ 19. ④ 20. ④

CHAPTER 05
전계의 특수해법(전기영상법)

- **01** 접지 무한 평면도체와 점전하
- **02** 무한 평면도체와 선전하
- **03** 접지 구도체와 점전하

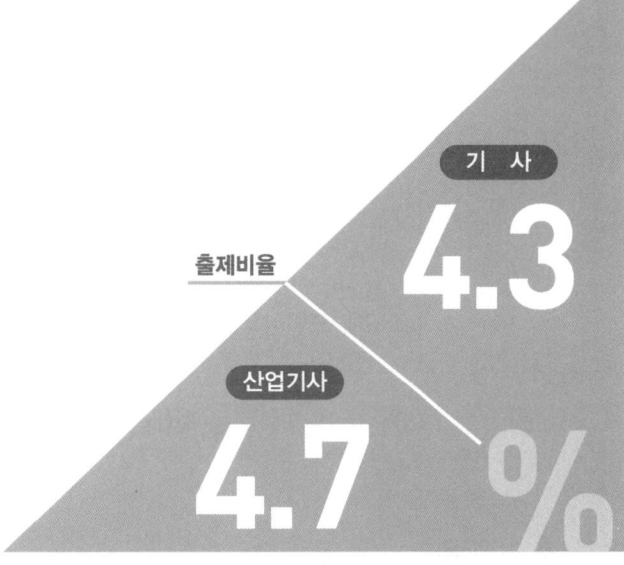

CHAPTER 05 전계의 특수해법(전기영상법)

기출개념 01 접지 무한 평면도체와 점전하

같은 거리에 반대 부호의 전하가 있다고 보면
무한 평면의 전위

$$V = \frac{Q}{4\pi\varepsilon_0 d} - \frac{Q}{4\pi\varepsilon_0 d} = 0$$

즉, 무한 평면도체와 점전하 사이의 정전계 문제를 $+Q$, $-Q$의 점전하 문제로 풀 수 있다.

① 영상전하(Q') : 크기는 같고, 부호가 반대인 전하가 무한 평면 반대편에 존재

$$Q' = -Q[\text{C}]$$

② 무한 평면과 점전하 사이에 작용하는 힘

$$F = \frac{Q \cdot (-Q)}{4\pi\varepsilon_0 (2d)^2} = -\frac{Q^2}{16\pi\varepsilon_0 d^2}[\text{N}]$$

항상 흡인력이 작용

③ 전하분포도 및 최대전하밀도
최대전하밀도

$$\rho_{s\,\max} = -\frac{Q}{2\pi d^2}[\text{C/m}^2]$$

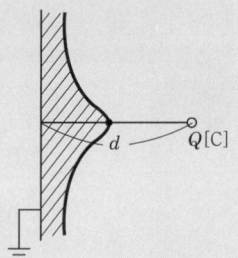

기·출·개·념 접근

(1) 전위 : $V_P = \dfrac{Q}{4\pi\varepsilon_0}\left(\dfrac{1}{\sqrt{(d-x)^2+y^2}} - \dfrac{1}{\sqrt{(d+x)^2+y^2}}\right)[\text{V}]$

(2) 점 P(x, y)의 전계의 세기

$$E = -\operatorname{grad} V = -\frac{\partial V}{\partial x} = \frac{Q}{4\pi\varepsilon_0}\left[\frac{x-d}{[(x-d)^2+y^2]^{\frac{3}{2}}} - \frac{x+d}{[(x+d)^2+y^2]^{\frac{3}{2}}}\right]$$

(3) 도체 표면상의 전계의 세기($x=0$) : $E = -\dfrac{Qd}{2\pi\varepsilon_0(d^2+y^2)^{\frac{3}{2}}}[\text{V/m}]$

(4) 도체 표면상의 전하밀도 : $\rho_s = \varepsilon_0 E = -\dfrac{Q \cdot d}{2\pi(d^2+y^2)^{\frac{3}{2}}}[\text{C/m}^2]$

(5) $y=0$일 때 ρ_s는 최대전하밀도 : $\rho_{s\,\max} = -\dfrac{Q}{2\pi d^2}[\text{C/m}^2]$

기·출·개·념 문제

1. 점전하 $+Q$의 무한 평면도체에 대한 영상전하는? 16 산업

① $+Q$ ② $-Q$
③ $+2Q$ ④ $-2Q$

해설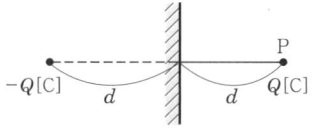

영상전하 $Q' = -Q\,[\text{C}]$

답 ②

2. 그림과 같이 공기 중에서 무한 평면도체의 표면으로부터 2[m]인 곳에 점전하 4[C]이 있다. 전하가 받는 힘은 몇 [N]인가? 16 기사

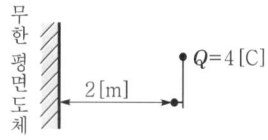

① 3×10^9 ② 9×10^9
③ 1.2×10^{10} ④ 3.6×10^{10}

해설 $F = \dfrac{-Q^2}{16\pi\varepsilon_0 a^2} = -\dfrac{4^2}{16\pi\varepsilon_0 \times 2^2} = -\dfrac{1}{4\pi\varepsilon_0} = -9 \times 10^9 [\text{N}]$ (흡인력)

답 ②

3. 무한 평면도체로부터 거리 a[m]인 곳에 점전하 Q[C]이 있을 때, 이 무한 평면도체 표면에 유도되는 면밀도가 최대인 점의 전하밀도는 몇 [C/m²]인가? 82 기사 / 13·92·82 산업

① $-\dfrac{Q}{2\pi a^2}$ ② $-\dfrac{Q^2}{4\pi a^2}$
③ $-\dfrac{Q}{\pi a^2}$ ④ 0

해설 최대전하밀도

$$\rho_{s\max} = -\dfrac{Q}{2\pi a^2}\,[\text{C/m}^2]$$

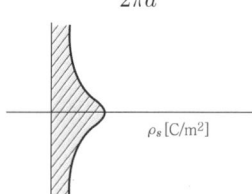

답 ①

CHAPTER 05 전계의 특수해법(전기영상법)

기출개념 02 무한 평면도체와 선전하

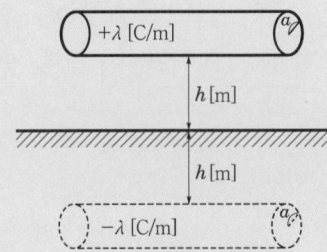

평면도체와 $h[m]$ 떨어진 평행한 무한장 직선도체에 $+\lambda[C/m]$의 선전하가 주어졌을 때 직선도체의 단위길이당 작용하는 힘은 영상법에 의하여 $-\lambda[C/m]$인 영상 선전하가 있는 것으로 가정하여 선전하 문제로 풀 수 있다.

① 영상 선전하 밀도

$$\lambda' = -\lambda[C/m]$$

② 무한 평면과 선전하 사이에 작용하는 단위길이당 작용하는 힘

$$F = -\lambda E = -\lambda \frac{\lambda}{2\pi\varepsilon_0(2h)} = -\frac{\lambda^2}{4\pi\varepsilon_0 h}[N/m]$$

기·출·개념 문제

1. 대지면 높이 $h[m]$로 평행하게 가설된 매우 긴 선전하(선전하 밀도 $\lambda[C/m]$)가 지면으로부터 받는 힘[N/m]은?   16 기사

① h에 비례한다.　　　　　② h에 반비례한다.
③ h^2에 비례한다.　　　　　④ h^2에 반비례한다.

(해설) $f = -\lambda E = -\lambda \cdot \dfrac{\lambda}{2\pi\varepsilon_0(2h)} = -\dfrac{\lambda^2}{4\pi\varepsilon_0 h}[N/m] \propto \dfrac{1}{h}$　　답 ②

2. 대지면에 높이 $h[m]$로 평행 가설된 매우 긴 선전하가 지면으로부터 단위길이당 받는 힘 [N/m]은? (단, 선전하 밀도는 $\rho_l[C/m]$라 한다.) 85 기사

① $-18 \times 10^9 \cdot \dfrac{\rho_l^{\,2}}{h}$　② $-18 \times 10^9 \cdot \dfrac{\rho_l}{h}$　③ $-9 \times 10^9 \cdot \dfrac{\rho_l^{\,2}}{h}$　④ $-9 \times 10^9 \cdot \dfrac{\rho_l}{h}$

(해설) 힘 $F = -\rho_l E = -\rho_l \cdot \dfrac{\rho_l}{2\pi\varepsilon_0(2h)} = -\dfrac{\rho_l^{\,2}}{4\pi\varepsilon_0 h} = -9 \times 10^9 \cdot \dfrac{\rho_l^{\,2}}{h}[N/m]$　　답 ③

기출개념 03 접지 구도체와 점전하

구면상 전위가 0이 되는 점 A′에 영상전하 Q'를 가상하면 점 P의 전위

$$V_P = \frac{1}{4\pi\varepsilon_0}\left(\frac{Q'}{r_1} + \frac{Q}{r_2}\right) = 0$$

① 영상전하의 위치

구 중심에서 $\frac{a^2}{d}$ 인 점

② 영상전하의 크기

$$Q' = -\frac{a}{d}Q\,[\text{C}]$$

③ 구도체와 점전하 사이에 작용하는 힘(흡인력이 작용)

$$F = \frac{Q \cdot Q'}{4\pi\varepsilon_0\left(d - \frac{a^2}{d}\right)^2} = \frac{Q\left(-\frac{a}{d}Q\right)}{4\pi\varepsilon_0\left(\frac{d^2-a^2}{d}\right)^2} = \frac{-adQ^2}{4\pi\varepsilon_0(d^2-a^2)^2}\,[\text{N}]$$

기·출·개·념 문제

1. 반지름 a인 접지 도체구의 중심에서 $d > a$ 되는 곳에 점전하 Q가 있다. 구도체에 유기되는 영상전하 및 그 위치(중심에서의 거리)는 각각 얼마인가?   02·01·97 산업

① $+\frac{a}{d}Q$ 이며 $\frac{a^2}{d}$ 이다.
② $-\frac{a}{d}Q$ 이며 $\frac{a^2}{d}$ 이다.
③ $+\frac{d}{a}Q$ 이며 $\frac{d^2}{a}$ 이다.
④ $+\frac{d}{a}Q$ 이며 $\frac{d^2}{a}$ 이다.

(해설) 접지 구도체와 점전하의 영상전하의 크기 $Q = -\frac{a}{d}Q\,[\text{C}]$, 영상전하의 위치는 구 중심에서 $\frac{a^2}{d}$ 인 점이다.

답 ②

2. 그림과 같이 접지된 반지름 $a\,[\text{m}]$의 도체구 중심 O에서 $d\,[\text{m}]$ 떨어진 A에 $Q\,[\text{C}]$의 점전하가 존재할 때, A′점에 Q'의 영상전하(image charge)를 생각하면 구도체와 점전하 간에 작용하는 힘[N]은?   83·82 산업

① $F = \dfrac{QQ'}{4\pi\varepsilon_0\left(\dfrac{d^2-a^2}{d}\right)}$
② $F = \dfrac{QQ'}{4\pi\varepsilon_0\left(\dfrac{d}{d^2-a^2}\right)}$
③ $F = \dfrac{QQ'}{4\pi\varepsilon_0\left(\dfrac{d^2+a^2}{d}\right)^2}$
④ $F = \dfrac{QQ'}{4\pi\varepsilon_0\left(\dfrac{d^2-a^2}{d}\right)^2}$

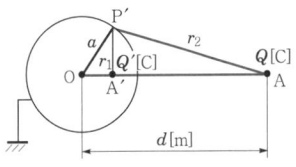

(해설) $F = \dfrac{Q \cdot Q'}{4\pi\varepsilon_0\left(d - \dfrac{a^2}{d}\right)^2} = \dfrac{Q\left(-\dfrac{a}{d}Q\right)}{4\pi\varepsilon_0\left(\dfrac{d^2-a^2}{d}\right)^2} = \dfrac{-adQ^2}{4\pi\varepsilon_0(d^2-a^2)^2}\,[\text{N}]$ (흡인력)

답 ④

CHAPTER 05
전계의 특수해법 (전기영상법)

이런 문제가 시험에 나온다! 단원 최근 빈출문제

기출 핵심 NOTE

01 점전하 $+Q$[C]의 무한 평면도체에 대한 영상전하는?
[17년 3회 산업]

① Q[C]과 같다.   ② $-Q$[C]과 같다.
③ Q[C]보다 작다.   ④ Q[C]보다 크다.

해설

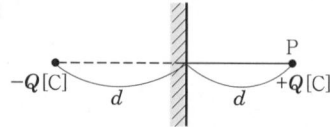

영상전하 $Q' = -Q$[C]

01 영상전하(Q')

크기는 같고, 부호가 반대인 전하가 무한 평면 반대편에 존재한다.
$Q' = -Q$[C]

02 접지된 무한히 넓은 평면도체로부터 a[m] 떨어져 있는 공간에 Q[C]의 점전하가 놓여 있을 때, 그림 P점의 전위는 몇 [V]인가?
[15년 2회 산업]

① $\dfrac{Q}{8\pi\varepsilon_0 a}$ ② $\dfrac{Q}{6\pi\varepsilon_0 a}$

③ $\dfrac{3Q}{4\pi\varepsilon_0 a}$ ④ $\dfrac{Q}{2\pi\varepsilon_0 a}$

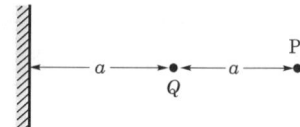

해설 P점의 전위

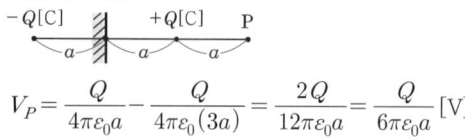

$V_P = \dfrac{Q}{4\pi\varepsilon_0 a} - \dfrac{Q}{4\pi\varepsilon_0 (3a)} = \dfrac{2Q}{12\pi\varepsilon_0 a} = \dfrac{Q}{6\pi\varepsilon_0 a}$ [V]

02 점전하의 전위

$V = -\displaystyle\int_\infty^P E dr$

$= \displaystyle\int_a^\infty \dfrac{Q}{4\pi\varepsilon_0 r^2} dr$

$= \dfrac{Q}{4\pi\varepsilon_0 a}$ [V]

03 공기 중에서 무한 평면도체로부터 수직으로 10^{-10}[m] 떨어진 점에 한 개의 전자가 있다. 이 전자에 작용하는 힘은 약 몇 [N]인가? (단, 전자의 전하량은 -1.602×10^{-19} [C]이다.)
[18년 1회 산업]

① 5.77×10^{-9} ② 1.602×10^{-9}
③ 5.77×10^{-19} ④ 1.602×10^{-19}

해설 전기영상법에 의해 전자에 작용하는 힘

$F = \dfrac{Q^2}{16\pi\varepsilon_0 r^2}$ [N]

$\therefore F = \dfrac{(-1.602\times10^{-19})^2}{16\times 3.14\times 8.855\times10^{-12}\times (10^{-10})^2}$

$= 5.77\times10^{-9}$ [N]

03 무한 평면과 점전하 사이에 작용하는 힘

$F = \dfrac{Q(-Q)}{4\pi\varepsilon_0 (2d)^2}$

$= -\dfrac{Q^2}{16\pi\varepsilon_0 d^2}$ [N]

∴ 항상 흡인력이 작용

정답 01. ② 02. ② 03. ①

04 평면도체 표면에서 d[m]의 거리에 점전하 Q[C]이 있을 때 이 전하를 무한 원까지 운반하는 데 필요한 일은 몇 [J]인가?

[18·15년 1회 기사]

① $\dfrac{Q^2}{4\pi\varepsilon_0 d}$　　② $\dfrac{Q^2}{8\pi\varepsilon_0 d}$

③ $\dfrac{Q^2}{16\pi\varepsilon_0 d}$　　④ $\dfrac{Q^2}{32\pi\varepsilon_0 d}$

해설

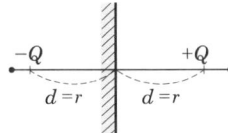

점전하 Q[C]과 무한 평면도체 간에 작용하는 힘 F는

$$F = \dfrac{-Q^2}{4\pi\varepsilon_0(2d)^2} = \dfrac{-Q^2}{16\pi\varepsilon_0 d^2}\,[\text{N}]$$

일 $W = \displaystyle\int_d^\infty F\cdot dr = \dfrac{Q^2}{16\pi\varepsilon_0}\int_d^\infty \dfrac{1}{d^2}dr\,[\text{J}]$

$= \dfrac{Q^2}{16\pi\varepsilon_0}\left[-\dfrac{1}{d}\right]_d^\infty = \dfrac{Q^2}{16\pi\varepsilon_0 d}\,[\text{J}]$

기출 핵심 NOTE

04 • 무한 평면과 점전하 사이에 작용하는 힘

$$F = \dfrac{Q(-Q)}{4\pi\varepsilon_0(2d)^2}$$

$$= -\dfrac{Q^2}{16\pi\varepsilon_0 d^2}\,[\text{N}]$$

• d[m] 지점에서 점전하 Q[C]는 무한원까지 운반하는 데 필요한 일에너지

$$W = \int_d^\infty F dr\,[\text{J}]$$

---

05 그림과 같이 무한 평면도체 앞 a[m] 거리에 점전하 Q[C]가 있다. 점 0에서 x[m]인 P점의 전하밀도 σ[C/m²]는?

[17년 2회 기사]

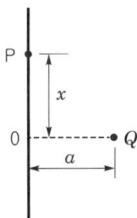

① $\dfrac{Q}{4\pi}\cdot\dfrac{a}{(a^2+x^2)^{\frac{3}{2}}}$　　② $\dfrac{Q}{2\pi}\cdot\dfrac{a}{(a^2+x^2)^{\frac{3}{2}}}$

③ $\dfrac{Q}{4\pi}\cdot\dfrac{a}{(a^2+x^2)^{\frac{2}{3}}}$　　④ $\dfrac{Q}{2\pi}\cdot\dfrac{a}{(a^2+x^2)^{\frac{2}{3}}}$

해설 무한 평면도체면상 점 $(0,\ x)$의 전계의 세기 E는

$$E = -\dfrac{Qa}{2\pi\varepsilon_0(a^2+x^2)^{\frac{3}{2}}}\,[\text{V/m}]$$

도체 표면상의 면전하 밀도 σ는

$$\sigma = D = \varepsilon_0 E = -\dfrac{Qa}{2\pi(a^2+x^2)^{\frac{3}{2}}}\,[\text{C/m}^2]$$

05 도체 표면상의 전하밀도

$$\rho_s = \sigma = \varepsilon_0 E$$

$$= \dfrac{Qa}{2\pi(a^2+x^2)^{\frac{3}{2}}}\,[\text{C/m}^2]$$

정답 04. ③　05. ②

CHAPTER 05 전계의 특수해법(전기영상법)

06 대지면에 높이 h[m]로 평행하게 가설된 매우 긴 선전하가 지면으로부터 받는 힘은? [18년 3회 기사]

① h에 비례
② h에 반비례
③ h^2에 비례
④ h^2에 반비례

해설 $f = -\rho E = -\rho \cdot \dfrac{\rho}{2\pi\varepsilon(2h)} = -\dfrac{\rho^2}{4\pi\varepsilon h}$ [N/m]

대지면의 높이 h[m]에 반비례한다.

07 접지된 구도체와 점전하 간에 작용하는 힘은? [19년 1회 기사 / 14·09년 2회 산업]

① 항상 흡인력이다.
② 항상 반발력이다.
③ 조건적 흡인력이다.
④ 조건적 반발력이다.

해설 점전하가 Q[C]일 때 접지 구도체의 영상전하 $Q' = -\dfrac{a}{d}Q$ [C] 으로 이종의 전하 사이에 작용하는 힘으로 쿨롱의 법칙에서 항상 흡인력이 작용한다.

08 반지름 a[m]인 접지 도체구의 중심에서 r[m] 되는 거리에 점전하 Q[C]을 놓았을 때 도체구에 유도된 총 전하는 몇 [C]인가? [18년 1회 산업]

① 0
② $-Q$
③ $-\dfrac{a}{r}Q$
④ $-\dfrac{r}{a}Q$

해설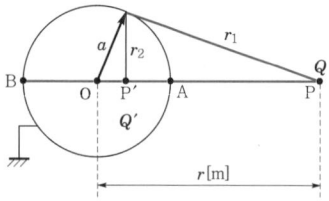

영상점 P'의 위치는

$\text{OP}' = \dfrac{a^2}{r}$ [m]

영상전하의 크기는

∴ $Q' = -\dfrac{a}{r}Q$ [C]

기출 핵심 NOTE

06 무한 평면도체와 선전하
• 영상 선전하 밀도
$\rho_l' = -\rho_l$ [C/m]
• 무한 평면과 선전하 사이에 작용하는 힘
$F = -\rho_l E = -\rho_l \dfrac{\rho_l}{2\pi\varepsilon_0(2h)}$
$= -\dfrac{\rho_l^2}{4\pi\varepsilon_0 h}$ [N/m]

07 접지 구도체와 점전하
• 영상전하
$Q' = -\dfrac{a}{d}Q$ [C]
• 영상전하의 위치
구 중심에서 $\dfrac{a^2}{d}$ 인 점
• 구도체와 점전하 사이에 작용하는 힘
$F = \dfrac{Q \cdot Q'}{4\pi\varepsilon_0\left(d - \dfrac{a^2}{d}\right)^2}$
$= \dfrac{Q \cdot \left(-\dfrac{a}{d}Q\right)}{4\pi\varepsilon_0\left(\dfrac{d^2-a^2}{d}\right)^2}$

정답 06. ② 07. ① 08. ③

CHAPTER 06
전 류

- **01** 전 류
- **02** 전기저항
- **03** 전류밀도
- **04** 전류의 열 작용
- **05** 정전계와 도체계의 관계식
- **06** 전기의 여러 가지 현상

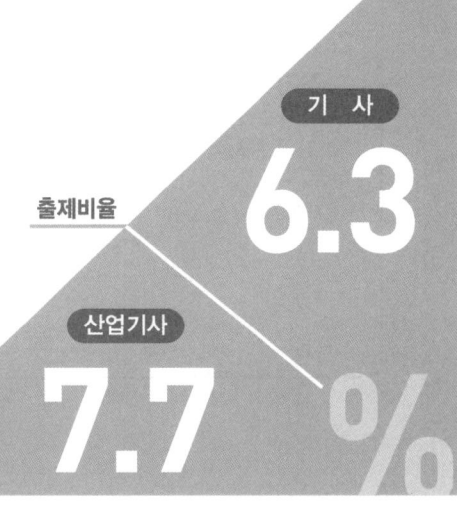

출제비율
기 사 6.3%
산업기사 7.7%

CHAPTER 06 전류

기출개념 01 전 류

(1) 전류

도선에 흐르는 전류 i는 단위시간당 전하의 이동이다.

$$I = \frac{Q}{t} = \frac{ne}{t} \, [\text{C/s} = \text{A}]$$

전자 이동 시 전체 전하량 $Q = ne\,[\text{C}]$

여기서, n : 이동전자의 개수
e : 전자의 전기량

(2) 전하량

$$Q = I \cdot t \, [\text{A} \cdot \text{s} = \text{C}]$$

기·출·개념 접근

전기의 발생은 자유전자의 이동이다.
(1) 전자 한 개의 전하량 : $e = -1.602 \times 10^{-19}\,[\text{C}]$
(2) 전자 한 개의 질량 : $m = 9.1 \times 10^{-31}\,[\text{kg}]$

기·출·개념 문제

1. 반지름이 5[mm]인 구리선에 10[A]의 전류가 단위 시간에 흐르고 있을 때, 구리선의 단면을 통과하는 전자의 개수는 단위 시간당 얼마인가? (단, 전자의 전하량은 $e = 1.602 \times 10^{-19}\,[\text{C}]$이다.)   99·88 기사

① 6.24×10^{18} ② 6.24×10^{19}
③ 1.28×10^{22} ④ 1.28×10^{23}

(해설) 동선 단면을 단위 시간에 통과하는 전하는 10[C]이므로

$$n = \frac{Q}{e} = \frac{10}{1.602 \times 10^{-19}} = 6.24 \times 10^{19} \text{개}$$

답 ②

2. 전자가 매초 10^{10}개의 비율로 전선 내를 통과하면 이것은 몇 [A]의 전류에 해당하는가? (단, 전기량은 $1.602 \times 10^{-19}\,[\text{C}]$이다.)   83 산업

① 1.602×10^{-9} ② 1.602×10^{-29} ③ $\frac{1}{1.602} \times 10^{-9}$ ④ $\frac{1}{1.602} \times 10^{-29}$

(해설) $Q = ne = 10^{10} \times 1.602 \times 10^{-19} = 1.602 \times 10^{-9}\,[\text{C}]$

$$\therefore I = \frac{Q}{t} = \frac{1.602 \times 10^{-9}}{1} = 1.602 \times 10^{-9}\,[\text{A}]$$

답 ①

기출개념 02 전기저항

① 도선의 전기저항

$$R = \rho \frac{l}{S} = \frac{l}{kS} [\Omega]$$

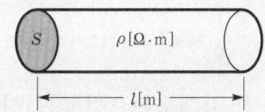

여기서, ρ : 고유저항[$\Omega \cdot$m], k : 도전율[℧/m]

도선의 단면적 $S = \pi r^2 = \pi \left(\dfrac{d}{2}\right)^2 = \dfrac{\pi d^2}{4} [\text{m}^2]$

② 컨덕턴스

$$G = \frac{1}{R} [℧] \cdot [\text{S}]$$

• 단위 : 모[℧] 또는 지멘스[S] 사용

③ 고유저항

$$\rho = \frac{RS}{l} [\Omega \cdot \text{m}^2/\text{m}] = [\Omega \cdot \text{m}]$$

④ 도전율(전도율)

고유저항의 역수

$$k = \frac{1}{\rho} [℧/\text{m}]$$

기·출·개·념 접근

저항값은 온도에 따라 변화되며 일반적인 금속 도체는 온도가 상승하면 전기저항은 증가하게 된다. 온도 변화 후의 저항값 $R_t = R_0(1 + \alpha t)[\Omega]$으로 계산되며, 여기서 R_0는 0[℃]일 때의 저항이며 동선의 저항온도계수 $\alpha = \dfrac{1}{234.5} \fallingdotseq 0.00427$이다.

기·출·개·념 문제

1. 도체의 저항에 관한 설명으로 옳은 것은? [16 산업]
① 도체의 단면적에 비례한다.
② 도체의 길이에 반비례한다.
③ 저항률이 클수록 저항은 증가한다.
④ 온도가 올라가면 저항값이 감소한다.

(해설) 전기저항 $R = \rho \dfrac{l}{S}[\Omega] = \dfrac{l}{kS}[\Omega]$
즉, 전기저항은 고유저항과 길이에 비례하고 단면적에 반비례한다.
또한 전기저항은 고유저항(저항률)에 비례하고 도전율에 반비례한다.   **답** ③

2. 도전율의 단위로 옳은 것은? [17 산업]
① m/Ω   ② Ω/m²   ③ 1/℧·m   ④ ℧/m

(해설) 전기저항 $R = \rho \dfrac{l}{S} = \dfrac{l}{kS}[\Omega]$
여기서, ρ : 고유저항, k : 도전율
∴ $k = \dfrac{l}{R \cdot S}[\text{m}/\Omega \cdot \text{m}^2 = 1/\Omega \cdot \text{m} = ℧/\text{m}]$ **답** ④

CHAPTER 06 전류

기출개념 03 전류밀도

$$J = \frac{I}{S} = Qv = nev = ne\mu E = kE = \frac{E}{\rho} \, [\text{A/m}^2]$$

전계의 세기 E와 반대방향으로 이동하는 전자의 이동속도 v는 전계의 세기 E에 비례하며 전자의 이동도 μ는 전자가 쉽게 움직임을 나타내는 양이며, $ne\mu = k$는 금속의 종류에 따라 결정되는 정수이다.

기·출·개·념 문제

대지 중의 두 전극 사이에 있는 어떤 점의 전계의 세기가 6[V/cm], 지면의 도전율이 10^{-4}[℧/cm]일 때 이 점의 전류밀도는 몇 [A/cm²]인가?　　16 산업

① 6×10^{-4}　　　　　　　　② 6×10^{-3}
③ 6×10^{-2}　　　　　　　　④ 6×10^{-1}

(해설) $J = kE = 10^{-4} \times 6 = 6 \times 10^{-4} \, [\text{A/cm}^2]$　　　답 ①

기출개념 04 전류의 열 작용

(1) 전력 : $P = VI = I^2 R = \dfrac{V^2}{R} \, [\text{J/sec} = \text{W}]$

(2) 전력량 : $W = Pt = V = I^2 Rt = \dfrac{V^2}{R} t \, [\text{Ws}]$

(3) 줄의 법칙을 이용한 열량 : $H = 0.24 Pt = 0.24 VIt = 0.24 I^2 Rt = 0.24 \dfrac{V^2}{R} t \, [\text{cal}]$

기·출·개·념 접근

(1) 1[J] = 0.24[cal]
(2) 1[cal] = 4.2[J]
(3) 1[kWh] = 860[kcal]

기·출·개·념 문제

1[kW]의 전열기가 1시간 동안 행한 일[J]은?

① 3.6×10^5　　　　　　　　② 3.6×10^6
③ 3.6×10^7　　　　　　　　④ 3.6×10^8

(해설) 1[kWh] = 10^3[W] · 3,600[s] = 3.6×10^6[W·s] = 3.6×10^6[J]　　답 ②

기출개념 05 정전계와 도체계의 관계식

전기저항 $R = \rho\dfrac{l}{S}[\Omega]$, 정전용량 $C = \dfrac{\varepsilon S}{d}[F]$

(1) 접지저항을 구하기 위하여 정전용량을 이용하면

$$RC = \rho\dfrac{l}{s} \times \dfrac{\varepsilon S}{d}$$

여기서, $l = d$라면

$$\boxed{RC = \rho\varepsilon,\ \dfrac{C}{G} = \dfrac{\varepsilon}{k}}$$

(2) 접지저항 : $R = \dfrac{\rho\varepsilon}{C}[\Omega]$

(3) 누설전류 : $\boxed{I = \dfrac{V}{R} = \dfrac{V}{\dfrac{\rho\varepsilon}{C}} = \dfrac{CV}{\rho\varepsilon}[A]}$

기·출·개·념 문제

1. 반지름 $a[m]$의 반구형 도체를 대지 표면에 그림과 같이 묻었을 때 접지저항 $R[\Omega]$은? (단, $\rho[\Omega \cdot m]$는 대지의 고유저항이다.)   18·14 기사

① $\dfrac{\rho}{2\pi a}$ ② $\dfrac{\rho}{4\pi a}$

③ $2\pi a\rho$ ④ $4\pi a\rho$

(해설) 반지름 $a[m]$인 구의 정전용량은 $4\pi\varepsilon a[F]$이므로 반구의 정전용량 C는 $C = 2\pi\varepsilon a[F]$이다.
$RC = \rho\varepsilon$
$R = \dfrac{\rho\varepsilon}{C} = \dfrac{\rho\varepsilon}{2\pi\varepsilon a} = \dfrac{\rho}{2\pi a}[\Omega]$

답 ①

2. 반지름이 각각 $a = 0.2[m]$, $b = 0.5[m]$ 되는 동심구 간에 고유저항 $\rho = 2 \times 10^{12}[\Omega \cdot m]$, 비유전율 $\varepsilon_s = 100$인 유전체를 채우고 내외 동심구 간에 150[V]의 전위차를 가할 때 유전체를 통하여 흐르는 누설전류는 몇 [A]인가?   16 산업

① 2.15×10^{-10} ② 3.14×10^{-10}

③ 5.31×10^{-10} ④ 6.13×10^{-10}

(해설) $RC = \rho\varepsilon$

$\therefore R = \dfrac{\rho\varepsilon}{C} = \dfrac{\rho\varepsilon}{\dfrac{4\pi\varepsilon}{\dfrac{1}{a} - \dfrac{1}{b}}} = \dfrac{\rho}{4\pi}\left(\dfrac{1}{a} - \dfrac{1}{b}\right)$

$\therefore I = \dfrac{V}{R} = \dfrac{4\pi V}{\rho\left(\dfrac{1}{a} - \dfrac{1}{b}\right)} = \dfrac{4\pi \times 150}{2 \times 10^{12}\left(\dfrac{1}{0.2} - \dfrac{1}{0.5}\right)} = 3.14 \times 10^{-10}[A]$

답 ②

CHAPTER 06 전류

기출개념 06 전기의 여러 가지 현상

(1) 제벡효과
서로 다른 두 금속 A, B를 접속하고 다른 쪽에 전압계를 연결하여 접속부를 가열하면 전압이 발생하는 것을 알 수 있다. 이와 같이 **서로 다른 금속을 접속하고 접속점을 서로 다른 온도를 유지하면 기전력이 생겨 일정한 방향으로 전류가 흐른다.** 이러한 현상을 제벡효과(Seebeck effect)라 한다. 즉, 온도차에 의한 열기전력 발생을 말한다.

(2) 펠티에 효과
서로 다른 두 금속에서 다른 쪽 금속으로 전류를 흘리면 열의 발생 또는 흡수가 일어나는데 이 현상을 펠티에 효과라 한다.

(3) 톰슨효과
동종의 금속에서도 각 부에서 온도가 다르면 그 부분에서 열의 발생 또는 흡수가 일어나는 효과를 톰슨효과라 한다.

(4) 접촉 전기 현상
온도가 균일한 도체와 도체, 유전체와 유전체 혹은 유전체와 도체를 서로 접촉시키면 한편의 전자가 다른 편으로 이동하여 각각 정, 부로 대전되는 현상을 접촉 전기라 하며, 또한 도체가 도체 간에 접촉 전기가 일어나면 두 도체 간에 전위차가 생기는 현상을 볼타(Volta)효과라 한다.

(5) 파이로(Pyro) 전기
로셸염이나 수정의 결정을 가열하면 한면에 정(正), 반대편에 부(負)의 전기가 분극을 일으키고 반대로 냉각하면 역의 분극이 나타나는 것을 파이로 전기라 한다.

(6) 압전효과
유전체 결정에 기계적 변형을 가하면, 결정 표면에 양, 음의 전하가 나타나서 대전한다. 또 반대로 이들 결정을 전장 안에 놓으면 결정 속에서 기계적 변형이 생긴다. 이와 같은 현상을 압전기 현상이라 한다.

기·출·개·념 문제

두 종류의 금속으로 된 회로에 전류를 통하면 각 접속점에서 열의 흡수 또는 발생이 일어나는 현상은? 03·00·98·95·94 산업

① 톰슨효과　　　　　　　　　② 제벡효과
③ 볼타효과　　　　　　　　　④ 펠티에 효과

답 ④

CHAPTER 06 전류

단원 최근 빈출문제

01 1[μA]의 전류가 흐르고 있을 때, 1초 동안 통과하는 전자수는 약 몇 개인가? (단, 전자 1개의 전하는 1.602×10^{-19}[C]이다.) [18년 1회 기사]

① 6.24×10^{10}
② 6.24×10^{11}
③ 6.24×10^{12}
④ 6.24×10^{13}

해설 통과 전자수

$$n = \frac{Q}{e} = \frac{It}{e} = \frac{1 \times 10^{-6} \times 1}{1.602 \times 10^{-19}} = 6.24 \times 10^{12} \text{ 개}$$

02 직류 500[V]의 절연저항계로 절연저항을 측정하니 2[MΩ]이 되었다면 누설전류[μA]는? [19·16년 3회 산업]

① 25
② 250
③ 1,000
④ 1,250

해설 누설전류

$$I = \frac{V}{R} = \frac{500}{2 \times 10^6} \times 10^{-6} = 250[\mu A]$$

03 전기저항에 대한 설명으로 틀린 것은? [19년 3회 기사]

① 저항의 단위는 옴[Ω]을 사용한다.
② 저항률(ρ)의 역수를 도전율이라고 한다.
③ 금속선의 저항 R은 길이 l에 반비례한다.
④ 전류가 흐르고 있는 금속선에 있어서 임의의 두 점 간의 전위차는 전류에 비례한다.

해설
• 전위차 $V = IR$ [V=A·Ω]
• 저항 $R = \rho\dfrac{l}{S} = \dfrac{l}{kS}$ [Ω]

(여기서, ρ : 저항률, k : 도전율)

 기출 핵심 NOTE

01 전자 이동 시 전체 전하량
$Q = ne$ [C]
여기서, n : 이동전자의 개수
e : 전자의 전하량
(-1.602×10^{-19} [C])

02 옴의 법칙
도체에 흐르는 전류는 가한 전압에 비례하고 저항에 반비례한다.
$I = \dfrac{V}{R}$ [A]

03 도선의 전기저항
$R = \rho\dfrac{l}{S} = \dfrac{l}{kS}$ [Ω]
여기서, ρ : 고유저항(저항률)[Ω·m]
k : 도전율[℧/m]

정답 01. ③ 02. ② 03. ③

CHAPTER 06 전류

04 금속 도체의 전기저항은 일반적으로 온도와 어떤 관계인가?
[18년 2회·15년 3회 산업]

① 전기저항은 온도의 변화에 무관하다.
② 전기저항은 온도의 변화에 대해 정특성을 갖는다.
③ 전기저항은 온도의 변화에 대해 부특성을 갖는다.
④ 금속 도체의 종류에 따라 전기저항의 온도 특성은 일관성이 없다.

[해설] 온도 변화 후의 저항
$Rt = R_0(1+\alpha t)[\Omega]$
∴ 금속 도체의 전기저항은 온도가 상승하면 전기저항은 증가된다.

05 원점 주위의 전류밀도가 $J = \dfrac{2}{r}a_r$[A/m²]의 분포를 가질 때 반지름 5[cm]의 구면을 지나는 전전류는 몇 [A]인가?
[19년 2회 산업]

① 0.1π ② 0.2π
③ 0.3π ④ 0.4π

[해설] 전류 $I = JS$ (여기서, $S(=4\pi r^2)$: 구의 표면적)
$= \dfrac{2}{r} \times 4\pi r^2 = 8\pi r = 8\pi \times (5 \times 10^{-2}) = 0.4\pi$[A]

06 대기 중의 두 전극 사이에 있는 어떤 점의 전계의 세기가 $E = 3.5$[V/cm], 지면의 도전율이 $k = 10^{-4}$[℧/m]일 때, 이 점의 전류밀도[A/m²]는?
[15년 3회 산업]

① 1.5×10^{-2} ② 2.5×10^{-2}
③ 3.5×10^{-2} ④ 4.5×10^{-2}

[해설] $J = kE = 10^{-4} \times 3.5 \times 10^2 = 3.5 \times 10^{-2}$[A/m²]

07 10^6[cal]의 열량은 약 몇 [kWh]의 전력량인가?
[19년 3회 산업]

① 0.06   ② 1.16
③ 2.27   ④ 4.17

[해설] 1[kWh]=860[kcal]
$1[\text{kcal}] = \dfrac{1}{860}[\text{kWh}]$
$10^6[\text{cal}] = 10^3[\text{kcal}] = \dfrac{10^3}{860} = 1.16[\text{kWh}]$

기출 핵심 NOTE

04 전기저항은 온도가 증가되면 전기저항도 증가하므로 온도 변화에 대해 정특성을 갖는다.

05 전류밀도
$J = \dfrac{I}{S}[\text{A/m}^2]$

06 전류밀도
$J = \dfrac{I}{S} = Qv = nev = kE[\text{A/m}^2]$

07 • 1[kWh]=860[kcal]
• $1[\text{kcal}] = \dfrac{1}{860}[\text{kWh}]$

정답 04.② 05.④ 06.③ 07.②

08 평행판 콘덴서의 극판 사이에 유전율 ε, 저항률 ρ인 유전체를 삽입하였을 때, 두 전극 간의 저항 R과 정전용량 C의 관계는? [19년 1회 기사]

① $R = \rho \varepsilon C$
② $RC = \dfrac{\varepsilon}{\rho}$
③ $RC = \rho \varepsilon$
④ $RC \rho \varepsilon = 1$

해설 저항 $R = \rho \dfrac{l}{S} [\Omega]$, 정전용량 $C = \dfrac{\varepsilon S}{l} [\text{F}]$

따라서, $RC = \rho \dfrac{l}{S} \cdot \dfrac{\varepsilon S}{l} = \rho \varepsilon$

기출 핵심 NOTE

08 전기저항과 정전용량의 관계

$RC = \rho \varepsilon$

$\dfrac{C}{G} = \dfrac{\varepsilon}{k}$

09 액체 유전체를 포함한 콘덴서 용량이 $C[\text{F}]$인 것에 $V[\text{V}]$의 전압을 가했을 경우에 흐르는 누설전류[A]는? (단, 유전체의 유전율은 $\varepsilon[\text{F/m}]$, 고유저항은 $\rho[\Omega \cdot \text{m}]$이다.) [17년 3회 기사]

① $\dfrac{\rho \varepsilon}{CV}$
② $\dfrac{C}{\rho \varepsilon V}$
③ $\dfrac{CV}{\rho \varepsilon}$
④ $\dfrac{\rho \varepsilon V}{C}$

해설 $RC = \rho \varepsilon$에서 $R = \dfrac{\rho \varepsilon}{C}$ 이므로 $I = \dfrac{V}{R} = \dfrac{CV}{\rho \varepsilon} = \dfrac{CV}{\rho \varepsilon_0 \varepsilon_s} [\text{A}]$

09 정전계와 도체계의 관계식
- 전기저항과 정전용량의 관계
  $RC = \rho \varepsilon$
- 전기저항
  $R = \dfrac{\rho \varepsilon}{C} [\Omega]$
- 전류
  $I = \dfrac{V}{R} = \dfrac{CV}{\rho \varepsilon} [\text{A}]$

10 구리로 만든 지름 20[cm]의 반구에 물을 채우고 그 중에 지름 10[cm]의 구를 띄운다. 이때에 두 개의 구가 동심구라면 두 구 사이의 저항은 약 몇 [Ω]인가? (단, 물의 도전율은 $10^{-3}[\text{℧/m}]$라 하고, 물이 충만되어 있다고 한다.) [17년 1회 기사]

① 1,590
② 2,590
③ 2,800
④ 3,180

해설 동심 반구의 정전용량

$C = \dfrac{2\pi \varepsilon}{\dfrac{1}{a} - \dfrac{1}{b}} [\text{F}]$

$\therefore$ 저항 $R = \dfrac{\rho \varepsilon}{C} = \dfrac{\rho}{2\pi}\left(\dfrac{1}{a} - \dfrac{1}{b}\right) = \dfrac{1}{2\pi k}\left(\dfrac{1}{a} - \dfrac{1}{b}\right)$

$= \dfrac{1}{2\pi \times 10^{-3}}\left(\dfrac{1}{0.05} - \dfrac{1}{0.1}\right) \fallingdotseq 1,590[\Omega]$

10
- 동심구의 정전용량
  $C = \dfrac{4\pi \varepsilon}{\dfrac{1}{a} - \dfrac{1}{b}} [\text{F}]$
- 동심 반구의 정전용량
  $C = \dfrac{2\pi \varepsilon}{\dfrac{1}{a} - \dfrac{1}{b}} [\text{F}]$

정답 08. ③ 09. ③ 10. ①

CHAPTER 06 전류

11 유전율이 ε, 도전율이 σ, 반경이 r_1, r_2($r_1 < r_2$), 길이가 l인 동축 케이블에서 저항 R은 얼마인가? [19년 2회 기사]

① $\dfrac{2\pi rl}{\ln\dfrac{r_2}{r_1}}$ ② $\dfrac{2\pi \varepsilon l}{\dfrac{1}{r_1}-\dfrac{1}{r_2}}$

③ $\dfrac{1}{2\pi\sigma l}\ln\dfrac{r_2}{r_1}$ ④ $\dfrac{1}{2\pi rl}\ln\dfrac{r_2}{r_1}$

[해설] 동축 케이블의 정전용량

$$C = \dfrac{2\pi\varepsilon l}{\ln\dfrac{r_2}{r_1}}$$

$RC = \rho\varepsilon$ 관계에서

저항 $R = \dfrac{\rho\varepsilon}{C} = \dfrac{\rho\varepsilon}{\dfrac{2\pi\varepsilon l}{\ln\dfrac{r_2}{r_1}}} = \dfrac{\rho}{2\pi l}\ln\dfrac{r_2}{r_1} = \dfrac{1}{2\pi\sigma l}\ln\dfrac{r_2}{r_1}\,[\Omega]$

기출 핵심 NOTE

11 · 동축 케이블의 정전용량

$$C = \dfrac{2\pi\varepsilon l}{\ln\dfrac{b}{a}}\,[\text{F}]$$

· 단위길이당 정전용량

$$C = \dfrac{2\pi\varepsilon}{\ln\dfrac{b}{a}}\,[\text{F/m}]$$

$$= \dfrac{24.16}{\log\dfrac{b}{a}}\,[\text{pF/m}]$$

---

12 제벡(Seebeck)효과를 이용한 것은? [17년 3회 산업]

① 광전지 ② 열전대
③ 전자 냉동 ④ 수정 발진기

[해설] 제벡효과

서로 다른 두 금속 A, B를 접속하고 다른 쪽에 전압계를 연결하여 접속부를 가열하면 전압이 발생하는 것을 알 수 있다. 이와 같이 서로 다른 금속을 접속하고 접속점을 서로 다른 온도를 유지하면 기전력이 생겨 일정한 방향으로 전류가 흐른다. 이러한 현상을 제벡효과(Seebeck effect)라 한다. 즉, 온도차에 의한 열기전력 발생을 말한다.

---

13 두 종류의 금속 접합면에 전류를 흘리면 접속점에서 열의 흡수 또는 발생이 일어나는 현상은? [15년 3회 산업]

① 제벡효과
② 펠티에 효과
③ 톰슨효과
④ 코일의 상대 위치

[해설] 펠티에 효과는 두 종류의 금속으로 폐회로를 만들어 전류를 흘리면 두 접속점에서 열이 흡수(온도 강하)되거나 발생(온도 상승)하는 현상이다.

정답 11. ③ 12. ② 13. ②

14 다음이 설명하고 있는 것은? [18년 1회 산업]

> 수정, 로셸염 등에 열을 가하면 분극을 일으켜 한쪽 끝에 양(+) 전기, 다른 쪽 끝에 음(-) 전기가 나타나며, 냉각할 때에는 역분극이 생긴다.

① 강유전성
② 압전기 현상
③ 파이로(Pyro) 전기
④ 톰슨(Thomson)효과

해설 압전 현상을 일으키는 수정, 전기석, 로셸염, 티탄산바륨의 결정은 가열하면 분극이 생기고, 냉각하면 그 반대 극성의 분극이 생기는 현상이 있다. 이 전기를 파이로 전기(Pyro electricity)라고 한다.

15 기계적인 변형력을 가할 때, 결정체의 표면에 전위차가 발생되는 현상은? [17년 1회 기사]

① 볼타효과
② 전계효과
③ 압전효과
④ 파이로 효과

해설 압전효과
유전체 결정에 기계적 변형을 가하면 결정 표면에 양, 음의 전하가 나타나서 대전한다. 또 반대로 이들 결정을 전장 안에 놓으면 결정 속에서 기계적 변형이 생긴다. 이와 같은 현상을 압전기 현상이라 한다.

정답 14. ③ 15. ③

"영원히 살 것처럼 꿈꾸고, 오늘 죽을 것처럼 살아라."

- 제임스 딘 -

CHAPTER 07 진공 중의 정자계

- 01 자계의 쿨롱의 법칙
- 02 자계의 세기(자장의 세기)
- 03 자기력선의 성질
- 04 자속과 자속밀도
- 05 자위와 자위경도
- 06 자기 쌍극자
- 07 평등자계 내에 막대자석이 받는 회전력
- 08 앙페르의 오른나사법칙과 주회적분법칙
- 09 앙페르의 주회적분법칙 계산 예
- 10 비오-사바르(Biot-Savart)의 법칙
- 11 비오-사바르의 법칙 계산 예
- 12 플레밍의 왼손법칙
- 13 전자의 원운동
- 14 평행 전류 도선 간에 작용하는 힘

출제비율
기 사 14.3%
산업기사 14.0%

CHAPTER 07 진공 중의 정자계

기출개념 01 자계의 쿨롱의 법칙

두 자하(자극) 사이에 미치는 힘

$$F = K\frac{m_1 m_2}{r^2} = \frac{1}{4\pi\mu_0}\frac{m_1 m_2}{r^2}$$
$$= 6.33 \times 10^4 \frac{m_1 m_2}{r^2} \,[\text{N}]$$

진공의 투자율 : $\mu_0 = \dfrac{1}{4\pi \times 6.33 \times 10^4} = 4\pi \times 10^{-7} = 12.56 \times 10^{-7}\,[\text{H/m}]$

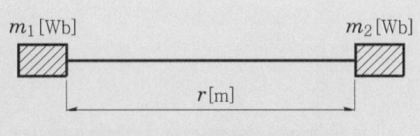

기·출·개념 접근

자계의 정의는 자기력선이 미치는 공간으로 자계의 자기력선은 N극에서 S극으로 이동한다.
자계의 쿨롱의 법칙은 같은 극끼리는 반발력, 다른 극끼리는 흡인력이 작용하고, 힘의 크기는 두 자하량의 곱에 비례하고 떨어진 거리의 제곱에 반비례한다.
또한, 힘의 방향은 두 자하의 일직선상에 존재하며 주위 매질에 따라 달라진다.

투자율 $\mu = \mu_0 \mu_s\,[\text{H/m}]$ (여기서, μ_0 : 진공의 투자율, μ_s : 비투자율)

┃자하의 단위┃

구 분	MKS 단위계	CGS 단위계
자하(자속)	[Wb]	[maxwell]
	1[Wb]=10^8[maxwell]	

기·출·개념 문제

1. 10^{-5}[Wb]와 1.2×10^{-5}[Wb]의 점자극을 공기 중에서 2[cm] 거리에 놓았을 때, 극 간에 작용하는 힘은 몇 [N]인가?　　　　　　　　　　　　　　　　　　　　95 산업

① 1.9×10^{-2}　　② 1.9×10^{-3}　　③ 3.8×10^{-3}　　④ 3.8×10^{-4}

(해설) $F = \dfrac{m_1 m_2}{4\pi\mu_0 r^2} = 6.33 \times 10^4 \times \dfrac{m_1 m_2}{r^2} = 6.33 \times 10^4 \times \dfrac{10^{-5} \times 1.2 \times 10^{-5}}{(2 \times 10^{-2})^2}$
$= 1.9 \times 10^{-2}\,[\text{N}]$　　　　　　　　　　답 ①

2. 그림과 같이 공기 중에서 1[m]의 거리를 사이에 둔 두 점 A, B에 각각 3×10^{-4}[Wb]와 -3×10^{-4}[Wb]의 점전하를 두었다. 이때, 점 P에 단위 플러스(+) 자극을 두었을 경우 이 극에 작용하는 힘의 합력[N]은? (단, $(\overline{AP}) = (\overline{BP})$, $(\angle APB) = 90°$이다.)　　13·83 산업

① 0　　② 18.99　　③ 37.98　　④ 53.70

(해설) $F_1 = F_2$이므로
$F_1 = 6.33 \times 10^4 \times \dfrac{1 \times 3 \times 10^{-4}}{\left(\dfrac{1}{\sqrt{2}}\right)^2} = 12.66 \times 3 = 37.98\,[\text{N}]$

$\therefore\ F = 2F_1 \cos 45° = 2 \times 37.98 \times \dfrac{1}{\sqrt{2}} ≒ 53.70\,[\text{N}]$　　답 ④

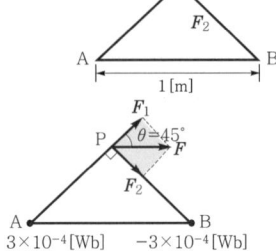

기출개념 02 자계의 세기(자장의 세기)

자계 중에 단위 점자하를 놓았을 때 단위 점자하가 받는 힘

① 자계의 세기

$$H = \frac{1}{4\pi\mu}\frac{m}{r^2} = 6.33 \times 10^4 \frac{m}{r^2} \text{[AT/m]} = \text{[N/Wb]}$$

② 쿨롱의 힘과 자계의 세기와의 관계 : $F = mH\text{[N]}$, $H = \frac{F}{m}\text{[A/m]}$, $m = \frac{F}{H}\text{[Wb]}$

③ 자계의 세기 단위 : $H = \frac{F}{m}\text{[N/Wb]} = \left[\frac{\text{N}\cdot\text{m}}{\text{Wb}\cdot\text{m}}\right] = \left[\frac{\text{J/Wb}}{\text{m}}\right] = \text{[A/m]}$

기·출·개·념 문제

진공 중의 자계 10[AT/m]인 점에 5×10^{-3}[Wb]의 자극을 놓으면 그 자극에 작용하는 힘[N]은? 16 기사

① 5×10^{-2} ② 5×10^{-3} ③ 2.5×10^{-2} ④ 2.5×10^{-3}

(해설) $F = mH = 5 \times 10^{-3} \times 10 = 5 \times 10^{-2}$[N]

답 ①

기출개념 03 자기력선의 성질

① 자력선의 방향은 N극에서 나와 S극으로 들어간다.
② 자력선은 서로 반발하나 교차하지 않는다.
③ 자력선의 방향은 자계의 방향과 일치하고, 밀도는 자계의 세기와 같다.
④ 자력선의 수는 내부 자하량 m[Wb]의 $\frac{m}{\mu_0}$ 배이다.
⑤ 자력선은 등자위면에 직교한다.
⑥ N, S극이 공존하고, 그 자신만으로 폐곡선을 이룰 수 있다.

기·출·개·념 문제

진공 중에서 4π[Wb]의 자하(磁荷)로부터 발산되는 총 자력선의 수는? 10·03·85 산업

① 4π ② 10^7 ③ $4\pi \times 10^7$ ④ $\frac{10^7}{4\pi}$

(해설) 진공 중에서 m[Wb]의 자하로부터 나오는 자력선의 수는 $\frac{m}{\mu_0}$ 배이다.

$\phi = \frac{m}{\mu_0} = \frac{4\pi}{\mu_0} = \frac{4\pi}{4\pi \times 10^{-7}} = 10^7$ 개

답 ②

CHAPTER 07 진공 중의 정자계

기출개념 04 자속과 자속밀도

(1) 자속 ϕ[Wb]
자기력선의 묶음으로 매질에 관계없이 m[Wb]의 자하에서 m[Wb]의 자속이 발생한다.

(2) 자속밀도 B[Wb/m²]
자속밀도는 단위면적당 자속을 의미한다.
$$B = \frac{\phi}{S} = \frac{m}{S} = \frac{m}{4\pi r^2} = \mu_0 H \text{[Wb/m}^2\text{]}$$

(3) 자속밀도의 단위
$1\text{[Wb/m}^2\text{]} = 1\text{[Tesla]} = 10^8\text{[maxwell/m}^2\text{]} = 10^4\text{[maxwell/cm}^2\text{]} = 10^4\text{[gauss]}$

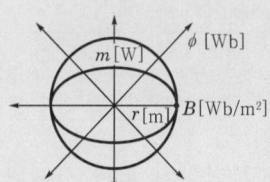

기·출·개·념 문제

비투자율 μ_s, 자속밀도 B[Wb/m²]인 자계 중에 있는 m[Wb]의 자극이 받는 힘[N]은? **18 산업**

① $\dfrac{Bm}{\mu_0 \mu_s}$ ② $\dfrac{Bm}{\mu_0}$ ③ $\dfrac{\mu_0 \mu_s}{Bm}$ ④ $\dfrac{Bm}{\mu_s}$

(해설) $F = mH$, $B = \dfrac{\phi}{S} = \mu H = \mu_0 \mu_s H$ [Wb/m²] ∴ $F = mH = m\dfrac{B}{\mu_0 \mu_s} = \dfrac{Bm}{\mu_0 \mu_s}$ [N] **답 ①**

기출개념 05 자위와 자위경도

(1) 점자극의 자위 U[A]

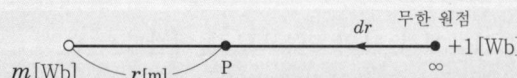

+1[Wb]의 자하를 자계 0인 무한 원점에서 점 P까지 운반하는 데 소요되는 일
$$U = -\int_\infty^P H \cdot dr = -\int_\infty^r \frac{m}{4\pi\mu_0 r^2} dr = \frac{m}{4\pi\mu_0 r} = 6.33 \times 10^4 \frac{m}{r} \text{ [AT, A]}$$

자계와 자위의 관계식 : $U = H \cdot r$[A], $H = \dfrac{U}{r}$[A/m]

(2) 자위경도
$$H = -\text{grad}\, U = -\nabla U = -\left(i\frac{\partial}{\partial x} + j\frac{\partial}{\partial y} + k\frac{\partial}{\partial z}\right)U = -\left(i\frac{\partial U}{\partial x} + j\frac{\partial U}{\partial y} + k\frac{\partial U}{\partial z}\right)$$

기·출·개·념 문제

m[Wb]의 점자극에 의한 자계 중에서 r[m] 거리에 있는 점의 자위[A]는?
① r에 비례한다. ② r^2에 비례한다. ③ r에 반비례한다. ④ r^2에 반비례한다.

(해설) 자위 $U = \dfrac{m}{4\pi\mu_0 r} = 6.33 \times 10^4 \dfrac{m}{r}$ [A] ∴ 자위 U는 거리 r에 반비례한다. **답 ③**

기출개념 06 자기 쌍극자

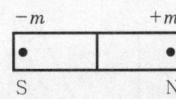

아주 작은 미소자극 $+m$과 $-m$이 미소거리 $l[\text{m}]$ 떨어진 한 쌍의 자극

(1) 자위

$$U = \frac{ml}{4\pi\mu_0 r^2}\cos\theta = \frac{M}{4\pi\mu_0 r^2}\cos\theta = 6.33 \times 10^4 \frac{M\cos\theta}{r^2}\,[\text{A}]$$

여기서, $M = ml\,[\text{Wb}\cdot\text{m}]$ 자기 쌍극자 모멘트

(2) 자계의 세기

① r성분의 자계의 세기 : $H_r = \dfrac{2M}{4\pi\mu_0 r^3}\cos\theta\,[\text{AT/m}]$

② θ성분의 자계의 세기 : $H_\theta = \dfrac{M}{4\pi\mu_0 r^3}\sin\theta\,[\text{AT/m}]$

③ 전체 자계의 세기 : $H = \sqrt{H_r^2 + H_\theta^2}$
$\qquad\qquad\qquad\quad = \dfrac{M}{4\pi\mu_0 r^3}\sqrt{1 + 3\cos^2\theta}\,[\text{AT/m}]$

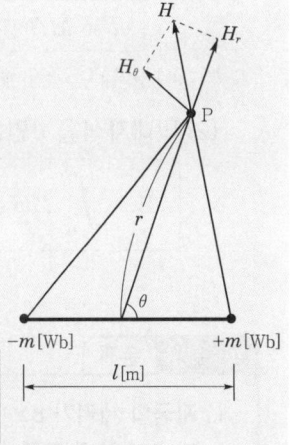

(3) 최대자계 발생각도 $\theta = 0°,\ 180°$가 되고, 최소자계 발생각도 $\theta = 90°$이다.

기·출·개념 문제

1. 자석의 세기 0.2[Wb], 길이 10[cm]인 막대자석의 중심에서 $60°$의 각을 가지며 40[cm]만큼 떨어진 점 A의 자위는 몇 [A]인가? **11 기사**

① 1.97×10^3 ② 3.96×10^3 ③ 9.58×10^3 ④ 7.92×10^3

(해설) $U = 6.33 \times 10^4 \dfrac{M\cos\theta}{r^2}$
$= 6.33 \times 10^4 \dfrac{0.2 \times 0.1 \times \cos 60°}{(40 \times 10^{-2})^2} = 3.961 \times 10^3\,[\text{A}]$ **답 ②**

2. 자기 쌍극자에 의한 자계는 쌍극자 중심으로부터의 거리의 몇 승에 반비례하는가?

① 1 ② $\dfrac{3}{2}$ ③ 2 ④ 3

(해설) $H = \dfrac{M}{4\pi\mu_0 r^3}\sqrt{1 + 3\cos^2\theta}\,[\text{AT/m}]$이므로 거리 r의 3승에 반비례한다.   **답 ④**

CHAPTER 07 진공 중의 정자계

기출개념 07 평등자계 내에 막대자석이 받는 회전력

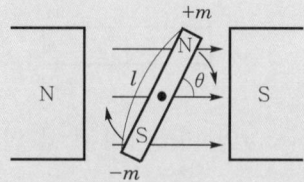

(1) 막대자석의 회전력

$$T = F \cdot l = mH \cdot l = mlH = M \cdot H \,[\text{N} \cdot \text{m}]$$

$\theta = 90°$일 때 회전력이 최대이므로

$$\therefore \boxed{T = MH\sin\theta = mlH\sin\theta \,[\text{N} \cdot \text{m}]}$$

이것을 Vector화하면 $T = M \times H$

(2) 막대자석을 θ만큼 회전 시 필요한 에너지

$$W = \int_0^\theta T d\theta = \int_0^\theta MH\sin\theta d\theta = MH(1 - \cos\theta) \,[\text{J}]$$

기·출·개·념 문제

1. 자극의 세기가 8×10^{-6}[Wb], 길이가 3[cm]인 막대자석을 120[AT/m]의 평등자계 내에 자력선과 30°의 각도로 놓으면 이 막대자석이 받는 회전력은 몇 [N·m]인가? 〔19 기사〕

① 1.44×10^{-4}
② 1.44×10^{-5}
③ 3.02×10^{-4}
④ 3.02×10^{-5}

(해설) 회전력
$T = mHl\sin\theta$
$= 8 \times 10^{-6} \times 120 \times 3 \times 10^{-2} \sin 30° = 1.44 \times 10^{-5}$ [N·m]

답 ②

2. 1×10^{-6}[Wb·m]의 자기 모멘트를 가진 봉 자석을 자계의 수평성분이 10[AT/m]인 곳에 자기 자오면으로부터 90° 회전시키는 데 필요한 일[J]은? 〔00 기사〕

① 3×10^{-5}
② 2.5×10^{-6}
③ 10^{-5}
④ 10^{-8}

(해설) 막대자석을 θ만큼 회전시킬 때 필요한 일
$W = MH(1 - \cos\theta)$ [J]
$= 1 \times 10^{-6} \times 10 \times (1 - \cos 90°) = 10^{-5}$ [J]

답 ③

기출개념 08. 앙페르의 오른나사법칙과 주회적분법칙

(1) **앙페르의 오른나사법칙**
 전류에 의한 자계의 방향을 결정하는 법칙

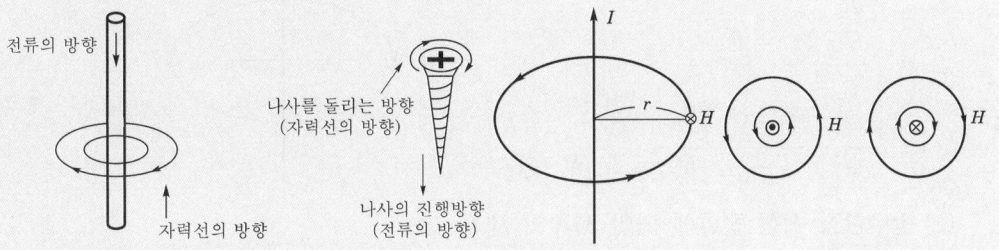

(2) **앙페르의 주회적분법칙**
 자계 경로를 따라 선적분한 값은 폐회로 내의 전류 총합과 같다.

① n개 전류 존재 시 : $\oint H dl = \Sigma I$

② 전류가 코일에 흐르는 경우 : $\oint H dl = NI$

기·출·개·념 문제

1. 다음 중 전류에 의한 자계의 방향을 결정하는 법칙은?   18 산업

① 렌츠의 법칙   ② 플레밍의 왼손법칙
③ 플레밍의 오른손법칙   ④ 앙페르의 오른나사법칙

(해설) 전류에 의한 자계의 방향은 앙페르의 오른나사법칙에 따르며 다음 그림과 같은 방향이다.

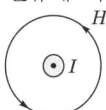 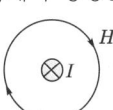

답 ④

2. 전류 I[A]에 대한 점 P의 자계 H [A/m]의 방향이 옳게 표시된 것은? (단, ⊙ 및 ⊗는 자계의 방향 표시이다.)   99·96·83 산업

①   ②

③   ④

(해설) 앙페르의 오른나사법칙을 적용시켜 보면 P점의 자계는 지면을 들어가는 방향이다.   답 ②

CHAPTER 07 진공 중의 정자계

기출개념 09-1 앙페르의 주회적분법칙 계산 예(Ⅰ)

(1) 무한장 직선 전류에 의한 자계의 세기

$$\oint H dl = I$$

$$H \cdot 2\pi r = I$$

$$\therefore \boxed{H = \frac{I}{2\pi r} \text{[A/m]}}$$

자계의 세기는 거리 r에 반비례한다.

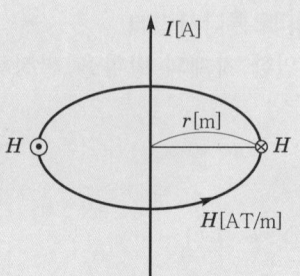

(2) 반무한장 직선 전류에 의한 자계의 세기

$$H = \frac{I}{2\pi r} \times \frac{1}{2} = \frac{I}{4\pi r} \text{[A/m]}$$

기·출·개·념 문제

1. 전류가 흐르고 있는 무한 직선도체로부터 2[m]만큼 떨어진 자유 공간 내 P점의 자계의 세기가 $\frac{4}{\pi}$[AT/m]일 때, 이 도체에 흐르는 전류는 몇 [A]인가?   **16 산업**

① 2   ② 4   ③ 8   ④ 16

[해설] $H = \frac{I}{2\pi r}$[AT/m]

$\therefore I = 2\pi r \cdot H = 2\pi \times 2 \times \frac{4}{\pi} = 16$[A]

답 ④

2. 무한장 직선형 도선에 I[A]의 전류가 흐를 경우 도선으로부터 R[m] 떨어진 점의 자속밀도 B[Wb/m²]는?   **19 기사**

① $B = \frac{\mu I}{2\pi R}$ ② $B = \frac{I}{2\pi \mu R}$ ③ $B = \frac{\mu I}{4\pi R}$ ④ $B = \frac{I}{4\pi \mu R}$

[해설] 자계의 세기 $H = \frac{I}{2\pi R}$[AT/m], 자속밀도 $B = \mu H = \frac{\mu I}{2\pi R}$[Wb/m²]

답 ①

3. 그림과 같이 평행한 두 개의 무한 직선 도선에 전류가 각각 I, $2I$인 전류가 흐른다. 두 도선 사이의 점 P에서 자계의 세기가 0이다. 이때 $\frac{a}{b}$는?   **19 산업**

① 4   ② 2
③ $\frac{1}{2}$ ④ $\frac{1}{4}$

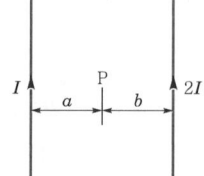

[해설] $H_1 = \frac{I}{2\pi a}$, $H_2 = \frac{2I}{2\pi b}$

$H_1 = H_2$일 때, 자계의 세기가 0일 때 $H_1 = H_2$이므로 $\frac{I}{2\pi a} = \frac{2I}{2\pi b}$

$\frac{1}{a} = \frac{2}{b} \rightarrow \frac{a}{b} = \frac{1}{2}$

답 ③

기출개념 09-2 앙페르의 주회적분법칙 계산 예(Ⅱ)

(3) 무한장 원통 전류에 의한 자계의 세기
① 전류가 균일하게 흐르는 경우
㉠ 외부 자계의 세기($r > a$)
$$H_o = \frac{I}{2\pi r} [\text{AT/m}] \rightarrow 거리\ r에\ 반비례한다.$$
㉡ 내부 자계의 세기($r < a$)
$$I : I' = \pi a^2 : \pi r^2 \rightarrow I' = \frac{r^2}{a^2} I [\text{A}]$$

$$\boxed{H_i = \frac{\frac{r^2}{a^2}I}{2\pi r} = \frac{rI}{2\pi a^2} [\text{AT/m}]} \rightarrow 거리\ r에\ 비례한다.$$

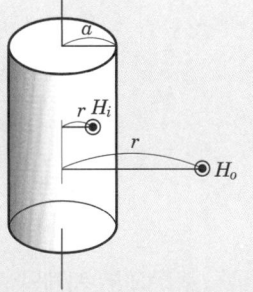

② 전류가 표면에만 흐르는 경우(내부에 전류가 존재하지 않는다.)
㉠ 외부 자계의 세기($r > a$) : $\boxed{H_o = \dfrac{I}{2\pi r} [\text{AT/m}]}$
㉡ 내부 자계의 세기($r < a$) : $\boxed{H_i = 0}$ (내부 자계는 존재하지 않는다.)

기·출·개·념 문제

1. 반지름 $r = a$[m]인 원통상 도선에 I[A]의 전류가 균일하게 흐를 때, $r = 0.2a$[m]의 자계는 $r = 2a$[m]인 자계의 몇 배인가?

① 0.2   ② 0.4   ③ 2   ④ 4

(해설) $r = 0.2a$는 내부 자계의 세기
$$H_i = \frac{rI}{2\pi a^2} = \frac{0.2aI}{2\pi a^2} = \frac{I}{10\pi a} [\text{AT/m}]$$
$r = 2a$는 외부 자계의 세기
$$H_o = \frac{I}{2\pi r} = \frac{I}{2\pi \times 2a} = \frac{I}{4\pi a} [\text{AT/m}]$$
$$\therefore \frac{H_i}{H_o} = \frac{\frac{I}{10\pi a}}{\frac{I}{4\pi a}} = 0.4$$

답 ②

2. 무한장 원주형 도체에 전류 I가 표면에만 흐른다면 원주 내부의 자계의 세기는 몇 [AT/m]인가? (단, r[m]는 원주의 반지름이고, N은 권선수이다.) **18 산업**

① 0   ② $\dfrac{NI}{2\pi r}$ ③ $\dfrac{I}{2r}$ ④ $\dfrac{I}{2\pi r}$

(해설) 전류가 원통 표면에만 있을 때는 쇄교하는 전류가 원통 내에서는 항상 0이 되기 때문에 자계의 세기는 $H = 0$이 된다.

답 ①

CHAPTER 07 진공 중의 정자계

기출개념 09-3 앙페르의 주회적분법칙 계산 예(Ⅲ)

(4) 무한장 솔레노이드의 자계의 세기

① 내부 자계의 세기

$$\oint H dl = NI$$

$$H \cdot l = NI$$

$$\therefore \boxed{H = \frac{N}{l}I = nI [\text{AT/m}]}$$

(여기서, $n = \dfrac{N}{l}$: 단위길이당 turn수)

② 외부 자계의 세기

$$\boxed{H_o = 0 [\text{AT/m}]}$$

(5) 환상 솔레노이드의 자계의 세기

① 내부 자계의 세기

$$\oint H dl = NI$$

$$H \cdot 2\pi a = NI$$

$$\therefore \boxed{H = \frac{NI}{2\pi a} [\text{AT/m}]}$$

② 외부 자계의 세기

$$\boxed{H_o = 0 [\text{AT/m}]}$$

기·출·개·념 문제

1. 단위길이당 권수가 n인 무한장 솔레노이드에 $I[\text{A}]$의 전류가 흐를 때, 다음 설명 중 옳은 것은? <small>95·87·85 기사</small>

① 솔레노이드 내부는 평등자계이다. ② 외부와 내부의 자계 세기는 같다.
③ 외부 자계의 세기는 $nI[\text{AT/m}]$이다. ④ 내부 자계의 세기는 $nI^2[\text{AT/m}]$이다.

(해설) 무한장 솔레노이드 내부 자계의 세기는 평등자계이며, 그 크기는 $H_i = nI[\text{AT/m}]$이다

답 ①

2. 평균 반지름 50[cm]이고, 권수 100회인 환상 솔레노이드 내부의 자계가 200[AT/m]로 되도록 하기 위해서 코일에 흐르는 전류는 몇 [A]로 하여야 되는가? <small>83·82·81 산업</small>

① 6.28   ② 12.15   ③ 15.8   ④ 18.6

(해설) $H = \dfrac{NI}{2\pi a} [\text{AT/m}]$

$$\therefore I = \frac{2\pi a H}{N} = \frac{2\pi \times 0.5 \times 200}{100} = 6.28 [\text{A}]$$

답 ①

기출개념 10 비오-사바르(Biot-Savart)의 법칙

실험에 의해 유한장 전류에 의한 자계의 세기 식을 만들었다.
미소길이 dl에 의해서 $r[\text{m}]$ 떨어진 P점의 미소자계의 세기

$$dH = \frac{Idl}{4\pi r^2}\sin\theta\,[\text{AT/m}]$$

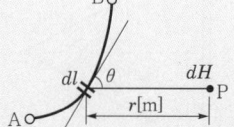

즉 A, B 도선에 흐르는 전류 I에 의한 점 P의 자계의 세기

$$H = \int_A^B dH = \frac{I}{4\pi}\int_A^B \frac{dl\sin\theta}{r^2}\,[\text{AT/m}]$$

* 원형 전류 중심축상의 자계의 세기
  ① 중심축상의 자계의 세기

  $$dH = \frac{Idl}{4\pi r^2}\sin\theta\,[\text{AT/m}] = \frac{Ia\,dl}{4\pi r^3}\quad\left(\sin\theta = \frac{a}{r}\right)$$

  $$H = \int \frac{Ia\,dl}{4\pi r^3} = \frac{aI}{4\pi r^3}\int dl = \frac{aI}{4\pi r^3}2\pi a = \frac{a^2 I}{2r^3}\,[\text{AT/m}]$$

  $$H = \frac{a^2 I}{2(a^2 + x^2)^{\frac{3}{2}}}\,[\text{AT/m}]$$

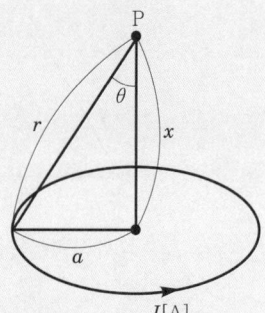

  ② 원형 전류(코일) 중심점의 자계의 세기($x=0$)

  $$H = \frac{I}{2a}\,[\text{A/m}],\quad H = \frac{NI}{2a}\,[\text{AT/m}] \quad (\text{여기서, } N : \text{권수})$$

기·출·개·념 문제

1. 반지름 1[m]의 원형 코일에 1[A]의 전류가 흐를 때 중심점의 자계의 세기[AT/m]는? **19 산업**

① $\dfrac{1}{4}$ ② $\dfrac{1}{2}$ ③ 1 ④ 2

(해설) 원형 코일 중심점의 자계의 세기(H)

$$H = \frac{I}{2a} = \frac{1}{2\times 1} = \frac{1}{2}\,[\text{AT/m}]$$

답 ②

2. 그림과 같이 반지름 10[cm]인 반원과 그 양단으로부터 직선으로 된 도선에 10[A]의 전류가 흐를 때, 중심 O에서의 자계의 세기와 방향은? **16 기사**

① 2.5[AT/m], 방향 ⊙   ② 25[AT/m], 방향 ⊙
③ 2.5[AT/m], 방향 ⊗   ④ 25[AT/m], 방향 ⊗

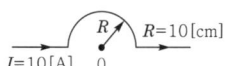

(해설) 반원의 자계의 세기

$$H = \frac{I}{2R}\times\frac{1}{2} = \frac{I}{4R}\,[\text{AT/m}]$$

앙페르의 오른나사법칙에 의해 들어가는 방향(⊗)으로 자계가 형성된다.

$$\therefore\ H = \frac{10}{4\times 10\times 10^{-2}} = 25\,[\text{AT/m}]$$

답 ④

CHAPTER 07 진공 중의 정자계

기출개념 11 비오-사바르의 법칙 계산 예

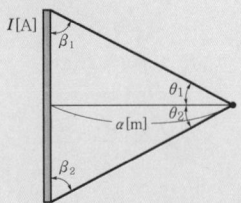

(1) 유한장 직선 전류에 의한 자계의 세기

$$H = \frac{I}{4\pi a}(\sin \theta_1 + \sin \theta_2)$$
$$= \frac{I}{4\pi a}(\cos \beta_1 + \cos \beta_2)\,[\text{AT/m}]$$

(2) 각 도형 중심 자계의 세기

① 정삼각형 중심 자계의 세기

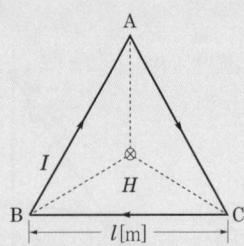

한 변 AB의 전류에 의한 중심 자계의 세기

$$H_{AB} = \frac{3I}{2\pi l}\,[\text{AT/m}]$$

정삼각형 중심 자계의 세기

$$\boxed{H = 3H_{AB} = \frac{9I}{2\pi l}\,[\text{AT/m}]}$$

(단, $l[\text{m}]$: 한 변의 길이)

② 정사각형(정방형) 중심 자계의 세기

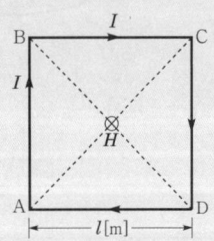

한 변 AB의 전류에 의한 중심 자계의 세기

$$H_{AB} = \frac{I}{\pi l \sqrt{2}}\,[\text{AT/m}]$$

정사각형 중심 자계의 세기

$$\boxed{H = 4H_{AB} = \frac{2\sqrt{2}\,I}{\pi l}\,[\text{AT/m}]}$$

(단, $l[\text{m}]$: 한 변의 길이)

③ 정육각형 중심 자계의 세기

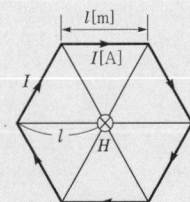

$$\boxed{H = \frac{\sqrt{3}\,I}{\pi l}\,[\text{AT/m}]}$$

(단, $l[\text{m}]$: 한 변의 길이)

기·출·개·념 문제

한 변의 길이가 3[m]인 정삼각형의 회로에 2[A]의 전류가 흐를 때 정삼각형 중심에서의 자계의 크기는 몇 [AT/m]인가?
16 기사

① $\dfrac{1}{\pi}$ ② $\dfrac{2}{\pi}$ ③ $\dfrac{3}{\pi}$ ④ $\dfrac{4}{\pi}$

(해설) 정삼각형 중심 자계의 세기

$$H = \frac{9I}{2\pi l} = \frac{9 \times 2}{2\pi \times 3} = \frac{3}{\pi}\,[\text{AT/m}]$$

답 ③

기출개념 12-1 플레밍의 왼손법칙(Ⅰ)

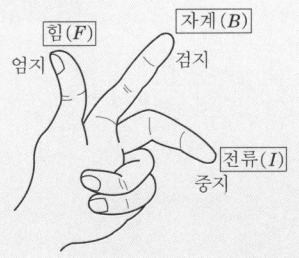

* 플레밍의 왼손법칙
  전자력의 방향을 결정하는 법칙
  - 엄지 : 힘(F)의 방향
  - 검지 : 자계(B)의 방향
  - 중지 : 전류(I)의 방향

(1) 자계 중의 도체 전류에 의한 전자력

① 자계와 직각방향으로 놓고 I[A]의 전류를 흘렸을 때 도선에 생기는 전자력

$$F = Il \cdot B \text{[N]}$$

② 자계의 방향과 도체의 방향이 직각이 아니고 각 θ를 이루고 있을 때의 전자력

$$F = IlB \sin \theta \text{[N]}$$
$$= Il(\mu H) \sin \theta \text{[N]}$$

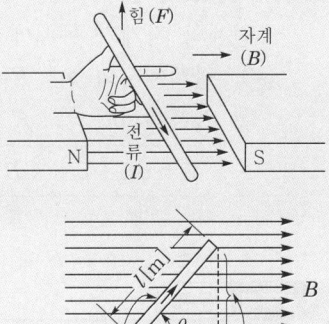

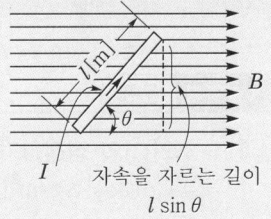

기·출·개념 문제

1. 플레밍의 왼손법칙에서 엄지 손가락의 방향은 무엇의 방향인가?

① 전류의 반대방향   ② 자력선의 방향
③ 전류의 방향   ④ 힘의 방향

(해설) 플레밍의 왼손법칙
- 엄지 손가락 : 힘의 방향
- 검지 손가락 : 자계의 방향
- 중지 손가락 : 전류의 방향

답 ④

2. 자속밀도가 $B = 30$[Wb/m²]의 자계 내에 $I = 5$[A]의 전류가 흐르고 있는 길이 $l = 1$[m]인 직선 도체를 자계의 방향에 대해서 $60°$의 각을 짓도록 놓았을 때, 이 도체에 작용하는 힘[N]을 구하면? 06 기사

① 75   ② 150
③ 130   ④ 120

(해설) 자계 속의 전류에 작용하는 힘
$$F = IlB \sin \theta = 5 \times 30 \times 1 \times \sin 60° = 75\sqrt{3} \fallingdotseq 130 \text{[N]}$$

답 ③

제7장 진공 중의 정자계 | 99

CHAPTER 07 진공 중의 정자계

기출개념 12-2 플레밍의 왼손법칙(Ⅱ)

(2) 하전 입자가 받는 힘

$F = IlB\sin\theta$에서 Il은 qv와 같으므로

∴ $\boxed{F = qvB\sin\theta \text{[N]}}$

Vector로 표시하면 다음과 같다.

$$\boldsymbol{F} = q(\boldsymbol{v} \times \boldsymbol{B})\text{[N]}$$

(3) 로렌츠의 힘

전계와 자계가 동시에 존재할 때 입자에 작용하는 힘이다.
① 전계에서의 힘 : $\boldsymbol{F} = q\boldsymbol{E}$[N]
② 자계에서의 힘 : $\boldsymbol{F} = q(\boldsymbol{v} \times \boldsymbol{B})$[N]

∴ $\boxed{\boldsymbol{F} = q\boldsymbol{E} + q(\boldsymbol{v} \times \boldsymbol{B}) = q(\boldsymbol{E} + \boldsymbol{v} \times \boldsymbol{B})\text{[N]}}$

기·출·개·념 문제

1. -1.2[C]의 점전하가 $5a_x + 2a_y - 3a_z$[m/s]인 속도로 운동한다. 이때 이 전하가 $B = -4a_x + 4a_y + 3a_z$[Wb/m²]인 자계에서 운동하고 있을 때 이 전하에 작용하는 힘은 약 몇 [N]인가? (단, a_x, a_y, a_z는 단위 벡터이다.) **17 산업**

① 10
② 20
③ 30
④ 40

(해설) 하전 입자가 받는 힘

$$F = q(v \times B) = -1.2 \begin{vmatrix} a_x & a_y & a_z \\ 5 & 2 & -3 \\ -4 & 4 & 3 \end{vmatrix} = -1.2(18a_x - 3a_y + 28a_z) = -21.6a_x + 3.6a_y - 33.6a_z$$

∴ $F = \sqrt{(-21.6)^2 + (3.6)^2 + (-33.6)^2} \fallingdotseq 40$[N]

답 ④

2. 2[C]의 점전하가 전계 $E = 2a_x + a_y - 4a_z$[V/m] 및 자계 $B = -2a_x + 2a_y - a_z$[Wb/m²] 내에서 $v = 4a_x - a_y - 2a_z$[m/s]의 속도로 운동하고 있을 때, 점전하에 작용하는 힘 F는 몇 [N]인가? **15 기사**

① $-14a_x + 18a_y + 6a_z$
② $14a_x - 18a_y - 6a_z$
③ $-14a_x + 18a_y + 4a_z$
④ $14a_x + 18a_y + 4a_z$

(해설) 로렌츠의 힘

$$\boldsymbol{F} = q(\boldsymbol{E} + \boldsymbol{v} \times \boldsymbol{B}) = 2(2a_x + a_y - 4a_z) + 2\{(4a_x - a_y - 2a_z) \times (-2a_x + 2a_y - a_z)\}$$

$$= 2(2a_x + a_y - 4a_z) + 2\begin{vmatrix} a_x & a_y & a_z \\ 4 & -1 & -2 \\ -2 & 2 & -1 \end{vmatrix} = 2(2a_x + a_y - 4a_z) + 2(5a_x + 8a_y + 6a_z)$$

$$= 14a_x + 18a_y + 4a_z \text{[N]}$$

답 ④

기출개념 13 전자의 원운동

평등자계 내에 수직으로 돌입한 전자는 플레밍의 왼손법칙에 의한 전자력에 의해서 전자는 원운동을 하므로 구심력과 원심력은 같다.

$$\text{구심력} = \text{원심력}$$
$$evB = \frac{mv^2}{r}$$
$$eB = \frac{mv}{r}$$

① 원운동 원 반지름: $r = \dfrac{mv}{eB}$ [m]

② 원운동의 각속도: $\omega = \dfrac{v}{r} = \dfrac{eB}{m}$ [rad/s]

③ 원운동의 주기: $T = \dfrac{1}{f} = \dfrac{2\pi}{\omega} = \dfrac{2\pi m}{eB}$ [s]

기·출·개·념 문제

1. 자계의 세기가 H인 자계 중에 직각으로 속도 v로 발사된 전하 Q가 그리는 원의 반지름 r[m]은? 18 산업

① $\dfrac{mv}{QH}$ ② $\dfrac{mv^2}{QH}$ ③ $\dfrac{mv}{\mu HQ}$ ④ $\dfrac{mv^2}{\mu HQ}$

(해설) 원운동 원 반지름($e = Q$[C])

$r = \dfrac{mv}{eB} = \dfrac{mv}{QB} = \dfrac{mv}{Q\mu H}$ [m]

답 ③

2. v[m/s]의 속도로 전자가 B[Wb/m²]의 평등자계에 직각으로 들어가면 원운동을 한다. 이때 각속도 ω[rad/s] 및 주기 T[s]는? (단, 전자의 질량은 m, 전자의 전하는 e이다.) 09·91 기사 / 10·83 산업

① $\omega = \dfrac{m}{eB}$, $T = \dfrac{eB}{2\pi m}$ ② $\omega = \dfrac{eB}{m}$, $T = \dfrac{2\pi m}{eB}$

③ $\omega = \dfrac{mv}{eB}$, $T = \dfrac{2\pi m}{mv}$ ④ $\omega = \dfrac{em}{B}$, $T = \dfrac{2\pi m}{Bv}$

(해설) 전자의 원운동

구심력=원심력, $evB = \dfrac{mv^2}{r}$

- 회전반경: $r = \dfrac{mv}{eB}$ [m]
- 각속도: $\omega = \dfrac{eB}{m}$ [rad/s]
- 주기: $T = \dfrac{2\pi m}{eB}$ [s]

답 ②

CHAPTER 07 진공 중의 정자계

기출개념 14 평행 전류 도선 간에 작용하는 힘

(1) 단위길이당 작용하는 힘

$$F = \frac{\mu_0 I_1 I_2}{2\pi d} = \frac{2 I_1 I_2}{d} \times 10^{-7} \, [\text{N/m}]$$

(2) 힘의 방향

전류가 평행 도선에 같은 방향으로 흐르는 경우에는 흡인력이 작용하고 전류가 반대방향으로 흐르는 경우(왕복 전류)에는 반발력이 작용한다.

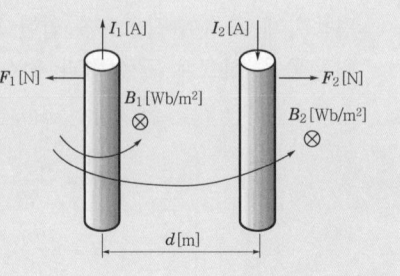

기·출·개념 접근

$d\,[\text{m}]$ 떨어진 평행 도선에 각각의 전류 I_1, $I_2\,[\text{A}]$가 흐르는 경우 단위길이당 작용하는 힘

① I_1 전류에 의한 자계의 세기

$$H_1 = \frac{I_1}{2\pi d} \, [\text{A/m}]$$

$$B_1 = \mu_0 H_1 = \frac{\mu_0 I_1}{2\pi d} \, [\text{Wb/m}^2]$$

② I_2의 단위길이에 작용하는 힘

$$F = I_2 l B_1 \sin\theta \quad (\sin 90° = 1, \; l = 1\,[\text{m}])$$

$$= \frac{\mu_0 I_1 I_2}{2\pi d} \quad (\text{진공, 공기의 } \mu_0 = 4\pi \times 10^{-7}\,[\text{H/m}])$$

$$= \frac{2 I_1 I_2}{d} \times 10^{-7} \, [\text{N/m}]$$

기·출·개념 문제

1. 평행한 두 도선 간의 전자력은? (단, 두 도선 간의 거리는 $r\,[\text{m}]$라 한다.) `19 기사`

① r에 비례   ② r^2에 비례   ③ r에 반비례   ④ r^2에 반비례

(해설) 평행한 두 도선 간의 거리가 $r\,[\text{m}]$인 경우 평행 전류 도선 간에 작용하는 힘

$$F = \frac{\mu_0 I_1 I_2}{2\pi r} = \frac{2 I_1 I_2}{r} \times 10^{-7} \, [\text{N/m}]$$

도선 간의 거리 r에 반비례한다.   **답 ③**

2. 무한히 긴 두 평행 도선이 2[cm]의 간격으로 가설되어 100[A]의 전류가 흐르고 있다. 두 도선의 단위길이당 작용력은 몇 [N/m]인가? `17 산업`

① 0.1   ② 0.5   ③ 1   ④ 1.5

(해설) 평행 전류 도선 간에 작용하는 힘

$$F = \frac{\mu_0 I_1 I_2}{2\pi d} = \frac{2 I_1 I_2}{d} \times 10^{-7} = \frac{2 \times 100 \times 100}{2 \times 10^{-2}} \times 10^{-7} = 0.1 \, [\text{N/m}]$$

답 ①

CHAPTER 07 진공 중의 정자계

이런 문제가 시험에 나온다! 단원 최근 빈출문제

기출 핵심 NOTE

01 10^{-5}[Wb]와 1.2×10^{-5}[Wb]의 점자극을 공기 중에서 2[cm] 거리에 놓았을 때 극 간에 작용하는 힘은 약 몇 [N]인가? [16년 2회 산업]

① 1.9×10^{-2} ② 1.9×10^{-3}
③ 3.8×10^{-2} ④ 3.8×10^{-3}

해설 $F = \dfrac{m_1 m_2}{4\pi\mu_0 r^2} = 6.33 \times 10^4 \dfrac{m_1 m_2}{r^2}$ [N]

$\therefore F = 6.33 \times 10^4 \dfrac{10^{-5} \times 1.2 \times 10^{-5}}{2 \times 10^{-2}} = 1.9 \times 10^{-2}$[N]

01 쿨롱의 법칙

$F = \dfrac{1}{4\pi\mu_0} \dfrac{m_1 m_2}{r^2}$

$= 6.33 \times 10^4 \dfrac{m_1 m_2}{r^2}$ [N]

02 유전율 $\varepsilon = 8.855 \times 10^{-12}$[F/m]인 진공 중을 전자파가 전파할 때 진공 중의 투자율[H/m]은? [17년 2회 기사]

① 7.58×10^{-5} ② 7.58×10^{-7}
③ 12.56×10^{-5} ④ 12.56×10^{-7}

해설 진공의 투자율

$6.33 \times 10^4 = \dfrac{1}{4\pi\mu_0}$

$\therefore \mu_0 = \dfrac{1}{4\pi \times 6.33 \times 10^4} = 4\pi \times 10^{-7} = 12.56 \times 10^{-7}$[H/m]

02 진공의 투자율

$\mu_0 = \dfrac{1}{4\pi \times 6.33 \times 10^4}$

$= 4\pi \times 10^{-7}$

$= 12.56 \times 10^{-7}$[H/m]

03 자계의 세기를 표시하는 단위가 아닌 것은? [19년 1회 산업]

① [A/m] ② [Wb/m]
③ [N/Wb] ④ [AT/m]

해설 자계의 세기(H)

$H = \dfrac{F}{m} \left[\dfrac{N}{Wb} = \dfrac{Nm}{Wb} \dfrac{1}{m} = \dfrac{J}{Wb} \dfrac{1}{m} = \dfrac{A}{m} = \dfrac{AT}{m} \right]$

T(Turn)는 상수 개념이므로 사용할 수도, 생략할 수도 있다.

03 자계의 세기 단위

$H = \dfrac{F}{m}$

$\left[\dfrac{N}{Wb}\right] = \left[\dfrac{A}{m}\right] = \left[\dfrac{AT}{m}\right]$

04 500[AT/m]의 자계 중에 어떤 자극을 놓았을 때 4×10^3[N]의 힘이 작용했다면 이때 자극의 세기는 몇 [Wb]인가? [17년 2회 산업]

① 2 ② 4
③ 6 ④ 8

04 힘과 자계의 세기와의 관계

$F = mH$[N]

$m = \dfrac{F}{H}$[Wb]

정답 01. ① 02. ④ 03. ② 04. ④

CHAPTER 07 진공 중의 정자계

해설 쿨롱의 법칙에 의해서 힘과 자계의 세기와의 관계
- $F = mH$ [N]
- 자극의 세기 $m = \dfrac{F}{H} = \dfrac{4 \times 10^3}{500} = 8$ [Wb]

05 공기 중 임의의 점에서 자계의 세기(H)가 20[AT/m]라면 자속밀도(B)는 약 몇 [Wb/m²]인가? [19년 1회 산업]

① 2.5×10^{-5} ② 3.5×10^{-5}
③ 4.5×10^{-5} ④ 5.5×10^{-5}

해설 자속밀도
$B = \mu_0 H = 4\pi \times 10^{-7} \times 20 = 2.51 \times 10^{-5}$ [Wb/m²]

06 비투자율 μ_s, 자속밀도 B[Wb/m²]인 자계 중에 있는 m[Wb]의 점자극이 받는 힘[N]은? [18년 3회 산업]

① $\dfrac{mB}{\mu_0}$ ② $\dfrac{mB}{\mu_0 \mu_s}$
③ $\dfrac{mB}{\mu_s}$ ④ $\dfrac{\mu_0 \mu_s}{mB}$

해설 $F = mH$ [N]
$B = \mu H = \mu_0 \mu_s H$ [Wb/m³]
$\therefore F = mH = m\dfrac{B}{\mu} = \dfrac{mB}{\mu_0 \mu_s}$ [N]

07 자위의 단위에 해당되는 것은? [19년 2회 산업]

① [A] ② [J/C]
③ [N/Wb] ④ [Gauss]

해설 자계와 자위의 관계
$U = H \times r$ [A/m·m] = [A]

08 자기 쌍극자에 의한 자위 U[A]에 해당되는 것은? (단, 자기 쌍극자의 자기 모멘트는 M[Wb·m], 쌍극자의 중심으로부터의 거리는 r[m], 쌍극자의 정방향과의 각도는 θ라 한다.) [15년 2회 기사]

① $6.33 \times 10^4 \times \dfrac{M\sin\theta}{r^3}$
② $6.33 \times 10^4 \times \dfrac{M\sin\theta}{r^2}$
③ $6.33 \times 10^4 \times \dfrac{M\cos\theta}{r^3}$
④ $6.33 \times 10^4 \times \dfrac{M\cos\theta}{r^2}$

해설 자위 $U = \dfrac{M}{4\pi\mu_0 r^2}\cos\theta = 6.33 \times 10^4 \dfrac{M\cos\theta}{r^2}$ [A]

기출 핵심 NOTE

05 자속밀도
$B = \mu_0 H$ [Wb/m²]
$H = \dfrac{B}{\mu_0}$ [AT/m]

06 힘과 자계의 세기와의 관계
$F = mH = m\dfrac{B}{\mu}$ [N]

07
- 자위
$U = \dfrac{m}{4\pi\mu_0 r^2}$
$= 6.33 \times 10^4 \dfrac{m}{r^2}$ [AT, A]
- 자위와 자계의 관계식
$U = H \times r$ [A]
$H = \dfrac{U}{r}$ [A/m]

08 자기 쌍극자
- 자위
$U = \dfrac{M}{4\pi\mu_0 r^2}\cos\theta$
$= 6.33 \times 10^4 \dfrac{M\cos\theta}{r^2}$ [A]
자기 쌍극자 모멘트
$M = ml$ [Wb·m]
- 자계의 세기
$H = \dfrac{M}{4\pi\mu_0 r^3}\sqrt{1+3\cos^2\theta}$ [AT/m]

정답 05.① 06.② 07.① 08.④

09 자극의 세기가 8×10^{-6}[Wb]이고, 길이가 30[cm]인 막대자석을 120[AT/m] 평등자계 내에 자력선과 30°의 각도로 놓았다면 자석이 받는 회전력은 몇 [N·m]인가?   [17년 2회 산업]

① 1.44×10^{-4} ② 1.44×10^{-5}
③ 2.88×10^{-4} ④ 2.88×10^{-5}

[해설] 자계 내에 막대자석이 받는 회전력
$T = MH\sin\theta = mlH\sin\theta = 8 \times 10^{-6} \times 0.3 \times 120 \times \sin 30°$
$\quad = 1.44 \times 10^{-4}$[N·m]

09 막대자석의 회전력
$T = MH\sin\theta$
$\quad = mlH\sin\theta$[N·m]

10 전류와 자계 사이에 직접적인 관련이 없는 법칙은?   [15년 2회 산업]

① 앙페르의 오른나사법칙   ② 비오-사바르의 법칙
③ 플레밍의 왼손법칙   ④ 쿨롱의 법칙

[해설] ① 앙페르의 오른나사법칙 : 전류에 의한 자계의 방향 결정
② 비오-사바르의 법칙 : 전류에 의한 자계의 세기
③ 플레밍의 왼손법칙 : 자계 내에 전류 도선이 받는 힘의 방향
④ 쿨롱의 법칙 : 두 전하 사이에 작용하는 힘에 관한 법칙으로 전류와 자계 사이에는 직접적인 관련이 없다.

10 앙페르의 오른나사법칙
전류에 의한 자계의 방향 결정

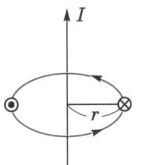

11 6.28[A]가 흐르는 무한장 직선 도선상에서 1[m] 떨어진 점의 자계의 세기[A/m]는?   [15년 1회 산업]

① 0.5   ② 1
③ 2   ④ 3

[해설] 무한장 직선 전류에 의한 자계의 세기
$H = \dfrac{I}{2\pi r}$[A/m] $= \dfrac{6.28}{2\pi \times 1} = 1$[A/m]

11 무한장 직선 전류
자계의 세기 $H = \dfrac{I}{2\pi r}$[A/m]

12 그림과 같이 평행한 무한장 직선 도선에 I[A], $4I$[A]인 전류가 흐른다. 두 선 사이의 점 P에서 자계의 세기가 0이라고 하면 $\dfrac{a}{b}$는?   [19년 2회 기사]

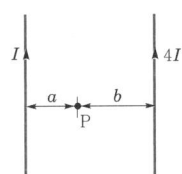

① 2   ② 4
③ $\dfrac{1}{2}$ ④ $\dfrac{1}{4}$

12 앙페르의 오른나사법칙과 앙페르의 주회적분법칙

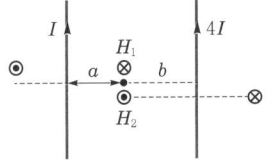

자계의 세기 0이 되기 위한 조건
$H_1 = H_2$

[정답] 09.① 10.④ 11.② 12.④

CHAPTER 07 진공 중의 정자계

해설 $H_1 = \dfrac{I}{2\pi a}$, $H_2 = \dfrac{4I}{2\pi b}$

자계의 세기가 0일 때 $H_1 = H_2$

$\dfrac{I}{2\pi a} = \dfrac{4I}{2\pi b}$

$\dfrac{1}{a} = \dfrac{4}{b}$

$\therefore \dfrac{a}{b} = \dfrac{1}{4}$

13 전류 2π[A]가 흐르고 있는 무한 직선 도체로부터 2[m]만큼 떨어진 자유 공간 내 P점의 자속밀도의 세기 [Wb/m²]는? [19년 3회 산업]

① $\dfrac{\mu_0}{8}$ ② $\dfrac{\mu_0}{4}$

③ $\dfrac{\mu_0}{2}$ ④ μ_0

기출 핵심 NOTE

13 • 무한 직선 전류
자계의 세기 $H = \dfrac{I}{2\pi r}$ [A/m]
• 자속밀도
$B = \mu_0 H$ [Wb/m²]

해설 • 자계의 세기 $H = \dfrac{I}{2\pi r} = \dfrac{2\pi}{2\pi \times 2} = \dfrac{1}{2}$ [AT/m]

• 자속밀도의 세기 $B = \mu_0 H = \dfrac{\mu_0}{2}$ [Wb/m²]

14 그림과 같은 동축 원통의 왕복 전류 회로가 있다. 도체 단면에 고르게 퍼진 일정 크기의 전류가 내부 도체로 흘러 들어가고 외부 도체로 흘러나올 때, 전류에 의해 생기는 자계에 대하여 틀린 것은? [15년 2회 기사]

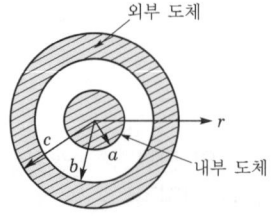

① 외부 공간($r > c$)의 자계는 영(0)이다.
② 내부 도체 내($r < a$)에 생기는 자계의 크기는 중심으로부터 거리에 비례한다.
③ 외부 도체 내($b < r < c$)에 생기는 자계의 크기는 중심으로부터 거리에 관계없이 일정하다.
④ 두 도체 사이(내부 공간, $a < r < b$)에 생기는 자계의 크기는 중심으로부터 거리에 반비례한다.

14 전류가 균일한 원통
• 외부 자계의 세기
$H_o = \dfrac{I}{2\pi r}$ [A/m]
• 내부 자계의 세기
$H_i = \dfrac{rI}{2\pi a^2}$ [A/m]

정답 13. ③ 14. ③

해설
- 내부 도체의 자계의 세기($r < a$)
  $$H_i = \frac{rI}{2\pi a^2} \text{[AT/m]}$$
- 내·외 도체 사이의 자계의 세기($a < r < b$)
  $$H = \frac{I}{2\pi r} \text{[AT/m]}$$
- 외부 도체의 자계의 세기($b < r < c$)
  $$H = \frac{I}{2\pi r}\left(1 - \frac{r^2 - b^2}{c^2 - b^2}\right) \text{[AT/m]}$$
  자계의 크기는 중심으로부터의 거리에 반비례한다.
- 외부 도체와의 공간의 자계의 세기
  $$H_o = 0\text{[AT/m]}$$

15 다음 설명 중 옳은 것은? [17년 3회 기사]

① 무한 직선 도선에 흐르는 전류에 의한 도선 내부에서 자계의 크기는 도선의 반경에 비례한다.
② 무한 직선 도선에 흐르는 전류에 의한 도선 외부에서 자계의 크기는 도선의 중심과의 거리에 무관하다.
③ 무한장 솔레노이드 내부 자계의 크기는 코일에 흐르는 전류의 크기에 비례한다.
④ 무한장 솔레노이드 내부 자계의 크기는 단위길이당 권수의 제곱에 비례한다.

해설 무한장 솔레노이드
- 외부 자계의 세기 : $H_o = 0\text{[AT/m]}$
- 내부 자계의 세기 : $H_i = nI\text{[AT/m]}$
  여기서, n : 단위길이당 권수
즉, 내부 자계의 세기는 평등자계이며, 코일의 전류에 비례한다.

16 반지름 a[m]인 원형 코일에 전류 I[A]가 흘렀을 때 코일 중심에서의 자계의 세기[AT/m]는? [16년 3회 기사]

① $\dfrac{I}{4\pi a}$ ② $\dfrac{I}{2\pi a}$
③ $\dfrac{I}{4a}$ ④ $\dfrac{I}{2a}$

해설 원형 전류 중심축상의 자계의 세기
$$H = \frac{a^2 I}{2(a^2 + x^2)^{\frac{3}{2}}} \text{[AT/m]}$$
원형 중심의 자계의 세기는 $x = 0$인 지점이므로
$$H = \frac{I}{2a} \text{[AT/m]}$$

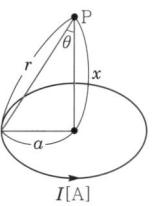

기출 핵심 NOTE

15 무한장 솔레노이드
- 내부 자계의 세기
  $$H_i = \frac{N}{l}I = nI \text{[AT/m]}$$
  여기서, n : 단위길이당 권수
- 외부 자계의 세기
  $$H_o = 0\text{[AT/m]}$$

16 원형 전류
- 중심축상 자계의 세기
  $$H = \frac{a^2 I}{2(a^2 + x^2)^{\frac{3}{2}}} \text{[AT/m]}$$
- 중심 자계의 세기($x = 0$)
  $$H = \frac{I}{2a} \text{[AT/m]}$$

정답 15. ③ 16. ④

CHAPTER 07 진공 중의 정자계

17 그림과 같이 권수가 1이고 반지름 a[m]인 원형 전류 I[A]가 만드는 자계의 세기[AT/m]는? [18년 1회 산업]

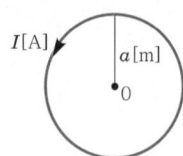

① $\dfrac{I}{a}$ ② $\dfrac{I}{2a}$

③ $\dfrac{I}{3a}$ ④ $\dfrac{I}{4a}$

해설 원형 전류 중심축상의 자계의 세기

$$H = \dfrac{a^2 I}{2(a^2+x^2)^{\frac{3}{2}}} \text{[AT/m]}$$

원형 중심의 자계의 세기는 $x=0$인 지점이므로

$$H = \dfrac{I}{2a} \text{[AT/m]}$$

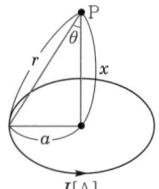

기출 핵심 NOTE

17 원형 전류 중심 자계의 세기

$$H = \dfrac{I}{2a} \text{[AT/m]}$$

18 한 변의 길이가 l[m]인 정삼각형 회로에 전류 I[A]가 흐르고 있을 때 삼각형의 중심에서의 자계의 세기 [AT/m]는? [16년 1회 기사]

① $\dfrac{\sqrt{2}\,I}{3\pi l}$ ② $\dfrac{9I}{\pi l}$

③ $\dfrac{2\sqrt{2}\,I}{3\pi l}$ ④ $\dfrac{9I}{2\pi l}$

해설 한 변 AB의 자계의 세기

$$H_{AB} = \dfrac{3I}{2\pi l} \text{[AT/m]}$$

∴ 정삼각형 중심 자계의 세기

$$H = 3H_{AB} = \dfrac{9I}{2\pi l} \text{[AT/m]}$$

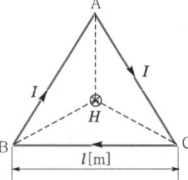

18 정삼각형 중심 자계의 세기

$$H = \dfrac{9I}{2\pi l} \text{[AT/m]}$$

19 진공 중에서 한 변이 a[m]인 정사각형 단일 코일이 있다. 코일에 I[A]의 전류를 흘릴 때 정사각형 중심에서 자계의 세기는 몇 [AT/m]인가? [19년 2회 기사]

① $\dfrac{2\sqrt{2}\,I}{\pi a}$ ② $\dfrac{I}{\sqrt{2}\,a}$

③ $\dfrac{I}{2a}$ ④ $\dfrac{4I}{a}$

19 정사각형 중심 자계의 세기

$$H = \dfrac{2\sqrt{2}\,I}{\pi l} \text{[AT/m]}$$

(단, l[m] : 한 변의 길이)

정답 17. ② 18. ④ 19. ①

해설 한 변의 길이가 a[m]인 경우

한 변의 자계의 세기 : $H_1 = \dfrac{I}{\pi a \sqrt{2}}$ [AT/m]

∴ 정사각형 중심 자계의 세기

$$H = 4H_1 = 4 \cdot \dfrac{I}{\pi a \sqrt{2}} = \dfrac{2\sqrt{2}\,I}{\pi a} \text{[AT/m]}$$

20 한 변이 L[m] 되는 정사각형의 도선 회로에 전류 I[A]가 흐르고 있을 때 회로 중심에서의 자속밀도는 몇 [Wb/m²]인가?   [16년 2회 기사]

① $\dfrac{2\sqrt{2}}{\pi}\mu_0 \dfrac{L}{I}$ ② $\dfrac{\sqrt{2}}{\pi}\mu_0 \dfrac{I}{L}$

③ $\dfrac{2\sqrt{2}}{\pi}\mu_0 \dfrac{I}{L}$ ④ $\dfrac{4\sqrt{2}}{\pi}\mu_0 \dfrac{L}{I}$

해설 한 변의 길이가 L [m]인 경우

한 변의 자계의 세기 : $H_1 = \dfrac{I}{\pi L \sqrt{2}}$ [AT/m]

정사각형 중심 자계의 세기

$$H = 4H_1 = 4 \cdot \dfrac{I}{\pi L \sqrt{2}} = \dfrac{2\sqrt{2}\,I}{\pi L} \text{[AT/m]}$$

∴ 자속밀도 $B = \mu_0 H = \mu_0 \dfrac{2\sqrt{2}\,I}{\pi L} = \dfrac{2\sqrt{2}}{\pi}\mu_0 \dfrac{I}{L}$ [Wb/m²]

21 균일한 자장 내에서 자장에 수직으로 놓여 있는 직선 도선이 받는 힘에 대한 설명 중 옳은 것은?   [18년 1회 산업]

① 힘은 자장의 세기에 비례한다.
② 힘은 전류의 세기에 반비례한다.
③ 힘은 도선 길이의 $\dfrac{1}{2}$ 승에 비례한다.
④ 자장의 방향에 상관없이 일정한 방향으로 힘을 받는다.

해설 직선 도선이 받는 힘

$F = IlB\sin\theta = \mu_0 HIl\sin\theta \propto \mu_0 HIl$

즉, 힘은 자장의 세기(H), 전류(I), 도선의 길이(l)에 비례한다.

22 자속밀도가 0.3[Wb/m²]인 평등자계 내에 5[A]의 전류가 흐르고 있는 길이 2[m]의 직선 도체를 자계의 방향에 대하여 60°의 각도로 놓았을 때, 이 도체가 받는 힘은 약 몇 [N]인가?   [15년 3회 기사]

① 1.3   ② 2.6
③ 4.7   ④ 5.2

기출 핵심 NOTE

20 • 정사각형 중심 자계의 세기

$H = \dfrac{2\sqrt{2}\,I}{\pi l}$ [AT/m]

• 자속밀도

$B = \mu_0 H$ [Wb/m²]

21 자계 속의 전류에 작용하는 힘

$F = IlB\sin\theta$
$\quad= Il(\mu_0 H)\sin\theta$

∴ I, l, H에 비례한다.

22 자계 속의 전류에 작용하는 힘

$F = IlB\sin\theta$ [N]

정답 20. ③ 21. ① 22. ②

CHAPTER 07 진공 중의 정자계

해설 $F = IlB\sin\theta[\text{N}] = 5 \times 2 \times 0.3 \times \sin 60° = 2.6[\text{N}]$

23 전하 $q[\text{C}]$이 진공 중의 자계 $H[\text{AT/m}]$에 수직방향으로 $v[\text{m/s}]$의 속도로 움직일 때 받는 힘은 몇 [N]인가? (단, 진공 중의 투자율은 μ_0이다.) [19년 3회 기사]

① qvH ② $\mu_0 qH$
③ πqvH ④ $\mu_0 qvH$

해설 하전 입자가 받는 힘
$F = qvB\sin\theta (B = \mu_0 H) = qv\mu_0 H\sin 90° = \mu_0 qvH[\text{N}]$

기출 핵심 NOTE

23 하전 입자가 받는 힘
$F = qvB\sin\theta[\text{N}]$

24 자계 내에서 운동하는 대전 입자의 작용에 대한 설명으로 틀린 것은? [15년 2회 산업]

① 대전 입자의 운동 방향으로 작용하므로 입자의 속도의 크기는 변하지 않는다.
② 가속도 벡터는 항상 속도 벡터와 직각이므로 입자의 운동 에너지도 변화하지 않는다.
③ 정상 자계는 운동하고 있는 대전 입자에 에너지를 줄 수가 없다.
④ 자계 내 대전 입자를 임의 방향의 운동 속도로 투입하면 $\cos\theta$에 비례한다.

해설 전자 e가 자속밀도 $B[\text{Wb/m}^2]$인 자계 내에 $v[\text{m/s}]$의 속도로 입사 시 전자는 $F = qvB\sin\theta[\text{N}]$의 힘을 받는다.
∴ $\sin\theta$에 비례한다.

24 하전 입자가 받는 힘
$F = qvB\sin\theta[\text{N}]$
$(q = e[\text{C}])$
$= evB\sin\theta[\text{N}]$

25 0.2[C]의 점전하가 전계 $E = 5a_y + a_z[\text{V/m}]$ 및 자속밀도 $B = 2ba_y + 5a_z[\text{Wb/m}^2]$ 내로 속도 $v = 2a_x + 3a_y[\text{m/s}]$로 이동할 때, 점전하에 작용하는 힘 $F[\text{N}]$은? (단, a_x, a_y, a_z는 단위 벡터이다.) [15년 1회 기사]

① $2a_x - a_y + 3a_z$ ② $3a_x - a_y + a_z$
③ $a_x + a_y - 2a_z$ ④ $5a_x + a_y - 3a_z$

해설 $F = q(E + v \times B)$
$= 0.2(5a_y + a_z) + 0.2(2a_x + 3a_y) \times (2a_y + 5a_z)$
$= 0.2(5a_y + a_z) + 0.2\begin{vmatrix} a_x & a_y & a_z \\ 2 & 3 & 0 \\ 0 & 2 & 5 \end{vmatrix}$
$= 0.2(5a_y + a_z) + 0.2(15a_x + 4a_z - 10a_y)$
$= 0.2(15a_x - 5a_y + 5a_z) = 3a_x - a_y + a_z[\text{N}]$

25 로렌츠의 힘
$F = qE + q(v \times B)$
$= q(E + v \times B)[\text{N}]$

정답 23. ④ 24. ④ 25. ②

26 자속밀도가 B인 곳에 전하 Q, 질량 m인 물체가 자속밀도 방향과 수직으로 입사한다. 속도를 2배로 증가시키면, 원운동의 주기는 몇 배가 되는가? [16년 2회 산업]

① $\dfrac{1}{2}$ ② 1
③ 2 ④ 4

[해설] 원운동의 주기($e = Q$[C])
$$T = \dfrac{1}{f} = \dfrac{2\pi}{\omega} = \dfrac{2\pi m}{eB} = \dfrac{2\pi m}{QB} \text{[s]}$$
∴ 주기는 속도 증가와 관계가 없다.

기출 핵심 NOTE

26 전자의 원운동
- 원운동 원 반지름 : $r = \dfrac{mv}{eB}$ [m]
- 원운동의 각속도 : $\omega = \dfrac{eB}{m}$ [rad/s]
- 원운동의 주기 : $T = \dfrac{2\pi m}{eB}$ [s]

27 평등자계 내에 전자가 수직으로 입사하였을 때 전자의 운동을 바르게 나타낸 것은? [17년 3회 기사]

① 구심력은 전자속도에 반비례한다.
② 원심력은 자계의 세기에 반비례한다.
③ 원운동을 하고, 반지름은 자계의 세기에 비례한다.
④ 원운동을 하고, 반지름은 전자의 회전속도에 비례한다.

[해설]
- 구심력 = evB [N]
 전자속도 v에 비례한다.
- 원심력 = $\dfrac{mv^2}{r}$ [N]
 전자속도 v^2에 비례한다.
- 원운동 원 반지름 $r = \dfrac{mv}{eB}$ [m]
 전자의 회전속도 v에 비례한다.

27 ㉠ 전자의 원운동
- 구심력 : $F = evB$ [N]
- 원심력 : $F = \dfrac{mv^2}{r}$ [N]

㉡ 원운동
구심력 = 원심력
$$evB = \dfrac{mv^2}{r}$$
$$eB = \dfrac{mv}{r}$$

28 공기 중에서 1[m] 간격을 가진 두 개의 평행도체 전류의 단위길이에 작용하는 힘은 몇 [N/m]인가? (단, 전류는 1[A]라고 한다.) [18년 2회 기사]

① 2×10^{-7}
② 4×10^{-7}
③ $2\pi \times 10^{-7}$
④ $4\pi \times 10^{-7}$

[해설] 평행 전류 도선 간 단위길이당 작용하는 힘
$$F = \dfrac{\mu_0 I_1 I_2}{2\pi d} = \dfrac{2 I_1 I_2}{d} \times 10^{-7} \text{[N/m]}$$
$I_1 = I_2 = 1$[A]이고 $d = 1$[m]이므로
∴ $F = 2 \times 10^{-7}$ [N/m]

28 평행 전류 도선 간에 작용하는 힘
$$F = \dfrac{\mu_0 I_1 I_2}{2\pi d} = \dfrac{2 I_1 I_2}{d} \times 10^{-7} \text{[N/m]}$$
- 같은 방향의 전류 : 흡인력
- 반대 방향의 전류 : 반발력

정답 26. ②   27. ④   28. ①

제7장 진공 중의 정자계

CHAPTER 07 진공 중의 정자계

29 2[cm]의 간격을 가진 두 평행 도선에 1,000[A]의 전류가 흐를 때, 도선 1[m]마다 작용하는 힘은 몇 [N/m]인가? [15년 2회 산업]

① 5　　　　　② 10
③ 15　　　　　④ 20

해설 $I_1 = I_2 = I = 1,000[A]$ 이므로
$$F = \frac{\mu_0 I_1 I_2}{2\pi d} = \frac{2I^2}{d} \times 10^{-7} = \frac{2 \times (1,000)^2}{2 \times 10^{-2}} \times 10^{-7} = 10[N/m]$$

기출 핵심 NOTE

정답 29. ②

CHAPTER 08

자성체 및 자기회로

- **01** 자성체
- **02** 자화의 세기
- **03** 자성체 특성 곡선
- **04** 감자작용
- **05** 자성체의 경계면 조건
- **06** 자기회로
- **07** 전기회로와 자기회로의 대응관계
- **08** 공극을 가진 자기회로
- **09** 자계 내에 축적되는 에너지

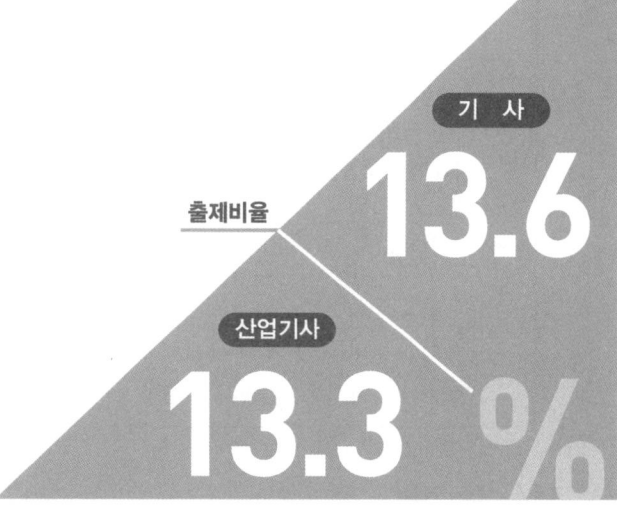

출제비율
기 사 **13.6**
산업기사 **13.3** %

CHAPTER 08 자성체 및 자기회로

기출개념 01 자성체

(1) 자성체의 종류

| 상자성체 |　　　　| 반자성체 |

① 강자성체($\mu_s \gg 1$) : 철(Fe), 코발트(Co), 니켈(Ni)
② 상자성체($\mu_s > 1$) : 알루미늄, 백금, 공기
③ 반(역)자성체($\mu_s < 1$) : 은(Ag), 구리(Cu), 비스무트(Bi), 물

(2) 자성체의 자기 쌍극자 모멘트 배열(=스핀 배열)

| 강자성체 | 상자성체 | 반강자성체 | 페리자성체 |

기·출·개념 접근
자석에 못을 붙이면 못이 자석이 되어 자성을 가지게 되는 현상을 자화라 하고, 자석에 의해 자화되는 현상을 자기유도라 한다. 이처럼 자화되는 물질을 자성체라 한다.

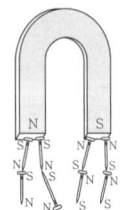

기·출·개념 문제

1. 반자성체가 아닌 것은? 　　　　　　　　　　　　　　　　17 산업

① 은(Ag)　　② 구리(Cu)　　③ 니켈(Ni)　　④ 비스무트(Bi)

해설 자성체의 종류
- 상자성체 : 백금, 공기, 알루미늄
- 강자성체 : 철, 니켈, 코발트
- 반자성체 : 은, 납, 구리

답 ③

2. 다음 그림들은 전자 자기 모멘트의 크기와 배열상태를 그 차이에 따라서 배열한 것인데 강자성체에 속하는 것은?　　　　　　　　　　　　　　　　97·91 기사

① 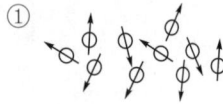　　　　②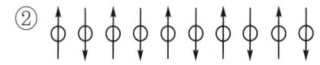

③ 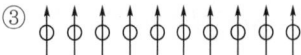　　　　④

해설 ① 상자성체, ② 반강자성체, ③ 강자성체, ④ 페리자성체이다.

답 ③

기출개념 02 자화의 세기

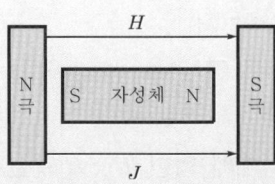

자성체를 자계 내에 놓았을 때 자석화되는 정도로 자성체 표면에 단위면적당 자하량

* 자화의 세기

$$J = B - \mu_0 H = B\left(1 - \frac{1}{\mu_s}\right) = \mu_0(\mu_s - 1)H = \chi H\,[\text{Wb/m}^2]$$

① 자화율 : $\chi = \mu_0(\mu_s - 1)$

② 비자화율 : $\dfrac{\chi}{\mu_0} = \chi_m = \mu_s - 1$

기·출·개념 접근 자화율 χ는 자화가 되는 정도를 나타내며, 강자성체의 자화율은 $\chi \gg 1$이며, 상자성체는 $0 < \chi < 1$이고, 반(역)자성체는 자화율 $\chi < 0$이다.

기·출·개념 문제

1. 다음의 관계식 중 성립할 수 없는 것은? (단, μ는 투자율, χ는 자화율, μ_0는 진공의 투자율, J는 자화의 세기이다.) **19 기사**
   ① $J = \chi B$
   ② $B = \mu H$
   ③ $\mu = \mu_0 + \chi$
   ④ $\mu_s = 1 + \dfrac{\chi}{\mu_0}$

   [해설]
   • 자화의 세기 : $J = \mu_0(\mu_s - 1)H = \chi H$
   • 자속밀도 : $B = \mu_0 H + J = (\mu_0 + \chi)H = \mu_0 \mu_s H = \mu H$
   • 비투자율 : $\mu_s = 1 + \dfrac{\chi}{\mu_0}$

   답 ①

2. 비투자율 350인 환상 철심 중의 평균 자계의 세기가 280[AT/m]일 때, 자화의 세기는 약 몇 [Wb/m²]인가? **15 기사**
   ① 0.12
   ② 0.15
   ③ 0.18
   ④ 0.21

   [해설] 자화의 세기
   $$J = \mu_0(\mu_s - 1)H = 4\pi \times 10^{-7}(350 - 1) \times 280 = 0.12\,[\text{Wb/m}^2]$$

   답 ①

제8장 자성체 및 자기회로

CHAPTER 08 자성체 및 자기회로

기출개념 03 자성체 특성 곡선

(1) **강자성체의 자화곡선($B-H$ 곡선)**
   철과 같은 강자성체에 자계를 증가시키면 자화의 세기(J)는 증가하나 어느 곳에 이르면 그 이상 증가하지 않는다.

(2) **히스테리시스곡선(＝교번자계에 의한 $B-H$ 곡선)**
   ① 잔류자기 B_r[Wb/m²] : 가해준 자계 H가 0이 되었을 때 자성체 내에 남아있는 자속밀도로 남아있는 자기라 해서 잔류자기라 한다.
   ② 보자력 H[AT/m] : 잔류자기를 완전히 소멸하기 위하여 철심에 역으로 가해준 자화력을 말한다.
   ③ 히스테리시스손(＝슈타인 메츠의 실험식)
      ㉠ 교번자계에 의해서 자성체가 자석화 될 때 열로 소비되는 전력 손실을 히스테리시스손이라 한다.
      $$P_h = \eta f B_m^{1.6} [\text{W/m}^3]$$
      ㉡ 히스테리시스손 방지 대책 : 히스테리시스 면적이 적은 규소 강판 사용

(3) **영구자석 및 전자석의 재료**
   ① 영구자석의 재료 : 잔류자기와 보자력 모두 크므로 히스테리시스 루프 면적이 크다. 경철에 적합
   ② 전자석의 재료 : 잔류자기는 크고, 보자력은 작으므로 히스테리시스 루프 면적이 적다. 연철에 적합

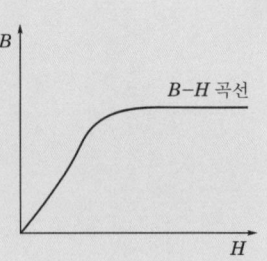
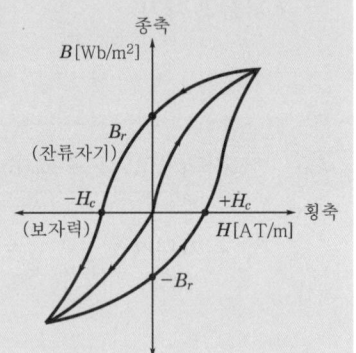
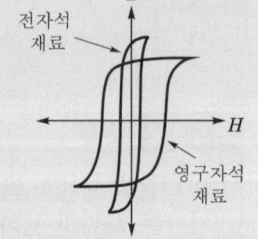

기·출·개·념 문제

1. 전자석의 재료로 가장 적당한 것은? 　17 산업

① 잔류자기와 보자력이 모두 커야 한다.　② 잔류자기는 작고, 보자력은 커야 한다.
③ 잔류자기와 보자력이 모두 작아야 한다.　④ 잔류자기는 크고, 보자력은 작아야 한다.

(해설) 전자석(일시자석)의 재료는 잔류자기가 크고, 보자력이 작아야 한다.　　**답 ④**

2. 전기기기의 철심(자심) 재료로 규소 강판을 사용하는 이유는? 　19 산업

① 동손을 줄이기 위해　　② 와전류손을 줄이기 위해
③ 히스테리시스손을 줄이기 위해　　④ 제작을 쉽게 하기 위하여

(해설) 철심 재료에 규소를 함유하는 이유는 히스테리시스손을 줄이기 위함이고, 얇은 강판을 성층 철심하는 목적은 와전류손을 경감하기 위해서이다.　　**답 ③**

기출개념 04 감자작용

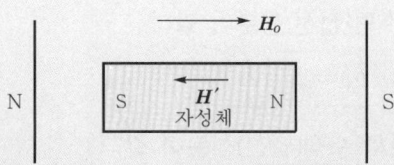

(1) 감자작용

자성체 외부에 자계를 주어 자화할 때 자기 유도에 의해 자석이 된다. 그 결과 자성체 내부에 외부 자계 H_o와 역방향의 H' 자계가 형성되어 본래의 자계를 감소시켜 자성체 내의 자계의 세기 $H = H_o - H'$가 된다.

(2) 감자력

$$H' = H_o - H = \frac{N}{\mu_0}J$$ (자화의 세기(J)에 비례한다.)

* N : 감자율(자성체의 형태에 의해 결정되는 정수)

① 환상(무단) 철심 : 감자율 $N = 0$

② 구자성체 : 감자율 $N = \frac{1}{3}$

③ 원통 자성체 : 감자율 $N = \frac{1}{2}$

기·출·개·념 문제

1. 투자율이 μ이고, 감자율 N인 자성체를 외부 자계 H_o 중에 놓았을 때에 자성체의 자화 세기 $J\,[\text{Wb/m}^2]$를 구하면?　　　　11 기사/11·04·01·95·93 산업

① $\dfrac{\mu_0(\mu_s+1)}{1+N(\mu_s+1)}H_o$　　② $\dfrac{\mu_0\mu_s}{1+N(\mu_s+1)}H_o$

③ $\dfrac{\mu_0\mu_s}{1+N(\mu_s-1)}H_o$　　④ $\dfrac{\mu_0(\mu_s-1)}{1+N(\mu_s-1)}H_o$

(해설) 감자력 $H' = H_o - H$라 하면 자성체의 내부 자계

$H = H_o - H' = H_o - \dfrac{NJ}{\mu_0}\,[\text{AT/m}]$ (여기서, $J = \chi H$, $\chi = \mu_0(\mu_s-1)\,[\text{Wb/m}^2]$이므로)

$\therefore J = \dfrac{\chi}{1+\dfrac{\chi N}{\mu_0}}H_o = \dfrac{\mu_0(\mu_s-1)}{1+N(\mu_s-1)}H_o\,[\text{Wb/m}^2]$　　**답** ④

2. 감자력이 0인 것은?　　　　16 기사

① 구자성체　　② 환상 철심　　③ 타원 자성체　　④ 굵고 짧은 막대 자성체

(해설) 환상 철심은 무단이므로 감자력이 0이다.　　**답** ②

CHAPTER 08 자성체 및 자기회로

기출개념 05 자성체의 경계면 조건

(1) 자계는 경계면에서 수평(접선)성분이 같다

$$H_{1t} = H_{2t} \rightarrow \boxed{H_1 \sin \theta_1 = H_2 \sin \theta_2}$$

(2) 자속밀도는 경계면에서 수직(법선)성분이 같다

$$B_{1n} = B_{2n} \rightarrow \boxed{B_1 \cos \theta_1 = B_2 \cos \theta_2}$$

(3) (1), (2)에 의해서

$$\boxed{\frac{H_1 \sin \theta_1}{B_1 \cos \theta_1} = \frac{H_2 \sin \theta_2}{B_2 \cos \theta_2} \rightarrow \frac{\tan \theta_1}{\tan \theta_2} = \frac{\mu_1}{\mu_2}}$$

$\mu_1 > \mu_2$이면 $\theta_1 > \theta_2$, $B_1 > B_2$이다. 즉 굴절각은 투자율에 비례한다.

기·출·개념 문제

1. 두 자성체 경계면에서 정자계가 만족하는 것은? 13·12·07 산업
 ① 자계의 법선성분이 같다.
 ② 자속밀도의 접선성분이 같다.
 ③ 경계면상의 두 점 간의 자위차가 같다.
 ④ 자속은 투자율이 작은 자성체에 모인다.

(해설) ① 자계의 접선성분이 같다. ($H_1 \sin \theta_1 = H_2 \sin \theta_2$)
② 자속밀도의 법선성분이 같다. ($B_1 \cos \theta_1 = B_2 \cos \theta_2$)
③ 경계면상의 두 점 간의 자위차는 같다.
④ 자속은 투자율이 높은 쪽으로 모이려는 성질이 있다.   답 ③

2. 자성체 경계면에 전류가 없을 때의 경계 조건으로 틀린 것은? 18 기사
 ① 자계 H의 접선성분 $H_{1t} = H_{2t}$
 ② 자속밀도 B의 법선성분 $B_{1n} = B_{2n}$
 ③ 경계면에서의 자력선의 굴절 $\dfrac{\tan \theta_1}{\tan \theta_2} = \dfrac{\mu_1}{\mu_2}$
 ④ 전속밀도 D의 법선성분 $D_{1n} = D_{2n} = \dfrac{\mu_2}{\mu_1}$

(해설) ④ 유전체의 경계면 조건이다.
전속밀도는 경계면에서 수직성분(=법선성분)이 서로 같다.
$D_1 \cos \theta_1 = D_2 \cos \theta_2$
$D_{1n} = D_{2n}$ 답 ④

기출개념 06 자기회로

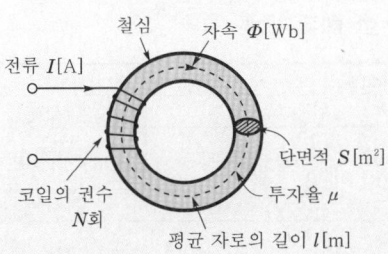

(1) **기자력 F** : 자속을 발생시키는 힘

$$F = NI \text{[AT]}$$

(2) **자기저항 R_m** : 자속의 발생을 방해하는 크기

$$R_m = \frac{l}{\mu S} \text{[AT/Wb]}$$

길이(l)에 비례하고 투자율(μ)과 단면적(S)에는 반비례한다.

(3) **자기 옴의 법칙**

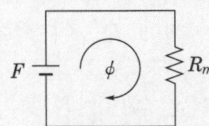

① 자속 : $\phi = \dfrac{F}{R_m}$ [Wb]

② 기자력 : $F = NI$ [AT]

③ 자기저항 : $R_m = \dfrac{l}{\mu S}$ [AT/Wb]

기·출·개·념 문제

철심에 도선을 250회 감고 1.2[A]의 전류를 흘렸더니 1.5×10^{-3}[Wb]의 자속이 생겼다. 자기저항 [AT/Wb]은? **15 산업**

① 2×10^5　　　　　　　　　　② 3×10^5
③ 4×10^5　　　　　　　　　　④ 5×10^5

(해설) 자속 $\phi = \dfrac{F}{R_m} = \dfrac{NI}{R_m}$

∴ 자기저항 $R_m = \dfrac{NI}{\phi} = \dfrac{250 \times 1.2}{1.5 \times 10^{-3}} = 2 \times 10^5$ [AT/Wb]

답 ①

CHAPTER 08 자성체 및 자기회로

기출개념 07 전기회로와 자기회로의 대응관계

(1) 전기회로와 자기회로의 대응관계

전기회로		자기회로	
도전율	k[℧/m]	투자율	μ[H/m]
전기저항	$R = \rho\dfrac{l}{S} = \dfrac{l}{kS}$[Ω]	자기저항	$R_m = \dfrac{l}{\mu S}$[AT/Wb]
기전력	E[V]	기자력	$F = NI$[AT]
전류	$I = \dfrac{E}{R}$[A]	자속	$\phi = \dfrac{F}{R_m} = \dfrac{\mu SNI}{l}$[Wb]
전류밀도	$i = \dfrac{I}{S}$[A/m²]	자속밀도	$B = \dfrac{\phi}{S}$[Wb/m²]

(2) 합성 자기저항 계산

① 자기직렬회로 : 자속이 흐르는 통로가 1개인 경우
 공극이 있는 경우에는 철심부 자기저항 R_{m1}, 공극부 자기저항 R_{m2}를 직렬로 연결한 경우가 자기직렬회로이다.

$$R_m = R_{m1} + R_{m2} \text{[AT/Wb]}$$

② 자기직병렬회로 : 자속이 흐르는 통로가 2개인 경우
 R_{m2}, R_{m3}은 병렬 연결, 여기에 R_{m1}이 직렬로 연결된 자기회로이다.

$$R_m = R_{m1} + \dfrac{R_{m2} \cdot R_{m3}}{R_{m2} + R_{m3}} \text{[AT/Wb]}$$

기·출·개·념 문제

1. 자기회로의 퍼미언스(permeance)에 대응하는 전기회로의 요소는? 96·90 기사 / 17 산업
 ① 도전율 ② 컨덕턴스(conductance)
 ③ 정전용량 ④ 엘라스턴스(elastance)

 (해설) 자기저항의 역수는 퍼미언스이고, 전기저항의 역수는 컨덕턴스이다. 답 ②

2. 자기회로와 전기회로의 대응으로 틀린 것은? 19 기사
 ① 자속 ↔ 전류 ② 기자력 ↔ 기전력
 ③ 투자율 ↔ 유전율 ④ 자계의 세기 ↔ 전계의 세기

 (해설)

자기회로	전기회로
기자력 $F = NI$	기전력 E
자기저항 $R_m = \dfrac{l}{\mu S}$	저항 $R = \dfrac{l}{kS}$
자속 $\phi = \dfrac{F}{R_m}$	전류 $I = \dfrac{E}{R}$
투자율 μ	도전율 k
자계의 세기 H	전계의 세기 E

답 ③

공극을 가진 자기회로

(1) 철심부 자기회로

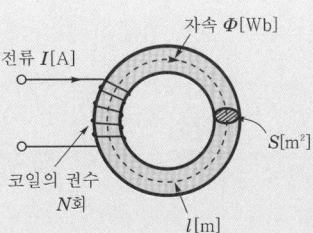

① 자기저항 : $R_m = \dfrac{l}{\mu S} = \dfrac{l}{\mu_0 \mu_s S}$ [AT/Wb]

② 자속 : $\boxed{\phi = \dfrac{F}{R_m} = \dfrac{\mu SNI}{l} \text{[Wb]}}$

(2) 공극을 가진 자기회로

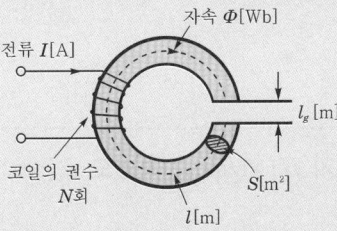

① 공극부의 자기저항 : $R_{l_g} = \dfrac{l_g}{\mu_0 S}$ [AT/Wb]

② 합성 자기저항

$R_m' = R_m + R_{l_g} = \dfrac{l}{\mu_0 \mu_s S} + \dfrac{l_g}{\mu_0 S} = \dfrac{l + \mu_s l_g}{\mu S}$ [AT/Wb]

③ 자속 : $\boxed{\phi = \dfrac{F}{R_m'} = \dfrac{\mu SNI}{l + \mu_s l_g} \text{[Wb]}}$

④ 공극 존재 시 자기저항비 : $\boxed{\dfrac{R_m'}{R_m} = \dfrac{l + \mu_s l_g}{l} = 1 + \dfrac{\mu_s l_g}{l} \text{ 배}}$

기·출·개·념 문제

철심이 든 환상 솔레노이드의 권수는 500회, 평균 반지름은 10[cm], 철심의 단면적은 10[cm²], 비투자율은 4,000이다. 이 환상 솔레노이드에 2[A]의 전류를 흘릴 때 철심 내의 자속[Wb]은?

17 기사

① 4×10^{-3} ② 4×10^{-4} ③ 8×10^{-3} ④ 8×10^{-4}

해설 자속

$\phi = \dfrac{F}{R_m} = \dfrac{NI}{R_m} = \dfrac{\mu SNI}{l} = \dfrac{4\pi \times 10^{-7} \times 4,000 \times 10 \times (10^{-2})^2 \times 500 \times 2}{2\pi \times 10 \times 10^{-2}} = 8 \times 10^{-3}$ [Wb]

답 ③

CHAPTER 08 자성체 및 자기회로

기출개념 09 자계 내에 축적되는 에너지

(1) 단위체적당 에너지(자계에너지 밀도)

자성체에 자계를 가하여 자속밀도를 0에서 B까지 증가시키기 위한 에너지

$$W = \int_0^B H\,dB = \int_0^B \frac{B}{\mu}\,dB = \frac{B^2}{2\mu} = \frac{1}{2}\mu H^2 \,[\text{J/m}^3]$$

(2) 전자석의 흡인력

$$F = \frac{1}{2}\mu_0 H^2 S = \frac{B^2}{2\mu_0} S \,[\text{N}]$$

(3) 단위면적당 전자석의 흡인력

$$f = \frac{1}{2}\mu_0 H^2 = \frac{B^2}{2\mu_0} \,[\text{N/m}^2]$$

기·출·개념 문제

1. 투자율 μ[H/m], 자계의 세기 H[AT/m], 자속밀도 B[Wb/m²]인 곳의 자계에너지 밀도[J/m³]는? 17 기사

① $\dfrac{B^2}{2\mu}$ ② $\dfrac{H^2}{2\mu}$ ③ $\dfrac{1}{2}\mu H$ ④ BH

(해설) $W = \dfrac{1}{2}\mu H^2 = \dfrac{1}{2}BH = \dfrac{B^2}{2\mu}\,[\text{J/m}^3]$ 답 ①

2. 그림과 같이 갭의 면적 $S=100$[cm²]인 전자석에 자속밀도 $B=5,000$[gauss]의 자속이 발생될 때, 철판을 흡입하는 힘은 약 몇 [N]인가? 96 산업

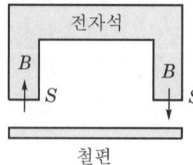

① 1,000 ② 1,500
③ 2,000 ④ 2,500

(해설) 공극이 2개가 있으므로 철편에 작용하는 흡인력 $F = \dfrac{B^2 S}{2\mu_0} \times 2$[N]이다.

1[Wb/m²]$=10^4$[gauss]이므로 $B=5,000$[gauss]$=0.5$[Wb/m²]이다.

$\therefore F = \dfrac{B^2 S}{2\mu_0} \times 2 = \dfrac{B^2 S}{\mu_0} = \dfrac{0.5^2 \times 100 \times 10^{-4}}{4\pi \times 10^{-7}} = 2,000$[N]   답 ③

CHAPTER 08
자성체 및 자기회로

이런 문제가 시험에 나온다! 단원 최근 빈출문제

01 역자성체에서 비투자율(μ_s)은 어느 값을 갖는가?　[18년 1회 기사]

① $\mu_s = 1$　　② $\mu_s < 1$
③ $\mu_s > 1$　　④ $\mu_s = 0$

해설 비투자율 $\mu_s = \dfrac{\mu}{\mu_0} = 1 + \dfrac{x_m}{\mu_0}$

$\mu_s > 1(x_m > 0)$이면 상자성체, $\mu_s < 1(x_m < 0)$이면 역자성체이다.

02 강자성체가 아닌 것은?　[18년 3회 산업]

① 철(Fe)　　② 니켈(Ni)
③ 백금(Pt)　　④ 코발트(Co)

해설 자성체의 종류
- 상자성체 : 백금, 공기, 알루미늄
- 강자성체 : 철, 니켈, 코발트
- 반자성체 : 은, 납, 구리

03 다음 물질 중 반자성체는?　[15년 2회 산업]

① 구리　　② 백금
③ 니켈　　④ 알루미늄

해설 자성체의 종류
- 상자성체 : 백금, 공기, 알루미늄
- 강자성체 : 철, 니켈, 코발트
- 반자성체 : 은, 납, 구리

04 환상 철심의 평균 자계의 세기가 3,000[AT/m]이고, 비투자율이 600인 철심 중의 자화의 세기는 약 몇 [Wb/m²]인가?　[19년 3회 기사]

① 0.75　　② 2.26
③ 4.52　　④ 9.04

해설 자화의 세기 J[Wb/m²]
$J = \mu_0(\mu_s - 1)H = 4\pi \times 10^{-7} \times (600 - 1) \times 3,000$
$= 2.26$[Wb/m²]

기출 핵심 NOTE

01 자성체의 비투자율
- 강자성체 : $\mu_s \gg 1$
- 상자성체 : $\mu_s > 1$
- 반자성체 : $\mu_s < 1$

02
- 강자성체($\mu_s \gg 1$)
  철, 코발트, 니켈
- 상자성체($\mu_s > 1$)
  알루미늄, 백금, 공기

03 반자성체($\mu_s < 1$)
　은, 납, 구리, 비스무트, 물

04 자화의 세기
$J = B - \mu_0 H$
$\quad = \mu_0(\mu_s - 1)H$[Wb/m²]

정답 01. ② 02. ③ 03. ① 04. ②

CHAPTER 08 자성체 및 자기회로

05 다음 조건 중 틀린 것은? (단, χ_m : 비자화율, μ_r : 비투자율이다.)   [19년 2회 산업]

① $\mu_r \gg 1$이면 강자성체
② $\chi_m > 0$, $\mu_r < 1$이면 상자성체
③ $\chi_m < 0$, $\mu_r < 1$이면 반자성체
④ 물질은 χ_m 또는 μ_r의 값에 따라 반자성체, 상자성체, 강자성체 등으로 구분한다.

해설 비자화율 : $\chi_m = \dfrac{\chi}{\mu_0} = \mu_r - 1$

- 강자성체 : $\mu_r \gg 1$, $\chi_m \gg 0$
- 상자성체 : $\mu_r > 1$, $\chi_m > 0$
- 반자성체 : $\mu_r < 1$, $\chi_m < 0$

06 강자성체의 세 가지 특성에 포함되지 않는 것은?   [19년 3회 기사]

① 자기 포화 특성
② 와전류 특성
③ 고투자율 특성
④ 히스테리시스 특성

해설 강자성체의 세 가지 특성
- 고투자율 특성
- 자기 포화 특성
- 히스테리시스 특성

07 다음의 관계식 중 성립할 수 없는 것은? (단, μ는 투자율, μ_0는 진공의 투자율, χ는 자화율, J는 자화의 세기이다.)   [16년 3회 기사]

① $\mu = \mu_0 + \chi$
② $J = \chi B$
③ $\mu_s = 1 + \dfrac{\chi}{\mu_0}$
④ $B = \mu H$

해설 $J = \mu_0(\mu_s - 1)H = \chi H \,[\text{Wb/m}^2]$
자화율 $\chi = \mu_0(\mu_s - 1) = \mu - \mu_0$
$\mu = \mu_0 + \chi \,[\text{H/m}]$, $\mu_s = 1 + \dfrac{\chi}{\mu_0}$
$B = \mu H \,[\text{Wb/m}^2]$

기출 핵심 NOTE

05 • 자화의 세기
$J = \mu_0(\mu_s - 1)H$
$\quad = \chi H \,[\text{Wb/m}^2]$
• 자화율 : $\chi = \mu_0(\mu_s - 1)$
• 비자화율 : $\chi_m = \dfrac{\chi}{\mu_0} = \mu_s - 1$

06 강자성체의 세 가지 특성
• 고투자율 특성
$\mu = \mu_0 \mu_s \,(\mu_s \gg 1)$
• 자기 포화 특성
강자성체의 자화는 한계를 넘으면 자기 포화를 일으킨다.
• 히스테리시스 특성

07 • 자화의 세기
$J = B - \mu_0 H$
$\quad = \mu_0(\mu_s - 1)H$
$\quad = \chi H \,[\text{Wb/m}^2]$
• 자화율
$\chi = \mu_0(\mu_s - 1)$
$\quad = \mu - \mu_0$

정답 05. ② 06. ② 07. ②

08 투자율을 μ라 하고, 공기 중의 투자율 μ_0와 비투자율 μ_s의 관계에서 $\mu_s = \dfrac{\mu}{\mu_0} = 1 + \dfrac{\chi}{\mu_0}$로 표현된다. 이에 대한 설명으로 알맞은 것은? (단, χ는 자화율이다.)

[15년 1회 기사]

① $\chi > 0$인 경우 역자성체
② $\chi < 0$인 경우 상자성체
③ $\mu_s > 1$인 경우 비자성체
④ $\mu_s < 1$인 경우 역자성체

[해설] 비투자율 $\mu_s = \dfrac{\mu}{\mu_0} = 1 + \dfrac{\chi}{\mu_0}$에서
- $\mu_s > 1$, 즉 $\chi > 0$이면 상자성체
- $\mu_s < 1$, 즉 $\chi < 0$이면 역자성체

> **기출 핵심 NOTE**
>
> **08 상자성체**
> - 비투자율 : $\mu_s > 1$
> - 자화율
> $\chi = \mu_0(\mu_s - 1)$이므로
> $\mu_s > 1$이면 $\chi > 0$이다.

09 자성체의 자화의 세기 $J = 8[\text{kA/m}]$, 자화율 $\chi = 0.02$일 때 자속밀도는 약 몇 [T]인가?

[16년 3회 기사]

① 7,000
② 7,500
③ 8,000
④ 8,500

[해설] $B = \mu_0 H + J$
자화의 세기 $J = B - \mu_0 H = \chi H [\text{Wb/m}^2]$
$H = \dfrac{J}{\chi} [\text{A/m}]$
$\therefore B = \mu_0 \dfrac{J}{\chi} + J = J\left(1 + \dfrac{\mu_0}{\chi}\right) = 8 \times 10^3 \left(1 + \dfrac{4\pi \times 10^{-7}}{0.02}\right)$
$\fallingdotseq 8{,}000 [\text{Wb/m}^2] = [\text{T}]$

> **09**
> - 자화의 세기
> $J = B - \mu_0 H$
> $= \mu_0(\mu_s - 1)H$
> $= \chi H [\text{Wb/m}^2]$
> - 자속밀도
> $B = J + \mu_0 H$
> $= J + \mu_0 \dfrac{J}{\chi}$
> $= J\left(1 + \dfrac{\mu_0}{\chi}\right) [\text{Wb/m}^2]$

10 비자화율 $\chi_m = 2$, 자속밀도 $B = 20y a_x [\text{Wb/m}^2]$인 균일 물체가 있다. 자계의 세기 H는 약 몇 [AT/m]인가?

[19년 2회 산업]

① $0.53 \times 10^7 y a_x$
② $0.13 \times 10^7 y a_x$
③ $0.53 \times 10^7 x a_y$
④ $0.13 \times 10^7 x a_y$

[해설]
- 자화율 : $\chi = \mu_0(\mu_s - 1)$
- 비자화율 : $\chi_m = \dfrac{\chi}{\mu_0} = \mu_s - 1 = 2$
- 비투자율 : $\mu_s = 3$
- 자계의 세기 : $H = \dfrac{B}{\mu_0 \mu_s} = \dfrac{20 y \vec{a_x}}{4\pi \times 10^{-7} \times 3} = 0.53 \times 10^7 y \vec{a_x}$

> **10**
> - 자화율
> $\chi = \mu_0(\mu_s - 1) = \mu - \mu_0$
> - 비자화율
> $\chi_m = \dfrac{\chi}{\mu_0} = \mu_s - 1$
> - 자속밀도
> $B = \mu H = \mu_0 \mu_s H [\text{Wb/m}^2]$

정답 08. ④ 09. ③ 10. ①

CHAPTER 08 자성체 및 자기회로

11 영구자석에 관한 설명으로 틀린 것은? [15년 2회 기사]

① 한 번 자화된 다음에는 자기를 영구적으로 보존하는 자석이다.
② 보자력이 클수록 자계가 강한 영구자석이 된다.
③ 잔류 자속밀도가 클수록 자계가 강한 영구자석이 된다.
④ 자석 재료로 폐회로를 만들면 강한 영구자석이 된다.

해설 영구자석의 재료는 히스테리시스 곡선의 면적이 크고 잔류자기와 보자력이 모두 커야 하며, 자석 재료에 큰 자계를 가해야 자화되어 영구자석이 된다.

> **기출 핵심 NOTE**
>
> **11 영구자석의 재료**
> - 잔류자기와 보자력 모두 커야 한다.
> - 히스테리시스 곡선의 면적이 크다.

12 전자석에 사용하는 연철(soft iron)은 다음 어느 성질을 갖는가? [15년 3회 산업]

① 잔류자기, 보자력이 모두 크다.
② 보자력이 크고, 잔류자기가 작다.
③ 보자력이 크고, 히스테리시스 곡선의 면적이 작다.
④ 보자력과 히스테리시스 곡선의 면적이 모두 작다.

해설
- 자석(일시자석)의 재료는 잔류자기가 크고, 보자력이 작아야 한다.
- 영구자석의 재료는 잔류자기와 보자력이 모두 커야 한다.

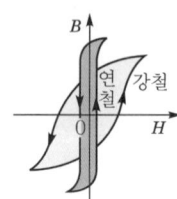

> **12 전자석의 재료**
> - 잔류자기는 크고, 보자력은 작아야 한다.
> - 히스테리시스 곡선의 면적이 작다.

13 규소 강판과 같은 자심 재료의 히스테리시스 곡선의 특징은? [17년 3회 기사]

① 보자력이 큰 것이 좋다.
② 보자력과 잔류자기가 모두 큰 것이 좋다.
③ 히스테리시스 곡선의 면적이 큰 것이 좋다.
④ 히스테리시스 곡선의 면적이 작은 것이 좋다.

해설

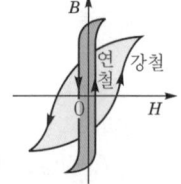

- 전자석(일시자석)의 재료는 잔류자기가 크고, 보자력이 작아야 한다.
- 영구자석의 재료는 잔류자기와 보자력이 모두 커야 한다.
∴ 자심 재료는 히스테리시스 곡선의 면적이 작은 것이 좋고, 영구자석의 재료는 히스테리시스 곡선의 면적이 큰 것이 좋다.

> **13 히스테리시스손 방지 대책**
> 히스테리시스 면적이 작은 규소 강판 사용

정답 11. ④ 12. ④ 13. ④

14 히스테리시스 곡선에서 히스테리시스 손실에 해당하는 것은? [18년 2회 기사]

① 보자력의 크기
② 잔류자기의 크기
③ 보자력과 잔류자기의 곱
④ 히스테리시스 곡선의 면적

해설 히스테리시스 루프를 일주할 때마다 그 면적에 상당하는 에너지가 열에너지로 손실되는데, 교류의 경우 단위체적당 에너지 손실이 되고 이를 히스테리시스 손실이라고 한다.

15 감자율(demagnetization factor)이 "0"인 자성체로 가장 알맞은 것은? [19년 1회 산업]

① 환상 솔레노이드
② 굵고 짧은 막대 자성체
③ 가늘고 긴 막대 자성체
④ 가늘고 짧은 막대 자성체

해설 감자력 $H' = \dfrac{N}{\mu_0} J$

여기서, N : 감자율, J : 자화의 세기
환상 솔레노이드는 무단 솔레노이드이므로 감자력이 없고, 따라서 감자율이 0이다.

16 자기회로의 자기저항에 대한 설명으로 옳은 것은? [19년 1회 기사]

① 투자율에 반비례한다.
② 자기회로의 단면적에 비례한다.
③ 자기회로의 길이에 반비례한다.
④ 단면적에 반비례하고, 길이의 제곱에 비례한다.

해설 자기저항 $R_m = \dfrac{l}{\mu S}$

여기서, l : 자기회로 길이, μ : 투자율, S : 철심의 단면적

17 자기회로의 자기저항에 대한 설명으로 틀린 것은? [19년 2회 산업]

① 단위는 [AT/Wb]이다.
② 자기회로의 길이에 반비례한다.
③ 자기회로의 단면적에 반비례한다.
④ 자성체의 비투자율에 반비례한다.

기출 핵심 NOTE

14 히스테리시스손
교번자계에 의해서 자성체가 자석화 될 때 열로 소비되는 전력 손실

15 감자율(N)
- 환상 철심 : $N = 0$
- 구자성체 : $N = \dfrac{1}{3}$
- 원통 자성체 : $N = \dfrac{1}{2}$

16 자기저항
자속의 발생을 방해하는 크기
$R_m = \dfrac{l}{\mu S}$ [AT/Wb]
길이 l에 비례하고, 투자율(μ)에 반비례한다.

정답 14. ④ 15. ① 16. ① 17. ②

CHAPTER 08 자성체 및 자기회로

해설 자기저항(R_m)

$$R_m = \frac{l}{\mu S} = \frac{l}{\mu_0 \mu_s S} \text{ [AT/Wb]}$$

자기저항은 길이에 비례하고, 단면적과 투자율에 반비례한다.

18 300회 감은 코일에 3[A]의 전류가 흐를 때의 기자력 [AT]은? [17년 1회 기사]

① 10 ② 90
③ 100 ④ 900

해설 기자력 $F = R_m \phi = NI$ [AT]

∴ $F = 300 \times 3 = 900$ [AT]

19 단면적 S, 길이 l, 투자율 μ인 자성체의 자기회로에 권선을 N회 감아서 I의 전류를 흐르게 할 때 자속은? [19년 2회 기사]

① $\dfrac{\mu SI}{Nl}$ ② $\dfrac{\mu NI}{Sl}$

③ $\dfrac{NIl}{\mu S}$ ④ $\dfrac{\mu SNI}{l}$

해설 기자력 $F = NI$ [AT]

자기저항 $R_m = \dfrac{l}{\mu S}$

자속 $\phi = \dfrac{F}{R_m} = \dfrac{NI}{\frac{l}{\mu S}} = \dfrac{\mu SNI}{l}$ [Wb]

20 자계와 전류계의 대응으로 틀린 것은? [16년 3회 기사]

① 자속 ↔ 전류
② 기자력 ↔ 기전력
③ 투자율 ↔ 유전율
④ 자계의 세기 ↔ 전계의 세기

해설 자기회로와 전기회로의 대응

자기회로	전기회로
자속 ϕ [Wb]	전류 I [A]
자계 H [A/m]	전계 E [V/m]
기자력 F [AT]	기전력 V [V]
자속밀도 B [Wb/m²]	전류밀도 i [A/m²]
투자율 μ [H/m]	도전율 k [℧/m]
자기저항 R_m [AT/Wb]	전기저항 R [Ω]

> **기출 핵심 NOTE**
>
> **18** 자기 옴의 법칙
> • 자속
> $\phi = \dfrac{F}{R_m}$ [Wb]
> • 기자력
> $F = R_m \phi$ [AT]
> • 자기저항
> $R_m = \dfrac{F}{\phi}$ [AT/Wb]
>
> **19** 자속
> $\phi = \dfrac{F}{R_m} = \dfrac{\mu SNI}{l}$ [Wb]

정답 18. ④ 19. ④ 20. ③

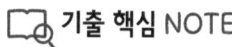

21 자기회로의 퍼미언스(permeance)에 대응하는 전기회로의 요소는? [17년 2회 산업]

① 서셉턴스(susceptance)
② 컨덕턴스(conductance)
③ 엘라스턴스(elastance)
④ 정전용량(electrostatic capacity)

해설 자기저항의 역수는 퍼미언스이고, 전기저항의 역수는 컨덕턴스이다.

21 자기저항의 역수
퍼미언스(permeance)[Wb/AT]

22 자기회로에 관한 설명으로 옳은 것은? [17년 1회 기사]

① 자기회로의 자기저항은 자기회로의 단면적에 비례한다.
② 자기회로의 기자력은 자기저항과 자속의 곱과 같다.
③ 자기저항 R_{m1}과 R_{m2}을 직렬 연결 시 합성 자기저항은
$$\frac{1}{R_m} = \frac{1}{R_{m1}} + \frac{1}{R_{m2}}$$ 이다.
④ 자기회로의 자기저항은 자기회로의 길이에 반비례한다.

해설 자기 옴의 법칙
- 자속 : $\phi = \dfrac{F}{R_m}$ [Wb]
- 기자력 : $F = R_m\phi = NI$ [AT]
- 자기저항 : $R_m = \dfrac{l}{\mu S}$ [AT/Wb]

즉, 기자력(F)은 자기저항(R_m)과 자속(ϕ)의 곱과 같다.
자기저항은 자기회로의 단면적에 반비례하고, 길이에 비례한다.

22
- 자기저항
$R_m = \dfrac{l}{\mu S}$ [AT/Wb]
길이에 비례, 단면적에 반비례한다.
- 자기 옴의 법칙
$\phi = \dfrac{F}{R_m}$ [Wb]
$F = R_m\phi$ [AT]
기자력은 자기저항과 자속의 곱이다.
- 자기 직렬회로
합성 자기저항
$R_m = R_{m1} + R_{m2}$ [AT/Wb]

23 자기회로에서 키르히호프의 법칙으로 알맞은 것은? (단, R : 자기저항, ϕ : 자속, N : 코일 권수, I : 전류이다.) [18년 2회 기사]

① $\sum_{i=1}^{n} \phi_i = \infty$
② $\sum_{i=1}^{n} N_i\phi_i = 0$
③ $\sum_{i=1}^{n} R_i\phi_i = \sum_{i=1}^{n} N_iI_i$
④ $\sum_{i=1}^{n} R_i\phi_i = \sum_{i=1}^{n} N_iL_i$

해설 임의의 폐자기 회로망에서 기자력의 총화는 자기저항과 자속의 곱의 총화와 같다.
$$\sum_{i=1}^{n} N_iI_i = \sum_{i=1}^{n} R_i\phi_i$$

23 자기회로 키르히호프의 법칙
$$\sum_{i=1}^{n} R_i\phi_i = \sum_{i=1}^{n} N_iI_i$$
자기저항과 자속과의 곱의 총합은 기자력의 총합과 같다.

정답 21. ② 22. ② 23. ③

CHAPTER 08 자성체 및 자기회로

24 비투자율 1,000인 철심이 든 환상 솔레노이드의 권수가 600회, 평균 지름 20[cm], 철심의 단면적 10[cm^2]이다. 이 솔레노이드에 2[A]의 전류가 흐를 때 철심 내의 자속은 약 몇 [Wb]인가? [18년 3회 기사]

① 1.2×10^{-3}
② 1.2×10^{-4}
③ 2.4×10^{-3}
④ 2.4×10^{-4}

해설 자속

$$\phi = BS = \mu HS = \mu_0 \mu_s \frac{NI}{l} S = \mu_0 \mu_s \frac{NI}{\pi D} S = \frac{\mu_0 \mu_s NIS}{\pi D}$$

$$= \frac{4\pi \times 10^{-7} \times 1{,}000 \times 600 \times 2 \times 10 \times 10^{-4}}{20\pi \times 10^{-2}}$$

$$= 2.4 \times 10^{-3} [\text{Wb}]$$

25 비투자율 800, 원형 단면적 10[cm^2], 평균 자로의 길이 30[cm]인 환상 철심에 600회의 권선을 감은 코일이 있다. 여기에 1[A]의 전류가 흐를 때 코일 내에 생기는 자속은 약 몇 [Wb]인가? [16년 1회 기사]

① 1×10^{-3}
② 1×10^{-4}
③ 2×10^{-3}
④ 2×10^{-4}

해설 환상 솔레노이드의 내부 자속

$$\phi = B \cdot S = \mu H \cdot S = \mu \frac{NI}{l} \cdot S = \frac{\mu_0 \mu_s NIS}{l} [\text{Wb}]$$

$$\therefore \phi = \frac{4\pi \times 10^{-7} \times 800 \times 600 \times 1 \times 10 \times 10^{-4}}{30 \times 10^{-2}} = 2 \times 10^{-3} [\text{Wb}]$$

26 비투자율이 μ_r인 철제 무단 솔레노이드가 있다. 평균 자로의 길이를 l[m]라 할 때 솔레노이드에 공극(air gap) l_0[m]를 만들어 자기저항을 원래의 2배로 하려면 얼마만한 공극을 만들면 되는가? (단, $\mu_r \gg 1$이고, 자기력은 일정하다고 한다.) [16년 1회 산업]

① $l_0 = \dfrac{l}{2}$
② $l_0 = \dfrac{l}{\mu_r}$
③ $l_0 = \dfrac{l}{2\mu_r}$
④ $l_0 = 1 + \dfrac{l}{\mu_r}$

해설 공극이 없는 경우의 자기저항 $R_m = \dfrac{l}{\mu S} [\Omega]$

미소 공극 l_0가 있을 때의 자기저항 $R_m{}' = \dfrac{l_0}{\mu_0 S} + \dfrac{l}{\mu S} [\Omega]$

$$\therefore \frac{R_m{}'}{R_m} = 1 + \frac{\dfrac{l_0}{\mu_0 S}}{\dfrac{l}{\mu S}} = 1 + \frac{\mu l_0}{\mu_0 l} = 1 + \mu_r \frac{l_0}{l}$$

∴ 자기저항을 2배로 하려면 $l_0 = \dfrac{l}{\mu_r}$로 하면 된다.

기출 핵심 NOTE

24 자속

$\phi = BS$
$\quad = \mu HS$
$\quad = \mu \dfrac{NI}{l} S$
(여기서, l : 평균 자로의 길이)
$\quad = \mu \dfrac{NI}{2\pi r} S$
(여기서, r : 평균 반지름)
$\quad = \mu \dfrac{NI}{\pi D} S$
(여기서, D : 평균 지름)
$\quad = \dfrac{\mu_0 \mu_s NIS}{\pi D} [\text{Wb}]$

26 • 철심부 자기저항

$R_m = \dfrac{l}{\mu S} = \dfrac{l}{\mu_0 \mu_s S} [\text{AT/Wb}]$

• 공극부 자기저항
(여기서, l_g : 공극)

$R_{l_g} = \dfrac{l_g}{\mu_0 S} [\text{AT/Wb}]$

• 공극 존재 시 합성 자기저항

$R_m{}' = \dfrac{l}{\mu_0 \mu_s S} + \dfrac{l_g}{\mu_0 S}$

$\quad = \dfrac{l + \mu_s l_g}{\mu_0 \mu_s S} [\text{AT/Wb}]$

• 공극 존재 시 자기저항비

$\dfrac{R_m{}'}{R_m} = 1 + \dfrac{\mu_s l_g}{l}$ 배

정답 24. ③ 25. ③ 26. ②

27 철심환의 일부에 공극(air gap)을 만들어 철심부의 길이 l[m], 단면적 A[m²], 비투자율이 μ_r이고 공극부의 길이 δ[m]일 때 철심부에서 총 권수 N회인 도선을 감아 전류 I[A]를 흘리면 자속이 누설되지 않는다고 하고 공극 내에 생기는 자계의 자속 ϕ_0[Wb]는? [19년 1회 산업]

① $\dfrac{\mu_0 ANI}{\delta \mu_r + l}$ ② $\dfrac{\mu_0 ANI}{\delta + \mu_r l}$

③ $\dfrac{\mu_0 \mu_r ANI}{\delta \mu_r + l}$ ④ $\dfrac{\mu_0 \mu_r ANI}{\delta + \mu_r l}$

해설
- 공극의 자기저항 : $R_0 = \dfrac{\delta}{\mu_0 A} = \dfrac{\delta \mu_r}{\mu_0 \mu_r A}$
- 철심의 자기저항 : $R_m = \dfrac{l}{\mu_0 \mu_r A}$
- 합성 자기저항 : $R_{m_0} = R_0 + R_m = \dfrac{\delta \mu_r + l}{\mu_0 \mu_r A}$
- 기자력 : $F = NI$
- 공극 내의 자속 : $\phi_0 = \dfrac{F}{R_{m_0}} = \dfrac{NI}{\dfrac{\delta \mu_r + l}{\mu_0 \mu_r A}} = \dfrac{\mu_0 \mu_r ANI}{\delta \mu_r + l}$ [Wb]

28 철심부의 평균 길이가 l_2, 공극의 길이가 l_1, 단면적이 S인 자기회로이다. 자속밀도를 B[Wb/m²]로 하기 위한 기자력[AT]은? [16년 3회 기사]

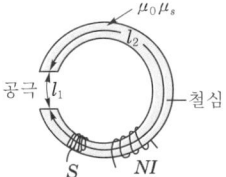

① $\dfrac{\mu_0}{B}\left(l_1 + \dfrac{\mu_s}{l_2}\right)$ ② $\dfrac{B}{\mu_0}\left(l_2 + \dfrac{l_1}{\mu_s}\right)$

③ $\dfrac{\mu_0}{B}\left(l_2 + \dfrac{\mu_s}{l_1}\right)$ ④ $\dfrac{B}{\mu_0}\left(l_1 + \dfrac{l_2}{\mu_s}\right)$

해설 공극이 있는 경우 합성 자기저항

$R_m = R_{l_1} + R_{l_2} = \dfrac{l_1}{\mu_0 S} + \dfrac{l_2}{\mu S}$ [AT/Wb]

기자력 $F = NI = R_m \phi = R_m \cdot BS$ [AT]

$\therefore F = R_m BS = \left(\dfrac{l_1}{\mu_0 S} + \dfrac{l_2}{\mu S}\right)BS = \dfrac{B}{\mu_0}\left(l_1 + \dfrac{l_2}{\mu_s}\right)$ [AT]

기출 핵심 NOTE

28
- 철심부 자기저항
$R_m = \dfrac{l}{\mu S} = \dfrac{l}{\mu_0 \mu_s S}$ [AT/Wb]

- 공극부 자기저항
(여기서, l_g : 공극)
$R_{l_g} = \dfrac{l_g}{\mu_0 S}$ [AT/Wb]

- 공극 존재 시 합성 자기저항
$R_m' = \dfrac{l}{\mu_0 \mu_s S} + \dfrac{l_g}{\mu_0 S}$
$= \dfrac{l + \mu_s l_g}{\mu_0 \mu_s S}$ [AT/Wb]

- 공극 존재 시 자기저항비
$\dfrac{R_m'}{R_m} = 1 + \dfrac{\mu_s l_g}{l}$ 배

정답 27. ③ 28. ④

CHAPTER 08 자성체 및 자기회로

29 두 개의 자극판이 놓여 있을 때, 자계의 세기 H [AT/m], 자속밀도 B [Wb/m²], 투자율 μ [H/m]인 곳의 자계의 에너지 밀도[J/m³]는? [15년 2회 기사]

① $\dfrac{H^2}{2\mu}$ ② $\dfrac{1}{2}\mu H^2$

③ $\dfrac{\mu H}{2}$ ④ $\dfrac{1}{2}B^2 H$

해설 $W_m = \dfrac{1}{2}\mu H^2 = \dfrac{1}{2}BH = \dfrac{B^2}{2\mu}$ [J/m³]

30 그림과 같이 진공 중에 자극 면적이 2[cm²], 간격이 0.1[cm]인 자성체 내에서 포화 자속밀도가 2[Wb/m²]일 때 두 자극면 사이에 작용하는 힘의 크기는 약 몇 [N]인가? [16년 3회 산업]

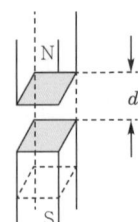

① 53 ② 106
③ 159 ④ 318

해설 $F = \dfrac{B^2}{2\mu_0}S = \dfrac{2^2 \times 2 \times 10^{-4}}{2 \times 4\pi \times 10^{-7}} = 318.47$ [N]

기출 핵심 NOTE

29 자계에너지 밀도
자성체에 자계를 가하여 자속밀도를 0에서 B까지 증가시키기 위한 에너지
$$W = \dfrac{1}{2}\mu H^2 = \dfrac{B^2}{2\mu}$$ [J/m³]

30 전자석의 흡인력
$$F = \dfrac{1}{2}\mu_0 H^2 S$$
$$= \dfrac{B^2}{2\mu_0}S$$ [N]

정답 29. ② 30. ④

CHAPTER 09 전자유도

- **01** 전자유도현상
- **02** 정현파 자속에 의한 코일에 유기되는 기전력
- **03** 플레밍의 오른손법칙
- **04** 표피효과
- **05** 핀치효과
- **06** 홀효과

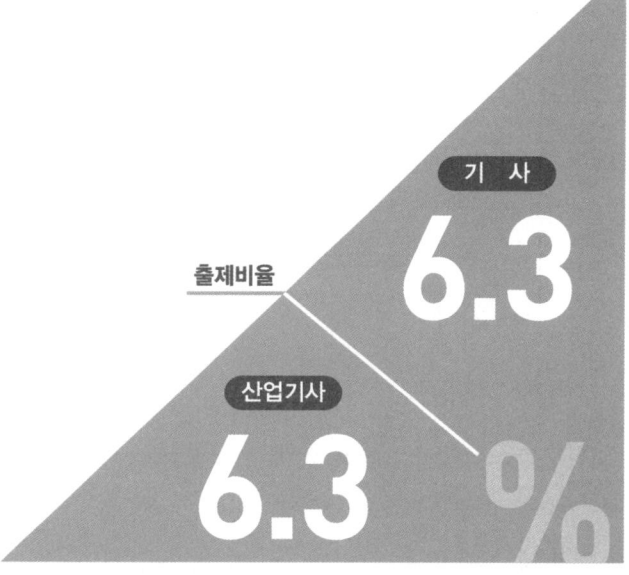

CHAPTER 09 전자유도

기출개념 01 전자유도현상

(1) 전자유도현상

코일에 자속이 시간적으로 변화하는 경우 코일 양단에 전압이 유기되는 현상으로 변압기의 원리가 된다.

(2) 패러데이의 법칙 또는 노이만의 법칙 : 유도기전력의 크기 결정식

코일의 권수 N, 자속의 변화를 $d\phi$, 시간 변화를 dt라 하면 자속 변화에 의한 코일의 유도기전력은 전자유도에 의해 쇄교 자속의 시간적 변화율에 비례한다.

$$e = -N\frac{d\phi}{dt} \, [\text{V}]$$

(3) 렌츠의 법칙 : 유도기전력의 방향 결정식

"전자유도에 의해 발생하는 기전력은 자속의 증감을 방해하는 방향으로 발생된다."

기·출·개념 문제

1. 다음 (㉠), (㉡)에 대한 법칙으로 알맞은 것은? [18 기사]

> 전자유도에 의하여 회로에 발생되는 기전력은 쇄교 자속수의 시간에 대한 감소 비율에 비례한다는 (㉠)에 따르고 특히, 유도된 기전력의 방향은 (㉡)에 따른다.

① ㉠ 패러데이의 법칙　㉡ 렌츠의 법칙
② ㉠ 렌츠의 법칙　　㉡ 패러데이의 법칙
③ ㉠ 플레밍의 왼손법칙　㉡ 패러데이의 법칙
④ ㉠ 패러데이의 법칙　㉡ 플레밍의 왼손법칙

(해설)
- 패러데이의 법칙 – 유도기전력의 크기

$$e = -N\frac{d\phi}{dt}\,[\text{V}]$$

- 렌츠의 법칙 – 유도기전력의 방향
전자유도에 의해 발생하는 기전력은 자속의 증감을 방해하는 방향으로 발생된다.

답 ①

2. 100회 감은 코일과 쇄교하는 자속이 $\frac{1}{10}$초 동안에 0.5[Wb]에서 0.3[Wb]로 감소했다. 이때, 유기되는 기전력은 몇 [V]인가? [91 기사]

① 20　　　　　　　　② 200
③ 80　　　　　　　　④ 800

(해설) $e = -N\dfrac{d\phi}{dt} = -100 \times \dfrac{0.3-0.5}{0.1} = 200\,[\text{V}]$

답 ②

기출개념 02 정현파 자속에 의한 코일에 유기되는 기전력

자속 $\phi = \phi_m \sin \omega t$ [Wb]인 정현파로 변화하는 자속이 인가될 때

① 유기기전력

$$e = -N\frac{d\phi}{dt}$$
$$= -N\frac{d}{dt}\phi_m \sin \omega t$$
$$= -\omega N\phi_m \cos \omega t$$
$$= \omega N\phi_m \sin(\omega t - 90°)$$

② 유기기전력과 자속의 위상관계

유기기전력은 자속에 비해 위상이 $\frac{\pi}{2}$ 만큼 뒤진다.

③ 유기기전력의 최댓값

$$E_m = \omega N\phi_m = 2\pi f N\phi_m = \omega NBS\,[\text{V}]$$

④ 유기기전력은 주파수(f) 및 자속밀도(B)에 비례한다.

기·출·개·념 문제

1. $\phi = \phi_m \sin 2\pi ft$ [Wb]일 때, 이 자속과 쇄교하는 권수 N회의 코일에 발생하는 기전력[V]은? 15 산업

① $2\pi f N\phi_m \sin 2\pi ft$
② $-2\pi f N\phi_m \sin 2\pi ft$
③ $2\pi f N\phi_m \cos 2\pi ft$
④ $-2\pi f N\phi_m \cos 2\pi ft$

(해설) $e = -N\dfrac{d\phi}{dt} = -N \cdot \dfrac{d}{dt}(\phi_m \sin 2\pi ft) = -2\pi f N\phi_m \cos 2\pi ft$ [V]

답 ④

2. 정현파 자속의 주파수를 4배로 높이면 유기기전력은? 12·04·95·82 산업

① 4배로 감소한다.
② 4배로 증가한다.
③ 2배로 감소한다.
④ 2배로 증가한다.

(해설) 패러데이의 법칙

$$e = -N\frac{d\phi}{dt}\ [\text{V}]$$

$\phi = \phi_m \sin 2\pi ft$ [Wb]라 하면 유기기전력 e는

$$e = -N\frac{d\phi}{dt} = -N \cdot \frac{d}{dt}(\phi_m \sin 2\pi ft) = -2\pi f N\phi_m \cos 2\pi ft = 2\pi f N\phi_m \sin\left(2\pi ft - \frac{\pi}{2}\right)[\text{V}]$$

∴ $e \propto f$

따라서, 주파수가 4배 증가하면 유기기전력도 4배로 증가한다.

답 ②

CHAPTER 09 전자유도

기출개념 03 플레밍의 오른손법칙

(1) 플레밍의 오른손법칙

자계 중에서 도체가 운동하면 도체가 자속을 끊어 도체에 전압이 유기되는 현상으로 발전기의 원리가 된다.

• 오른손 손가락 방향

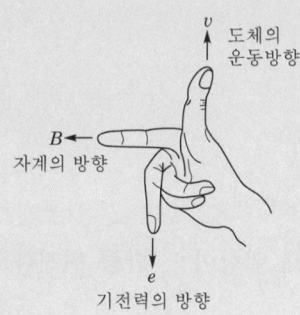

① 엄지 : 도체의 운동방향(v)
② 검지 : 자계의 방향(B)
③ 중지 : 기전력의 방향(e)

(2) 자계 내를 운동하는 도체에 발생하는 기전력

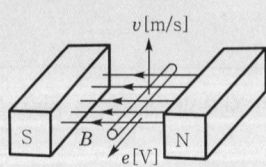

유도기전력은 자속밀도(B), 도체의 길이(l), 도체가 움직이는 속도(v)의 곱으로 나타난다.

$$e = vBl\sin\theta \, [\text{V}]$$

벡터화하면 $e = (v \times B) \cdot l\,[\text{V}]$이다.

기·출·개·념 문제

자속밀도 10[Wb/m²] 자계 중에 10[cm] 도체를 자계와 30°의 각도로 30[m/s]로 움직일 때, 도체에 유기되는 기전력은 몇 [V]인가?   18 기사

① 15
② $15\sqrt{3}$
③ 1,500
④ $1,500\sqrt{3}$

해설 $e = vBl\sin\theta = 30 \times 10 \times 0.1 \sin 30° = 15[\text{V}]$

답 ①

04 표피효과

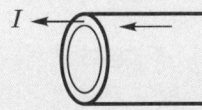

① 표피효과

직류라면 도체의 전류 분포는 균일하지만 교류인 경우 중심부에 가까울수록 전류와 쇄교하는 자속의 수가 많아져 전기저항이 증가되어 전류가 도체 표면으로 흐르게 되는 현상, 즉 **교류 인가 시 전선 표면으로 갈수록 전류밀도가 높아지는 현상**을 표피효과라 한다.

② 표피두께(침투깊이)

$$\delta = \frac{1}{\sqrt{\pi f \mu k}} = \sqrt{\frac{\rho}{\pi f \mu}}$$

여기서, f : 주파수[Hz], μ : 투자율[H/m]
ρ : 고유저항[$\Omega \cdot$m], k : 도전율[℧/m]

식에서 **표피효과는 주파수가 높을수록, 도전율이 클수록, 투자율이 클수록 커진다.** 표피효과가 증가되면 전선의 실효저항이 증가하고 표면 전류밀도가 높아진다.

기·출·개·념 문제

1. 도전율 σ, 투자율 μ인 도체에 교류 전류가 흐를 때 표피효과의 영향에 대한 설명으로 옳은 것은? 　16 기사

① σ가 클수록 작아진다.　　　② μ가 클수록 작아진다.
③ μ_s가 클수록 작아진다.　　　④ 주파수가 높을수록 커진다.

(해설) 표피효과 침투깊이 $\delta = \sqrt{\dfrac{1}{\pi f \mu \sigma}}$ [m]$= \sqrt{\dfrac{\rho}{\pi f \mu}}$

즉, 주파수 f, 도전율 σ, 투자율 μ가 클수록 δ가 작아지므로 표피효과가 커진다. **답** ④

2. 고유저항 $\rho = 2 \times 10^{-8}$[$\Omega \cdot$m], $\mu = 4\pi \times 10^{-7}$[H/m]인 동선에 50[Hz]의 주파수를 갖는 전류가 흐를 때, 표피두께는 몇 [mm]인가? 　83 산업

① 5.13　　　② 7.15
③ 10.07　　　④ 12.3

(해설) 표피효과의 표피두께(침투깊이)

$$\delta = \sqrt{\frac{1}{\pi f \mu k}} = \sqrt{\frac{\rho}{\pi f \mu}}$$
$$= \sqrt{\frac{2 \times 10^{-8}}{\pi \times 50 \times 4\pi \times 10^{-7}}} = \frac{1}{\sqrt{1,000\pi^2}} = 0.01007[\text{m}] = 10.07[\text{mm}]$$

답 ③

CHAPTER 09 전자유도

기출개념 05 핀치효과

액체 도체에 전류를 흘리면 오른나사의 법칙에 의한 자력선이 원형으로 생겨 중심으로 향하는 힘이 작용한다. 중심부의 액체는 수축되고 액체 도체의 단면이 오그라들어 액체 도체의 저항이 커지고, 전류가 작아지면 수축되었던 중심부가 다시 늘어남을 반복하게 되는 현상을 핀치효과라 한다.

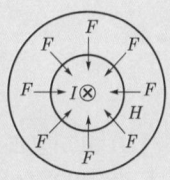

기·출·개·념 문제

DC 전압을 가하면 전류는 도선 중심 쪽으로 흐르려고 한다. 이러한 현상을 무슨 효과라 하는가?

03 산업

① Skin 효과　　② Pinch 효과　　③ 압전기 효과　　④ Peltier 효과

(해설) 액체 도체에 전류를 흘리면 전류의 방향과 수직방향으로 원형 자계가 생겨서 전류가 흐르는 액체에는 구심력의 전자력이 작용한다. 그 결과 액체 단면은 수축하여 저항이 커지기 때문에 전류의 흐름은 작게 된다. 전류의 흐름이 작게 되면 수축력이 감소하여 액체 단면은 원상태로 복귀하고 다시 전류가 흐르게 되어 수축력이 작용한다. 이와 같은 현상을 핀치효과라 한다.　　답 ②

기출개념 06 홀효과

도체 또는 반도체에 전류 I를 흘리고 이것에 직각방향으로 자계를 가하면 전류 I와 자계 B가 이루는 면에 직각방향으로 기전력이 발생하는 현상으로, 미국의 물리학자 홀이 발견하였다고 해서 홀효과(Hall effect)라 한다.

$$E = R_h \frac{I \cdot B}{d} \text{[V]}$$

여기서, R_h : 홀 정수, d : 도체의 두께

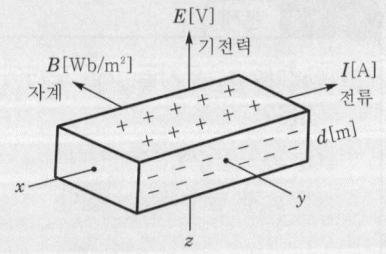

기·출·개·념 문제

전류가 흐르고 있는 도체와 직각방향으로 자계를 가하게 되면 도체 측면에 정·부의 전하가 생기는 것을 무슨 효과라 하는가?

16 기사

① 톰슨(Thomson)효과　　　　② 펠티에(Peltier) 효과
③ 제벡(Seebeck)효과　　　　　④ 홀(Hall)효과

(해설) ① 톰슨효과 : 동종의 금속에서도 각 부에서 온도가 다르면 그 부분에서 열의 발생 또는 흡수가 일어나는 효과를 말한다.
② 펠티에 효과 : 서로 다른 두 금속에서 다른 쪽 금속으로 전류를 흘리면 열의 발생 또는 흡수가 일어나는데 이 현상을 펠티에 효과라 한다.
③ 제벡효과 : 서로 다른 두 금속 A, B를 접속하고 다른 쪽에 전압계를 연결하여 접속부를 가열하면 전압이 발생하는 것을 알 수 있다. 이와 같이 서로 다른 금속을 접속하고 접속점을 서로 다른 온도를 유지하면 기전력이 생겨 일정한 방향으로 전류가 흐른다. 이러한 현상을 제벡효과라 한다. 즉, 온도차에 의한 열기전력 발생을 말한다.
④ 홀(Hall)효과 : 전기가 흐르고 있는 도체에 자계를 가하면 플레밍의 왼손법칙에 의하여 도체 내부의 전하가 횡방향으로 힘을 받아 도체 측면에 (+), (-)의 전하가 나타나는 현상이다.　　답 ④

CHAPTER 09 전자유도

단원 최근 빈출문제

이런 문제가 시험에 나온다!

기출 핵심 NOTE

01 다음 내용은 어떤 법칙을 설명한 것인가? [16년 3회 산업]

> 유도기전력의 크기는 코일 속을 쇄교하는 자속의 시간적 변화율에 비례한다.

① 쿨롱의 법칙
② 가우스의 법칙
③ 맥스웰의 법칙
④ 패러데이의 법칙

해설 패러데이의 법칙
전자유도에서 회로에 발생하는 기전력 e[V]는 쇄교 자속 ϕ[Wb]가 시간적으로 변화하는 비율과 같다.
$$e = -\frac{d\phi}{dt}\,[\text{V}]$$

01 패러데이의 법칙
유도기전력의 크기 결정식
$$e = -N\frac{d\phi}{dt}\,[\text{V}]$$
유도기전력은 쇄교 자속의 시간 변화율에 비례한다.

02 패러데이의 법칙에 대한 설명으로 가장 적합한 것은? [15년 3회 기사]

① 정전유도에 의해 회로에 발생하는 기자력은 자속의 변화 방향으로 유도된다.
② 정전유도에 의해 회로에 발생되는 기자력은 자속 쇄교수의 시간에 대한 증가율에 비례한다.
③ 전자유도에 의해 회로에 발생되는 기전력은 자속의 변화를 방해하는 반대방향으로 기전력이 유도된다.
④ 전자유도에 의해 회로에 발생하는 기전력은 자속 쇄교수의 시간에 대한 변화율에 비례한다.

해설 전자유도에서 회로에 발생하는 기전력 e[V]는 쇄교 자속 ϕ[Wb]가 시간적으로 변화하는 비율과 같다.
$$e = -\frac{d\phi}{dt}\,[\text{V}]$$

02 렌츠의 법칙
유도기전력의 방향 결정식
유도기전력은 자속의 증감을 방해하는 방향으로 발생한다.

03 폐회로에 유도되는 유도기전력에 관한 설명으로 옳은 것은? [17년 1회 기사]

① 유도기전력은 권선수의 제곱에 비례한다.
② 렌츠의 법칙은 유도기전력의 크기를 결정하는 법칙이다.
③ 자계가 일정한 공간 내에서 폐회로가 운동하여도 유도기전력이 유도된다.
④ 전계가 일정한 공간 내에서 폐회로가 운동하여도 유도기전력이 유도된다.

정답 01.④ 02.④ 03.③

제9장 전자유도 **139**

CHAPTER 09 전자유도

해설 $e = -N\dfrac{d\phi}{dt}$ [V]

렌츠의 법칙은 기전력의 방향(-)을 결정하며 자계가 일정한 공간 내에서 폐회로가 운동하면 유도기전력이 유도된다.

04 10[V]의 기전력을 유기시키려면 5초간에 몇 [Wb]의 자속을 끊어야 하는가? [15년 1회 산업]

① 2 ② 10
③ 25 ④ 50

해설 패러데이의 법칙 $e = -\dfrac{d\phi}{dt}$

∴ $d\phi = edt = 10 \times 5 = 50$ [Wb]

05 자기 인덕턴스 0.05[H]의 회로에 흐르는 전류가 매초 500[A]의 비율로 증가할 때 자기 유도기전력의 크기는 몇 [V]인가? [19년 2회 산업]

① 2.5 ② 25
③ 100 ④ 1,000

해설 패러데이의 법칙

유도기전력 $e = -L\dfrac{dI}{dt} = -0.05 \times \dfrac{500}{1} = -25$ [V]

−는 역방향(전류와 반대)을 나타내며, 크기는 25[V]이다.

06 자속밀도 B [Wb/m^2]가 도체 중에서 f[Hz]로 변화할 때 도체 중에 유기되는 기전력 e는 무엇에 비례하는가? [18년 1회 산업]

① $e \propto Bf$ ② $e \propto \dfrac{B}{f}$
③ $e \propto \dfrac{B^2}{f}$ ④ $e \propto \dfrac{f}{B}$

해설 $\phi = \phi_m \sin\omega t = B_m S \sin 2\pi ft$ [Wb]라 하면 유기기전력 e는

$e = -N\dfrac{d\phi}{dt} = -N\dfrac{d}{dt}(B_m S\sin 2\pi ft)$
$= -2\pi f N B_m S \cos 2\pi ft$ [V]

∴ $e \propto Bf$

07 정현파 자속으로 하여 기전력이 유기될 때 자속의 주파수가 3배로 증가하면 유기기전력은 어떻게 되는가? [15년 1회 산업]

① 3배 증가 ② 3배 감소
③ 9배 증가 ④ 9배 감소

기출 핵심 NOTE

04 패러데이의 법칙

$e = -N\dfrac{d\phi}{dt}$ [V]

권수 $N = 1$인 경우

$e = -\dfrac{d\phi}{dt}$

05 패러데이의 법칙

$e = -\dfrac{d\phi}{dt}$ [V]

자속 $\phi = LI$ [Wb]

$e = -L\dfrac{dI}{dt}$ [V]

06 정현파 자속에 의한 유기기전력

$e = -N\dfrac{d}{dt}\phi_m \sin\omega t$
$= \omega N\phi_m \sin\left(\omega t - \dfrac{\pi}{2}\right)$
$= \omega NBS \sin\left(\omega t - \dfrac{\pi}{2}\right)$

유기기전력은 주파수(f)와 자속밀도(B)에 비례한다.

07 유기기전력은 주파수(f)에 비례한다.

정답 04.④ 05.② 06.① 07.①

해설 $\phi = \phi_m \sin 2\pi ft$ [Wb]라 하면 유기기전력 e는

$$e = -N\frac{d\phi}{dt} = -N\frac{d}{dt}(\phi_m \sin 2\pi ft)$$

$$= -2\pi fN\phi_m \cos 2\pi ft = 2\pi fN\phi_m \sin\left(2\pi ft - \frac{\pi}{2}\right)[V]$$

∴ $e \propto f$

따라서, 주파수가 3배로 증가하면 유기기전력도 3배로 증가한다.

08 저항 24[Ω]의 코일을 지나는 자속이 $0.6\cos 800t$ [Wb]일 때 코일에 흐르는 전류의 최댓값은 몇 [A]인가?

[17년 1회 산업]

① 10　　② 20
③ 30　　④ 40

해설 $e = -\frac{d\phi}{dt} = -\frac{d}{dt}(\phi_m \cos \omega t) = \omega\phi_m \sin\omega t$ [V]

회로의 저항 $R \gg \omega L$인 경우

전류 $i = \frac{e}{R} = \frac{\omega\phi_m}{R}\sin\omega t = I_m\sin\omega t$ [A]

∴ $I_m = \frac{\omega\phi_m}{R} = \frac{800 \times 0.6}{24} = 20$ [A]

09 0.2[Wb/m²]의 평등자계 속에 자계와 직각방향으로 놓인 길이 30[cm]의 도선을 자계와 30°의 방향으로 30[m/s]의 속도로 이동시킬 때 도체 양단에 유기되는 기전력은 몇 [V]인가?

[17년 1회 산업]

① 0.45　　② 0.9
③ 1.8　　④ 90

해설 $e = vBl\sin\theta = 30 \times 0.2 \times 0.3 \times \sin 30° = 30 \times 0.2 \times 0.3 \times \frac{1}{2}$

$= 0.9$ [V]

10 자속밀도가 10[Wb/m²]인 자계 내에 길이 4[cm]의 도체를 자계와 직각으로 놓고 이 도체를 0.4초 동안 1[m]씩 균일하게 이동하였을 때 발생하는 기전력은 몇 [V]인가?

[16년 1회 기사]

① 1　　② 2
③ 3　　④ 4

해설 기전력 $e = Blv\sin\theta$

여기서, $v = \frac{1}{0.4} = 2.5$ [m/s], $\theta = 90°$이므로

∴ $e = 10 \times 4 \times 10^{-2} \times 2.5 \times \sin 90° = 1$ [V]

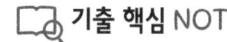

기출 핵심 NOTE

09 자계 내를 운동하는 도체에 발생하는 기전력

$e = Blv\sin\theta$ [V]

자계와 도체가 직각인 경우 ($\theta = 90°$)

$e = Blv$ [V]

정답 08. ② 09. ② 10. ①

CHAPTER 09 전자유도

11 표피효과에 관한 설명으로 옳은 것은? [16년 2회 산업]

① 주파수가 낮을수록 침투깊이는 작아진다.
② 전도도가 작을수록 침투깊이는 작아진다.
③ 표피효과는 전계 혹은 전류가 도체 내부로 들어갈수록 지수 함수적으로 적어지는 현상이다.
④ 도체 내부의 전계의 세기가 도체 표면의 전계 세기의 $\frac{1}{2}$까지 감쇠되는 도체 표면에서 거리를 표피두께라 한다.

해설 표피효과 침투깊이

$$\delta = \sqrt{\frac{1}{\pi f \mu k}}\,[\text{m}] = \sqrt{\frac{\rho}{\pi f \mu}}$$

즉, 주파수 f, 도전율 k, 투자율 μ가 클수록 δ가 작아지므로 표피효과가 커진다.

기출 핵심 NOTE

11 • 표피효과
전선 표면으로 갈수록 전류밀도가 높아지는 현상
• 표피두께(침투깊이)
$$\delta = \frac{1}{\sqrt{\pi f \mu k}} = \sqrt{\frac{\rho}{\pi f \mu}}$$
여기서, ρ : 고유저항[$\Omega \cdot$m]
k : 도전율[℧/m]
f, μ, k가 클수록 δ가 작아지므로 전류밀도가 표피 쪽에 높다는 뜻이므로 표피효과가 커진다.

12 표피효과에 대한 설명으로 옳은 것은? [16년 2회 기사]

① 주파수가 높을수록 침투깊이가 얇아진다.
② 투자율이 크면 표피효과가 적게 나타난다.
③ 표피효과에 따른 표피 저항은 단면적에 비례한다.
④ 도전율이 큰 도체에는 표피효과가 적게 나타난다.

해설 표피효과 침투깊이

$$\delta = \sqrt{\frac{1}{\pi f \mu k}}\,[\text{m}] = \sqrt{\frac{\rho}{\pi f \mu}}$$

즉, 주파수 f, 도전율 k, 투자율 μ가 클수록 δ가 작아지므로 표피효과가 커진다.

13 도전도 $k = 6 \times 10^{17}$[℧/m], 투자율 $\mu = \frac{6}{\pi} \times 10^{-7}$[H/m]인 평면도체 표면에 10[kHz]의 전류가 흐를 때, 침투깊이 δ[m]는? [19년 3회 기사]

① $\frac{1}{6} \times 10^{-7}$
② $\frac{1}{8.5} \times 10^{-7}$
③ $\frac{36}{\pi} \times 10^{-6}$
④ $\frac{36}{\pi} \times 10^{-10}$

해설 침투깊이

$$\delta = \frac{1}{\sqrt{\pi f k \mu}} = \frac{1}{\sqrt{\pi \times 10 \times 10^3 \times 6 \times 10^{17} \times \frac{6}{\pi} \times 10^{-7}}}$$

$$= \frac{1}{6} \times 10^{-7}\,[\text{m}]$$

13 표피두께(침투깊이)
$$\delta = \frac{1}{\sqrt{\pi f \mu k}} = \sqrt{\frac{\sigma}{\pi f \mu}}\,[\text{m}]$$
여기서, f : 주파수[Hz]
μ : 투자율[H/m]
k : 도전율[℧/m]
ρ : 고유저항[$\Omega \cdot$m]

정답 11. ③ 12. ① 13. ①

CHAPTER 10 인덕턴스

- **01** 자기 인덕턴스
- **02** 각 도체의 자기 인덕턴스
- **03** 상호 인덕턴스와 결합계수
- **04** 인덕턴스 접속

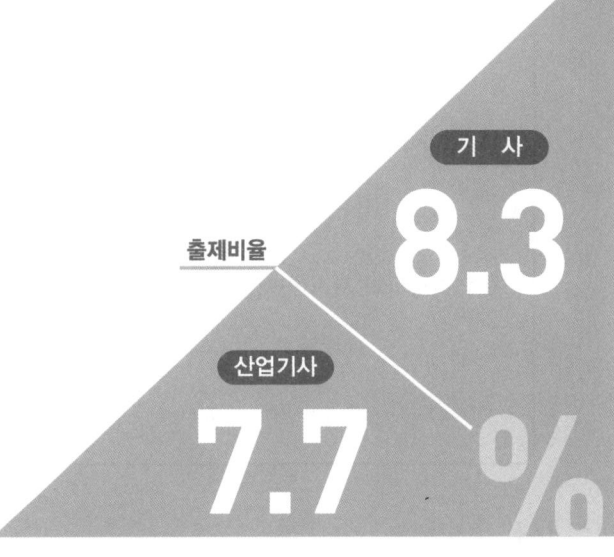

출제비율
기사 8.3%
산업기사 7.7%

CHAPTER 10 인덕턴스

기출개념 01 자기 인덕턴스

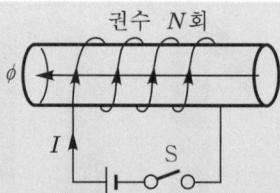

(1) 자기 인덕턴스

권수 N회인 코일에 전류 I[A]가 흐를 때 코일에 생기는 자속 ϕ[Wb]는 전류 I에 비례하고 비례상수를 자기 인덕턴스(L)라 한다.

$N\phi = LI$

$$\boxed{L = \frac{N\phi}{I} = \frac{NBS}{I} \text{[H]}}$$

(2) 전류 변화에 의한 유기기전력

$$\boxed{e = -\frac{d\phi}{dt} = -L\frac{di}{dt} \text{[V]}}$$

(3) 자기 인덕턴스의 단위

$$\boxed{L = \frac{\phi}{I} = \frac{edt}{di} \text{[Wb/A]} \left[\text{V} \cdot \text{sec/A} = \frac{\text{V}}{\text{A}} \cdot \text{sec} = \Omega \cdot \text{sec} \right] \text{[H]}}$$

(4) 코일에 축적되는 에너지(=자기 에너지)

$$\boxed{W = \frac{1}{2}LI^2 = \frac{\phi^2}{2L} = \frac{1}{2}\phi I \text{[J]}}$$

기·출·개념 문제

1. 어느 철심에 도선을 250회 감고 여기에 4[A]의 전류를 흘릴 때 발생하는 자속이 0.02[Wb]이었다. 이 코일의 자기 인덕턴스는 몇 [H]인가? `15 산업`

① 1.05　　② 1.25　　③ 2.5　　④ $\sqrt{2}\pi$

(해설) $N\phi = LI$, $L = \dfrac{N\phi}{I} = \dfrac{250 \times 0.02}{4} = 1.25 \text{[H]}$　　**답 ②**

2. 다음 중 [$\Omega \cdot$s]와 같은 단위는? `15 기사 / 18 산업`

① [F]　　② [F/m]　　③ [H]　　④ [H/m]

(해설) $e = L\dfrac{di}{dt}$ 에서 $L = e\dfrac{dt}{di}$ 이므로 [V]$= \left[\text{H} \cdot \dfrac{\text{A}}{\text{s}} \right]$

∴ [H]$= \left[\dfrac{\text{V}}{\text{A}} \cdot \text{s} \right] = [\Omega \cdot \text{s}]$　　∴ [Henry]=[Ohm·s]　　**답 ③**

3. 100[mH]의 자기 인덕턴스를 갖는 코일에 10[A]의 전류를 통할 때 축적되는 에너지는 몇 [J]인가? `16 산업`

① 1　　② 5　　③ 50　　④ 1,000

(해설) 자기 에너지 $W = \dfrac{1}{2}LI^2 = \dfrac{1}{2} \times 100 \times 10^{-3} \times 10^2 = 5 \text{[J]}$　　**답 ②**

기출개념 02-1 각 도체의 자기 인덕턴스(I)

(1) 환상 솔레노이드의 자기 인덕턴스

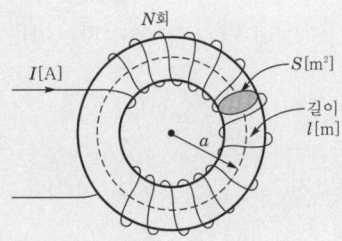

① 내부 자계의 세기 : $H = \dfrac{NI}{l} = \dfrac{NI}{2\pi a}$ [AT/m]

② 내부 자속 : $\phi = BS = \mu HS = \dfrac{\mu NIS}{l} = \dfrac{\mu NIS}{2\pi a}$ [Wb]

③ 자기 인덕턴스

$$L = \dfrac{N\phi}{I} = \dfrac{\mu SN^2}{2\pi a} = \dfrac{\mu SN^2}{l} \text{[H]}$$

(권수 N^2에 비례한다.)

(2) 무한장 솔레노이드의 자기 인덕턴스

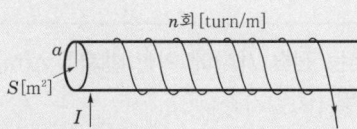

① 내부 자계의 세기 : $H = nI$ [AT/m]

여기서, n : 단위 m당 권수[turn/m] (∵ n은 단위길이당 권수임)

② 내부 자속 : $\phi = BS = \mu HS = \mu nIS = \mu n I\pi a^2$ [Wb]

③ 자기 인덕턴스

$$L = \dfrac{n\phi}{I} = \mu Sn^2 = \mu \pi a^2 n^2 \text{[H/m]}$$

(a^2, n^2에 비례한다.)

기·출·개념 문제

코일의 권수를 2배로 하면 인덕턴스의 값은 몇 배가 되는가? **01·99·96·86·84 산업**

① $\dfrac{1}{2}$배 ② $\dfrac{1}{4}$배 ③ 2배 ④ 4배

해설 $L = \dfrac{\mu SN^2}{l}$[H] $\propto N^2$이므로 코일의 권수를 2배로 하면 인덕턴스는 4배로 된다. **답** ④

CHAPTER 10 인덕턴스

기출개념 02-2 각 도체의 자기 인덕턴스(Ⅱ)

(3) 원통(원주) 도체의 자기 인덕턴스

① 도체 내부에 축적되는 에너지(자기 에너지) : $W = \dfrac{1}{2}LI^2$ [J]

② 내부 자계의 세기 : $H_i = \dfrac{rI}{2\pi a^2}$ [A/m]

③ 전류에 의한 자계에너지 : $W = \dfrac{1}{2}\mu H^2$ [J/m³]

　전체 에너지 : $W = \displaystyle\int_o^a \dfrac{1}{2}\mu H^2 dv = \dfrac{\mu I^2}{16\pi}$ [J]

④ 내부 자기 인덕턴스 : $\boxed{L = \dfrac{\mu l}{8\pi} \text{ [H]}}$

⑤ 단위길이당 내부 자기 인덕턴스 : $\boxed{L = \dfrac{\mu}{8\pi} \text{ [H/m]}}$

　전류나 반지름에 관계없고 투자율에 비례한다.

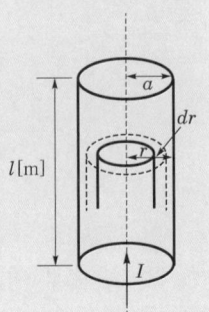

기·출·개·념 문제

1. 균일하게 원형 단면을 흐르는 전류 I[A]에 의한 반지름 a[m], 길이 l[m], 비투자율 μ_s인 원통 도체의 내부 인덕턴스는 몇 [H]인가?　　　　　　　　　　　　　　　　　　　　　　18 기사

① $10^{-7}\mu_s l$
② $3 \times 10^{-7}\mu_s l$
③ $\dfrac{1}{4a} \times 10^{-7}\mu_s l$
④ $\dfrac{1}{2} \times 10^{-7}\mu_s l$

(해설) 원통 내부 인덕턴스

$$L = \dfrac{\mu}{8\pi} \cdot l = \dfrac{\mu_0}{8\pi}\mu_s l = \dfrac{4\pi \times 10^{-7}}{8\pi}\mu_s l = \dfrac{1}{2} \times 10^{-7}\mu_s l \text{ [H]}$$

답 ④

2. 무한히 긴 원주 도체의 내부 인덕턴스의 크기는 어떻게 결정되는가?　　　　　　98·97·95·87 기사

① 도체의 인덕턴스는 0이다.
② 도체의 기하학적 모양에 따라 결정된다.
③ 주위와 자계의 세기에 따라 결정된다.
④ 도체의 재질에 따라 결정된다.

(해설) 원주 도체의 단위길이당 인덕턴스는 $L = \dfrac{\mu}{8\pi}$ [H/m] $\propto \mu$이므로 전류나 반지름과는 관계가 없고, 투자율에 비례하므로 도체의 재질에 따라 크기가 변화한다.

답 ④

기출개념 02-3 각 도체의 자기 인덕턴스(Ⅲ)

(4) 동심 원통(동축 케이블) 내·외도체 사이의 자기 인덕턴스

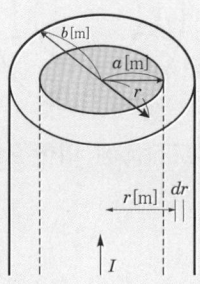

① 자속 : $\phi = \int_a^b \mu_0 H dr = \int_a^b \mu_0 \dfrac{I}{2\pi r} dr = \dfrac{\mu_0 I}{2\pi} \ln \dfrac{b}{a}$ [Wb]

② 단위길이당 자기 인덕턴스 : $\boxed{L = \dfrac{\phi}{I} = \dfrac{\mu_0}{2\pi} \ln \dfrac{b}{a} \text{[H/m]}}$

(투자율 μ에 비례한다.)

(5) 평행 왕복도선 간의 자기 인덕턴스

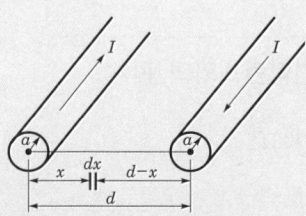

① 자계의 세기 : $H = \dfrac{I}{2\pi}\left(\dfrac{1}{x} + \dfrac{1}{d-x}\right)$[AT/m]

② 자속 : $\phi = \int_a^{d-a} \mu_0 H\, dx = \dfrac{\mu_0 I}{\pi} \ln\left(\dfrac{d-a}{a}\right)$[Wb]

$d \gg a$인 경우 $= \dfrac{\mu_0 I}{\pi} \ln\left(\dfrac{d}{a}\right) = \dfrac{\mu_0 I}{\pi} \ln \dfrac{d}{a}$ [Wb]

③ 단위길이당 자기 인덕턴스 : $\boxed{L = \dfrac{\phi}{I} = \dfrac{\mu_0}{\pi} \ln \dfrac{d}{a} \text{[H/m]}}$

기·출·개념 문제

내부 도체 반지름이 10[mm], 외부 도체의 내반지름이 20[mm]인 동축 케이블에서 내부 도체 표면에 전류 I가 흐르고, 얇은 외부 도체에 반대방향인 전류가 흐를 때 단위길이당 외부 인덕턴스는 약 몇 [H/m]인가?   17 기사

① 0.28×10^{-7} ② 1.39×10^{-7} ③ 2.03×10^{-7} ④ 2.78×10^{-7}

해설 인덕턴스

$L = \dfrac{\phi}{I} = \dfrac{\mu_0}{2\pi} \ln \dfrac{b}{a} = \dfrac{4\pi \times 10^{-7}}{2\pi} \ln \dfrac{20}{10} = 1.39 \times 10^{-7}$[H/m]

답 ②

CHAPTER 10 인덕턴스

기출개념 03 상호 인덕턴스와 결합계수

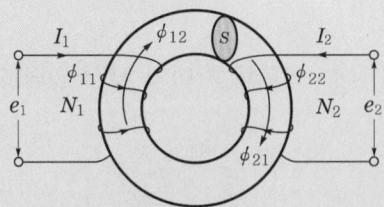

(1) I_1 전류 변화에 의한 상호 유도작용에 의한 2차 유도전압

$$e_2 = -M\frac{di_1}{dt}\,[\text{V}]$$

(2) 상호 인덕턴스

$$M_{12} = \frac{N_1 \phi_{12}}{I_1} = \frac{N_1 N_2}{R_m}\,[\text{H}]$$

$$M_{21} = \frac{N_2 \phi_{21}}{I_2} = \frac{N_1 N_2}{R_m}\,[\text{H}]$$

$$M = M_{12} = M_{21} = \frac{N_1 N_2}{R_m} = \frac{\mu S N_1 N_2}{l}\,[\text{H}]$$

(3) 자기 인덕턴스와 상호 인덕턴스와의 관계

$$L_1 \cdot L_2 = \left(\frac{N_1 N_2}{R_m}\right)^2 = M^2$$

① 누설자속이 없는 경우 : $M = \sqrt{L_1 L_2}$
② 누설자속이 있는 경우 : $M < \sqrt{L_1 L_2}$

(4) 결합계수 : 두 코일의 결합의 정도를 나타내는 계수로 $0 \leqq K \leqq 1$ 이다.

$$K = \frac{M}{\sqrt{L_1 L_2}}$$

누설자속이 없는 경우, 즉 완전결합인 경우의 결합계수 $K = 1$ 이다.

기·출·개념 문제

그림과 같이 단면적 $S=10[\text{cm}^2]$, 자로의 길이 $l=20\pi[\text{cm}]$, 비투자율 $\mu_s =1,000$인 철심에 $N_1 = N_2 =100$인 두 코일을 감았다. 두 코일 사이의 상호 인덕턴스는 몇 [mH]인가? **18 기사**

① 0.1 ② 1
③ 2   ④ 20

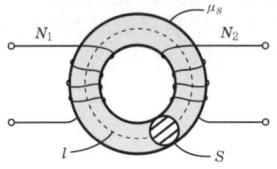

[해설] 상호 인덕턴스

$$M = \frac{\mu S N_1 N_2}{l} = \frac{\mu_0 \mu_s S N_1 N_2}{l}$$

$$= \frac{4\pi \times 10^{-7} \times 1,000 \times (10 \times 10^{-2})^2 \times 100 \times 100}{20\pi \times 10^{-2}} = 20[\text{mH}]$$

답 ④

기출개념 04 인덕턴스 접속

(1) 인덕턴스 직렬접속

① 가동결합

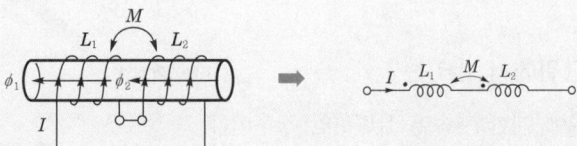

- 합성 인덕턴스

$$L_0 = L_1 + L_2 + 2M = L_1 + L_2 + 2K\sqrt{L_1 L_2}\,[\text{H}]$$

② 차동결합

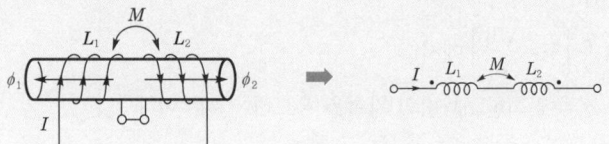

- 합성 인덕턴스

$$L_0 = L_1 + L_2 - 2M = L_1 + L_2 - 2K\sqrt{L_1 L_2}\,[\text{H}]$$

(2) 인덕턴스 병렬접속

① 가동결합

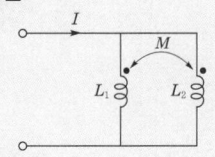

- 합성 인덕턴스

$$L_0 = \frac{L_1 L_2 - M^2}{L_1 + L_2 - 2M}\,[\text{H}]$$

② 차동결합

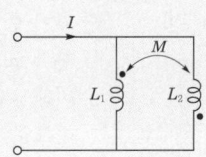

- 합성 인덕턴스

$$L_0 = \frac{L_1 L_2 - M^2}{L_1 + L_2 + 2M}\,[\text{H}]$$

기·출·개·념 문제

두 자기 인덕턴스를 직렬로 연결하여 두 코일이 만드는 자속이 동일 방향일 때, 합성 인덕턴스를 측정하였더니 75[mH]가 되었고, 두 코일이 만드는 자속이 서로 반대인 경우에는 25[mH]가 되었다. 두 코일의 상호 인덕턴스는 몇 [mH]인가? 15 산업

① 12.5 ② 20.5 ③ 25 ④ 30

[해설] $L_+ = L_1 + L_2 + 2M = 75\,[\text{mH}]$ …… ㉠
$L_- = L_1 + L_2 - 2M = 25\,[\text{mH}]$ …… ㉡
㉠ – ㉡ 식에서 ∴ $M = \dfrac{75-25}{4} = \dfrac{50}{4} = 12.5\,[\text{mH}]$

답 ①

CHAPTER 10 인덕턴스

단원 최근 빈출문제

01 인덕턴스의 단위에서 1[H]는? [19년 3회 산업]

① 1[A]의 전류에 대한 자속이 1[Wb]인 경우이다.
② 1[A]의 전류에 대한 유전율이 1[F/m]이다.
③ 1[A]의 전류가 1초간에 변화하는 양이다.
④ 1[A]의 전류에 대한 자계가 1[AT/m]인 경우이다.

해설 자속 $\phi = LI$ [Wb]

인덕턴스 $L = \dfrac{\phi}{I} \left[H = \dfrac{Wb}{A} \right]$ 에서

1[H]는 1[A]의 전류에 의한 1[Wb]의 자속을 유도하는 계수이다.

02 인덕턴스의 단위[H]와 같지 않은 것은? [17년 3회 기사]

① [J/A·s]   ② [Ω·s]
③ [Wb/A]   ④ [J/A²]

해설 $L = \dfrac{\phi}{I}$ [H]

$\therefore$ [H] = $\left[\dfrac{Wb}{A}\right]$ = $\left[\dfrac{V}{A} \cdot s\right]$ = $\left[\dfrac{VAs}{A^2}\right]$ = $\left[\dfrac{J}{A^2}\right]$

03 자기 인덕턴스의 성질을 옳게 표현한 것은? [19년 2회 기사]

① 항상 0이다.
② 항상 정(正)이다.
③ 항상 부(負)이다.
④ 유도되는 기전력에 따라 정(正)도 되고 부(負)도 된다.

해설 자기 인덕턴스 L은 항상 정(正)이다.

04 환상 솔레노이드 코일에 흐르는 전류가 2[A]일 때, 자로의 자속이 1×10^{-2}[Wb]라고 한다. 코일의 권수를 500회라 할 때 이 코일의 자기 인덕턴스는 몇 [H]인가? [16년 2회 산업]

① 2.5   ② 3.5
③ 4.5   ④ 5.5

기출 핵심 NOTE

01 자기 인덕턴스

$L = \dfrac{N\phi}{I}$ [H]

전류에 대한 자속의 비

02 자기 인덕턴스의 단위

$L = \dfrac{\phi}{I} = \dfrac{edt}{di}$ [Wb/A]

$\left[V \cdot s/A = \dfrac{V}{A} \cdot s = \Omega \cdot s\right]$

03 자기 인덕턴스는 코일에 생기는 자속 ϕ[Wb]는 전류에 비례하고 비례상수를 자기 인덕턴스(L)라 하므로 항상 정(+)이다.

04 권수 N회인 자기 인덕턴스

$L = \dfrac{N\phi}{I}$ [H]

정답 01. ① 02. ① 03. ② 04. ①

해설 $N\phi = LI$

$\therefore L = \dfrac{N\phi}{I} = \dfrac{500 \times 1 \times 10^{-2}}{2} = 2.5[\text{H}]$

05 자기 유도계수가 20[mH]인 코일에 전류를 흘릴 때 코일과의 쇄교 자속수가 0.2[Wb]였다면 코일에 축적된 에너지는 몇 [J]인가? [19년 2회 산업]

① 1 ② 2
③ 3 ④ 4

해설 인덕턴스의 축적에너지(W_L)

$W_L = \dfrac{1}{2}LI^2 = \dfrac{1}{2}\phi I = \dfrac{\phi^2}{2L}$

$= \dfrac{0.2^2}{2 \times 20 \times 10^{-3}} = \dfrac{4 \times 10^{-2}}{4 \times 10^{-2}} = 1[\text{J}]$

06 4[A] 전류가 흐르는 코일과 쇄교하는 자속수가 4[Wb]이다. 이 전류 회로에 축적되어 있는 자기 에너지[J]는? [19년 2회 기사]

① 4 ② 2
③ 8 ④ 16

해설 인덕턴스의 축적에너지

$W_L = \dfrac{1}{2}\phi I = \dfrac{1}{2} \times 4 \times 4 = 8[\text{J}]$

07 권선수가 N회인 코일에 전류 I[A]를 흘릴 경우, 코일에 ϕ[Wb]의 자속이 지나간다면 이 코일에 저장된 자계에너지[J]는? [19년 1회 산업]

① $\dfrac{1}{2}N\phi^2 I$ ② $\dfrac{1}{2}N\phi I$
③ $\dfrac{1}{2}N^2\phi I$ ④ $\dfrac{1}{2}N\phi I^2$

해설 코일에 저장되는 에너지는 인덕턴스의 축적에너지이므로

$N\phi = LI$에서 $L = \dfrac{N\phi}{I}$이다.

$\therefore W_L = \dfrac{1}{2}LI^2 = \dfrac{1}{2}\dfrac{N\phi}{I}I^2 = \dfrac{1}{2}N\phi I[\text{J}]$

기출 핵심 NOTE

05 자기 에너지

$W = \dfrac{1}{2}LI^2 = \dfrac{\phi^2}{2L} = \dfrac{1}{2}\phi I[\text{J}]$

07 자기 에너지

$W = \dfrac{1}{2}LI^2[\text{J}]$

$= \dfrac{1}{2}N\phi I[\text{J}]$

권수 N회인 자기 인덕턴스

$L = \dfrac{N\phi}{I}[\text{H}]$

정답 05. ① 06. ③ 07. ②

CHAPTER 10 인덕턴스

08 그림과 같이 일정한 권선이 감겨진 권선수 N회, 단면적 $S[m^2]$, 평균 자로의 길이 $l[m]$인 환상 솔레노이드에 전류 $I[A]$를 흘렸을 때 이 환상 솔레노이드의 자기 인덕턴스 [H]는? (단, 환상 철심의 투자율은 μ이다.) [18년 3회 산업]

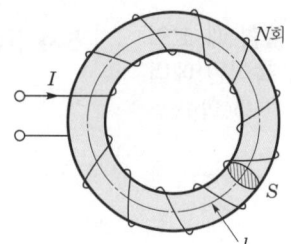

① $\dfrac{\mu^2 N}{l}$
② $\dfrac{\mu SN}{l}$
③ $\dfrac{\mu^2 SN}{l}$
④ $\dfrac{\mu SN^2}{l}$

[해설] 자속 $\phi = BS = \mu HS = \dfrac{\mu SNI}{l}$ [Wb]

∴ 자기 인덕턴스 $L = \dfrac{N\phi}{I} = \dfrac{\mu SN^2}{l}$ [H]

09 어떤 환상 솔레노이드의 단면적이 S이고, 자로의 길이가 l, 투자율이 μ라고 한다. 이 철심에 균등하게 코일을 N회 감고 전류를 흘렸을 때 자기 인덕턴스에 대한 설명으로 옳은 것은? [19년 2회 기사]

① 투자율 μ에 반비례한다.
② 권선수 N^2에 비례한다.
③ 자로의 길이 l에 비례한다.
④ 단면적 S에 반비례한다.

[해설] 자기 인덕턴스 $L = \dfrac{\mu SN^2}{l}$ [H]

면적 S, 권수 N^2에 비례하고, 자로의 평균 길이 l에 반비례한다.

10 N회 감긴 환상 솔레노이드의 단면적이 $S[m^2]$이고 평균 길이가 $l[m]$이다. 이 코일의 권수를 반으로 줄이고 인덕턴스를 일정하게 하려면? [17년 3회 산업]

① 길이를 $\dfrac{1}{2}$로 줄인다.
② 길이를 $\dfrac{1}{4}$로 줄인다.
③ 길이를 $\dfrac{1}{8}$로 줄인다.
④ 길이를 $\dfrac{1}{16}$로 줄인다.

기출 핵심 NOTE

08 환상 솔레노이드
- 내부 자계의 세기
  $H = \dfrac{NI}{l}$ [AT/m]
- 내부 자속
  $\phi = BS = \mu HS = \dfrac{\mu NIS}{l}$ [Wb]
- 자기 인덕턴스
  $L = \dfrac{N\phi}{I} = \dfrac{\mu SN^2}{l}$ [H]
  (평균 자로의 길이 $L = 2\pi a$ [m])

09 환상 솔레노이드의 자기 인덕턴스

$L = \dfrac{\mu SN^2}{l}$

투자율 μ, 면적 S, 권수 N^2에 비례하고, 자로의 평균 길이 l에 반비례한다.

정답 08. ④ 09. ② 10. ②

해설 환상 솔레노이드의 인덕턴스

$$L = \frac{\mu S N^2}{l} [\text{H}]$$

인덕턴스는 코일의 권수 N^2에 비례하므로 권수를 $\frac{1}{2}$배로 하면 인덕턴스는 $\frac{1}{4}$배가 되므로 길이를 $\frac{1}{4}$로 줄이면 인덕턴스가 일정하게 된다.

11 단면적이 $S[\text{m}^2]$, 단위길이에 대한 권수가 $n[\text{회/m}]$인 무한히 긴 솔레노이드의 단위길이당 자기 인덕턴스 [H/m]는? [19·18년 3회 기사]

① $\mu \cdot S \cdot n$ ② $\mu \cdot S \cdot n^2$
③ $\mu \cdot S^2 \cdot n$ ④ $\mu \cdot S^2 \cdot n^2$

해설
- 내부 자계의 세기
  $H = nI [\text{AT/m}]$
- 내부 자속
  $\phi = B \cdot S = \mu HS = \mu nIS [\text{Wb}]$
- 자기 인덕턴스
  $L = \frac{n\phi}{I} = \mu S n^2 [\text{H/m}]$

투자율 μ, 단위 m당 권수 n^2, 면적 S에 비례한다.

11 무한장 솔레노이드
$L = \frac{n\phi}{I}$
$= \mu S n^2$ (단면적 S에 비례)
$= \mu \pi a^2 n^2 [\text{H/m}]$
투자율 μ, 반지름 a^2, 권수 n^2에 비례

12 지름 2[mm], 길이 25[m]인 동선의 내부 인덕턴스는 몇 [μH]인가? [15년 3회 기사]

① 1.25 ② 2.5
③ 5.0 ④ 25

해설 $L = \frac{\mu}{8\pi} l [\text{H}]$, $\mu \fallingdotseq \mu_0$ (동선의 경우)이므로

$L = \frac{\mu_0}{8\pi} l = \frac{4\pi \times 10^{-7}}{8\pi} \times 25 = 12.5 \times 10^{-7} [\text{H}] = 1.25 [\mu\text{H}]$

12
- 원통(원주) 도체의 자기 인덕턴스
  $L = \frac{\mu}{8\pi} l [\text{H}]$
- 단위길이당 자기 인덕턴스
  $L = \frac{\mu}{8\pi} [\text{H/m}]$

13 내경의 반지름이 1[mm], 외경의 반지름이 3[mm]인 동축 케이블의 단위길이당 인덕턴스는 약 몇 [μH/m]인가? (단, 이때 $\mu_r = 1$이며, 내부 인덕턴스는 무시한다.) [15년 2회 기사]

① 0.12 ② 0.22
③ 0.32 ④ 0.42

13 동심 원통(동축 케이블)의 자기 인덕턴스
$L = \frac{\mu}{2\pi} \ln \frac{b}{a} [\text{H/m}]$
투자율 μ에 비례한다.

정답 11. ② 12. ① 13. ②

제10장 인덕턴스 **153**

CHAPTER 10 인덕턴스

해설
$$L = \frac{\mu}{2\pi}\ln\frac{b}{a}[\text{H/m}] = \frac{\mu \cdot \mu_s}{2\pi}\ln\frac{b}{a}$$
$$= \frac{4\pi \times 10^{-7} \times 1}{2\pi}\ln\frac{(3 \times 10^{-3})}{(1 \times 10^{-3})}$$
$$= 0.22 \times 10^{-6}[\text{H/m}] = 0.22[\mu\text{H/m}]$$

14 송전선의 전류가 0.01초 사이에 10[kA] 변화될 때 이 송전선에 나란한 통신선에 유도되는 유도전압은 몇 [V] 인가? (단, 송전선과 통신선 간의 상호 유도계수는 0.3 [mH]이다.) [19년 3회 기사]

① 30 ② 300
③ 3,000 ④ 30,000

기출 핵심 NOTE

14 • 전류 변화에 의한 유도전압
$$e = M\frac{di}{dt}[\text{V}]$$
• 상호 인덕턴스
$$M = \frac{e}{\frac{di}{dt}}[\text{H}]$$

해설 유도전압
$$e = M\frac{di}{dt} = 0.3 \times 10^{-3} \times \frac{10 \times 10^3}{0.01} = 300[\text{V}]$$

15 그림과 같은 환상 철심에 A, B의 코일이 감겨 있다. 전류 I 가 120[A/s]로 변화할 때, 코일 A에 90[V], 코일 B에 40[V]의 기전력이 유도된 경우, 코일 A의 자기 인덕턴스 L_1[H]과 상호 인덕턴스 M[H]의 값은 얼마인가? [16년 2회 산업]

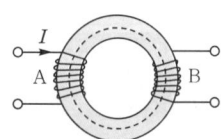

① $L_1 = 0.75$, $M = 0.33$
② $L_1 = 1.25$, $M = 0.7$
③ $L_1 = 1.75$, $M = 0.9$
④ $L_1 = 1.95$, $M = 1.1$

해설
$$e_1 = L_1\frac{dI_1}{dt}$$
$$\therefore L_1 = \frac{e_1}{\frac{dI_1}{dt}} = \frac{90}{120} = 0.75[\text{H}]$$
$$e_2 = M\frac{dI_1}{dt}$$
$$\therefore M = \frac{e_2}{\frac{dI_1}{dt}} = \frac{40}{120} = 0.33[\text{H}]$$

정답 14. ② 15. ①

16 환상 철심에 권수 3,000회 A 코일과 권수 200회 B 코일이 감겨져 있다. A 코일의 자기 인덕턴스가 360[mH]일 때 A, B 두 코일의 상호 인덕턴스는 몇 [mH]인가? (단, 결합계수는 1이다.) [19년 1회 기사]

① 16
② 24
③ 36
④ 72

해설 $L_1 = \dfrac{N_A^2}{R_m}$[H], $R_m = \dfrac{N_A^2}{L_1}$

상호 인덕턴스

$M = \dfrac{N_A N_B}{R_m}$[H] $= L_A \cdot \dfrac{N_B}{N_A} = 360 \times \dfrac{200}{3,000} = 24$[mH]

17 자기 인덕턴스 L_1, L_2와 상호 인덕턴스 M 사이의 결합계수는? (단, 단위는 [H]이다.) [18년 3회 기사]

① $\dfrac{M}{L_1 L_2}$
② $\dfrac{L_1 L_2}{M}$
③ $\dfrac{M}{\sqrt{L_1 L_2}}$
④ $\dfrac{\sqrt{L_1 L_2}}{M}$

해설 결합계수는 자기적으로 얼마나 양호한 결합을 했는가를 결정하는 양으로, $K = \dfrac{M}{\sqrt{L_1 L_2}}$으로 된다. 여기서, K의 크기는 $0 \leq K \leq 1$로, $K=1$은 완전결합 조건, 즉 누설자속이 없는 경우를 의미한다.

18 두 개의 코일에서 각각의 자기 인덕턴스가 $L_1 = 0.35$[H], $L_2 = 0.5$[H]이고, 상호 인덕턴스 $M = 0.1$[H]이라고 하면 이때 코일의 결합계수는 약 얼마인가? [19년 2회 산업]

① 0.175
② 0.239
③ 0.392
④ 0.586

해설 결합계수 $K = \dfrac{M}{\sqrt{L_1 L_2}} = \dfrac{0.1}{\sqrt{0.35 \times 0.5}} = 0.239$

19 자기 인덕턴스와 상호 인덕턴스와의 관계에서 결합계수 K에 영향을 주지 않는 것은? [15년 3회 산업]

① 코일의 형상
② 코일의 크기
③ 코일의 재질
④ 코일의 상대 위치

기출 핵심 NOTE

16 상호 인덕턴스

$M_{12} = \dfrac{N_1 \phi_{12}}{I_1} = \dfrac{N_1 N_2}{R_m}$[H]

$M_{21} = \dfrac{N_2 \phi_{21}}{I_2} = \dfrac{N_1 N_2}{R_m}$[H]

$M = M_{12} = M_{21} = \dfrac{N_1 N_2}{R_m}$[H]

17 • 결합계수($0 \leq K \leq 1$)

$K = \dfrac{M}{\sqrt{L_1 L_2}}$

• 누설자속이 없는 경우, 즉 완전결합인 경우 $K=1$이고 상호 자속이 없는 경우 $K=0$이다.

19 • 결합계수

$K = \dfrac{M}{\sqrt{L_1 L_2}}$

• 상호 인덕턴스

$M = \dfrac{N_1 N_2}{R_m} = \dfrac{\mu S N_1 N_2}{l}$[H]

투자율 μ, 권수 $N_1 N_2$, 단면적 S에 비례하고, 평균 자로의 길이 l에 반비례한다.

정답 16. ② 17. ③ 18. ② 19. ③

CHAPTER 10 인덕턴스

해설 결합계수 $K=\dfrac{M}{\sqrt{L_1L_2}}$에서 결합계수는 각 코일의 크기에 관계되며, 상호 인덕턴스의 크기가 회로의 권수 형태 및 주위 매질의 투자율, 상대 코일의 위치에 따라 결정되므로 결합계수 크기에 영향을 준다.

기출 핵심 NOTE

20 두 코일 A, B의 자기 인덕턴스가 각각 3[mH], 5[mH]라 한다. 두 코일을 직렬 연결 시 자속이 서로 상쇄되도록 했을 때의 합성 인덕턴스는 서로 증가하도록 연결했을 때의 60[%]이었다. 두 코일의 상호 인덕턴스는 몇 [mH]인가? [17년 3회 산업]

① 0.5　　② 1
③ 5　　　④ 10

해설
$L_0 = L_A + L_B + 2M = 3 + 5 + 2M$ [mH] ·········· ㉠
$0.6L_0 = L_A + L_B - 2M = 3 + 5 - 2M$ [mH] ·········· ㉡
㉠ + ㉡
$1.6L_0 = 16$　∴ $L_0 = 10$ [mH]
상호 인덕턴스 $M = \dfrac{L_0 - L_A - L_B}{2}$
$= \dfrac{(10-3-5)}{2} = 1$ [mH]

20 ㉠ 인덕턴스 직렬접속
• 가동결합
$L_0 = L_1 + L_2 + 2M$ [H]
• 차동결합
$L_0 = L_1 + L_2 - 2M$ [H]
㉡ 인덕턴스 병렬접속
• 가동결합
$L_0 = \dfrac{L_1L_2 - M^2}{L_1 + L_2 - 2M}$ [H]
• 차동결합
$L_0 = \dfrac{L_1L_2 - M^2}{L_1 + L_2 + 2M}$ [H]

21 그림과 같이 직렬로 접속된 두 개의 코일이 있을 때 $L_1 = 20$[mH], $L_2 = 80$[mH], 결합계수 $K = 0.8$이다. 여기에 0.5[A]의 전류를 흘릴 때 이 합성 코일에 저축되는 에너지는 약 몇 [J]인가? [17년 2회 산업]

① 1.13×10^{-3}
② 2.05×10^{-2}
③ 6.63×10^{-2}
④ 8.25×10^{-2}

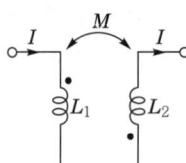

해설 점(dot)의 표시가 자속 방향이 같은 방향이 되도록 표시되어 있으므로 가동결합이다.
$M = K\sqrt{L_1L_2} = 0.8 \times \sqrt{20 \times 80} = 32$ [mH]
∴ $W = \dfrac{1}{2}(L_1 + L_2 + 2M)I^2$
$= \dfrac{1}{2} \times (20 + 80 + 2 \times 32) \times 10^{-3} \times 0.5^2$
$= 2.05 \times 10^{-2}$ [J]

21 • 코일에 축적되는 에너지(자기 에너지)
$W = \dfrac{1}{2}LI^2$ [J]
• 가동결합 시 합성 인덕턴스
$L_0 = L_1 + L_2 + 2M$
$= L_1 + L_2 + 2K\sqrt{L_1L_2}$ [H]
• $W = \dfrac{1}{2}(L_1 + L_2 + 2K\sqrt{L_1L_2})I^2$ [J]

정답 20. ②　21. ②

CHAPTER 11 전자장

- **01** 변위전류
- **02** 맥스웰(Maxwell's)의 전자방정식
- **03** 전자파(평면파)
- **04** 포인팅 정리

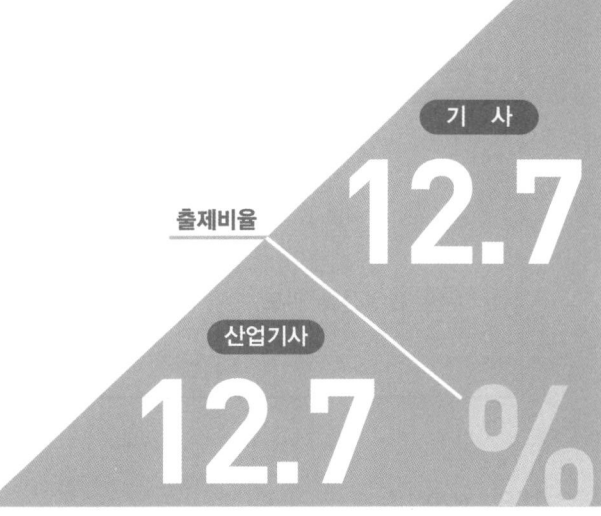

출제비율 기사 12.7 산업기사 12.7 %

CHAPTER 11 전자장

기출개념 01 변위전류

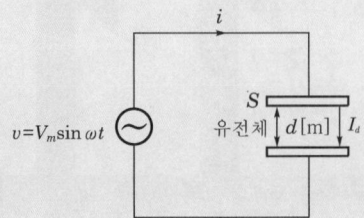

(1) 변위전류(I_d)

　유전체를 통해 흐르는 전류

(2) 변위전류 밀도

$$i_d = \frac{I_d}{S} = \frac{\partial D}{\partial t} = \varepsilon \frac{\partial E}{\partial t} \, [\text{A/m}^2]$$

(3) 교류전압 $v = V_m \sin \omega t [\text{V}]$ 인가 시

　① 전속밀도 : $D = \varepsilon E = \varepsilon \dfrac{V_m}{d} \sin \omega t [\text{C/m}^2]$

　② 변위전류 밀도 : $\quad i_d = \dfrac{\partial D}{\partial t} = \varepsilon \dfrac{\partial}{\partial t} \dfrac{V_m}{d} \sin \omega t = \dfrac{\varepsilon \omega V_m}{d} \cos \omega t [\text{A/m}^2]$

　③ 전체 변위전류 : $\quad I_d = i_d S = \omega \dfrac{\varepsilon S}{d} V_m \cos \omega t = \omega C V_m \cos \omega t [\text{A}]$

기·출·개·념 문제

1. 변위전류와 가장 관계가 깊은 것은?　　　　　　　　　　　　　　　　　　　　　19 기사

　① 도체　　　　② 반도체　　　　③ 유전체　　　　④ 자성체

　[해설] 변위전류는 유전체 중의 속박 전자의 위치 변화에 의한 전류, 즉 전속밀도의 시간적 변화이다.　　　　　　　　　　　　　　　　　　　　　　　　　　　　　　　　　　답 ③

2. 간격 $d[\text{m}]$인 두 평행판 전극 사이에 유전율 ε인 유전체를 넣고 전극 사이에 전압 $e = E_m \sin \omega t [\text{V}]$를 가했을 때 변위전류 밀도[A/m²]는?　　　　　　　　　　　　19 산업

　① $\dfrac{\varepsilon \omega E_m \cos \omega t}{d}$　　　　　　　② $\dfrac{\varepsilon E_m \cos \omega t}{d}$

　③ $\dfrac{\varepsilon \omega E_m \sin \omega t}{d}$　　　　　　　④ $\dfrac{\varepsilon E_m \sin \omega t}{d}$

　[해설] 변위전류 밀도

$$i_d = \frac{\partial D}{\partial t} = \varepsilon \frac{\partial E}{\partial t} = \frac{\varepsilon}{d} \frac{\partial}{\partial t} E_m \sin \omega t = \frac{\varepsilon \omega}{d} E_m \cos \omega t [\text{A/m}^2]$$

답 ①

기출개념 02 맥스웰(Maxwell's)의 전자방정식

(1) 맥스웰의 제1기본 방정식

$$\operatorname{rot} \boldsymbol{H} = \operatorname{curl} \boldsymbol{H} = \nabla \times \boldsymbol{H} = i + \frac{\partial \boldsymbol{D}}{\partial t} = i + \varepsilon \frac{\partial \boldsymbol{E}}{\partial t}$$

① 앙페르의 주회적분법칙 $\oint Hdl = I$에서 유도된 식이다.
② 전도전류뿐만 아니라 변위전류도 동일한 자계를 만든다.

(2) 맥스웰의 제2기본 방정식

$$\operatorname{rot} \boldsymbol{E} = \operatorname{curl} \boldsymbol{E} = \nabla \times \boldsymbol{E} = -\frac{\partial \boldsymbol{B}}{\partial t} = -\mu \frac{\partial \boldsymbol{H}}{\partial t}$$

① 패러데이의 법칙 $e = -\frac{d\phi}{dt}$에서 유도된 식이다.
② 자속이 시간에 따라 변화하면 그 주위에 유기기전력이 발생한다.

(3) 정전계의 가우스 미분형

$$\operatorname{div} \boldsymbol{D} = \nabla \cdot \boldsymbol{D} = \rho$$

임의의 폐곡면 내의 전하에서 전속선이 발산한다.

(4) 정자계의 가우스 미분형

$$\operatorname{div} \boldsymbol{B} = \nabla \cdot \boldsymbol{B} = 0$$

① 자기력선은 스스로 폐곡선을 이룬다. 즉, 자속은 연속적이다.
② N극과 S극은 항상 공존한다.

기·출·개·념 문제

1. 맥스웰의 전자방정식 중 패러데이의 법칙에서 유도된 식은? (단, D : 전속밀도, ρ_v : 공간 전하밀도, B : 자속밀도, E : 전계의 세기, J : 전류밀도, H : 자계의 세기) 〔15 기사〕

① $\operatorname{div} D = \rho_v$　② $\operatorname{div} B = 0$　③ $\nabla \times \boldsymbol{H} = J + \frac{\partial \boldsymbol{D}}{\partial t}$　④ $\nabla \times \boldsymbol{E} = -\frac{\partial \boldsymbol{B}}{\partial t}$

(해설) 패러데이 전자유도법칙의 미분형
$$\operatorname{rot} \boldsymbol{E} = \nabla \times \boldsymbol{E} = -\frac{\partial \boldsymbol{B}}{\partial t} = -\mu \frac{\partial \boldsymbol{H}}{\partial t}$$

답 ④

2. 맥스웰의 전자방정식으로 틀린 것은? 〔18 산업〕

① $\operatorname{div} B = \phi$　② $\operatorname{div} D = \rho$　③ $\operatorname{rot} \boldsymbol{E} = -\frac{\partial \boldsymbol{B}}{\partial t}$　④ $\operatorname{rot} H = i + \frac{\partial \boldsymbol{D}}{\partial t}$

(해설) 맥스웰의 전자계 기초 방정식
- $\operatorname{rot} \boldsymbol{E} = \nabla \times \boldsymbol{E} = -\frac{\partial \boldsymbol{B}}{\partial t} = -\mu \frac{\partial \boldsymbol{H}}{\partial t}$ (패러데이 전자유도법칙의 미분형)
- $\operatorname{rot} \boldsymbol{H} = \nabla \times \boldsymbol{H} = i + \frac{\partial \boldsymbol{D}}{\partial t}$ (앙페르 주회적분법칙의 미분형)
- $\operatorname{div} \boldsymbol{D} = \nabla \cdot \boldsymbol{D} = \rho$ (가우스 정리의 미분형)
- $\operatorname{div} \boldsymbol{B} = \nabla \cdot \boldsymbol{B} = 0$ (가우스 정리의 미분형)

답 ①

CHAPTER 11 전자장

기출개념 03 전자파(평면파)

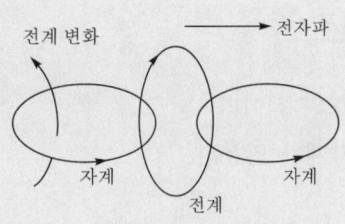

‖ 전자파의 발생 ‖

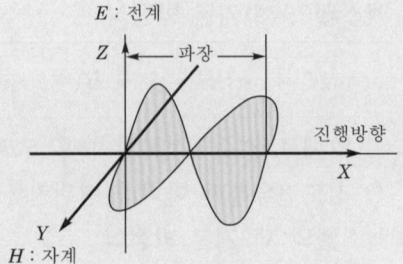

‖ 전자파 ‖

전자파 : 전계와 자계가 서로 직각을 이루며 진행하는 파동 「맥스웰이 예측, 헬쯔가 증명함」

(1) 전자파의 전파속도

$$v = \frac{1}{\sqrt{\varepsilon\mu}} = \frac{1}{\sqrt{\varepsilon_0\mu_0}} \cdot \frac{1}{\sqrt{\varepsilon_s\mu_s}} = \frac{3\times 10^8}{\sqrt{\varepsilon_s\mu_s}} = \frac{C_0}{\sqrt{\varepsilon_s\mu_s}} = f \cdot \lambda = \frac{\omega}{\beta} = \frac{1}{\sqrt{LC}} \,[\text{m/s}]$$

여기서, 빛의 속도 : $C_0 = 3\times 10^8 [\text{m/s}]$, 파장 : $\lambda = \frac{2\pi}{\beta}[\text{m}]$, 위상정수 : $\beta = \omega\sqrt{LC}$

(2) 고유 임피던스(=파동 임피던스)

$$\eta = \frac{E}{H} = \sqrt{\frac{\mu}{\varepsilon}} = \sqrt{\frac{\mu_0}{\varepsilon_0}} \cdot \sqrt{\frac{\mu_s}{\varepsilon_s}} = 120\pi\sqrt{\frac{\mu_s}{\varepsilon_s}} = 377\sqrt{\frac{\mu_s}{\varepsilon_s}} \,[\Omega]$$

① 진공의 유전율 : $\varepsilon_0 = 8.855\times 10^{-12}[\text{F/m}]$
② 진공의 투자율 : $\mu_0 = 4\pi\times 10^{-7}[\text{H/m}]$

(3) 진공(공기)인 경우의 고유 임피던스

$$\eta_0 = \frac{E}{H} = \sqrt{\frac{\mu_0}{\varepsilon_0}} = 120\pi = 377$$

① 전계 : $E = \sqrt{\frac{\mu_0}{\varepsilon_0}}\,H = 120\pi H = 377H$

② 자계 : $H = \sqrt{\frac{\varepsilon_0}{\mu_0}}\,E = \frac{1}{377}E = 0.27\times 10^{-2}E$

기·출·개·념 문제

비투자율 $\mu_s=1$, 비유전율 $\varepsilon_s=90$인 매질 내의 고유 임피던스는 약 몇 [Ω]인가? 　19 기사

① 32.5　　② 39.7　　③ 42.3　　④ 45.6

해설 고유 임피던스 $\eta = \frac{E}{H} = \sqrt{\frac{\mu}{\varepsilon}} = \sqrt{\frac{\mu_0}{\varepsilon_0}}\sqrt{\frac{\mu_s}{\varepsilon_s}} = 120\pi \times \frac{1}{\sqrt{90}} = 39.7[\Omega]$

답 ②

기출개념 04 포인팅 정리

(1) 전·자계의 에너지 밀도

① 전계에너지 밀도 : $W_e = \dfrac{1}{2}\varepsilon E^2 [\text{J/m}^3]$

② 자계에너지 밀도 : $W_m = \dfrac{1}{2}\mu H^2 [\text{J/m}^3]$

③ 전자계의 에너지 밀도

$$W = \dfrac{1}{2}(\varepsilon E^2 + \mu H^2) = \dfrac{1}{2}\left(\varepsilon E\sqrt{\dfrac{\mu}{\varepsilon}}H + \mu H\sqrt{\dfrac{\varepsilon}{\mu}}E\right) = \sqrt{\varepsilon\mu}\,EH [\text{J/m}^3]$$

(2) 포인팅 벡터

① 전자파가 단위시간에 진행방향과 직각인 단위면적을 통과하는 에너지

$$\boldsymbol{P} = \dfrac{W}{S} = \boldsymbol{E}\times\boldsymbol{H} = EH\sin\theta = EH\sin 90° = EH [\text{W/m}^2]$$

② 공기(진공) 중에서의 포인팅 벡터

$$\boldsymbol{P} = EH = \sqrt{\dfrac{\mu_0}{\varepsilon_0}}\,H\cdot H = E\sqrt{\dfrac{\varepsilon_0}{\mu_0}}\,E$$
$$= \sqrt{\dfrac{\mu_0}{\varepsilon_0}}\,H^2 = \sqrt{\dfrac{\varepsilon_0}{\mu_0}}\,E^2 = 377 H^2 = \dfrac{1}{377}E^2$$

기·출·개념 문제

1. 전계 E[V/m], 자계 H[AT/m]의 전자계가 평면파를 이루고, 자유 공간으로 단위시간에 전파될 때 단위면적당 전력밀도[W/m²]의 크기는? 　　17 기사

① EH^2　　② EH　　③ $\dfrac{1}{2}EH^2$　　④ $\dfrac{1}{2}EH$

(해설) $\boldsymbol{P} = \dfrac{W}{S} = \boldsymbol{E}\times\boldsymbol{H} = EH\sin\theta = EH\sin 90° = EH [\text{W/m}^2]$　　**답** ②

2. 100[kW]의 전력이 안테나에서 사방으로 균일하게 방사될 때, 안테나에서 1[km] 거리에 있는 점의 전계 실효값은 몇 [V/m]인가?　　13·09·08·03·02 산업

① 1.73　　② 2.45　　③ 3.68　　④ 6.21

(해설) $P = \dfrac{W}{S} = \dfrac{W}{4\pi r^2} = \dfrac{100\times 10^3}{4\pi\times(1\times 10^3)^2} = 7.96\times 10^{-3}[\text{W/m}^2]$

$P = EH = \sqrt{\dfrac{\varepsilon_0}{\mu_0}}\,E^2 = \dfrac{1}{377}E^2$ 이므로 $7.96\times 10^{-3} = \dfrac{1}{377}E^2$

$\therefore\ E = \sqrt{3} = 1.732 [\text{V/m}]$　　**답** ①

CHAPTER 11 전자장

이런 문제가 시험에 나온다! 단원 최근 빈출문제

01 자유 공간의 변위전류가 만드는 것은? [19년 3회 산업]

① 전계 ② 전속
③ 자계 ④ 분극 지력선

[해설] 변위전류는 유전체 중의 속박 전자의 위치 변화에 따른 전류로 주위에 자계를 만든다.

02 변위전류 밀도와 관계없는 것은? [16년 1회 기사]

① 전계의 세기 ② 유전율
③ 자계의 세기 ④ 전속밀도

[해설] 변위전류 밀도 $i_d = \dfrac{\partial D}{\partial t} = \varepsilon \dfrac{\partial E}{\partial t}$ [A/m²]

∴ 변위전류 밀도는 전속밀도(D), 전계의 세기(E), 유전율(ε)과 관계 있다.

03 극판 간격 d[m], 면적 S[m²], 유전율 ε[F/m]이고, 정전용량이 C[F]인 평행판 콘덴서에 $v = V_m \sin\omega t$[V]의 전압을 가할 때의 변위전류[A]는? [16년 1회 기사]

① $\omega C V_m \cos\omega t$ ② $C V_m \sin\omega t$
③ $-C V_m \sin\omega t$ ④ $-\omega C V_m \cos\omega t$

[해설] 변위전류 밀도
$$i_d = \frac{\partial \boldsymbol{D}}{\partial t} = \varepsilon \frac{\partial \boldsymbol{E}}{\partial t} = \varepsilon \frac{\partial}{\partial t}\left(\frac{v}{d}\right) = \frac{\varepsilon}{d}\frac{\partial}{\partial t}(V_m \sin\omega t)$$
$$= \frac{\varepsilon \omega V_m \cos\omega t}{d}\, [\text{A/m}^2]$$

변위전류 $I_d = i_d \cdot S = \dfrac{\varepsilon \omega V_m \cos\omega t}{d} \cdot \dfrac{Cd}{\varepsilon} = \omega C V_m \cos\omega t$ [A]

04 투자율 $\mu = \mu_0$, 굴절률 $n = 2$, 전도율 $\sigma = 0.5$의 특성을 갖는 매질 내부의 한 점에서 전계가 $E = 10\cos(2\pi ft)a_x$로 주어질 경우 전도전류 밀도와 변위전류 밀도의 최댓값의 크기가 같아지는 전계의 주파수 f[GHz]는? [15년 2회 산업]

① 1.75 ② 2.25
③ 5.75 ④ 10.25

기출 핵심 NOTE

01 • 전도전류
 도체 내에서 전계의 작용으로 자유전자의 이동으로 생기는 것
• 변위전류
 전속밀도의 시간적 변화에 의한 것으로 전자의 이동에 의하지 않는 전류로 주위에 자계를 만든다.

02 변위전류 밀도
$$i_d = \frac{\partial D}{\partial t} = \varepsilon \frac{\partial E}{\partial t}\,[\text{A/m}^2]$$

03 교류 인가 시 변위전류
• 변위전류 밀도
$$i_d = \frac{\partial D}{\partial t} = \varepsilon \frac{\partial}{\partial t}E = \varepsilon \frac{\partial}{\partial t}\left(\frac{v}{d}\right)$$
$$= \frac{\varepsilon \omega V_m}{d}\cos\omega t\,[\text{A/m}^2]$$
• 변위전류
$$I_d = i_d \cdot S \;\left(C = \frac{\varepsilon S}{d}\right)$$
$$= \omega C V_m \cos\omega t\,[\text{A}]$$

04 변위전류 밀도와 전도전류 밀도가 같아지는 주파수
$$f = \frac{\sigma}{2\pi\varepsilon}\,[\text{Hz}]$$

정답 01. ③ 02. ③ 03. ① 04. ②

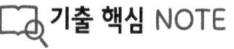

해설
- 전도전류 밀도 : $i_c = \sigma E$
- 변위전류 밀도 : $i_d = \varepsilon \omega E$
- 변위전류 밀도와 전도전류 밀도가 같아지는 주파수는 $i_c = i_d$에서 $f = \dfrac{\sigma}{2\pi\varepsilon}$ [Hz]

$\therefore f = \dfrac{\sigma}{2\pi\varepsilon} = \dfrac{\sigma}{2\pi(n^2\varepsilon_0)^2} = \dfrac{0.5}{2\pi \times 2^2 \times 8.855 \times 10^{-12}}$
$= 2.25 \times 10^9 [\text{Hz}]$
$= 2.25 [\text{GHz}]$

05 다음 중 ( )에 들어갈 내용으로 옳은 것은? [19년 1회 산업]

> 맥스웰은 전극 간의 유전체를 통하여 흐르는 전류를 해석하기 위해 (㉠)의 개념을 도입하였고, 이것도 (㉡)를 발생한다고 가정하였다.

① ㉠ 와전류, ㉡ 자계
② ㉠ 변위전류, ㉡ 자계
③ ㉠ 전자전류, ㉡ 전계
④ ㉠ 파동전류, ㉡ 전계

해설 맥스웰(Maxwell)은 유전체 중에서 속박 전자의 위치 변화에 대한 전류를 변위전류라 하였고, 이 변위전류도 전도전류와 같이 주위에 자계를 발생시킨다고 하였다.

06 다음 식 중에서 틀린 것은? [16년 2회 기사]

① 가우스의 정리 : $\text{div} D = \rho$
② 푸아송의 방정식 : $\nabla^2 V = \dfrac{\rho}{\varepsilon}$
③ 라플라스의 방정식 : $\nabla^2 V = 0$
④ 발산의 정리 : $\oint_s A \cdot ds = \int_v \text{div} A dv$

해설 맥스웰의 전자계 기초 방정식
- $\text{rot } E = \nabla \times E = -\dfrac{\partial B}{\partial t} = -\mu \dfrac{\partial H}{\partial t}$ (패러데이 전자유도법칙의 미분형)
- $\text{rot } H = \nabla \times H = i + \dfrac{\partial D}{\partial t}$ (앙페르 주회적분법칙의 미분형)
- $\text{div } D = \nabla \cdot D = \rho$ (가우스 정리의 미분형)
- $\text{div } B = \nabla \cdot B = 0$ (가우스 정리의 미분형)
- $\nabla^2 V = -\dfrac{\rho}{\varepsilon_0}$ (푸아송의 방정식)
- $\nabla^2 V = 0$ (라플라스 방정식)

기출 핵심 NOTE

05 맥스웰의 제1기본 방정식
앙페르의 주회적분법칙에서 유도
$\text{rot } H = i + \dfrac{\partial D}{\partial t}$
$= i + \varepsilon \dfrac{\partial E}{\partial t} [\text{A/m}^2]$
전도전류뿐만 아니라 변위전류도 동일한 자계를 만든다.

06
- 가우스 정리의 미분형
$\int_s E \cdot ds = \int_v \text{div } E dv$
$= \dfrac{1}{3} \int_v^{\rho_v} dv$
$\text{div } E = \dfrac{\rho_v}{\varepsilon_0}$

- 푸아송 방정식
$\text{div } E = \nabla \cdot (-\nabla V)$
$= -\nabla^2 V = \dfrac{\rho_v}{\varepsilon_0}$
$\nabla^2 V = -\dfrac{\rho_v}{\varepsilon_0}$

정답 05. ② 06. ②

CHAPTER 11 전자장

07 맥스웰의 전자방정식 중 패러데이의 법칙에 의하여 유도된 방정식은? [15년 3회 산업]

① $\nabla \times E = -\dfrac{\partial B}{\partial t}$
② $\nabla \times H = i_c + \dfrac{\partial D}{\partial t}$
③ $\text{div} D = \rho$
④ $\text{div} B = 0$

해설 패러데이 전자유도 법칙의 미분형

$\text{rot} E = \nabla \times E = -\dfrac{\partial B}{\partial t} = -\mu \dfrac{\partial H}{\partial t}$

08 맥스웰 전자방정식에 대한 설명으로 틀린 것은? [19년 2회 산업]

① 폐곡면을 통해 나오는 전속은 폐곡면 내의 전하량과 같다.
② 폐곡면을 통해 나오는 자속은 폐곡면 내의 자극의 세기와 같다.
③ 폐곡선에 따른 전계의 선적분은 폐곡선 내를 통하는 자속의 시간 변화율과 같다.
④ 폐곡선에 따른 자계의 선적분은 폐곡선 내를 통하는 전류와 전속의 시간적 변화율을 더한 것과 같다.

해설 $\text{div} B = \nabla \cdot B = 0$
자기력선은 스스로 페루프를 이루고 있다는 것을 의미한다.
$\phi = \int B \cdot ds = \int \text{div} B \, dv = 0$
폐곡면을 통해 나오는 자속은 0이 된다.

09 일반적인 전자계에서 성립되는 기본 방정식이 아닌 것은? (단, i는 전류밀도, ρ는 공간 전하밀도이다.) [17년 1회 기사]

① $\nabla \times H = i + \dfrac{\partial D}{\partial t}$
② $\nabla \times E = -\dfrac{\partial B}{\partial t}$
③ $\nabla \cdot D = \rho$
④ $\nabla \cdot B = \mu H$

해설 맥스웰의 전자계 기초 방정식

- $\text{rot} E = \nabla \times E = -\dfrac{\partial B}{\partial t} = -\mu \dfrac{\partial H}{\partial t}$ (패러데이 전자유도법칙의 미분형)
- $\text{rot} H = \nabla \times H = i + \dfrac{\partial D}{\partial t}$ (앙페르 주회적분법칙의 미분형)
- $\text{div} D = \nabla \cdot D = \rho$ (정전계 가우스 정리의 미분형)
- $\text{div} B = \nabla \cdot B = 0$ (정자계 가우스 정리의 미분형)

> **기출 핵심 NOTE**
>
> **07** 맥스웰의 제2기본 방정식
> 패러데이 법칙에서 유도
> $\text{rot} E = \nabla \times E$
> $= -\dfrac{\partial B}{\partial t} = -\mu \dfrac{\partial H}{\partial t}$ [V]
>
> **08**
> - 정자계의 가우스 미분형
> $\text{div} B = \nabla \cdot B = 0$
>   자기력선은 스스로 폐곡선을 이룬다.
> - 정전계의 가우스 미분형
> $\text{div} D = \nabla \cdot D = \rho$
>   임의의 폐곡면 내의 전하에서 전속선이 발산한다.
>
> **09** 맥스웰의 전자방정식
> - $\text{rot} H = i + \dfrac{\partial D}{\partial t}$
> - $\text{rot} E = -\dfrac{\partial B}{\partial t}$
> - $\text{div} D = \rho$
> - $\text{div} B = 0$

정답 07. ① 08. ② 09. ④

10 자계의 벡터 퍼텐셜을 A라 할 때, 자계의 변화에 의하여 생기는 전계의 세기 E는? [15년 1회 기사]

① $E = \text{rot } A$
② $\text{rot } E = A$
③ $E = -\dfrac{\partial A}{\partial t}$
④ $\text{rot } E = -\dfrac{\partial A}{\partial t}$

해설 맥스웰의 전자방정식 중 패러데이 전자유도법칙의 미분형
$$\text{rot} E = \nabla \times E = -\dfrac{\partial B}{\partial t}$$
자계의 벡터 퍼텐셜 $B = \text{rot } A = \nabla \times A$
$$\therefore \nabla \times E = -\dfrac{\partial B}{\partial t} = -\dfrac{\partial}{\partial t}(\nabla \times A) = \nabla \times \left(-\dfrac{\partial A}{\partial t}\right)$$
$$\therefore E = -\dfrac{\partial A}{\partial t}$$

> **기출 핵심 NOTE**
>
> **10**
> - 자계의 벡터 퍼텐셜 A의 회전은 자속밀도를 형성한다.
> $$\text{rot } A = B\,[\text{Wb/m}^2]$$
> - 맥스웰의 제2기본 방정식
> $$\text{rot} E = -\dfrac{\partial B}{\partial t}$$

11 벡터 퍼텐셜 $A = 3x^2 y a_x + 2x a_y - z^3 a_z$ [Wb/m]일 때의 자계의 세기 H[A/m]는? (단, μ는 투자율이라 한다.) [17년 2회 기사]

① $\dfrac{1}{\mu}(2-3x^2)a_y$
② $\dfrac{1}{\mu}(3-2x^2)a_y$
③ $\dfrac{1}{\mu}(2-3x^2)a_z$
④ $\dfrac{1}{\mu}(3-2x^2)a_z$

해설 $B = \mu H = \text{rot} A = \nabla \times A$ (A : 벡터 퍼텐셜, H : 자계의 세기)
$$\therefore H = \dfrac{1}{\mu}(\nabla \times A)$$
$$\nabla \times A = \begin{vmatrix} a_x & a_y & a_z \\ \dfrac{\partial}{\partial x} & \dfrac{\partial}{\partial y} & \dfrac{\partial}{\partial z} \\ 3x^2 y & 2x & -z^3 \end{vmatrix} = (2-3x^2)a_z$$
$\therefore$ 자계의 세기 $H = \dfrac{1}{\mu}(2-3x^2)a_z$

> **11** 벡터 퍼텐셜 A의 회전은 자속밀도 B를 형성한다.
> $$\text{rot } A = B = \mu H$$
> $$H = \dfrac{1}{\mu}\text{rot} A$$
> $$= \dfrac{1}{\mu}(\nabla \times A)$$

12 전계와 자계의 위상관계는? [16년 1회 산업]

① 위상이 서로 같다.
② 전계가 자계보다 90° 늦다.
③ 전계가 자계보다 90° 빠르다.
④ 전계가 자계보다 45° 빠르다.

해설 자유 공간의 전자파는 진행방향에 수직으로 전계와 자계 동시에 존재해야 하고 이들이 포인팅 벡터를 구성하기 위하여 위상이 같아야 최대 에너지를 전달할 수 있다.

> **12** 전자파의 특징
> - 전계와 자계가 동시에 존재하고 위상은 동상이다.
> - 전계에너지와 자계에너지는 같다.
> - 진행방향은 $E \times H$ 방향과 같다.

정답 10. ③ 11. ③ 12. ①

CHAPTER 11 전자장

13 유전율 ε, 투자율 μ인 매질 내에서 전자파의 속도[m/s]는? [14년 3회 기사]

① $\sqrt{\dfrac{\mu}{\varepsilon}}$ ② $\sqrt{\mu\varepsilon}$

③ $\sqrt{\dfrac{\varepsilon}{\mu}}$ ④ $\dfrac{3\times 10^8}{\sqrt{\varepsilon_s \mu_s}}$

해설 $v = \dfrac{1}{\sqrt{\varepsilon\mu}} = \dfrac{1}{\sqrt{\varepsilon_0\mu_0}} \cdot \dfrac{1}{\sqrt{\varepsilon_s\mu_s}} = C_0\dfrac{1}{\sqrt{\varepsilon_s\mu_s}} = \dfrac{3\times10^8}{\sqrt{\varepsilon_s\mu_s}}$ [m/s]

14 100[MHz]의 전자파의 파장은? [15년 3회 산업]

① 0.3[m] ② 0.6[m]
③ 3[m] ④ 6[m]

해설 진공 중에서 전파속도는 빛의 속도와 같으므로
$v = C_0 = 3\times 10^8$[m/s]
$\therefore v = C_0 = \lambda \cdot f$ [m/s]
$\therefore \lambda = \dfrac{C_0}{f} = \dfrac{3\times 10^8}{100\times 10^6} = 3$ [m]

15 평면파 전파가 $E = 30\cos(10^9 t + 20z)j$ [V/m]로 주어졌다면 이 전자파의 위상속도는 몇 [m/s]인가? [18년 1회 기사]

① 5×10^7 ② $\dfrac{1}{3}\times 10^8$

③ 10^9 ④ $\dfrac{2}{3}$

해설 $v = f\cdot\lambda = f\times\dfrac{2\pi}{\beta} = \dfrac{\omega}{\beta} = \dfrac{10^9}{20} = 5\times 10^7$ [m/s]

16 진공 중에서 빛의 속도와 일치하는 전자파의 전파속도를 얻기 위한 조건으로 옳은 것은? [19년 2회 기사]

① $\varepsilon_r = 0$, $\mu_r = 0$ ② $\varepsilon_r = 1$, $\mu_r = 1$
③ $\varepsilon_r = 0$, $\mu_r = 1$ ④ $\varepsilon_r = 1$, $\mu_r = 0$

해설 빛의 속도 $c = \dfrac{1}{\sqrt{\varepsilon_0\mu_0}}$ [m/s]

전파속도 $v = \dfrac{1}{\sqrt{\varepsilon\mu}} = \dfrac{1}{\sqrt{\varepsilon_0\mu_0}} \cdot \dfrac{1}{\sqrt{\varepsilon_r\mu_r}}$

$c = v$의 조건 $\varepsilon_r = 1$, $\mu_r = 1$

기출 핵심 NOTE

13 전자파의 전파속도

$v = \dfrac{1}{\sqrt{\varepsilon\mu}} = \dfrac{1}{\sqrt{\varepsilon_0\mu_0}} \cdot \dfrac{1}{\sqrt{\varepsilon_s\mu_s}}$

$= \dfrac{3\times 10^8}{\sqrt{\varepsilon_s\mu_s}} = \dfrac{C_0}{\sqrt{\varepsilon_s\mu_s}}$ [m/s]

14
- 전자파의 전파속도

$v = f\cdot\lambda = \dfrac{\omega}{\beta} = \dfrac{1}{\sqrt{\varepsilon\mu}}$ [m/s]

- 파장

$\lambda = \dfrac{v}{f}$ [m]

15
- 전파속도(위상속도)

$v = f\cdot\lambda = \dfrac{\omega}{\beta}$

- 평면 전자파의 전계의 세기

$E = E_m\sin\omega\left(t - \dfrac{z}{v}\right)$ [V/m]

$\left(\text{여기서, } \omega = 2\pi f,\ f = \dfrac{1}{T},\ \lambda = \dfrac{c}{f}\right)$

$= E_m\sin 2\pi\left(ft - \dfrac{f}{v}z\right)$

$= E_m\sin 2\pi\left(\dfrac{t}{T} - \dfrac{z}{\lambda}\right)$

정답 13. ④ 14. ③ 15. ① 16. ②

17 평면 전자파의 전계 E와 자계 H 사이의 관계식은?

[18년 2회 산업]

① $E = \sqrt{\dfrac{\varepsilon}{\mu}} H$ ② $E = \sqrt{\mu\varepsilon} H$

③ $E = \sqrt{\dfrac{\mu}{\varepsilon}} H$ ④ $E = \sqrt{\dfrac{1}{\mu\varepsilon}} H$

해설 $\eta = \dfrac{E}{H} = \sqrt{\dfrac{\mu}{\varepsilon}}$

∴ $E = \sqrt{\dfrac{\mu}{\varepsilon}} H$

기출 핵심 NOTE

17 고유(파동) 임피던스

$\eta = \dfrac{E}{H} = \sqrt{\dfrac{\mu}{\varepsilon}} = \sqrt{\dfrac{\mu_0}{\varepsilon_0}} \sqrt{\dfrac{\mu_s}{\varepsilon_s}}$

$= 377\sqrt{\dfrac{\mu_s}{\varepsilon_s}}\,[\Omega]$

18 자유 공간(진공)에서의 고유 임피던스[Ω]는? [18년 2회 산업]

① 144 ② 277
③ 377 ④ 544

해설 진공의 고유 임피던스

$\eta_0 = \sqrt{\dfrac{\mu_0}{\varepsilon_0}} = \sqrt{\dfrac{4\pi \times 10^{-7}}{\dfrac{1}{4\pi \times 9 \times 10^9}}} = 120\pi = 376.6 ≒ 377\,[\Omega]$

18 진공(공기)의 고유 임피던스

$\eta_0 = \sqrt{\dfrac{\mu_0}{\varepsilon_0}} = 377\,[\Omega]$

19 전계 $E = \sqrt{2}\,E_e \sin\omega\left(t - \dfrac{x}{c}\right)$ [V/m]의 평면 전자파가 있다. 진공 중에서 자계의 실효값은 몇 [A/m]인가?

[18년 2회 기사]

① $0.707 \times 10^{-3} E_e$ ② $1.44 \times 10^{-3} E_e$
③ $2.65 \times 10^{-3} E_e$ ④ $5.37 \times 10^{-3} E_e$

해설 $H_e = \sqrt{\dfrac{\varepsilon_0}{\mu_0}}\,E_e = \dfrac{1}{120\pi} E_e = 2.65 \times 10^{-3}\,E_e$ [A/m]

19 공기의 고유 임피던스

• $\eta_0 = \sqrt{\dfrac{\mu_0}{\varepsilon_0}} = 377 = \dfrac{E}{H}$

• 자계 $H = \dfrac{1}{377} E$

$= 0.27 \times 10^{-2} E$

20 평면 전자파에서 전계의 세기가 $E = 5\sin\omega\left(t - \dfrac{x}{v}\right)$ [μV/m]인 공기 중에서의 자계의 세기는 몇 [μA/m]인가?

[15년 2회 기사]

① $-\dfrac{5\omega}{v}\cos\omega\left(t - \dfrac{x}{v}\right)$ ② $5\omega\cos\omega\left(t - \dfrac{x}{v}\right)$

③ $4.8 \times 10^2 \sin\omega\left(t - \dfrac{x}{v}\right)$ ④ $1.3 \times 10^{-2} \sin\omega\left(t - \dfrac{x}{v}\right)$

정답 17. ③ 18. ③ 19. ③ 20. ④

CHAPTER 11 전자장

해설
$$H = \sqrt{\frac{\varepsilon_0}{\mu_0}} E = \sqrt{\frac{8.854 \times 10^{-12}}{4\pi \times 10^{-7}}} E = \frac{1}{377} E = 0.27 \times 10^{-2} E$$
$$= 0.27 \times 10^{-2} E = 0.27 \times 10^{-2} \times 5 \sin\omega\left(t - \frac{x}{v}\right)$$
$$= 1.3 \times 10^{-2} \sin\omega\left(t - \frac{x}{v}\right) [\mu A/m]$$

21 영역 1의 유전체 $\varepsilon_{r1}=4$, $\mu_{r1}=1$, $\sigma_1=0$과 영역 2의 유전체 $\varepsilon_{r2}=9$, $\mu_{r2}=1$, $\sigma_2=0$일 때 영역 1에서 영역 2로 입사된 전자파에 대한 반사계수는? [17년 2회 산업]

① -0.2　　② -5.0
③ 0.2　　④ 0.8

해설 고유 임피던스(파동 임피던스) $\eta = \frac{E}{H} = \sqrt{\frac{\mu}{\varepsilon}}$

$$\eta_1 = \sqrt{\frac{\mu_{r_1}}{\varepsilon_{r_1}}} = \sqrt{\frac{1}{4}} = 0.5$$

$$\eta_2 = \sqrt{\frac{\mu_{r_2}}{\varepsilon_{r_2}}} = \sqrt{\frac{1}{9}} = 0.33$$

∴ 반사계수 $\rho = \frac{\eta_2 - \eta_1}{\eta_2 + \eta_1} = \frac{0.33 - 0.5}{0.33 + 0.5} = -0.2$

기출 핵심 NOTE

21 • 경계면에서 반사계수
$\rho = \frac{\eta_2 - \eta_1}{\eta_2 + \eta_1}$
• 반사 전계 : $E_2 = \rho E_1$
• 반사 자계 : $H_2 = \rho H_1$

22 전자파의 에너지 전달 방향은? [19년 2회 산업]

① $\nabla \times E$의 방향과 같다.
② $E \times H$의 방향과 같다.
③ 전계 E의 방향과 같다.
④ 자계 H의 방향과 같다.

해설 전자파의 단위시간에 대한 단위면적당 에너지를 벡터로 나타내면 $\vec{P} = E \times H$이므로 에너지의 전달 방향은 $E \times H$의 방향과 같다.

22 전자파의 진행방향은 $E \times H$(외적 방향)과 같다.

23 전계의 세기가 E, 자계의 세기가 H일 때 포인팅 벡터(P)는? [19년 1회 산업]

① $P = E \times H$　　② $P = \frac{1}{2} E \times H$
③ $P = H \text{ curl } E$　　④ $P = E \text{ curl } H$

해설 포인팅 벡터(poynting vector)는 단위시간에 대한 단위면적을 통과한 전자에너지를 벡터로 나타낸 값으로 $P = E \times H [\text{W/m}^2]$이다.

23 포인팅 벡터
전자파가 단위시간에 단위면적을 통과한 에너지
$P = E \times H$
$= EH\sin\theta$
$= EH\sin 90°$
$= EH \, [\text{W/m}^2]$

정답 21. ①　22. ②　23. ①

부 록
과년도 출제문제

2020년 제1·2회 통합 기출문제

01 면적이 매우 넓은 두 개의 도체판을 d[m] 간격으로 수평하게 평행 배치하고, 이 평행 도체판 사이에 놓인 전자가 정지하고 있기 위해서 그 도체판 사이에 가하여야 할 전위차[V]는? (단, g는 중력가속도이고, m은 전자의 질량이고, e는 전자의 전하량이다.)

① $mged$
② $\dfrac{ed}{mg}$
③ $\dfrac{mgd}{e}$
④ $\dfrac{mge}{d}$

해설 힘 $F = mg$ [H](중력)

$F = qE = eE = e\dfrac{V}{d}$ [H]

$mg = e\dfrac{V}{d}$

전위차 $V = \dfrac{mgd}{e}$ [V]

02 자기회로에서 자기저항의 크기에 대한 설명으로 옳은 것은?

① 자기회로의 길이에 비례
② 자기회로의 단면적에 비례
③ 자성체의 비투자율에 비례
④ 자성체의 비투자율의 제곱에 비례

해설 자기저항

$R_m = \dfrac{l}{\mu s} = \dfrac{l}{\mu_0 \mu_s s}$ [AT/Wb]

03 전위함수 $V = x^2 + y^2$ [V]일 때 점 (3, 4)[m]에서의 등전위선의 반지름은 몇 [m]이며 전기력선 방정식은 어떻게 되는가?

① 등전위선의 반지름 : 3
전기력선 방정식 : $y = \dfrac{3}{4}x$

② 등전위선의 반지름 : 4
전기력선 방정식 : $y = \dfrac{4}{3}x$

③ 등전위선의 반지름 : 5
전기력선 방정식 : $x = \dfrac{4}{3}y$

④ 등전위선의 반지름 : 5
전기력선 방정식 : $x = \dfrac{3}{4}y$

해설 ㉠ 등전위선의 반지름

$r = \sqrt{x^2 + y^2} = \sqrt{3^2 + 4^2} = 5$ [m]

㉡ 전기력선 방정식

$E = -\text{grad}V = -2xi - 2yj$ [V/m]

$\dfrac{dx}{Ex} = \dfrac{dy}{Ey}$ 에서 $\dfrac{1}{-2x}dx = \dfrac{1}{-2y}dy$

$\ln x = \ln y + \ln c, \quad x = cy$

$c = \dfrac{x}{y} = \dfrac{3}{4} \quad \therefore x = \dfrac{3}{4}y$

04 자기 인덕턴스와 상호 인덕턴스와의 관계에서 결합계수 k의 범위는?

① $0 \leq k \leq \dfrac{1}{2}$
② $0 \leq k \leq 1$
③ $0 \leq k \leq 2$
④ $0 \leq k \leq 10$

해설 결합계수 $k = \dfrac{M}{\sqrt{L_1 L_2}}$, $M = k\sqrt{L_1 L_2}$

㉠ 누설자속이 없는 경우 $k = 1$ ∴ $M = \sqrt{L_1 L_2}$
㉡ 누설자속이 있는 경우 $M < \sqrt{L_1 L_2}$
결합계수 k는 $0 \leq k \leq 1$이다.

05 10[mm]의 지름을 가진 동선에 50[A]의 전류가 흐르고 있을 때 단위시간 동안 동선의 단면을 통과하는 전자의 수는 약 몇 개인가?

① 7.85×10^{16}
② 20.45×10^{15}
③ 31.21×10^{19}
④ 50×10^{19}

정답 01.③ 02.① 03.④ 04.② 05.③

해설 전류 $I = \dfrac{Q}{t} = \dfrac{n \cdot e}{1}$

전자 개수 $n = \dfrac{I}{e}$
$= \dfrac{50}{1.602 \times 10^{-19}}$
$= 31.21 \times 10^{19}$ 개

06 면적이 $S[\text{m}^2]$이고, 극간의 거리가 $d[\text{m}]$인 평행판 콘덴서에 비유전율이 ε_r인 유전체를 채울 때 정전용량[F]은? (단, ε_0는 진공의 유전율이다.)

① $\dfrac{2\varepsilon_0\varepsilon_r S}{d}$ ② $\dfrac{\varepsilon_0\varepsilon_r S}{\pi d}$

③ $\dfrac{\varepsilon_0\varepsilon_r S}{d}$ ④ $\dfrac{2\pi\varepsilon_0\varepsilon_r S}{d}$

해설 전위차 $V = Ed = \dfrac{\sigma d}{\varepsilon}[\text{V}]$

정전용량 $C = \dfrac{Q}{V} = \dfrac{\sigma \cdot S}{\dfrac{\sigma d}{\varepsilon}} = \dfrac{\varepsilon S}{d} = \dfrac{\varepsilon_0\varepsilon_r S}{d}[\text{F}]$

07 반자성체의 비투자율(μ_r)값의 범위는?

① $\mu_r = 1$ ② $\mu_r < 1$

③ $\mu_r > 1$ ④ $\mu_r = 0$

해설 자성체의 비투자율(μ_r)
㉠ 상자성체 : $\mu_r > 1$
㉡ 강자성체 : $\mu_r \gg 1$
㉢ 반자성체 : $\mu_r < 1$

08 반지름 $r[\text{m}]$인 무한장 원통형 도체에 전류가 균일하게 흐를 때 도체 내부에서 자계의 세기[AT/m]는?

① 원통 중심축으로부터 거리에 비례한다.
② 원통 중심축으로부터 거리에 반비례한다.
③ 원통 중심축으로부터 거리의 제곱에 비례한다.
④ 원통 중심축으로부터 거리의 제곱에 반비례한다.

해설 원통 도체 내부의 자계의 세기(H')
$H' = \dfrac{I \cdot a}{2\pi r^2} \propto a$
r : 도체 반지름
a : 도체 내부 반지름

09 비유전율 ε_r이 4인 유전체의 분극률은 진공의 유전율 ε_0의 몇 배인가?

① 1 ② 3
③ 9 ④ 12

해설 분극률 $x = \varepsilon_0(\varepsilon_s - 1) = \varepsilon_0(4-1) = 3\varepsilon_0[\text{F/m}]$

10 그림에서 $N = 1,000$회, $l = 100[\text{cm}]$, $S = 10[\text{cm}^2]$인 환상 철심의 자기회로에 전류 $I = 10[\text{A}]$를 흘렸을 때 축적되는 자계에너지는 몇 [J]인가? (단, 비투자율 $\mu_r = 100$이다.)

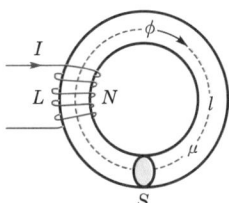

① $2\pi \times 10^{-3}$
② $2\pi \times 10^{-2}$
③ $2\pi \times 10^{-1}$
④ 2π

해설 인덕턴스
$L = \dfrac{\mu_0\mu_s N^2 S}{l}$
$= \dfrac{4\pi \times 10^{-7} \times 100 \times 1,000^2 \times 10 \times 10^{-4}}{1}$
$= 4\pi \times 10^{-2}[\text{H}]$

축적되는 자계에너지
$W_H = \dfrac{1}{2}LI^2 = \dfrac{1}{2} \times 4\pi \times 10^{-2} \times 10^2 = 2\pi[\text{J}]$

정답 06. ③ 07. ② 08. ① 09. ② 10. ④

11 정전계 해석에 관한 설명으로 틀린 것은?

① 푸아송 방정식은 가우스 정리의 미분형으로 구할 수 있다.
② 도체 표면에서의 전계의 세기는 표면에 대해 법선 방향을 갖는다.
③ 라플라스 방정식은 전극이나 도체의 형태에 관계없이 체적전하밀도가 0인 모든 점에서 $\nabla^2 V = 0$을 만족한다.
④ 라플라스 방정식은 비선형 방정식이다.

해설 라플라스(Laplace) 방정식은 체적전하밀도 $\rho = 0$인 모든 점에서 $\nabla^2 V = 0$이며 선형 방정식이다.

12 자기유도계수 L의 계산 방법이 아닌 것은? (단, N : 권수, ϕ : 자속[Wb], I : 전류[A], A : 벡터 퍼텐셜[Wb/m], i : 전류밀도[A/m^2], B : 자속밀도[Wb/m^2], H : 자계의 세기 [AT/m]이다.)

① $L = \dfrac{N\phi}{I}$

② $L = \dfrac{\int_v A \cdot i\, dv}{I^2}$

③ $L = \dfrac{\int_v B \cdot H\, dv}{I^2}$

④ $L = \dfrac{\int_v A \cdot i\, dv}{I}$

해설 쇄교자속 $N\phi = LI$

인덕턴스 $L = \dfrac{N\phi}{I}$

자속 $\phi = \int_s B\, \vec{n}\, ds = \int_s \mathrm{rot}\, A\, \vec{n}\, ds = \oint_c A\, dl$

전류 $I = \oint_c H \cdot dl = \int_s i\, \vec{n}\, ds$

$L = \dfrac{N\phi}{I} = \dfrac{\phi I}{I^2} = \dfrac{\oint A\, dl \cdot \int i\, \vec{n}\, ds}{I^2}$

$= \dfrac{\int_v A \cdot i\, dv}{I^2}$

13 20[℃]에서 저항의 온도계수가 0.002인 니크롬선의 저항이 100[Ω]이다. 온도가 60[℃]로 상승되면 저항은 몇 [Ω]이 되겠는가?

① 108　② 112
③ 115　④ 120

해설 온도에 따른 저항(R_T)
$R_T = R_t \{1 + \alpha_t (T - t)\}$
$= 100 \times \{1 + 0.002 \times (60 - 20)\}$
$= 108[\Omega]$

14 공기 중에 있는 무한히 긴 직선도선에 10[A]의 전류가 흐르고 있을 때 도선으로부터 2[m] 떨어진 점에서의 자속밀도는 몇 [Wb/m^2]인가?

① 10^{-5}
② 0.5×10^{-6}
③ 10^{-6}
④ 2×10^{-6}

해설 자계의 세기 $H = \dfrac{I}{2\pi r}$ [AT/m]

자속밀도 $B = \mu_0 H = \dfrac{\mu_0 I}{2\pi r}$

$= \dfrac{4\pi \times 10^{-7} \times 10}{2\pi \times 2} = 10^{-6} [\mathrm{Wb/m^2}]$

15 전계 및 자계의 세기가 각각 E[V/m], H[AT/m]일 때, 포인팅 벡터 P[W/m^2]의 표현으로 옳은 것은?

① $P = \dfrac{1}{2} E \times H$
② $P = E\, \mathrm{rot}\, H$
③ $P = E \times H$
④ $P = H\, \mathrm{rot}\, E$

해설 포인팅 벡터(poynting vector)는 평면 전자파의 E와 H가 단위시간에 대한 단위면적을 통과하는 에너지 흐름을 벡터로 표현한 것이다.
$P = E \times H$ [W/m^2]

정답 11.④ 12.④ 13.① 14.③ 15.③

16 평등자계 내에 전자가 수직으로 입사하였을 때 전자의 운동에 대한 설명으로 옳은 것은?

① 원심력은 전자속도에 반비례한다.
② 구심력은 자계의 세기에 반비례한다.
③ 원운동을 하고, 반지름은 자계의 세기에 비례한다.
④ 원운동을 하고, 반지름은 전자의 회전속도에 비례한다.

해설 원심력 $F = \dfrac{mv^2}{r}$ [H]

구심력 $F = evB = \mu_0 evH$

전자는 원운동을 하므로 구심력과 원심력은 같다.

∴ $\dfrac{mv^2}{r} = evB$

원반지름 $r = \dfrac{mv}{eB}$ [m]

원운동을 하고, 원반지름(r)은 회전속도(v)에 비례한다.

17 진공 중 3[m] 간격으로 두 개의 평행한 무한 평판 도체에 각각 +4[C/m²], −4[C/m²]의 전하를 주었을 때, 두 도체 간의 전위차는 약 몇 [V]인가?

① 1.5×10^{11}
② 1.5×10^{12}
③ 1.36×10^{11}
④ 1.36×10^{12}

해설 전계의 세기 $E = \dfrac{\sigma}{\varepsilon_0}$ [V/m]

전위차 $V = Ed = \dfrac{\sigma d}{\varepsilon_0} = \dfrac{4 \times 3}{8.855 \times 10^{-12}}$
$= 1.355 \times 10^{12}$ [V]

18 자속밀도 B[Wb/m²]의 평등자계 내에서 길이 l[m]인 도체 ab가 속도 v[m/s]로 그림과 같이 도선을 따라서 자계와 수직으로 이동할 때, 도체 ab에 의해 유기된 기전력의 크기 e[V]와 폐회로 abcd 내 저항 R에 흐르는 전류의 방향은? (단, 폐회로 abcd 내 도선 및 도체의 저항은 무시한다.)

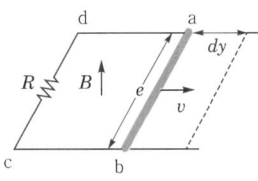

① $e = Blv$, 전류방향 : c → d
② $e = Blv$, 전류방향 : d → c
③ $e = Blv^2$, 전류방향 : c → d
④ $e = Blv^2$, 전류방향 : d → c

해설 플레밍의 오른손법칙
유기기전력 $e = vBl\sin\theta = Blv$ [V]
방향 a → b → c → d

19 유전율이 ε_1, ε_2[F/m]인 유전체 경계면에 단위면적당 작용하는 힘의 크기는 몇 [N/m²]인가? (단, 전계가 경계면에 수직인 경우이며, 두 유전체에서의 전속밀도는 $D_1 = D_2 = D$ [C/m²]이다.)

① $2\left(\dfrac{1}{\varepsilon_1} - \dfrac{1}{\varepsilon_2}\right)D^2$
② $2\left(\dfrac{1}{\varepsilon_1} + \dfrac{1}{\varepsilon_2}\right)D^2$
③ $\dfrac{1}{2}\left(\dfrac{1}{\varepsilon_1} + \dfrac{1}{\varepsilon_2}\right)D^2$
④ $\dfrac{1}{2}\left(\dfrac{1}{\varepsilon_2} - \dfrac{1}{\varepsilon_1}\right)D^2$

해설

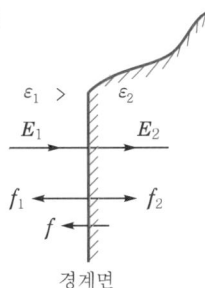

경계면에 전계가 수직으로 입사하는 경우
$D_1 = D_2 = D$, 인장응력이 작용한다.

$f_1 = \dfrac{D_1^2}{2\varepsilon_1}$, $f_2 = \dfrac{D_2^2}{2\varepsilon_2}$

$\varepsilon_1 > \varepsilon_2$일 때

$f = f_2 - f_1 = \dfrac{1}{2}\left(\dfrac{1}{\varepsilon_2} - \dfrac{1}{\varepsilon_1}\right)D^2$ [N/m²]

단위면적당 작용하는 힘은 유전율이 큰 쪽에서 작은 쪽으로 작용한다.

정답 16. ④ 17. ④ 18. ① 19. ④

20 그림과 같이 내부 도체구 A에 $+Q$[C], 외부 도체구 B에 $-Q$[C]를 부여한 동심 도체구 사이의 정전용량 C[F]는?

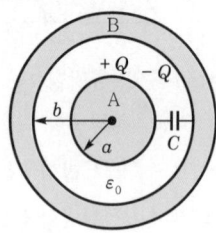

① $4\pi\varepsilon_0(b-a)$
② $\dfrac{4\pi\varepsilon_0 ab}{b-a}$
③ $\dfrac{ab}{4\pi\varepsilon_0(b-a)}$
④ $4\pi\varepsilon_0\left(\dfrac{1}{a}-\dfrac{1}{b}\right)$

해설 전위차 $V=\dfrac{Q}{4\pi\varepsilon_0}\left(\dfrac{1}{a}-\dfrac{1}{b}\right)$ [V]

정전용량 $C=\dfrac{Q}{V}=\dfrac{4\pi\varepsilon_0}{\dfrac{1}{a}-\dfrac{1}{b}}=\dfrac{4\pi\varepsilon_0 ab}{b-a}$ [F]

정답 20. ②

2020년 제1·2회 통합 기출문제

01 그림과 같이 권수가 1이고 반지름이 a[m]인 원형 코일에 전류 I[A]가 흐르고 있다. 원형 코일 중심에서의 자계의 세기[AT/m]는?

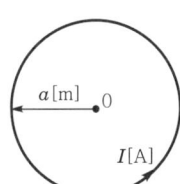

① $\dfrac{I}{a}$　　② $\dfrac{I}{2a}$

③ $\dfrac{I}{3a}$　　④ $\dfrac{I}{4a}$

해설 비오 – 사바르의 법칙

$H = \dfrac{I \cdot l}{4\pi r^2}\sin\theta$ [AT/m]에서

원주길이 $l = 2\pi a$[m]

접선과 거리의 각 $\theta = 90°$

중심점의 자계의 세기

$H = \dfrac{I 2\pi a}{4\pi a^2}\sin 90° = \dfrac{I}{2a}$ [AT/m]

02 자기 인덕턴스가 L_1, L_2이고 상호 인덕턴스가 M인 두 회로의 결합계수가 1일 때, 성립되는 식은?

① $L_1 \cdot L_2 = M$
② $L_1 \cdot L_2 < M^2$
③ $L_1 \cdot L_2 > M^2$
④ $L_1 \cdot L_2 = M^2$

해설 결합계수 $k = \dfrac{M}{\sqrt{L_1 L_2}}$

결합계수 $k = 1$이므로 $M = \sqrt{L_1 L_2}$

∴ $M^2 = L_1 \cdot L_2$

03 대전된 도체 표면의 전하밀도를 σ[C/m²]이라고 할 때, 대전된 도체 표면의 단위면적이 받는 정전응력[N/m²]은 전하밀도 σ와 어떤 관계에 있는가?

① $\sigma^{\frac{1}{2}}$에 비례
② $\sigma^{\frac{3}{2}}$에 비례
③ σ에 비례
④ σ^2에 비례

해설 정전응력 $f = \dfrac{F}{S}$ [N/m²]

$f = \dfrac{1}{2}\varepsilon E^2 = \dfrac{D^2}{2\varepsilon} = \dfrac{\sigma^2}{2\varepsilon} \propto \sigma^2$

04 와전류(eddy current)손에 대한 설명으로 틀린 것은?

① 주파수에 비례한다.
② 저항에 반비례한다.
③ 도전율이 클수록 크다.
④ 자속밀도의 제곱에 비례한다.

해설 와전류손 $P_e = \sigma_e k(tfB_m)^2 \propto f^2$

여기서, σ_e : 와전류상수
k : 도전율
t : 강판두께
f : 주파수
B_m : 최대자속밀도

05 전계 내에서 폐회로를 따라 단위 전하가 일주할 때 전계가 한 일은 몇 [J]인가?

① ∞　　② π
③ 1　　④ 0

정답 01.② 02.④ 03.④ 04.① 05.④

[해설] 전계는 보존장 $\oint_c E dl = 0$

일 $W = \oint F dl = Q \oint E \cdot dl = 0$

전계 내에서 폐회로를 따라 단위 전하를 일주할 때 한 일은 항상 0이다.

06 두 전하 사이 거리의 세제곱에 반비례하는 것은?

① 두 구전하 사이에 작용하는 힘
② 전기 쌍극자에 의한 전계
③ 직선 전하에 의한 전계
④ 전하에 의한 전위

[해설] 두 전하 중심에서 거리의 세제곱에 반비례하는 것은 전기 쌍극에 의한 전계의 세기이다.

전계의 세기 $E = \dfrac{M}{4\pi\varepsilon_0 r^3}\sqrt{1+3\cos^2\theta}$ [V/m]

07 양극판의 면적이 S[m²], 극판 간의 간격이 d[m], 정전용량이 C_1[F]인 평행판 콘덴서가 있다. 양극판 면적을 각각 $3S$[m²]로 늘이고 극판 간격을 $\dfrac{1}{3}d$[m]로 줄었을 때의 정전용량 C_2[F]는?

① $C_2 = C_1$
② $C_2 = 3C_1$
③ $C_2 = 6C_1$
④ $C_2 = 9C_1$

[해설] 정전용량 $C_1 = \dfrac{\varepsilon S}{d}$[F]

$C_2 = \dfrac{\varepsilon S'}{d'} = \dfrac{\varepsilon \cdot 3S}{\frac{1}{3}d} = 9\dfrac{\varepsilon S}{d} = 9C_1$

08 진공 중에서 멀리 떨어져 있는 반지름이 각각 a_1[m], a_2[m]인 두 도체구를 V_1[V], V_2[V]인 전위를 갖도록 대전시킨 후 가는 도선으로 연결할 때 연결 후의 공통 전위 V[V]는?

① $\dfrac{V_1}{a_1} + \dfrac{V_2}{a_2}$
② $\dfrac{V_1 + V_2}{a_1 a_2}$
③ $a_1 V_1 + a_2 V_2$
④ $\dfrac{a_1 V_1 + a_2 V_2}{a_1 + a_2}$

[해설] 합성 전하 $Q = C_1 V_1 + C_2 V_2 = a_1 V_1 + a_2 V_2$
합성 정전용량 $C = C_1 + C_2 = a_1 + a_2$ (병렬 접속이므로)

공통 전위 $V = \dfrac{Q}{C} = \dfrac{a_1 V_1 + a_2 V_2}{a_1 + a_2}$ [V]

09 공기 중에 선간거리 10[cm]의 평형 왕복 도선이 있다. 두 도선 간에 작용하는 힘이 4×10^{-6}[N/m]이었다면 도선에 흐르는 전류는 몇 [A]인가?

① 1
② 2
③ $\sqrt{2}$
④ $\sqrt{3}$

[해설] 두 평행 도체 사이에 단위길이당 작용하는 힘 f [N/m]

$f = \dfrac{2I_1 I_2}{d} \times 10^{-7} = \dfrac{2I^2}{d} \times 10^{-7}$ [N/m]

전류 $I = \sqrt{\dfrac{f \cdot d}{2} \times 10^7}$

$= \sqrt{\dfrac{4 \times 10^{-6} \times 10 \times 10^{-2}}{2} \times 10^7} = \sqrt{2}$ [A]

10 정사각형 회로의 면적을 3배로, 흐르는 전류를 2배로 증가시키면 정사각형의 중심에서의 자계의 세기는 약 몇 [%]가 되는가?

① 47
② 115
③ 150
④ 225

[해설] 정사각형 중심점의 자계의 세기(H)

$H = \dfrac{2\sqrt{2}I}{\pi l}$ [AT/m]

$I' = 2I$, $S' = 3S = 3l^2 = l'$
$l' = \sqrt{3}\, l$

$H' = \dfrac{2\sqrt{2} I'}{\pi l'} = \dfrac{2\sqrt{2} \cdot 2I}{\pi \sqrt{3}\, l}$

$= \dfrac{2}{\sqrt{3}} H = 1.154 H$

∴ 115[%]

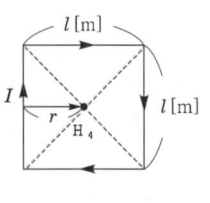

[정답] 06. ② 07. ④ 08. ④ 09. ③ 10. ②

11 유전체에서의 변위전류에 대한 설명으로 틀린 것은?

① 변위전류가 주변에 자계를 발생시킨다.
② 변위전류의 크기는 유전율에 반비례한다.
③ 전속밀도의 시간적 변화가 변위전류를 발생시킨다.
④ 유전체 중의 변위전류는 진공 중의 전계 변화에 의한 변위전류와 구속전자의 변위에 의한 분극전류와의 합이다.

해설 변위전류 I_d는 유전체 중의 전속밀도의 시간적 변화로 주변에 자계를 발생시킨다.
$$I_d = \frac{\partial D}{\partial t}S = \frac{\partial}{\partial t}(\varepsilon_0 E + P)S = \varepsilon\frac{\partial E}{\partial t}S\,[A]$$
변위전류의 크기는 유전율(ε)에 비례한다.

12 그림과 같이 도체 1을 도체 2로 포위하여 도체 2를 일정 전위로 유지하고 도체 1과 도체 2의 외측에 도체 3이 있을 때 용량계수 및 유도계수의 성질로 옳은 것은?

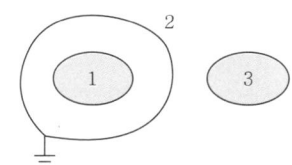

① $q_{23} = q_{11}$
② $q_{13} = -q_{11}$
③ $q_{31} = q_{11}$
④ $q_{21} = -q_{11}$

해설 정전차폐에 의해
$Q_1 = q_{11}V_1 + q_{12}V_2$, $Q_2 = q_{21}V_1 + q_{22}V_2$
정전유도 $Q_2 = -Q_1$
2도체 접지하여 $V_2 = 0$이므로
$q_{21}V_1 = -q_{11}V_1$
$\therefore q_{21} = -q_{11}$

13 반지름이 9[cm]인 도체구 A에 8[C]의 전하가 균일하게 분포되어 있다. 이 도체구에 반지름 3[cm]인 도체구 B를 접촉시켰을 때 도체구 B로 이동한 전하는 몇 [C]인가?

① 1
② 2
③ 3
④ 4

해설 구도체의 정전용량 $C = 4\pi\varepsilon_0 a$이므로 반경에 비례한다.
따라서, $C_1 = 9[\mu F]$, $C_2 = 3[\mu F]$
도체구를 접촉하면 전하의 분배법에서
$Q_B = Q\dfrac{C_2}{C_1 + C_2} = 8 \times \dfrac{3}{9+3} = 2[C]$

14 내구의 반지름 a[m], 외구의 반지름 b[m]인 동심 구도체 간에 도전율이 k[S/m]인 저항물질이 채워져 있을 때의 내·외구 간의 합성저항[Ω]은?

① $\dfrac{1}{8\pi k}\left(\dfrac{1}{a} - \dfrac{1}{b}\right)$
② $\dfrac{1}{4\pi k}\left(\dfrac{1}{a} - \dfrac{1}{b}\right)$
③ $\dfrac{1}{2\pi k}\left(\dfrac{1}{a} - \dfrac{1}{b}\right)$
④ $\dfrac{1}{\pi k}\left(\dfrac{1}{a} + \dfrac{1}{b}\right)$

해설 정전용량 $C = \dfrac{4\pi\varepsilon}{\dfrac{1}{a} - \dfrac{1}{b}}\,[F]$

$R \cdot C = \rho \cdot \varepsilon = \dfrac{\varepsilon}{k}$

동심구의 저항 $R = \dfrac{\dfrac{\varepsilon}{k}}{C} = \dfrac{\varepsilon}{k}\dfrac{1}{4\pi\varepsilon}\left(\dfrac{1}{a} - \dfrac{1}{b}\right)$
$= \dfrac{1}{4\pi k}\left(\dfrac{1}{a} - \dfrac{1}{b}\right)[\Omega]$

15 전계 E[V/m] 및 자계 H[AT/m]의 에너지가 자유공간 사이를 C[m/s]의 속도로 전파될 때 단위시간에 단위면적을 지나는 에너지[W/m²]는?

① $\dfrac{1}{2}EH$
② EH
③ EH^2
④ E^2H

정답 11. ② 12. ④ 13. ② 14. ② 15. ②

해설 전파속도 $v = \dfrac{1}{\sqrt{\varepsilon\mu}}$ [m/s]

고유 임피던스 $\eta = \dfrac{E}{H} = \dfrac{\sqrt{\mu}}{\sqrt{\varepsilon}}$ [Ω]

전자계 에너지 $W = W_E + W_H = \dfrac{1}{2}(\varepsilon E^2 + \mu H^2)$
$= \sqrt{\varepsilon\mu}\,EH$ [J/m³]

단위면적당 전력 $P = v \cdot W$
$= \dfrac{1}{\sqrt{\varepsilon\mu}} \cdot \sqrt{\varepsilon\mu}\,EH$
$= EH$ [W/m²]

16 자성체에 대한 자화의 세기를 정의한 것으로 틀린 것은?

① 자성체의 단위체적당 자기모멘트
② 자성체의 단위면적당 자화된 자화량
③ 자성체의 단위면적당 자화선의 밀도
④ 자성체의 단위면적당 자기력선의 밀도

해설 자화의 세기 J [Wb/m²]

$J = \dfrac{m}{S} = \dfrac{m \cdot l}{S \cdot l} = \dfrac{M}{V}$ [Wb/m²]

여기서, m : 자화량[Wb] = 자화선의 밀도
$M = m \cdot l$: 자기 모멘트[Wb·m]

17 환상솔레노이드의 자기 인덕턴스[H]와 반비례하는 것은?

① 철심의 투자율   ② 철심의 길이
③ 철심의 단면적   ④ 코일의 권수

해설 환상솔레노이드의 자기 인덕턴스(L)

$L = \dfrac{\mu N^2 S}{l}$ [H]

18 유전율이 각각 다른 두 종류의 유전체 경계면에 전속이 입사될 때 이 전속은 어떻게 되는가? (단, 경계면에 수직으로 입사하지 않는 경우이다.)

① 굴절   ② 반사
③ 회절   ④ 직진

해설 유전율이 각각 ε_1, ε_2인 두 종류의 유전체 경계면에 전속 및 전기력선이 입사할 때 전속과 전기력선은 굴절한다. 단, 경계면에 수직으로 입사하는 경우에는 굴절하지 않는다.

19 어떤 콘덴서에 비유전율 ε_s인 유전체로 채워져 있을 때의 정전용량 C와 공기로 채워져 있을 때의 정전용량 C_0의 비 $\dfrac{C}{C_0}$는?

① ε_s
② $\dfrac{1}{\varepsilon_s}$
③ $\sqrt{\varepsilon_s}$
④ $\dfrac{1}{\sqrt{\varepsilon_s}}$

해설 ㉠ 공기인 경우의 정전용량 $C_0 = \dfrac{Q}{V}$ [F]

㉡ 유전체를 넣었을 경우의 정전용량 $C = \dfrac{Q+q}{V}$ [F]

비유전율 $\varepsilon_s = \dfrac{C}{C_0} > 1$이다.

20 투자율이 각각 μ_1, μ_2인 두 자성체의 경계면에서 자기력선의 굴절의 법칙을 나타낸 식은?

① $\dfrac{\mu_1}{\mu_2} = \dfrac{\sin\theta_1}{\sin\theta_2}$ ② $\dfrac{\mu_1}{\mu_2} = \dfrac{\sin\theta_2}{\sin\theta_1}$

③ $\dfrac{\mu_1}{\mu_2} = \dfrac{\tan\theta_1}{\tan\theta_2}$ ④ $\dfrac{\mu_1}{\mu_2} = \dfrac{\tan\theta_2}{\tan\theta_1}$

해설 ㉠ 자계는 경계면에서 수평성분이 같다.
$H_1 \sin\theta_1 = H_2 \sin\theta_2$ …… ①

㉡ 자속밀도는 경계면에서 수직성분이 같다.
$B_1 \cos\theta_1 = B_2 \cos\theta_2$ …… ②

①, ②식에서
$\dfrac{H_1 \sin\theta_1}{B_1 \cos\theta_1} = \dfrac{H_2 \sin\theta_2}{B_2 \cos\theta_2}$

∴ $\dfrac{\tan\theta_1}{\tan\theta_2} = \dfrac{\mu_1}{\mu_2}$

정답 16. ④ 17. ② 18. ① 19. ① 20. ③

2020년 제3회 기출문제

전기기사

01 정전용량이 0.03[μF]인 평행판 공기 콘덴서의 두 극판 사이에 절반 두께의 비유전율 10인 유리판을 극판과 평행하게 넣었다면 이 콘덴서의 정전용량은 약 몇 [μF]이 되는가?

① 1.83
② 18.3
③ 0.055
④ 0.55

[해설]

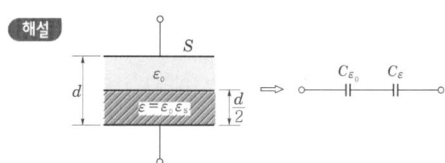

공기 콘덴서에 유전체를 판 간격 절반만 평행하게 채운 경우이므로

$$C = \frac{2C_0}{1+\frac{1}{\varepsilon_s}} = \frac{2 \times 0.03}{1+\frac{1}{10}} = 0.055[\mu F]$$

02 평행 도선에 같은 크기의 왕복전류가 흐를 때 두 도선 사이에 작용하는 힘에 대한 설명으로 옳은 것은?

① 흡인력이다.
② 전류의 제곱에 비례한다.
③ 주위 매질의 투자율에 반비례한다.
④ 두 도선 사이 간격의 제곱에 반비례한다.

[해설] 평행 도체에 왕복전류가 흐를 때 작용하는 힘(F)

$F = \frac{\mu_0 I^2 l}{2\pi d}$[N], 반발력이 작용한다.

03 내부 장치 또는 공간을 물질로 포위시켜 외부 자계의 영향을 차폐시키는 방식을 자기차폐라 한다. 다음 중 자기차폐에 가장 적합한 것은?

① 비투자율이 1보다 작은 역자성체
② 강자성체 중에서 비투자율이 큰 물질
③ 강자성체 중에서 비투자율이 작은 물질
④ 비투자율에 관계없이 물질의 두께에만 관계되므로 되도록 두꺼운 물질

[해설] 완전한 자기차폐는 불가능하지만 비투자율이 큰 강자성체인 중공 철구를 겹겹으로 감싸 놓으면 외부 자계의 영향을 효과적으로 줄일 수 있다.

04 공기 중에서 2[V/m]의 전계의 세기에 의한 변위 전류밀도의 크기를 2[A/m²]로 흐르게 하려면 전계의 주파수는 약 몇 [MHz]가 되어야 하는가?

① 9,000 ② 18,000
③ 36,000 ④ 72,000

[해설] 변위전류밀도
$J_d = \frac{\partial D}{\partial t} = \varepsilon_0 \frac{\partial E}{\partial t} = \omega \varepsilon_0 E = 2\pi f \varepsilon_0 E$

전계의 주파수
$f = \frac{J_d}{2\pi \varepsilon_0 E} = \frac{2}{2\pi \times \frac{10^{-9}}{36\pi} \times 2}$
$= 18 \times 10^9 = 18,000[MHz]$

05 압전기 현상에서 전기분극이 기계적 응력에 수직한 방향으로 발생하는 현상은?

① 종효과 ② 횡효과
③ 역효과 ④ 직접 효과

[해설] 전기석이나 티탄산바륨($BaTiO_3$)의 결정에 응력을 가하면 전기분극이 일어나고 그 단면에 분극전하가 나타나는 현상을 압전효과라 하며, 응력과 동일 방향으로 분극이 일어나는 압전효과를 종효과, 분극이 응력에 수직 방향일 때 횡효과라 한다.

[정답] 01. ③ 02. ② 03. ② 04. ② 05. ②

06 정전계에서 도체에 정(+)의 전하를 주었을 때의 설명으로 틀린 것은?

① 도체 표면의 곡률 반지름이 작은 곳에 전하가 많이 분포한다.
② 도체 외측의 표면에만 전하가 분포한다.
③ 도체 표면에서 수직으로 전기력선이 출입한다.
④ 도체 내에 있는 공동면에도 전하가 골고루 분포한다.

해설 정전계에서 도체에 정전하를 주면 전하는 도체 외측 표면에만 분포하고, 곡률 반지름이 작은 곳에 전하밀도가 높으며, 전기력선은 도체 표면(등전위면)과 수직으로 유출한다.

07 비유전율 3, 비투자율 3인 매질에서 전자기파의 진행속도 v[m/s]와 진공에서의 속도 v_0[m/s]의 관계는?

① $v = \dfrac{1}{9}v_0$
② $v = \dfrac{1}{3}v_0$
③ $v = 3v_0$
④ $v = 9v_0$

해설 ㉠ 진공에서 전파속도
$$v_0 = \dfrac{1}{\sqrt{\varepsilon_0 \mu_0}} \text{[m/s]}$$
㉡ 매질에서 전파속도
$$v = \dfrac{1}{\sqrt{\varepsilon \mu}} = \dfrac{1}{\sqrt{\varepsilon_0 \mu_0}} \cdot \dfrac{1}{\sqrt{\varepsilon_s \mu_s}}$$
$$= v_0 \dfrac{1}{\sqrt{3 \times 3}} = \dfrac{1}{3} v_0 \text{[m/s]}$$

08 주파수가 100[MHz]일 때 구리의 표피두께(skin depth)는 약 몇 [mm]인가? (단, 구리의 도전율은 5.9×10^7[℧/m]이고, 비투자율은 0.99이다.)

① 3.3×10^{-2}
② 6.6×10^{-2}
③ 3.3×10^{-3}
④ 6.6×10^{-3}

해설 표피두께
$$\delta = \dfrac{1}{\sqrt{\pi f \sigma \mu}} \text{[m]}$$
$$= \dfrac{1}{\sqrt{\pi \times 100 \times 10^6 \times 5.9 \times 10^7 \times 4\pi \times 10^{-7} \times 0.99}} \times 10^3$$
$$= 6.58 \times 10^{-3} \text{[mm]}$$

09 전위경도 V와 전계 E의 관계식은?

① $E = \text{grad } V$
② $E = \text{div } V$
③ $E = -\text{grad } V$
④ $E = -\text{div } V$

해설 전계의 세기 $E = -\text{grad } V = -\nabla V$ [V/m]
전위경도는 전계의 세기와 크기는 같고, 방향은 반대 방향이다.

10 구리의 고유저항은 20[℃]에서 1.69×10^{-8}[Ω·m]이고 온도계수는 0.00393이다. 단면적이 2[mm²]이고 100[m]인 구리선의 저항값은 40[℃]에서 약 몇 [Ω]인가?

① 0.91×10^{-3}
② 1.89×10^{-3}
③ 0.91
④ 1.89

해설 ㉠ 20[℃] 저항
$$R_0 = \rho \dfrac{l}{S} = 1.69 \times 10^{-8} \times \dfrac{100}{2 \times 10^{-6}} = 0.845 \text{[Ω]}$$
㉡ 40[℃] 저항
$$R_t = R_0\{1 + \alpha_t(t - t_0)\} \quad (\alpha_t : \text{저항온도계수})$$
$$= 0.845 \times \{1 + 0.00393 \times (40 - 20)\}$$
$$= 0.91 \text{[Ω]}$$

11 대지의 고유저항이 ρ[Ω·m]일 때 반지름이 a[m]인 그림과 같은 반구 접지극의 접지저항[Ω]은?

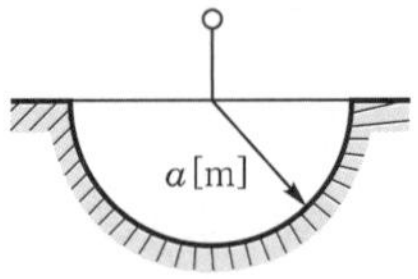

① $\dfrac{\rho}{4\pi a}$
② $\dfrac{\rho}{2\pi a}$
③ $\dfrac{2\pi \rho}{a}$
④ $2\pi \rho a$

정답 06. ④ 07. ② 08. ④ 09. ③ 10. ③ 11. ②

해설 정전계와 도체계의 관계식 $RC = \rho\varepsilon$
반구도체의 정전용량 $C = 2\pi\varepsilon a$ [F]
접지저항 $R = \dfrac{\rho\varepsilon}{C} = \dfrac{\rho\varepsilon}{2\pi\varepsilon a} = \dfrac{\rho}{2\pi a}$ [Ω]

12 정전용량이 각각 $C_1 = 1[\mu F]$, $C_2 = 2[\mu F]$인 도체에 전하 $Q_1 = -5[\mu C]$, $Q_2 = 2[\mu C]$을 각각 주고 각 도체를 가는 철사로 연결하였을 때 C_1에서 C_2로 이동하는 전하 $Q[\mu C]$는?

① -4
② -3.5
③ -3
④ -1.5

해설 합성 전하 $Q_0 = Q_1 + Q_2 = -5 + 2 = -3[\mu C]$
연결하였을 때 C_2가 분배받는 전하 Q'_2
$Q'_2 = Q_0 \dfrac{C_2}{C_1 + C_2} = -3 \times \dfrac{2}{1+2} = -2[\mu C]$
이동한 전하
$Q = Q'_2 - Q_2 = -2 - 2 = -4[\mu C]$

13 임의의 방향으로 배열되었던 강자성체의 자구가 외부 자기장의 힘이 일정값 이상이 되는 순간에 급격히 회전하여 자기장의 방향으로 급격히 회전하여 자기장의 방향으로 배열되고 자속밀도가 증가하는 현상을 무엇이라 하는가?

① 자기여효(magnetic after effect)
② 바크하우젠효과(Barkhausen effect)
③ 자기왜현상(magneto-striction effect)
④ 핀치효과(pinch effect)

해설

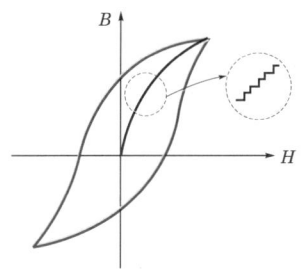

| 히스테리시스 곡선 |

강자성체의 히스테리시스 곡선을 자세히 관찰하면 자계가 증가할 때 자속밀도가 매끈한 곡선이 아니고 계단상의 불연속적으로 변화하고 있는 것을 알 수 있다. 이것은 자구가 어떤 순간에 급격하게 회전하기 때문인데 이러한 현상을 바크하우젠 효과라고 한다.

14 다음 그림과 같은 직사각형의 평면 코일이 $B = \dfrac{0.05}{\sqrt{2}}(a_x + a_y)$ [Wb/m²]인 자계에 위치하고 있다. 이 코일에 흐르는 전류가 5[A]일 때 z축에 있는 코일에서의 토크는 약 몇 [N·m]인가?

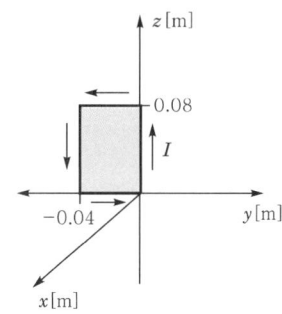

① $2.66 \times 10^{-4} a_x$
② $5.66 \times 10^{-4} a_x$
③ $2.66 \times 10^{-4} a_z$
④ $5.66 \times 10^{-4} a_z$

해설 자속밀도
$B = \dfrac{0.05}{\sqrt{2}}(a_x + a_y) = 0.035 a_x + 0.035 a_y$ [Wb/m²]
면벡터 $S = 0.04 \times 0.08 a_x = 0.0032 a_x$ [m²]
토크 $T = (S \times B)I$
$= 5 \times \begin{vmatrix} a_x & a_y & a_z \\ 0.0032 & 0 & 0 \\ 0.035 & 0.035 & 0 \end{vmatrix}$
$= 5 \times (0.035 \times 0.0032) a_z$
$= 5.66 \times 10^{-4} a_z$ [N·m]

15 자성체 내의 자계의 세기가 H[AT/m]이고 자속밀도가 B[Wb/m²]일 때, 자계에너지 밀도[J/m³]는?

① HB
② $\dfrac{1}{2\mu}H^2$
③ $\dfrac{\mu}{2}B^2$
④ $\dfrac{1}{2\mu}B^2$

정답 12. ① 13. ② 14. ④ 15. ④

해설 **자계에너지 밀도**
$$W_H = \frac{1}{2}BH = \frac{1}{2}\mu H^2 = \frac{B^2}{2\mu} \, [\text{J/m}^3]$$

16 분극의 세기 P, 전계 E, 전속밀도 D의 관계를 나타낸 것으로 옳은 것은? (단, ε_0는 진공의 유전율이고, ε_r은 유전체의 비유전율이고, ε은 유전체의 유전율이다.)

① $P = \varepsilon_0(\varepsilon+1)E$ ② $E = \dfrac{D+P}{\varepsilon_0}$

③ $P = D - \varepsilon_0 E$ ④ $\varepsilon_0 = D - E$

해설 전속밀도 $D = \varepsilon_0 E + P = \varepsilon_0 \varepsilon_s E = \varepsilon E \,[\text{C/m}^2]$
분극의 세기 $P = D - \varepsilon_0 E = \varepsilon_0(\varepsilon_s - 1)E \,[\text{C/m}^2]$

17 반지름이 30[cm]인 원판 전극의 평행판 콘덴서가 있다. 전극의 간격이 0.1[cm]이며 전극 사이 유전체의 비유전율이 4.0이라 한다. 이 콘덴서의 정전용량은 약 몇 [μF]인가?

① 0.01   ② 0.02
③ 0.03   ④ 0.04

해설 **정전용량**
$$C = \frac{\varepsilon_0 \varepsilon_s S}{d} \,[\text{F}]$$
$$= \frac{8.855 \times 10^{-12} \times 4 \times 0.3^2 \pi}{0.1 \times 10^{-2}} \times 10^6$$
$$= 0.01 \,[\mu\text{F}]$$

18 반지름이 5[mm], 길이가 15[mm], 비투자율이 50인 자성체 막대에 코일을 감고 전류를 흘려서 자성체 내의 자속밀도를 50[Wb/m²]로 하였을 때 자성체 내에서의 자계의 세기는 몇 [A/m]인가?

① $\dfrac{10^7}{\pi}$ ② $\dfrac{10^7}{2\pi}$

③ $\dfrac{10^7}{4\pi}$ ④ $\dfrac{10^7}{8\pi}$

해설 자속밀도 $B = \mu_0 \mu_s H \,[\text{Wb/m}^2]$
자계의 세기 $H = \dfrac{B}{\mu_0 \mu_s} = \dfrac{50}{4\pi \times 10^{-7} \times 50}$
$= \dfrac{10^7}{4\pi} \,[\text{A/m}]$

19 한 변의 길이가 l[m]인 정사각형 도체 회로에 전류 I[A]를 흘릴 때 회로의 중심점에서의 자계의 세기는 몇 [AT/m]인가?

① $\dfrac{2I}{\pi l}$ ② $\dfrac{I}{\sqrt{2}\pi l}$

③ $\dfrac{\sqrt{2}I}{\pi l}$ ④ $\dfrac{2\sqrt{2}I}{\pi l}$

해설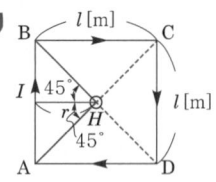

㉠ 한 변 AB의 자계의 세기
$$H_{AB} = \frac{I}{\pi l \sqrt{2}} \,[\text{AT/m}]$$

㉡ 정사각형 중심 자계의 세기
$$H = 4H_{AB} = \frac{2\sqrt{2}I}{\pi l} \,[\text{AT/m}]$$

20 2장의 무한 평판 도체를 4[cm]의 간격으로 놓은 후 평판 도체 간에 일정한 전계를 인가하였더니 평판 도체 표면에 2[μC/m²]의 전하밀도가 생겼다. 이때 평행 도체 표면에 작용하는 정전응력은 약 몇 [N/m²]인가?

① 0.057   ② 0.226
③ 0.57   ④ 2.26

해설 **정전응력**
$$f = \frac{1}{2}\varepsilon_0 E^2 = \frac{\sigma^2}{2\varepsilon_0} = \frac{(2 \times 10^{-6})^2}{2 \times \frac{10^{-9}}{36\pi}} \fallingdotseq 0.226 \,[\text{N/m}^2]$$

정답 16. ③ 17. ① 18. ③ 19. ④ 20. ②

2020년 제3회 기출문제 — 전기산업기사

01 표의 ㉠, ㉡과 같은 단위로 옳게 나열한 것은?

㉠	[Ω·s]
㉡	[s/Ω]

① ㉠ [H], ㉡ [F]
② ㉠ [H/m], ㉡ [F/m]
③ ㉠ [F], ㉡ [H]
④ ㉠ [F/m], ㉡ [H/m]

해설 인덕턴스

$$L = \frac{\phi}{I} \left[H = \frac{Wb}{A} = \frac{V}{A} \sec = \Omega \cdot s \right]$$

정전용량

$$C = \frac{Q}{V} \left[F = \frac{C}{V} = \frac{A}{V} \sec = \frac{1}{\Omega} \cdot s \right]$$

02 진공 중에 판간 거리가 d[m]인 무한 평판 도체 간의 전위차[V]는? (단, 각 평판 도체에는 면전하밀도 $+\sigma$[C/m²], $-\sigma$[C/m²]가 각각 분포되어 있다.)

① σd
② $\dfrac{\sigma}{\varepsilon_0}$
③ $\dfrac{\varepsilon_0 \sigma}{d}$
④ $\dfrac{\sigma d}{\varepsilon_0}$

해설 전계의 세기 $E = \dfrac{\sigma}{\varepsilon_0}$ [V/m]

전위차 $V = -\displaystyle\int_d^0 E \cdot dl$

$= E[l]_0^d = E(d-0) = \dfrac{\sigma d}{\varepsilon_0}$ [V]

03 어떤 자성체 내에서의 자계의 세기가 800 [AT/m]이고 자속밀도가 0.05[Wb/m²]일 때 이 자성체의 투자율은 몇 [H/m]인가?

① 3.25×10^{-5}
② 4.25×10^{-5}
③ 5.25×10^{-5}
④ 6.25×10^{-5}

해설 자속밀도 $B = \mu H$ [Wb/m²]

투자율 $\mu = \dfrac{B}{H} = \dfrac{0.05}{800}$

$= 6.25 \times 10^{-5}$ [H/m]

04 자기 인덕턴스의 성질을 설명한 것으로 옳은 것은?

① 경우에 따라 정(+) 또는 부(-)의 값을 갖는다.
② 항상 정(+)의 값을 갖는다.
③ 항상 부(-)의 값을 갖는다.
④ 항상 0이다.

해설 자기 인덕턴스

$$L = \frac{N\phi}{I} = \frac{\mu N^2 S}{l} \text{(솔레노이드)}$$

저항 R, 정전용량 C 및 자기 인덕턴스 L은 항상 정(+)의 값을 갖는다.

05 비유전율이 2.8인 유전체에서의 전속밀도가 $D = 3.0 \times 10^{-7}$[C/m²]일 때 분극의 세기 P는 약 몇 [C/m²]인가?

① 1.93×10^{-7}
② 2.93×10^{-7}
③ 3.50×10^{-7}
④ 4.07×10^{-7}

해설 분극의 세기

$P = \varepsilon_0(\varepsilon_s - 1)E$

$= \varepsilon_0(\varepsilon_s - 1)\dfrac{D}{\varepsilon_0 \varepsilon_s}$

$= \left(1 - \dfrac{1}{\varepsilon_s}\right)D$

$= \left(1 - \dfrac{1}{2.8}\right) \times 3 \times 10^{-7}$

$\fallingdotseq 1.93 \times 10^{-7}$ [C/m²]

정답 01.① 02.④ 03.④ 04.② 05.①

06 자기회로에 대한 설명으로 틀린 것은? (단, S는 자기회로의 단면적이다.)

① 자기저항의 단위는 [H](Henry)의 역수이다.
② 자기저항의 역수를 퍼미언스(permeance)라고 한다.
③ "자기저항=(자기회로의 단면을 통과하는 자속) / (자기회로의 총 기자력)"이다.
④ 자속밀도 B가 모든 단면에 걸쳐 균일하다면 자기회로의 자속은 BS이다.

해설 자기 옴의 법칙
㉠ 자속 $\phi = \dfrac{F}{R_m}$ [Wb]
㉡ 기자력 $F = NI$ [AT]
㉢ 자기저항 $R_m = \dfrac{F}{\phi}$ [AT/Wb]
∴ 자기저항=자기회로 총 기자력(F)/자속(ϕ)이다.

07 전계의 세기가 5×10^2 [V/m]인 전계 중에 8×10^{-8} [C]의 전하가 놓일 때 전하가 받는 힘은 몇 [N]인가?

① 4×10^{-2}
② 4×10^{-3}
③ 4×10^{-4}
④ 4×10^{-5}

해설 전계의 세기 $E = \dfrac{F}{Q}$ [V/m]
힘 $F = QE = 8 \times 10^{-8} \times 5 \times 10^2 = 4 \times 10^{-5}$ [N]

08 지름 2[mm]의 동선에 π[A]의 전류가 균일하게 흐를 때 전류밀도는 몇 [A/m²]인가?

① 10^3
② 10^4
③ 10^5
④ 10^6

해설 전류밀도
$J = \dfrac{I}{S} = \dfrac{\pi}{\left(\dfrac{d}{2}\right)^2 \pi} = \dfrac{1}{(1 \times 10^{-3})^2} = 10^6$ [A/m²]

09 반지름이 a[m]인 도체구에 전하 Q[C]을 주었을 때, 구 중심에서 r[m] 떨어진 구 외부 ($r > a$)의 한 점에서의 전속밀도 D[C/m²]는?

① $\dfrac{Q}{4\pi a^2}$
② $\dfrac{Q}{4\pi r^2}$
③ $\dfrac{Q}{4\pi \varepsilon a^2}$
④ $\dfrac{Q}{4\pi \varepsilon r^2}$

해설 전속 $\psi = Q$ (전하)
전속밀도 $D = \dfrac{\psi}{S} = \dfrac{Q}{4\pi r^2}$ [C/m²]

10 2[Wb/m²]인 평등자계 속에 길이가 30[cm]인 도선이 자계와 직각 방향으로 놓여 있다. 이 도선이 자계와 30°의 방향으로 30[m/s]의 속도로 이동할 때, 도체 양단에 유기되는 기전력[V]의 크기는?

① 3
② 9
③ 30
④ 90

해설 플레밍의 오른손법칙
유기기전력 $e = vBl\sin\theta$
$= 30 \times 2 \times 0.3 \times \dfrac{1}{2} = 9$ [V]

11 공기 중에 있는 무한 직선도체에 전류 I[A]가 흐르고 있을 때 도체에서 r[m] 떨어진 점에서의 자속밀도는 몇 [Wb/m²]인가?

① $\dfrac{I}{2\pi r}$
② $\dfrac{2\mu_0 I}{\pi r}$
③ $\dfrac{\mu_0 I}{r}$
④ $\dfrac{\mu_0 I}{2\pi r}$

해설 자계의 세기 $H = \dfrac{I}{2\pi r}$ [AT/m]
자속밀도 $B = \mu_0 H = \dfrac{\mu_0 I}{2\pi r}$ [Wb/m²]

정답 06. ③ 07. ④ 08. ④ 09. ② 10. ② 11. ④

12 무한 평면도체로부터 d[m]인 곳에 점전하 Q[C]가 있을 때 도체 표면상에 최대로 유도되는 전하밀도는 몇 [C/m²]인가?

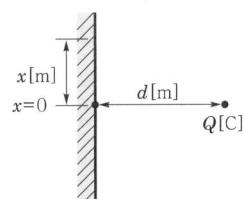

① $-\dfrac{Q}{2\pi d^2}$ ② $-\dfrac{Q}{2\pi\varepsilon_0 d^2}$

③ $-\dfrac{Q}{4\pi d^2}$ ④ $-\dfrac{Q}{4\pi\varepsilon_0 d^2}$

해설 $+Q$[C]에서 유도되는 전하이므로 $-Q$가 된다. Q[C]에서 거리가 가장 가까운 곳에 유도전하가 가장 많다.

최대전하밀도 $\rho_{s\max} = -\varepsilon E$

$= -\varepsilon_0 \left(\dfrac{Q}{4\pi\varepsilon_0 d^2} + \dfrac{Q}{4\pi\varepsilon_0 d^2} \right)$

$= -\dfrac{Q}{2\pi d^2}$ [C/m²]

13 선간전압이 66,000[V]인 2개의 평행 왕복 도선에 10[kA] 전류가 흐르고 있을 때 도선 1[m]마다 작용하는 힘의 크기는 몇 [N/m] 인가? (단, 도선 간의 간격은 1[m]이다.)

① 1 ② 10
③ 20 ④ 200

해설 평행 도선에 왕복 전류가 흐를 때 단위길이당 작용하는 힘(f)

$f = \dfrac{2I^2}{d} \times 10^{-7}$

$= \dfrac{2 \times (10^4)^2}{1} \times 10^{-7} = 20$[N/m]

14 무손실 유전체에서 평면 전자파의 전계 E와 자계 H 사이 관계식으로 옳은 것은?

① $H = \sqrt{\dfrac{\varepsilon}{\mu}} E$ ② $H = \sqrt{\dfrac{\mu}{\varepsilon}} E$

③ $H = \dfrac{\varepsilon}{\mu} E$ ④ $H = \dfrac{\mu}{\varepsilon} E$

해설 전자파의 고유 임피던스 $\eta = \dfrac{E}{H} = \sqrt{\dfrac{\mu}{\varepsilon}}$ [Ω]

자계 $H = \sqrt{\dfrac{\varepsilon}{\mu}} E$ [AT/m]

15 대전 도체 표면의 전하밀도는 도체 표면의 모양에 따라 어떻게 되는가?

① 곡률이 작으면 작아진다.
② 곡률 반지름이 크면 커진다.
③ 평면일 때 가장 크다.
④ 곡률 반지름이 작으면 작다.

해설 대전 도체 표면의 전하밀도는 곡률 반경이 작으면 크고, 곡률이 작으면 작아진다.

16 1[Ah]의 전기량은 몇 [C]인가?

① $\dfrac{1}{3,600}$ ② 1
③ 60 ④ 3,600

해설 전류 $I = \dfrac{Q}{t} \left[A = \dfrac{C}{\sec} \right]$

전기량 $Q = It$[As]=[C]

1[Ah] = $1 \times 60 \times 60 = 3,600$[C]=[As]

17 강자성체가 아닌 것은?

① 철
② 구리
③ 니켈
④ 코발트

해설 자성체의 종류에 따른 물질
㉠ 상자성체 : 공기, 알루미늄, 백금
㉡ 강자성체 : 철, 니켈, 코발트
㉢ 반자성체 : 은, 납, 동, 비스무트

정답 12. ① 13. ③ 14. ① 15. ① 16. ④ 17. ②

18 맥스웰(Maxwell) 전자방정식의 물리적 의미 중 틀린 것은?

① 자계의 시간적 변화에 따라 전계의 회전이 발생한다.
② 전도전류와 변위전류는 자계를 발생시킨다.
③ 고립된 자극이 존재한다.
④ 전하에서 전속선이 발산한다.

해설 맥스웰의 전자기초방정식에서
$\operatorname{div} B = 0$, $\nabla \cdot B = 0$
N, S극은 공존하며 자속은 연속이다.

19 $2[\mu F]$, $3[\mu F]$, $4[\mu F]$의 커패시터를 직렬로 연결하고 양단에 가한 전압을 서서히 상승시킬 때의 현상으로 옳은 것은? (단, 유전체의 재질 및 두께는 같다고 한다.)

① $2[\mu F]$의 커패시터가 제일 먼저 파괴된다.
② $3[\mu F]$의 커패시터가 제일 먼저 파괴된다.
③ $4[\mu F]$의 커패시터가 제일 먼저 파괴된다.
④ 3개의 커패시터가 동시에 파괴된다.

해설 커패시터를 직렬로 연결하고 양단에 전압을 서서히 증가하면 각 커패시터의 전하량은 동일하고, 전압은 정전용량에 반비례$\left(V = \dfrac{Q}{C}\right)$하므로 같은 재질의 유전체인 경우 용량이 가장 작은 $2[\mu F]$의 커패시터가 제일 먼저 파괴된다.

20 패러데이관의 밀도와 전속밀도는 어떠한 관계인가?

① 동일하다.
② 패러데이관의 밀도가 항상 높다.
③ 전속밀도가 항상 높다.
④ 항상 틀리다.

해설 유전체 중에 전속으로 이루어진 관을 전기력관(tube of electric force)이라 하고, 단위 정전하와 부전하를 연결한 관을 패러데이관(Faraday tube)이라 하며 다음과 같은 성질이 있다.
㉠ 패러데이관 양단에 정·부의 단위 전하가 있다.
㉡ 진전하가 없는 점에서 패러데이관은 연속이다.
㉢ 패러데이관의 밀도는 전속밀도와 같다.

2020년 제4회 기출문제

전기기사

01 환상 솔레노이드 철심 내부에서 자계의 세기[AT/m]는? (단, N은 코일 권선수, r은 환상 철심의 평균 반지름, I는 코일에 흐르는 전류이다.)

① NI
② $\dfrac{NI}{2\pi r}$
③ $\dfrac{NI}{2r}$
④ $\dfrac{NI}{4\pi r}$

해설 앙페르의 주회적분법칙 $NI = \oint_c H dl = Hl$

자계의 세기 $H = \dfrac{NI}{l} = \dfrac{NI}{2\pi r}$ [AT/m]

02 전류 I가 흐르는 무한 직선도체가 있다. 이 도체로부터 수직으로 0.1[m] 떨어진 점에서 자계의 세기가 180[AT/m]이다. 도체로부터 수직으로 0.3[m] 떨어진 점에서 자계의 세기[AT/m]는?

① 20
② 60
③ 180
④ 540

해설 자계의 세기 $H = \dfrac{I}{2\pi r}$ [AT/m]

$H_1 = \dfrac{I}{2\pi \times 0.1} = 180$ [AT/m]

$\therefore I ≒ 113.09$ [A]

$H_2 = \dfrac{113.09}{2\pi \times 0.3} ≒ 60$ [AT/m]

03 길이가 l[m], 단면적의 반지름이 a[m]인 원통이 길이 방향으로 균일하게 자화되어 자화의 세기가 J[Wb/m²]인 경우, 원통 양단에서의 자극의 세기 m[Wb]은?

① alJ
② $2\pi alJ$
③ $\pi a^2 J$
④ $\dfrac{J}{\pi a^2}$

해설 자화의 세기 $J = \dfrac{m}{S}$ [Wb/m²]

자성체 양단 자극의 세기 $m = SJ = \pi a^2 J$ [Wb]

04 임의의 형상의 도선에 전류 I[A]가 흐를 때, 거리 r[m]만큼 떨어진 점에서의 자계의 세기 H[AT/m]를 구하는 비오-사바르의 법칙에서 자계의 세기 H[AT/m]와 거리 r[m]의 관계로 옳은 것은?

① r에 반비례
② r에 비례
③ r^2에 반비례
④ r^2에 비례

해설 비오 – 사바르(Biot-Savart) 법칙

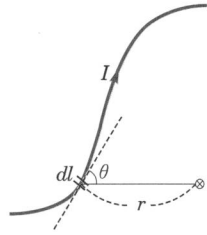

∥자계의 세기∥

$dH = \dfrac{Idl}{4\pi r^2}\sin\theta$ [AT/m]

자계의 세기 $H = \dfrac{I}{4\pi}\displaystyle\int \dfrac{dl}{r^2}\sin\theta \propto \dfrac{1}{r^2}$

05 진공 중에서 전자파의 전파속도[m/s]는?

① $C_0 = \dfrac{1}{\sqrt{\varepsilon_0 \mu_0}}$
② $C_0 = \sqrt{\varepsilon_0 \mu_0}$
③ $C_0 = \dfrac{1}{\sqrt{\varepsilon_0}}$
④ $C_0 = \dfrac{1}{\sqrt{\mu_0}}$

해설 전파속도 $v = \dfrac{1}{\sqrt{\varepsilon \mu}} = \dfrac{1}{\sqrt{\varepsilon_0 \mu_0}}\dfrac{1}{\sqrt{\varepsilon_s \mu_s}}$ [m/s]

진공 중에서 $v_0 = \dfrac{1}{\sqrt{\varepsilon_0 \mu_0}}$

정답 01. ② 02. ② 03. ③ 04. ③ 05. ①

㉠ 진공의 유전율 : $\varepsilon_0 = 8.855 \times 10^{-12}$[F/m]
㉡ 진공의 투자율 : $\mu_0 = 4\pi \times 10^{-7}$
  $= 12.56 \times 10^{-7}$[H/m]
∴ $v_0 = 3 \times 10^8 = C_0$(광속도)

06 영구자석 재료로 사용하기에 적합한 특성은?

① 잔류자기와 보자력이 모두 큰 것이 적합하다.
② 잔류자기는 크고, 보자력은 작은 것이 적합하다.
③ 잔류자기는 작고, 보자력은 큰 것이 적합하다.
④ 잔류자기와 보자력이 모두 작은 것이 적합하다.

해설 영구자석의 재료로는 잔류자기(B_r)와 보자력(H_c)이 모두 큰 것이 적합하고, 전자석의 재료는 잔류자기와 보자력 모두 작은 것이 적합하다.

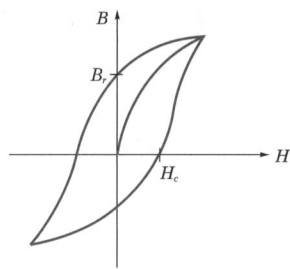

┃히스테리시스 곡선┃

07 변위전류와 관계가 가장 깊은 것은?

① 도체   ② 반도체
③ 자성체   ④ 유전체

해설 변위전류는 유전체 내의 속박전자의 위치 변화에 따른 전류로 전속밀도의 시간적 변화이다.
변위전류 $I_d = \frac{\partial Q}{\partial t} = \frac{\partial \psi}{\partial t} = \frac{\partial D}{\partial t} S$ [A]
(여기서, 전속 $\psi = Q = D \cdot S$ [C])

08 자속밀도가 10[Wb/m²]인 자계 내에 길이 4[cm]의 도체를 자계와 직각으로 놓고 이 도체를 0.4초 동안 1[m]씩 균일하게 이동하였을 때 발생하는 기전력은 몇 [V]인가?

① 1   ② 2
③ 3   ④ 4

해설 기전력 $e = vBl\sin\theta = \frac{x}{t}Bl\sin\theta$
$= \frac{1}{0.4} \times 10 \times 0.04 \times 1 = 1$[V]

09 내부 원통의 반지름이 a, 외부 원통의 반지름이 b인 동축 원통 콘덴서의 내외 원통 사이에 공기를 넣었을 때 정전용량이 C_1이었다. 내외 반지름을 모두 3배로 증가시키고 공기 대신 비유전율이 3인 유전체를 넣었을 경우의 정전용량 C_2는?

① $C_2 = \frac{C_1}{9}$ ② $C_2 = \frac{C_1}{3}$
③ $C_2 = 3C_1$ ④ $C_2 = 9C_1$

해설 동축 원통 도체(cable)의 정전용량(C)
$C_1 = \frac{2\pi\varepsilon_0}{\ln\frac{b}{a}}$ [F/m]

$C_2 = \frac{2\pi\varepsilon_0\varepsilon_s}{\ln\frac{3b}{3a}} = 3\frac{2\pi\varepsilon_0}{\ln\frac{b}{a}} = 3C_1$ [F/m]

10 다음 정전계에 관한 식 중에서 틀린 것은? (단, D는 전속밀도, V는 전위, ρ는 공간(체적)전하밀도, ε은 유전율이다.)

① 가우스의 정리 : $\mathrm{div}D = \rho$
② 푸아송의 방정식 : $\nabla^2 V = \frac{\rho}{\varepsilon}$
③ 라플라스의 방정식 : $\nabla^2 V = 0$
④ 발산의 정리 : $\oint_s D \cdot ds = \int_v \mathrm{div}Ddv$

해설 ㉠ 전위 기울기 $E = -\mathrm{grad}\,V = -\nabla V$
㉡ 가우스 정리 미분형 $\mathrm{div}\,E = \frac{\rho}{\varepsilon}$, $\mathrm{div}\,D = \rho$
㉢ 푸아송의 방정식 $\nabla \cdot (-\nabla V) = \frac{\rho}{\varepsilon}$
$\nabla^2 V = -\frac{\rho}{\varepsilon}$

정답 06. ① 07. ④ 08. ① 09. ③ 10. ②

11 유전율이 ε_1, ε_2인 유전체 경계면에 수직으로 전계가 작용할 때 단위면적당 수직으로 작용하는 힘[N/m²]은? (단, E는 전계 [V/m]이고, D는 전속밀도[C/m²]이다.)

① $2\left(\dfrac{1}{\varepsilon_2} - \dfrac{1}{\varepsilon_1}\right)E^2$ ② $2\left(\dfrac{1}{\varepsilon_2} - \dfrac{1}{\varepsilon_1}\right)D^2$

③ $\dfrac{1}{2}\left(\dfrac{1}{\varepsilon_2} - \dfrac{1}{\varepsilon_1}\right)E^2$ ④ $\dfrac{1}{2}\left(\dfrac{1}{\varepsilon_2} - \dfrac{1}{\varepsilon_1}\right)D^2$

해설 유전체 경계면에 전계가 수직으로 입사하면 전속밀도 $D_1 = D_2$이고, 인장응력이 작용한다.

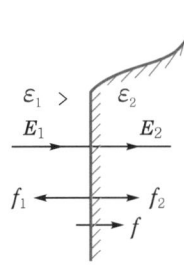

$f_1 = \dfrac{D_1^2}{2\varepsilon_1}$, $f_2 = \dfrac{D_2^2}{2\varepsilon_2}$ [N/m²]

$\varepsilon_1 > \varepsilon_2$일 때 $f = f_2 - f_1$
$= \dfrac{1}{2}\left(\dfrac{1}{\varepsilon_2} - \dfrac{1}{\varepsilon_1}\right)D^2$ [N/m²]

힘은 유전율 큰 쪽에서 작은 쪽으로 작용한다.

12 질량(m)이 10^{-10}[kg]이고, 전하량(Q)이 10^{-8}[C]인 전하가 전기장에 의해 가속되어 운동하고 있다. 가속도가 $a = 10^2 i + 10^2 j$ [m/s²]일 때 전기장의 세기 E[V/m]는?

① $E = 10^4 i + 10^5 j$ ② $E = i + 10j$
③ $E = i + j$ ④ $E = 10^{-6} i + 10^{-4} j$

해설 전기장에 의해 전하량 Q에 작용하는 힘과 가속에 의한 질량 m의 작용하는 힘이 동일하므로
$F = QE = ma$

전기장의 세기 $E = \dfrac{m}{Q}a$
$= \dfrac{10^{-10}}{10^{-8}} \times (10^2 i + 10^2 j)$
$= i + j$ [V/m]

13 진공 중에서 2[m] 떨어진 두 개의 무한 평행 도선에 단위길이당 10^{-7}[N]의 반발력이 작용할 때 각 도선에 흐르는 전류의 크기와 방향은? (단, 각 도선에 흐르는 전류의 크기는 같다.)

① 각 도선에 2[A]가 반대 방향으로 흐른다.
② 각 도선에 2[A]가 같은 방향으로 흐른다.
③ 각 도선에 1[A]가 반대 방향으로 흐른다.
④ 각 도선에 1[A]가 같은 방향으로 흐른다.

해설 평행 도선 사이에 단위길이당 작용하는 힘(F)
$F = \dfrac{2 I_1 I_2}{d} \times 10^{-7}$ [N/m]

전류의 방향이 같은 방향이면 흡인력이 작용하고, 반대 방향이면 반발력이 작용한다.

$10^{-7} = \dfrac{2I^2}{2} \times 10^{-7}$

전류 $I = 1$[A] 반대 방향으로 흐른다.

14 자기 인덕턴스(self inductance) L[H]을 나타낸 식은? (단, N은 권선수, I는 전류[A], ϕ는 자속[Wb], B는 자속밀도[Wb/m²], H는 자계의 세기[AT/m], A는 벡터 퍼텐셜[Wb/m], J는 전류밀도[A/m²]이다.)

① $L = \dfrac{N\phi}{I^2}$

② $L = \dfrac{1}{2I^2}\int B \cdot H dv$

③ $L = \dfrac{1}{I^2}\int A \cdot J dv$

④ $L = \dfrac{1}{I}\int B \cdot H dv$

해설 쇄교자속 $N\phi = LI$

인덕턴스 $L = \dfrac{N\phi}{I}$

자속 $N\phi = \int_s B \vec{n} ds = \int_s \text{rot } A \vec{n} ds$
$= \oint_c A dl$ [Wb]

전류 $I = \int_s \vec{j} n \, ds$ [A]

정답 11. ④ 12. ③ 13. ③ 14. ③

인덕턴스 $L = \dfrac{N\phi I}{I^2} = \dfrac{1}{I^2}\oint A\,dl\int_s \vec{J}\vec{n}\,ds$

$= \dfrac{1}{I^2}\int_v A\cdot J\,dv$ [H]

15 반지름이 a[m], b[m]인 두 개의 구 형상 도체 전극이 도전율 k인 매질 속에 거리 r[m] 만큼 떨어져 있다. 양 전극 간의 저항[Ω]은? (단, $r\gg a$, $r\gg b$이다.)

① $4\pi k\left(\dfrac{1}{a}+\dfrac{1}{b}\right)$ ② $4\pi k\left(\dfrac{1}{a}-\dfrac{1}{b}\right)$

③ $\dfrac{1}{4\pi k}\left(\dfrac{1}{a}+\dfrac{1}{b}\right)$ ④ $\dfrac{1}{4\pi k}\left(\dfrac{1}{a}-\dfrac{1}{b}\right)$

[해설]

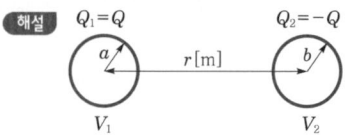

전위 $V_1 = P_{11}Q_1 + P_{12}Q_2 = \dfrac{1}{4\pi\varepsilon a}Q - \dfrac{1}{4\pi\varepsilon r}Q$

$V_2 = P_{21}Q_1 + P_{22}Q_2 = \dfrac{1}{4\pi\varepsilon r}Q - \dfrac{1}{4\pi\varepsilon b}Q$

전위차 $V_{12} = V_1 - V_2 = \dfrac{Q}{4\pi\varepsilon}\left(\dfrac{1}{a}+\dfrac{1}{b}-\dfrac{2}{r}\right)$

$\fallingdotseq \dfrac{Q}{4\pi\varepsilon}\left(\dfrac{1}{a}+\dfrac{1}{b}\right)$ $(r\gg a,\ b)$

정전용량 $C = \dfrac{Q}{V_{12}} = \dfrac{4\pi\varepsilon}{\dfrac{1}{a}+\dfrac{1}{b}}$ [F]

저항과 정전용량 $RC = \rho\varepsilon = \dfrac{\varepsilon}{k}$

양 전극 간의 저항 $R = \dfrac{\varepsilon}{kC} = \dfrac{\varepsilon}{k}\dfrac{1}{4\pi\varepsilon}\left(\dfrac{1}{a}+\dfrac{1}{b}\right)$

$= \dfrac{1}{4\pi k}\left(\dfrac{1}{a}+\dfrac{1}{b}\right)$ [Ω]

16 정전계 내 도체 표면에서 전계의 세기가 $E = \dfrac{a_x - 2a_y + 2a_z}{\varepsilon_0}$ [V/m]일 때 도체 표면상의 전하 밀도 ρ_s[C/m²]를 구하면? (단, 자유공간이다.)

① 1 ② 2
③ 3 ④ 5

[해설] 전계의 세기 $E = \dfrac{\rho_s}{\varepsilon_0}$ [V/m]

면전하 밀도 $\rho_s = \varepsilon_0 E$
$= a_x - 2a_y + 2a_z$
$= \sqrt{1^2 + 2^2 + 2^2}$
$= 3$ [C/m²]

17 반지름이 3[cm]인 원형 단면을 가지고 있는 환상 연철심에 코일을 감고 여기에 전류를 흘려서 철심 중의 자계 세기가 400[AT/m]가 되도록 여자할 때, 철심 중의 자속밀도는 약 몇 [Wb/m²]인가? (단, 철심의 비투자율은 400이라고 한다.)

① 0.2
② 0.8
③ 1.6
④ 2.0

[해설] 자속밀도 $B = \mu H$
$= \mu_0 \mu_s H$
$= 4\pi \times 10^{-7} \times 400 \times 400$
$= 0.2$ [Wb/m²]

18 저항의 크기가 1[Ω]인 전선이 있다. 전선의 체적을 동일하게 유지하면서 길이를 2배로 늘였을 때 전선의 저항[Ω]은?

① 0.5
② 1
③ 2
④ 4

[해설] 전선의 체적 $V = sl$ [m³]에서 전선길이를 2배로 늘렸을 때 체적이 일정하려면 단면적 s가 $\dfrac{1}{2}$ 배가 된다.

∴ 전기저항 $R = \rho\dfrac{l}{s}$ [Ω]에서 길이 l이 2배, 단면적 s가 $\dfrac{1}{2}$ 배가 되면 저항은 4배가 된다.

정답 15. ③ 16. ③ 17. ① 18. ④

19 자기회로와 전기회로에 대한 설명으로 틀린 것은?

① 자기저항의 역수를 컨덕턴스라 한다.
② 자기회로의 투자율은 전기회로의 도전율에 대응된다.
③ 전기회로의 전류는 자기회로의 자속에 대응된다.
④ 자기저항의 단위는 [AT/Wb]이다.

해설 전기저항의 역수는 컨덕턴스이고, 자기저항의 역수는 퍼미언스(permeance)라 한다.

㉠ 자기저항 $R_m = \dfrac{F}{\phi} = \dfrac{NI}{\phi} = \dfrac{l}{\mu s}$ [AT/Wb]

㉡ 전기저항 $R = \dfrac{V}{I} = \rho \dfrac{l}{s} = \dfrac{l}{ks}$ [V/A]=[Ω]

- 자기회로 투자율(μ)은 전기회로 도전율(k)에 대응된다.
- 자기회로 자속(ϕ)은 전기회로 전류(I)에 대응된다.

20 서로 같은 2개의 구도체에 동일 양의 전하로 대전시킨 후 20[cm] 떨어뜨린 결과 구도체에 서로 8.6×10^{-4}[N]의 반발력이 작용하였다. 구도체에 주어진 전하는 약 몇 [C]인가?

① 5.2×10^{-8}
② 6.2×10^{-8}
③ 7.2×10^{-8}
④ 8.2×10^{-8}

해설 힘 $F = \dfrac{1}{4\pi\varepsilon_0} \dfrac{Q_1 Q_2}{r^2}$ [N] $= 9 \times 10^9 \dfrac{Q^2}{r^2}$

∴ 전하 $Q = \sqrt{\dfrac{Fr^2}{9 \times 10^9}}$

$= \sqrt{\dfrac{8.6 \times 10^{-4} \times 0.2^2}{9 \times 10^9}}$

$= 6.18 \times 10^{-8}$ [C]

정답 19. ① 20. ②

2021년 제1회 기출문제

전기기사

01 비투자율 $\mu_r = 800$, 원형 단면적이 $S = 10[cm^2]$, 평균 자로 길이 $l = 16\pi \times 10^{-2}[m]$의 환상 철심에 600회의 코일을 감고 이 코일에 1[A]의 전류를 흘리면 환상 철심 내부의 자속은 몇 [Wb]인가?

① 1.2×10^{-3}
② 1.2×10^{-5}
③ 2.4×10^{-3}
④ 2.4×10^{-5}

해설 자속 $\phi = \dfrac{F}{R_m} = \dfrac{NI}{\dfrac{l}{\mu S}} = \dfrac{\mu_0 \mu_r NIS}{l}$

$= \dfrac{4\pi \times 10^{-7} \times 800 \times 600 \times 1 \times 10 \times 10^{-4}}{16\pi \times 10^{-2}}$

$= 1.2 \times 10^{-3} [Wb]$

02 정상 전류계에서 $\nabla \cdot i = 0$에 대한 설명으로 틀린 것은?

① 도체 내에 흐르는 전류는 연속이다.
② 도체 내에 흐르는 전류는 일정하다.
③ 단위시간당 전하의 변화가 없다.
④ 도체 내에 전류가 흐르지 않는다.

해설 전류 $I = \int_s i n ds = \int_v \text{div}\, i\, dv = 0$

$\text{div}\, i = \nabla \cdot i = 0$

전류는 발생과 소멸이 없고 연속, 일정하다는 의미이다.

03 동일한 금속 도선의 두 점 사이에 온도차를 주고 전류를 흘렸을 때 열의 발생 또는 흡수가 일어나는 현상은?

① 펠티에(Peltier) 효과
② 볼타(Volta) 효과
③ 제백(Seebeck) 효과
④ 톰슨(Thomson) 효과

해설 톰슨(Thomson) 효과는 동일 금속선의 두 점 사이에 온도차를 주고 전류를 흘리면 열의 발생과 흡수가 일어나는 현상을 말한다.

04 비유전율이 2이고, 비투자율이 2인 매질 내에서의 전자파의 전파속도 $v[m/s]$와 진공 중의 빛의 속도 $v_0[m/s]$ 사이 관계는?

① $v = \dfrac{1}{2} v_0$
② $v = \dfrac{1}{4} v_0$
③ $v = \dfrac{1}{6} v_0$
④ $v = \dfrac{1}{8} v_0$

해설 빛의 속도 $v_0 = \dfrac{1}{\sqrt{\varepsilon_0 \mu_0}} [m/s]$

전파속도 $v = \dfrac{1}{\sqrt{\varepsilon \mu}} = \dfrac{1}{\sqrt{\varepsilon_0 \mu_0}} \cdot \dfrac{1}{\sqrt{\varepsilon_r \mu_r}}$

$= \dfrac{1}{\sqrt{\varepsilon_0 \mu_0}} \cdot \dfrac{1}{\sqrt{2 \times 2}}$

$= \dfrac{1}{2} v_0 [m/s]$

05 진공 내의 점 (2, 2, 2)에 $10^{-9}[C]$의 전하가 놓여 있다. 점 (2, 5, 6)에서의 전계 E는 약 몇 [V/m]인가? (단, a_y, a_z는 단위벡터이다.)

① $0.278 a_y + 2.888 a_z$
② $0.216 a_y + 0.288 a_z$
③ $0.288 a_y + 0.216 a_z$
④ $0.291 a_y + 0.288 a_z$

해설 거리벡터 $r = Q - P$
$= a_x(2-2) + a_y(5-2) + a_z(6-2)$
$= 3 a_y + 4 a_z [m]$

$|r| = \sqrt{3^2 + 4^2} = 5[m]$

단위벡터 $r_0 = \dfrac{r}{r} = \dfrac{3 a_y + 4 a_z}{5} = 0.6 a_y + 0.8 a_z$

정답 01. ① 02. ④ 03. ④ 04. ① 05. ②

전계의 세기

$$E = r_0 - \frac{1}{4\pi\varepsilon_0} - \frac{Q}{r^2}$$
$$= (0.6a_y + 0.8a_z) \times 9 \times 10^9 \times \frac{10^{-9}}{5^2}$$
$$= 0.216a_y + 0.288a_z [\text{V/m}]$$

06 한 변의 길이가 l[m]인 정사각형 도체에 전류 I[A]가 흐르고 있을 때 중심점 P에서의 자계의 세기는 몇 [A/m]인가?

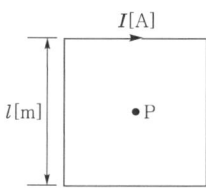

① $16\pi lI$ ② $4\pi lI$
③ $\frac{\sqrt{3}\pi}{2l}I$ ④ $\frac{2\sqrt{2}}{\pi l}I$

[해설] 자계의 세기 $H = \frac{I}{4\pi r}(\sin\theta_1 + \sin\theta_2) \times 4$
$$= \frac{I}{4\pi \frac{l}{2}} \times (\sin 45° + \sin 45°) \times 4$$
$$= \frac{2\sqrt{2}}{\pi l} I [\text{AT/m}] (= [\text{A/m}])$$

07 간격이 3[cm]이고 면적이 30[cm²]인 평판의 공기 콘덴서에 220[V]의 전압을 가하면 두 판 사이에 작용하는 힘은 약 몇 [N]인가?

① 6.3×10^{-6} ② 7.14×10^{-7}
③ 8×10^{-5} ④ 5.75×10^{-4}

[해설] 정전응력 $f = \frac{1}{2}\varepsilon_0 E^2 = \frac{1}{2}\varepsilon_0\left(\frac{v}{d}\right)^2$ [N/m]
힘 $F = fs$
$$= \frac{1}{2} \times 8.855 \times 10^{-12} \times \left(\frac{220}{3 \times 10^{-2}}\right)^2$$
$$\times 30 \times 10^{-4}$$
$$= 7.14 \times 10^{-7} [\text{N}]$$

08 전계 E[V/m], 전속밀도 D[C/m²], 유전율 $\varepsilon = \varepsilon_0\varepsilon_r$[F/m], 분극의 세기 P[C/m²] 사이의 관계를 나타낸 것으로 옳은 것은?

① $P = D + \varepsilon_0 E$ ② $P = D - \varepsilon_0 E$
③ $P = \frac{D+E}{\varepsilon_0}$ ④ $P = \frac{D-E}{\varepsilon_0}$

[해설] 유전체 중의 전속밀도 $D = \varepsilon_0 E + P$ [C/m²]
분극의 세기 $P = D - \varepsilon_0 E$ [C/m²]

09 커패시터를 제조하는데 4가지(A, B, C, D)의 유전 재료가 있다. 커패시터 내의 전계를 일정하게 하였을 때, 단위 체적당 가장 큰 에너지 밀도를 나타내는 재료부터 순서대로 나열한 것은? (단, 유전 재료 A, B, C, D의 비유전율은 각각 $\varepsilon_{rA}=8$, $\varepsilon_{rB}=10$, $\varepsilon_{rC}=2$, $\varepsilon_{rD}=4$이다.)

① $C > D > A > B$ ② $B > A > D > C$
③ $D > A > C > B$ ④ $A > B > D > C$

[해설] 에너지 밀도 $w_E = \frac{1}{2}\varepsilon_0\varepsilon_r E^2$ [J/m³]
에너지 밀도는 비유전율 ε_r에 비례하므로
$B > A > D > C$

10 내구의 반지름이 2[cm], 외구의 반지름이 3[cm]인 동심 구도체 간에 고유저항이 1.884×10^2[Ω·m]인 저항물질로 채워져 있을 때, 내외구 간의 합성저항은 약 몇 [Ω]인가?

① 2.5 ② 5.0
③ 250 ④ 500

[해설] 정전용량 $C = \frac{4\pi\varepsilon}{\frac{1}{a} - \frac{1}{b}}$ [F]

저항 $R = \frac{\rho\varepsilon}{C} = \frac{\rho}{4\pi}\left(\frac{1}{a} - \frac{1}{b}\right)$
$$= \frac{1.884 \times 10^2}{4\pi}\left(\frac{1}{2} - \frac{1}{3}\right) \times 10^2$$
$$= 249.9 ≒ 250 [\Omega]$$

정답 06.④ 07.② 08.② 09.② 10.③

11 영구자석의 재료로 적합한 것은?

① 잔류 자속밀도(B_r)는 크고, 보자력(H_c)은 작아야 한다.
② 잔류 자속밀도(B_r)는 작고, 보자력(H_c)은 커야 한다.
③ 잔류 자속밀도(B_r)와 보자력(H_c) 모두 작아야 한다.
④ 잔류 자속밀도(B_r)와 보자력(H_c) 모두 커야 한다.

[해설] 영구자석의 재료로 적합한 것은 히스테리시스 곡선(hysteresis loop)에서 잔류 자속밀도(B_r)와 보자력(H_c) 모두 커야 한다.

┃히스테리시스 곡선┃

12 평등 전계 중에 유전체구에 의한 전속분포가 그림과 같이 되었을 때 ε_1과 ε_2의 크기 관계는?

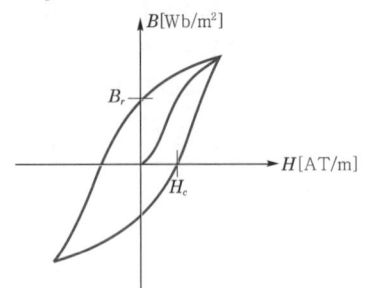

① $\varepsilon_1 > \varepsilon_2$
② $\varepsilon_1 < \varepsilon_2$
③ $\varepsilon_1 = \varepsilon_2$
④ $\varepsilon_1 \leq \varepsilon_2$

[해설] 유전체의 경계면 조건에서 전속은 유전율이 큰 쪽으로 모이려는 성질이 있으므로 $\varepsilon_1 > \varepsilon_2$의 관계가 있다.

13 환상 솔레노이드의 단면적이 S, 평균 반지름이 r, 권선수가 N이고 누설자속이 없는 경우 자기 인덕턴스의 크기는?

① 권선수 및 단면적에 비례한다.
② 권선수의 제곱 및 단면적에 비례한다.
③ 권선수의 제곱 및 평균 반지름에 비례한다.
④ 권선수의 제곱에 비례하고 단면적에 반비례한다.

[해설] 자속 $\phi = \dfrac{\mu NIS}{l}$ [Wb]

자기 인덕턴스 $L = \dfrac{N\phi}{I} = \dfrac{\mu N^2 S}{l}$ [H]

14 전하 e[C], 질량 m[kg]인 전자가 전계 E [V/m] 내에 놓여 있을 때 최초에 정지하고 있었다면 t초 후에 전자의 속도[m/s]는?

① $\dfrac{meE}{t}$
② $\dfrac{me}{E}t$
③ $\dfrac{mE}{e}t$
④ $\dfrac{Ee}{m}t$

[해설] 힘 $F = eE = ma = m\dfrac{dv}{dt}$ [N]

속도 $v = \int \dfrac{eE}{m} dt = \dfrac{eE}{m} t$ [m/s]

15 다음 중 비투자율(μ_r)이 가장 큰 것은?

① 금
② 은
③ 구리
④ 니켈

[해설] 자성체의 종류
- 강자성체 : 철, 니켈, 코발트 ($\mu_r \gg 1$)
- 자성체 : 공기, 알루미늄, 백금 ($\mu_r > 1$)
- 반자성체 : 금, 은, 동 ($\mu_r < 1$)

[정답] 11. ④ 12. ① 13. ② 14. ④ 15. ④

16 그림과 같은 환상 솔레노이드 내의 철심 중심에서의 자계의 세기 H[AT/m]는? (단, 환상 철심의 평균 반지름은 r[m], 코일의 권수는 N회, 코일에 흐르는 전류는 I[A]이다.)

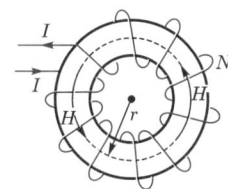

① $\dfrac{NI}{\pi r}$ ② $\dfrac{NI}{2\pi r}$

③ $\dfrac{NI}{4\pi r}$ ④ $\dfrac{NI}{2r}$

해설 앙페르의 주회적분법칙

$NI = \oint_c H \cdot dl$ 에서

$NI = H \cdot l = H \cdot 2\pi r$ [AT]

자계의 세기 $H = \dfrac{NI}{2\pi r}$ [AT/m]

17 강자성체가 아닌 것은?

① 코발트   ② 니켈
③ 철   ④ 구리

해설 구리(동)는 반자성체이다.

18 반지름이 a[m]인 원형 도선 2개의 루프가 z축상에 그림과 같이 놓인 경우 I[A]의 전류가 흐를 때 원형 전류 중심축상의 자계 H[A/m]는? (단, a_z, a_ϕ는 단위벡터이다.)

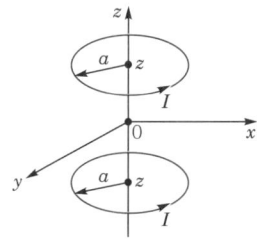

① $H = \dfrac{a^2 I}{(a^2+z^2)^{\frac{3}{2}}} a_\phi$

② $H = \dfrac{a^2 I}{(a^2+z^2)^{\frac{3}{2}}} a_z$

③ $H = \dfrac{a^2 I}{2(a^2+z^2)^{\frac{3}{2}}} a_\phi$

④ $H = \dfrac{a^2 I}{2(a^2+z^2)^{\frac{3}{2}}} a_z$

해설 원형 도선 중심축상의 자계의 세기

$H = \dfrac{a^2 I}{2(a^2+z^2)^{\frac{3}{2}}} a_z$ [AT/m]

원형 도선이 2개이므로

자계의 세기 $H = \dfrac{a^2 I}{2(a^2+z^2)^{\frac{3}{2}}} \times 2 \cdot a_z$

$= \dfrac{a^2 I}{(a^2+z^2)^{\frac{3}{2}}} a_z$ [AT/m] (= [A/m])

19 방송국 안테나 출력이 W[W]이고 이로부터 진공 중에 r[m] 떨어진 점에서 자계의 세기의 실효치는 약 몇 [A/m]인가?

① $\dfrac{1}{r}\sqrt{\dfrac{W}{377\pi}}$ ② $\dfrac{1}{2r}\sqrt{\dfrac{W}{377\pi}}$

③ $\dfrac{1}{2r}\sqrt{\dfrac{W}{188\pi}}$ ④ $\dfrac{1}{r}\sqrt{\dfrac{2W}{377\pi}}$

해설 단위면적당 전력 $P = EH$ [W/m²]

고유 임피던스 $\eta = \dfrac{E}{H} = \dfrac{\sqrt{\mu_0}}{\sqrt{\varepsilon_0}} = 120\pi = 377$ [Ω]

출력 $W = P \cdot S = EHS = 377 H^2 \cdot 4\pi r^2$ [W]

자계의 세기 $H = \sqrt{\dfrac{W}{377 \times 4\pi r^2}}$

$= \dfrac{1}{2r}\sqrt{\dfrac{W}{377\pi}}$ [A/m]

정답 16. ② 17. ④ 18. ② 19. ②

20 직교하는 무한 평판도체와 점전하에 의한 영상전하는 몇 개 존재하는가?

① 2
② 3
③ 4
④ 5

해설 영상전하의 개수 $n = \dfrac{360°}{\theta} - 1 = \dfrac{360°}{90°} - 1 = 3$개

여기서, θ : 무한 평면도체 사이의 각

정답 20. ②

2021년 제1회 CBT 기출복원문제

전기산업기사

01 한 변의 길이가 2[m]가 되는 정삼각형 3정점 A, B, C에 10^{-4}[C]의 점전하가 있다. 점 B에 작용하는 힘[N]은 다음 중 어느 것인가?

① 29　　② 39
③ 45　　④ 49

해설

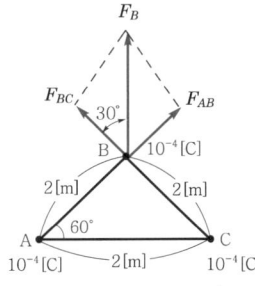

$F_{AB} = 9 \times 10^9 \times \dfrac{10^{-4} \times 10^{-4}}{2^2} = 22.5[\text{N}]$

$F_{BC} = 9 \times 10^9 \times \dfrac{10^{-4} \times 10^{-4}}{2^2} = 22.5[\text{N}]$

$\therefore F_B = 2F_{BC}\cos 30° = 2 \times 22.5 \times \dfrac{\sqrt{3}}{2}$
$= 38.97 ≒ 39[\text{N}]$

02 무한 평행판 전극 사이의 전위차 V[V]는? (단, 평행판 전하밀도 σ[c/m²], 편간거리 d[m]라 한다.)

① $\dfrac{\sigma}{\varepsilon_0}$　　② $\dfrac{\sigma}{\varepsilon_0}d$

③ σd　　④ $\dfrac{\varepsilon_0 \sigma}{d}$

해설 평행판 전극 사이의 전계의 세기
$E = \dfrac{\sigma}{\varepsilon_0}$[V/m]

전계의 세기와 전위와의 관계
$V = Ed = \dfrac{\sigma}{\varepsilon_0}d$[V]

03 전계의 세기 1,500[V/m]의 전장에 5[μC]의 전하를 놓으면 얼마의 힘[N]이 작용하는가?

① 4×10^{-3}　　② 5.5×10^{-3}
③ 6.5×10^{-3}　　④ 7.5×10^{-3}

해설 $F = Q \cdot E = 5 \times 10^{-6} \times 1{,}500$
$= 7.5 \times 10^{-3}[\text{N}]$

04 반지름 $r = 1$[m]인 도체구의 표면전하밀도가 $\dfrac{10^{-8}}{9\pi}$[C/m²]이 되도록 하는 도체구의 전위는 몇 [V]인가?

① 10　　② 20
③ 40　　④ 80

해설 $V = \dfrac{1}{4\pi\varepsilon_0} \cdot \dfrac{Q}{r} = \dfrac{1}{4\pi\varepsilon_0} \cdot \dfrac{\sigma \cdot 4\pi r^2}{r}$

$= \dfrac{\sigma \cdot r}{\varepsilon_0} = \dfrac{\dfrac{10^{-8}}{9\pi} \times 1}{\dfrac{10^{-9}}{36\pi}} = 40[\text{V}]$

05 진공 중에서 크기가 같은 두 개의 작은 구에 같은 양의 전하를 대전시킨 후 50[cm] 거리에 두었더니 작은 구는 서로 9×10^{-3}[N]의 힘으로 반발했다. 각각의 전하량은 몇 [C]인가?

① 5×10^{-7}　　② 5×10^{-5}
③ 2×10^{-5}　　④ 2×10^{-7}

해설 $F = \dfrac{Q_1 Q_2}{4\pi\varepsilon_0 r^2} = 9 \times 10^9 \times \dfrac{Q_1 Q_2}{r^2}$[N]

$\therefore 9 \times 10^{-3} = 9 \times 10^9 \times \dfrac{Q^2}{0.5^2}$

정답 01. ② 02. ② 03. ④ 04. ③ 05. ①

$$\therefore Q = \sqrt{\frac{9 \times 10^{-3} \times 0.5^2}{9 \times 10^9}} = 5 \times 10^{-7} [\text{C}]$$

06 평행판 콘덴서의 두 극판 면적을 3배로 하고 간격을 $\frac{1}{2}$배로 하면 정전용량은 처음의 몇 배가 되는가?

① $\frac{3}{2}$
② $\frac{2}{3}$
③ $\frac{1}{6}$
④ 6

해설 정전용량 $C = \frac{\varepsilon S}{d}$

면적을 3배, 간격을 $\frac{1}{2}$배 하면

$$\therefore C' = \frac{\varepsilon 3S}{\frac{d}{2}} = \frac{6\varepsilon S}{d} = 6C$$

07 다음 물질 중 비유전율이 가장 큰 물질은 무엇인가?

① 산화 티탄 자기
② 종이
③ 운모
④ 변압기유

해설 비유전율(ε_s)
㉠ 종이 : 1.2 ~ 2.6
㉡ 변압기유 : 2.2 ~ 2.4
㉢ 운모 : 6.7
㉣ 산화 티탄 자기 : 30 ~ 80

08 비유전율이 4이고 전계의 세기가 20[kV/m]인 유전체 내의 전속밀도[μC/m²]는?

① 0.708
② 0.168
③ 6.28
④ 2.83

해설 $D = \varepsilon_0 \varepsilon_s E$
$= 8.855 \times 10^{-12} \times 4 \times 20 \times 10^3$
$= 0.708 \times 10^{-6} [\text{C/m}^2]$
$= 0.708 [\mu\text{C/m}^2]$

09 10[A]의 무한장 직선 전류로부터 10[cm] 떨어진 곳의 자계의 세기[AT/m]는?

① 1.59
② 15.0
③ 15.9
④ 159

해설 무한장 직선 전류의 자계의 세기
$$H = \frac{I}{2\pi r} = \frac{10}{2\pi \times 0.1} \fallingdotseq 15.9 [\text{AT/m}]$$

10 간격 d[m]인 무한히 넓은 평행판의 단위면적당 정전용량[F/m²]은? (단, 매질은 공기라 한다.)

① $\frac{1}{4\pi\varepsilon_0 d}$
② $\frac{4\pi\varepsilon_0}{d}$
③ $\frac{\varepsilon_0}{d}$
④ $\frac{\varepsilon_0}{d^2}$

해설

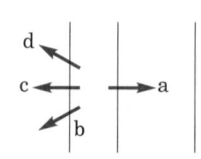

$$C = \frac{\sigma}{V} = \frac{\sigma}{\frac{\sigma}{\varepsilon_0}d} = \frac{\varepsilon_0}{d} = 8.855 \times \frac{10^{-12}}{d} [\text{F/m}^2]$$

면적이 S[m²]인 경우 $C = \frac{\varepsilon_0 S}{d}$ [F]

11 그림과 같이 등전위면이 존재하는 경우 전계의 방향은?

① a
② b
③ c
④ d

해설 전계는 높은 전위에서 낮은 전위 방향으로 향하고 등전위면에 수직으로 발생한다.

정답 06. ④ 07. ① 08. ① 09. ③ 10. ③ 11. ③

12 비투자율 $\mu_s = 400$인 환상 철심 중의 평균 자계 세기가 $H = 300$[A/m]일 때, 자화의 세기 J[Wb/m²]는?

① 0.1 ② 0.15
③ 0.2 ④ 0.25

해설 $J = \chi_m H = \mu_0(\mu_s - 1)H$
$= 4\pi \times 10^{-7} \times (400 - 1) \times 300$
$= 0.15$[Wb/m²]

13 비유전율 $\varepsilon_s = 80$, 비투자율 $\mu_s = 1$인 전자파의 고유 임피던스(intrinsic impedance)[Ω]는?

① 0.1 ② 80
③ 8.9 ④ 42

해설 $\eta = \dfrac{E}{H} = \sqrt{\dfrac{\mu}{\varepsilon}} = \sqrt{\dfrac{\mu_0}{\varepsilon_0}} \cdot \sqrt{\dfrac{\mu_s}{\varepsilon_s}}$
$= 120\pi \sqrt{\dfrac{\mu_s}{\varepsilon_s}} = 377 \sqrt{\dfrac{\mu_s}{\varepsilon_s}}$
$= 377 \times \sqrt{\dfrac{1}{80}} ≒ 42.2$[Ω]

14 전자석에 사용하는 연철(soft iron)은 다음 어느 성질을 가지는가?

① 잔류자기, 보자력이 모두 크다.
② 보자력이 크고 히스테리시스 곡선의 면적이 작다.
③ 보자력과 히스테리시스 곡선의 면적이 모두 작다.
④ 보자력이 크고 잔류자기가 작다.

해설 ㉠ 전자석(일시 자석)의 재료는 잔류자기가 크고 보자력이 작아야 한다.
㉡ 영구자석의 재료는 잔류자기와 보자력이 모두 커야 한다.

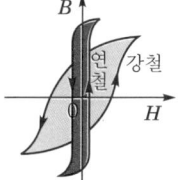

15 자기 인덕턴스가 각가 L_1, L_2인 두 코일을 서로 간섭이 없도록 병렬로 연결했을 때 그 합성 인덕턴스는?

① $L_1 L_2$ ② $\dfrac{L_1 + L_2}{L_1 L_2}$

③ $L_1 + L_2$ ④ $\dfrac{L_1 L_2}{L_1 + L_2}$

해설

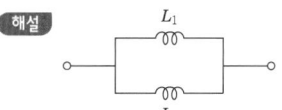

합성 인덕턴스 $L = \dfrac{1}{\dfrac{1}{L_1} + \dfrac{1}{L_2}} = \dfrac{L_1 L_2}{L_1 + L_2}$[H]

16 매초마다 S면을 통과하는 전자에너지를 $W = \displaystyle\int_s P \cdot n\, ds$[W]로 표시하는데 이 중 틀린 설명은?

① 벡터 P를 포인팅 벡터라 한다.
② n이 내향일 때는 S면 내에 공급되는 총전력이다.
③ n이 외향일 때는 S면 내에서 나오는 총전력이 된다.
④ P의 방향은 전자계의 에너지 흐름의 진행방향과 다르다.

해설 포인팅 벡터 또는 방사 벡터 P의 방향은 전자계의 에너지 흐름의 진행방향과 같다.

17 유전체 중의 전계의 세기를 E, 유전율을 ε이라 하면 전기변위[C/m²]는?

① εE ② εE^2
③ $\dfrac{\varepsilon}{E}$ ④ $\dfrac{E}{\varepsilon}$

해설 전기변위 = 전속밀도 = $\dfrac{Q}{s} = \varepsilon E$[C/m²]

정답 12. ② 13. ④ 14. ③ 15. ④ 16. ④ 17. ①

18 반지름 a인 원주 도체의 단위길이당 내부 인덕턴스는 몇 [H/m]인가?

① $\frac{\mu}{4\pi}$ ② $4\pi\mu$

③ $\frac{\mu}{8\pi}$ ④ $8\pi\mu$

해설 단위길이당 내부 인덕턴스 $L = \frac{\mu}{8\pi}$ [H/m]

19 평등자계 내에 수직으로 돌입한 전자의 궤적은?

① 원운동을 하는데, 원의 반지름은 자계의 세기에 비례한다.
② 구면 위에서 회전하고 반지름은 자계의 세기에 비례한다.
③ 원운동을 하고 반지름은 전자의 처음 속도에 비례한다.
④ 원운동을 하고 반지름은 자계의 세기에 반비례한다.

해설 평등자계 내에 수직으로 돌입한 전자는 원운동을 한다.

구심력=원심력, $evB = \frac{mv^2}{r}$

회전 반지름 $r = \frac{mv}{eB} = \frac{mv}{e\mu_0 H}$ [m]

∴ 원자는 원운동을 하고 반지름은 자계의 세기 (H)에 반비례한다.

20 강자성체가 아닌 것은?

① 철   ② 니켈
③ 백금   ④ 코발트

해설 ㉠ 강자성체 : 철(Fe), 니켈(Ni), 코발트(Co) 및 이들의 합금
㉡ 역(반)자성체 : 비스무트(Bi), 탄소(C), 규소(Si), 은(Ag), 납(Pb), 아연(Zn), 황(S), 구리(Cu)

정답 18. ③   19. ④   20. ③

2021년 제2회 기출문제

전기기사

01 두 종류의 유전율(ε_1, ε_2)을 가진 유전체가 서로 접하고 있는 경계면에 진전하가 존재하지 않을 때 성립하는 경계조건으로 옳은 것은? (단, E_1, E_2는 각 유전체에서의 전계이고, D_1, D_2는 각 유전체에서의 전속밀도이고, θ_1, θ_2는 각각 경계면의 법선벡터와 E_1, E_2가 이루는 각이다.)

① $E_1\cos\theta_1 = E_2\cos\theta_2$,
　$D_1\sin\theta_1 = D_2\sin\theta_2$, $\dfrac{\tan\theta_1}{\tan\theta_2} = \dfrac{\varepsilon_2}{\varepsilon_1}$

② $E_1\cos\theta_1 = E_2\cos\theta_2$,
　$D_1\sin\theta_1 = D_2\sin\theta_2$, $\dfrac{\tan\theta_1}{\tan\theta_2} = \dfrac{\varepsilon_1}{\varepsilon_2}$

③ $E_1\sin\theta_1 = E_2\sin\theta_2$,
　$D_1\cos\theta_1 = D_2\cos\theta_2$, $\dfrac{\tan\theta_1}{\tan\theta_2} = \dfrac{\varepsilon_2}{\varepsilon_1}$

④ $E_1\sin\theta_1 = E_2\sin\theta_2$,
　$D_1\cos\theta_1 = D_2\cos\theta_2$, $\dfrac{\tan\theta_1}{\tan\theta_2} = \dfrac{\varepsilon_1}{\varepsilon_2}$

해설 유전체의 경계면에서 경계조건
- 전계 E의 접선성분은 경계면의 양측에서 같다.
  $E_1\sin\theta_1 = E_2\sin\theta_2$
- 전속밀도 D의 법선성분은 경계면 양측에서 같다.
  $D_1\cos\theta_1 = D_2\cos\theta_2$
- 굴절각은 유전율에 비례한다.
  $\dfrac{\tan\theta_1}{\tan\theta_2} = \dfrac{\varepsilon_1}{\varepsilon_2} \propto \dfrac{\theta_1}{\theta_2}$

02 공기 중에서 반지름 0.03[m]의 구도체에 줄 수 있는 최대 전하는 약 몇 [C]인가? (단, 이 구도체의 주위 공기에 대한 절연내력은 5×10^6[V/m]이다.)

① 5×10^{-7}　　② 2×10^{-6}
③ 5×10^{-5}　　④ 2×10^{-4}

해설 구도체의 절연내력은 구도체 표면의 전계의 세기와 같다.
$E = \dfrac{Q}{4\pi\varepsilon_0 r^2}$ [V/m]

전하 $Q = E \times 4\pi\varepsilon_0 r^2 = 5\times10^6 \times \dfrac{1}{9\times10^9} \times 0.03^2$
$= 5\times10^{-7}$ [C]

03 진공 중의 평등자계 H_0 중에 반지름이 a[m]이고, 투자율이 μ인 구자성체가 있다. 이 구자성체의 감자율은? (단, 구자성체 내부의 자계는 $H = \dfrac{3\mu_0}{2\mu_0+\mu}H_0$이다.)

① 1　　② $\dfrac{1}{2}$
③ $\dfrac{1}{3}$　　④ $\dfrac{1}{4}$

해설 자화의 세기 $J = \dfrac{\mu_0(\mu_s-1)}{1+N(\mu_s-1)}H_0$

감자력 $H' = H_0 - H = \dfrac{N}{\mu_0}J$

$H_0 - H = H_0 - \dfrac{3\mu_0}{2\mu_0+\mu}H_0 = \left(1 - \dfrac{3}{2+\mu_s}\right)H_0$

$= \dfrac{\mu_s-1}{2+\mu_s}H_0$

$\dfrac{N}{\mu_0}J = \dfrac{N}{\mu_0}\dfrac{\mu_0(\mu_s-1)}{1+N(\mu_s-1)}H_0 = \dfrac{N(\mu_s-1)}{1+N(\mu_s-1)}H_0$

$\dfrac{\mu_s-1}{2+\mu_s}H_0 = \dfrac{N(\mu_s-1)}{1+N(\mu_s-1)}H_0$

$\dfrac{1}{2+\mu_s} = \dfrac{N}{1+N(\mu_s-1)}$

따라서, 구자성체의 감자율 $N = \dfrac{1}{3}$

정답 01. ④　02. ①　03. ③

04 유전율 ε, 전계의 세기 E인 유전체의 단위체적당 축적되는 정전에너지는?

① $\dfrac{E}{2\varepsilon}$ ② $\dfrac{\varepsilon E}{2}$
③ $\dfrac{\varepsilon E^2}{2}$ ④ $\dfrac{\varepsilon^2 E^2}{2}$

해설 정전에너지 $w_E = \dfrac{W_E}{V}$ [J/m³]
(전계 중의 단위체적당 축적에너지)
$w_E = \dfrac{1}{2}DE = \dfrac{1}{2}\varepsilon E^2 = \dfrac{D^2}{2\varepsilon}$ [J/m³]

05 단면적이 균일한 환상 철심에 권수 N_A인 A 코일과 권수 N_B인 B 코일이 있을 때, B 코일의 자기 인덕턴스가 L_A[H]라면 두 코일의 상호 인덕턴스[H]는? (단, 누설자속은 0이다.)

① $\dfrac{L_A N_A}{N_B}$ ② $\dfrac{L_A N_B}{N_A}$
③ $\dfrac{N_A}{L_A N_B}$ ④ $\dfrac{N_B}{L_A N_A}$

해설 B 코일의 자기 인덕턴스 $L_A = \dfrac{\mu N_B^2 \cdot S}{l}$ [H]
상호 인덕턴스 $M = \dfrac{\mu N_A N_B S}{l}$
$= \dfrac{\mu N_A N_B S}{l} \cdot \dfrac{N_B}{N_B}$
$= \dfrac{\mu N_B^2 S}{l} \cdot \dfrac{N_A}{N_B} = \dfrac{L_A N_A}{N_B}$ [H]

06 비투자율이 350인 환상 철심 내부의 평균 자계의 세기가 342[AT/m]일 때 자화의 세기는 약 몇 [Wb/m²]인가?

① 0.12 ② 0.15
③ 0.18 ④ 0.21

해설 자화의 세기 $J = \mu_0(\mu_s - 1)H$
$= 4\pi \times 10^{-7} \times (350-1) \times 342$
$= 0.15$ [Wb/m²]

07 진공 중에 놓인 Q[C]의 전하에서 발산되는 전기력선의 수는?

① Q ② ε_0
③ $\dfrac{Q}{\varepsilon_0}$ ④ $\dfrac{\varepsilon_0}{Q}$

해설 진공 중에 놓인 Q[C]의 전하에서 발산하는 전기력선의 수 $N = \dfrac{Q}{\varepsilon_0}$ [lines]이다.

08 비투자율이 50인 환상 철심을 이용하여 100[cm] 길이의 자기 회로를 구성할 때 자기저항을 2.0×10^7[AT/Wb] 이하로 하기 위해서는 철심의 단면적을 약 몇 [m²] 이상으로 하여야 하는가?

① 3.6×10^{-4} ② 6.4×10^{-4}
③ 8.0×10^{-4} ④ 9.2×10^{-4}

해설 자기저항 $R_m = \dfrac{l}{\mu_0 \mu_s \cdot S}$
철심의 단면적 $S = \dfrac{l}{\mu_0 \mu_s R_m}$
$= \dfrac{1}{4\pi \times 10^{-7} \times 50 \times 2.0 \times 10^7}$
$= 7.957 \times 10^{-4}$
$\fallingdotseq 8 \times 10^{-4}$ [m²]

09 자속밀도가 10[Wb/m²]인 자계 중에 10[cm] 도체를 자계와 60°의 각도로 30[m/s]로 움직일 때, 이 도체에 유기되는 기전력은 몇 [V]인가?

① 15
② $15\sqrt{3}$
③ 1,500
④ $1,500\sqrt{3}$

해설 플레밍의 오른손법칙에서
기전력 $e = vBl\sin\theta = 30 \times 10 \times 0.1 \times \dfrac{\sqrt{3}}{2}$
$= 15\sqrt{3}$ [V]

정답 04. ③ 05. ① 06. ② 07. ③ 08. ③ 09. ②

10 다음 중 전기력선의 성질에 대한 설명으로 옳은 것은?

① 전기력선은 등전위면과 평행하다.
② 전기력선은 도체 표면과 직교한다.
③ 전기력선은 도체 내부에 존재할 수 있다.
④ 전기력선은 전위가 낮은 점에서 높은 점으로 향한다.

해설 전기력선의 성질
- 전기력선은 등전위면과 직교한다.
- 전기력선은 도체 내부에는 존재하지 않으며, 도체 표면과 직교한다.
- 전기력선은 전위가 높은 점에서 낮은 점으로 향한다.

11 평등자계와 직각 방향으로 일정한 속도로 발사된 전자의 원운동에 관한 설명으로 옳은 것은?

① 플레밍의 오른손법칙에 의한 로렌츠의 힘과 원심력의 평형 원운동이다.
② 원의 반지름은 전자의 발사속도와 전계의 세기의 곱에 반비례한다.
③ 전자의 원운동 주기는 전자의 발사속도와 무관하다.
④ 전자의 원운동 주파수는 전자의 질량에 비례한다.

해설 전자의 원운동은 힘의 평형에서

구심력=원심력, $eBv = \dfrac{mv^2}{r}$ 일 때

- 반경 $r = \dfrac{mv}{eB}$ [m]
- 각속도 $\omega = \dfrac{eB}{m}$ [rad/s] $= 2\pi f(2\pi n)$
- 주기 $T = \dfrac{1}{f} = \dfrac{2\pi m}{eB}$ [s]

따라서, 원운동의 주기는 발사속도와 무관하고 로렌츠의 힘은 플레밍의 왼손법칙에 의한다.

12 전계 E[V/m]가 두 유전체의 경계면에 평행으로 작용하는 경우 경계면에 단위면적당 작용하는 힘의 크기는 몇 [N/m²]인가? (단, ε_1, ε_2는 각 유전체의 유전율이다.)

① $f = E^2(\varepsilon_1 - \varepsilon_2)$
② $f = \dfrac{1}{E^2}(\varepsilon_1 - \varepsilon_2)$
③ $f = \dfrac{1}{2}E^2(\varepsilon_1 - \varepsilon_2)$
④ $f = \dfrac{1}{2E^2}(\varepsilon_1 - \varepsilon_2)$

해설 전계가 경계면에 평행으로 입사하면 $E_1 = E_2 = E$이고, 전계의 수직방향으로 압축응력이 작용한다.
힘 $f = f_1 - f_2$
$= \dfrac{1}{2}\varepsilon_1 E_1^2 - \dfrac{1}{2}\varepsilon_2 E_2^2$
$= \dfrac{1}{2}E^2(\varepsilon_1 - \varepsilon_2)$ [N/m²]

힘은 유전율이 큰 쪽에서 작은 쪽으로 작용한다.

13 공기 중에 있는 반지름 a[m]의 독립 금속구의 정전용량은 몇 [F]인가?

① $2\pi\varepsilon_0 a$　② $4\pi\varepsilon_0 a$
③ $\dfrac{1}{2\pi\varepsilon_0 a}$　④ $\dfrac{1}{4\pi\varepsilon_0 a}$

해설 금속구의 전위 $V = \dfrac{1}{4\pi\varepsilon_0}\dfrac{Q}{a}$ [V]

구도체의 정전용량 $C = \dfrac{Q}{V} = \dfrac{Q}{\dfrac{Q}{4\pi\varepsilon_0 a}}$

$= 4\pi\varepsilon_0 a$ [F]

14 와전류가 이용되고 있는 것은?

① 수중 음파 탐지기
② 레이더
③ 자기 브레이크(magnetic brake)
④ 사이클로트론(cyclotron)

정답 10. ② 11. ③ 12. ③ 13. ② 14. ③

해설 자기장과 와전류의 상호 작용으로 힘이 발생하는데 이것을 이용한 제동장치를 자기 브레이크라 한다.

15 전계 $E = \dfrac{2}{x}\hat{x} + \dfrac{2}{y}\hat{y}$ [V/m]에서 점 $(3, 5)$[m]를 통과하는 전기력선의 방정식은? (단, $\hat{x}$, $\hat{y}$는 단위벡터이다.)

① $x^2 + y^2 = 12$
② $y^2 - x^2 = 12$
③ $x^2 + y^2 = 16$
④ $y^2 - x^2 = 16$

해설 전기력선의 방정식 $\dfrac{dx}{E_x} = \dfrac{dy}{E_y} = \dfrac{dz}{E_z}$ 에서

$\dfrac{1}{\frac{2}{x}}dx = \dfrac{1}{\frac{2}{y}}dy$ 양변을 적분하면

$\dfrac{1}{4}x^2 + c_1 = \dfrac{1}{4}y^2 + c_2$ (여기서, c_1, c_2 : 적분상수)

$y^2 - x^2 = 4(c_1 - c_2) = k$ (여기서, k : 임의의 상수)

점 $(3, 5)$를 통과하는 전기력선의 방정식은
$5^2 - 3^2 = 16$
$\therefore y^2 - x^2 = 16$

16 전계 $E = \sqrt{2}\,E_e \sin\omega\left(t - \dfrac{x}{c}\right)$[V/m]의 평면 전자파가 있다. 진공 중에서 자계의 실효값은 몇 [A/m]인가?

① $\dfrac{1}{4\pi}E_e$
② $\dfrac{1}{36\pi}E_e$
③ $\dfrac{1}{120\pi}E_e$
④ $\dfrac{1}{360\pi}E_e$

해설 진공 중에서 고유 임피던스 η_0

$\eta_0 = \dfrac{E_e}{H_e} = \dfrac{\sqrt{\mu_0}}{\sqrt{\varepsilon_0}} = 120\pi\,[\Omega]$

자계의 실효값 $H_e = \dfrac{1}{120\pi}E_e$[A/m]

17 진공 중에 서로 떨어져 있는 두 도체 A, B가 있다. 도체 A에만 1[C]의 전하를 줄 때, 도체 A, B의 전위가 각각 3[V], 2[V]이었다. 지금 도체 A, B에 각각 1[C]과 2[C]의 전하를 주면 도체 A의 전위는 몇 [V]인가?

① 6
② 7
③ 8
④ 9

해설 각 도체의 전위
$V_1 = P_{11}Q_1 + P_{12}Q_2$, $V_2 = P_{21}Q_1 + P_{22}Q_2$에서
A 도체에만 1[C]의 전하를 주면
$V_1 = P_{11} \times 1 + P_{12} \times 0 = 3$
$\therefore P_{11} = 3$
$V_2 = P_{21} \times 1 + P_{22} \times 0 = 2$
$\therefore P_{21}(= P_{12}) = 2$
A, B에 각각 1[C], 2[C]을 주면 A 도체의 전위는
$V_1 = 3 \times 1 + 2 \times 2 = 7$[V]

18 한 변의 길이가 4[m]인 정사각형의 루프에 1[A]의 전류가 흐를 때, 중심점에서의 자속밀도 B는 약 몇 [Wb/m²]인가?

① 2.83×10^{-7}
② 5.65×10^{-7}
③ 11.31×10^{-7}
④ 14.14×10^{-7}

해설 정사각형 중심점의 자계의 세기 H
$H = \dfrac{2\sqrt{2}\,I}{\pi l}$[AT/m]

자속밀도 $B = \mu_0 H = 4\pi \times 10^{-7} \times \dfrac{2\sqrt{2} \times 1}{4\pi}$
$= 2.828 \times 10^{-7}$
$\fallingdotseq 2.83 \times 10^{-7}$[Wb/m²]

19 원점에 1[μC]의 점전하가 있을 때 점 P(2, -2, 4)[m]에서의 전계의 세기에 대한 단위벡터는 약 얼마인가?

① $0.41a_x - 0.41a_y + 0.82a_z$
② $-0.33a_x + 0.33a_y - 0.66a_z$
③ $-0.41a_x + 0.41a_y - 0.82a_z$
④ $0.33a_x - 0.33a_y + 0.66a_z$

정답 15. ④ 16. ③ 17. ② 18. ① 19. ①

해설 거리의 벡터 $r = 2a_x - 2a_y + 4a_z$ [m]

거리 $|r| = \sqrt{2^2 + 2^2 + 4^2} = \sqrt{24}$ [m]

단위벡터 $r_0 = \dfrac{r}{|r|} = \dfrac{2a_x - 2a_y + 4a_z}{\sqrt{24}}$
$= 0.41a_x - 0.41a_y + 0.82a_z$

20 공기 중에서 전자기파의 파장이 3[m]라면 그 주파수는 몇 [MHz]인가?

① 100 ② 300
③ 1,000 ④ 3,000

해설 공기 중의 전자기파의 속도 v_0

$v_0 = \dfrac{1}{\sqrt{\varepsilon_0 \mu_0}} = \lambda \cdot f = 3 \times 10^8$ [m/s]

주파수 $f = \dfrac{v_0}{\lambda} = \dfrac{3 \times 10^8}{3} = 10^8 = 100$ [MHz]

정답 20. ①

2021년 제2회 CBT 기출복원문제

전기산업기사

01 자기 인덕턴스가 각각 L_1, L_2인 두 코일을 서로 간섭이 없도록 병렬로 연결했을 때 그 합성 인덕턴스는?

① $L_1 L_2$
② $\dfrac{L_1 + L_2}{L_1 L_2}$
③ $L_1 + L_2$
④ $\dfrac{L_1 L_2}{L_1 + L_2}$

해설

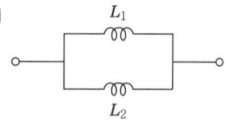

합성 인덕턴스 $L = \dfrac{1}{\dfrac{1}{L_1} + \dfrac{1}{L_2}} = \dfrac{L_1 L_2}{L_1 + L_2}$ [H]

02 반지름 a[m]인 원형 코일에 전류 I[A]가 흘렀을 때, 코일 중심 자계의 세기[AT/m]는?

① $\dfrac{I}{2a}$　　② $\dfrac{I}{4a}$
③ $\dfrac{I}{2\pi a}$　　④ $\dfrac{I}{4\pi a}$

해설 원형 코일 중심축상 자계의 세기

$H = \dfrac{a^2 I}{2(a^2 + x^2)^{\frac{3}{2}}}$ [AT/m]

원형 코일 중심 자계의 세기($x = 0$)

∴ $H = \dfrac{I}{2a}$ [AT/m]

원형 코일의 권수를 N이라 하면

$H = \dfrac{NI}{2a}$ [AT/m]

03 유전체 내의 전속밀도가 D[C/m²]인 전계에 저축되는 단위체적당 정전에너지가 w_e [J/m³]일 때 유전체의 비유전율은?

① $\dfrac{D^2}{2\varepsilon_0 w_e}$
② $\dfrac{D^2}{\varepsilon_0 w_e}$
③ $\dfrac{2\varepsilon_0 D^2}{w}$
④ $\dfrac{\varepsilon_0 D^2}{w_e}$

해설 $w_e = \dfrac{1}{2} ED = \dfrac{\varepsilon E^2}{2} = \dfrac{D^2}{2\varepsilon} = \dfrac{D^2}{2\varepsilon_0 \varepsilon_s}$ [J/m³]

∴ $\varepsilon_s = \dfrac{D^2}{2\varepsilon_0 w_e}$

04 반지름 a[m]인 접지 도체구 중심으로부터 d[m]($> a$)인 곳에 점전하 Q[C]이 있으면 구도체에 유기되는 전하량[C]은?

① $-\dfrac{a}{d} Q$　　② $\dfrac{a}{d} Q$
③ $-\dfrac{d}{a} Q$　　④ $\dfrac{d}{a} Q$

해설

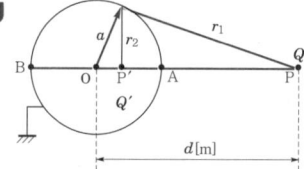

영상점 P'의 위치는 $\mathrm{OP'} = \dfrac{a^2}{d}$ [m]

영상전하의 크기는 $Q' = -\dfrac{a}{d} Q$ [C]

정답 01. ④ 02. ① 03. ① 04. ①

05 대전도체 표면의 전하밀도 $\sigma[C/m^2]$이라 할 때 대전도체 표면의 단위면적이 받는 정전 응력은 전하밀도 σ와 어떤 관계에 있는가?

① $\sigma^{\frac{1}{2}}$에 비례 ② $\sigma^{\frac{3}{2}}$에 비례
③ σ에 비례 ④ σ^2에 비례

해설 단위면적당 받는 힘 = 정전 흡입력
$$f = \frac{F}{s} = \frac{\sigma^2}{2\varepsilon_0} = \frac{D^2}{2\varepsilon_0} = \frac{1}{2}\varepsilon_0 E^2 = \frac{1}{2}ED[N/m^2]$$

06 두 개의 코일이 있다. 각각의 자기 인덕턴스가 $L_1 = 0.25[H]$, $L_2 = 0.4[H]$일 때, 상호 인덕턴스는 몇 [H]인가? (단, 결합계수는 1이라 한다.)

① 0.125 ② 0.197
③ 0.258 ④ 0.316

해설 결합계수 $k = \frac{M}{\sqrt{L_1 L_2}}$
$M = k\sqrt{L_1 L_2} = 1 \times \sqrt{0.25 \times 0.4} ≒ 0.316[H]$

07 전류에 의한 자계의 방향을 결정하는 법칙은?

① 렌츠의 법칙
② 플레밍의 오른손법칙
③ 플레밍의 왼손법칙
④ 앙페르의 오른나사법칙

해설 전류에 의한 자계의 방향은 앙페르의 오른나사법칙에 따르며 다음 그림과 같은 방향이다.

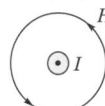 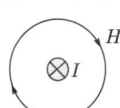

08 도체계에서 임의의 도체를 일정 전위의 도체로 완전 포위하면 내외 공간의 전계를 완전 차단할 수 있다. 이것을 무엇이라 하는가?

① 전자차폐 ② 정전차폐
③ 홀(Hall)효과 ④ 핀치(Pinch)효과

해설

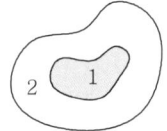

도체 1을 도체 2로 완전 포위하면 내외공간의 전계를 완전 차단할 수 있어 도체 1과 도체 3 간의 유도계수가 없는 상태가 되는데 이를 정전차폐라 한다.

09 균질의 철사에 온도 구배가 있을 때, 여기에 전류가 흐르면 열의 흡수 또는 발생을 수반하는데, 이 현상은?

① 톰슨효과 ② 핀치효과
③ 펠티에효과 ④ 제벡효과

해설 동일한 금속이라도 그 도체 중의 두 점간에 온도차가 있으면 전류를 흘림으로써 열의 발생 또는 흡수가 생기는 현상을 톰슨효과라 한다.

10 한 변의 길이가 1[m]인 정삼각형의 두 정점 B, C에 $10^{-4}[C]$의 점전하가 있을 때, 다른 또 하나의 정점 A의 전계[V/m]는?

① 9.0×10^5 ② 15.6×10^5
③ 18.0×10^5 ④ 31.2×10^5

해설

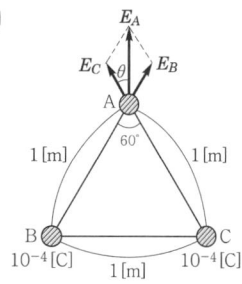

$E_B = 9 \times 10^9 \times \frac{Q_B}{r_B^2} = 9 \times 10^9 \times \frac{10^{-4}}{1^2}$
$= 9 \times 10^5[V/m]$
$E_C = 9 \times 10^9 \times \frac{Q_C}{r_C^2} = 9 \times 10^9 \times \frac{10^{-4}}{1^2}$
$= 9 \times 10^5[V/m]$
$\therefore E_A = 2E_B \cos\theta = 2E_B \cos 30°$
$= 2 \times 9 \times 10^5 \times \frac{\sqrt{3}}{2}$
$= 15.6 \times 10^5[V/m]$

정답 05.④ 06.④ 07.④ 08.② 09.① 10.②

11 유전체 중의 전계의 세기를 E, 유전율을 ε이라 하면 전기변위[C/m²]는?

① εE
② εE^2
③ $\dfrac{\varepsilon}{E}$
④ $\dfrac{E}{\varepsilon}$

해설 $\rho_s = D = \varepsilon E \,[\text{C/m}^2]$

12 환상 철심에 감은 코일에 5[A]의 전류를 흘려 2,000[AT]의 기자력을 발생시키고자 한다면 코일의 권수는 몇 회로 하면 되는가?

① 100회
② 200회
③ 300회
④ 400회

해설 기자력 $F = NI\,[\text{AT}]$

∴ 권수 $N = \dfrac{F}{I} = \dfrac{2,000}{5} = 400$회

13 단면적 $S = 5[\text{m}^2]$인 도선에 3초 동안 30[C]의 전하를 흘릴 경우 발생되는 전류[A]는?

① 5
② 10
③ 15
④ 20

해설 전류 $I = \dfrac{Q}{t} = \dfrac{30}{3} = 10\,[\text{A}]$

14 1권선의 코일에 5[Wb]의 자속이 쇄교하고 있을 때, $t = \dfrac{1}{100}$초 사이에 이 자속을 0으로 했다면 이때 코일에 유도되는 기전력은 몇 [V]이겠는가?

① 100
② 250
③ 500
④ 700

해설 $e = -N\dfrac{d\phi}{dt} = -1 \times \dfrac{0-5}{10^{-2}} = 500\,[\text{V}]$

15 진공 중에서 어떤 대전체의 전속이 Q였다. 이 대전체를 비유전율 2.2인 유전체 속에 넣었을 경우의 전속은?

① Q
② ϵQ
③ $2.2Q$
④ 0

해설 전속은 매질에 관계없이 불변이므로 Q이다.

16 양도체에 있어서 전자파의 전파정수는?
(단, 주파수 $f[\text{Hz}]$, 도전율 $\sigma[\text{s/m}]$, 투자율 $\mu[\text{H/m}]$)

① $\sqrt{\pi f \sigma \mu} + j\sqrt{\pi f \sigma \mu}$
② $\sqrt{2\pi f \sigma \mu} + j\sqrt{2\pi f \sigma \mu}$
③ $\sqrt{2\pi f \sigma \mu} + j\sqrt{\pi f \sigma \mu}$
④ $\sqrt{\pi f \sigma \mu} + j\sqrt{2\pi f \sigma \mu}$

해설 전파정수 $\gamma = \alpha + j\beta = \sqrt{\pi f \sigma \mu} + j\sqrt{\pi f \sigma \mu}$

17 물(비유전율 80, 비투자율 1)속에서의 전자파 전파속도[m/s]는?

① 3×10^{10}
② 3×10^8
③ 3.35×10^{10}
④ 3.35×10^7

해설 $v = \dfrac{1}{\sqrt{\varepsilon\mu}} = \dfrac{1}{\sqrt{\varepsilon_0\mu_0}} \cdot \dfrac{1}{\sqrt{\varepsilon_s\mu_s}}$

$= \dfrac{C_0}{\sqrt{\varepsilon_s\mu_s}} = \dfrac{3 \times 10^8}{\sqrt{80 \times 1}} \fallingdotseq 3.35 \times 10^7\,[\text{m/s}]$

18 점자극에 의한 자위는?

① $U = \dfrac{m}{4\pi\mu_0 r}\,[\text{Wb/J}]$
② $U = \dfrac{m}{4\pi\mu_0 r^2}\,[\text{Wb/J}]$
③ $U = \dfrac{m}{4\pi\mu_0 r}\,[\text{J/Wb}]$
④ $U = \dfrac{m}{4\pi\mu_0 r^2}\,[\text{J/Wb}]$

정답 11.① 12.④ 13.② 14.③ 15.① 16.① 17.④ 18.③

해설 자위(U)

+1[Wb]의 자하를 자계 0인 무한 원점에서 점 P까지 운반하는데 소요되는 일

$$U = -\int_{\infty}^{P} H dr = \frac{m}{4\pi\mu_0 r} \text{[J/Wb, A, AT]}$$

19 변압기 철심에서 규소 강판이 쓰이는 주된 원인은?

① 와전류손을 적게 하기 위하여
② 큐리온도를 높이기 위하여
③ 부하손(동손)을 적게 하기 위하여
④ 히스테리시스손을 적게 하기 위하여

해설 전자석은 히스테리시스 곡선의 면적이 작고, 잔류 자기는 크며, 보자력이 작으므로 전자석 재료인 연철, 규소 강판 등에 적합하다.

20 정전용량이 0.5[μF], 1[μF]인 콘덴서에 각각 2×10^{-4}[C] 및 3×10^{-4}[C]의 전하를 주고 극성을 같게 하여 병렬로 접속할 때 콘덴서에 축적될 에너지는 약 몇 [J]인가?

① 0.042　　② 0.063
③ 0.083　　④ 0.126

해설
$$W = \frac{(Q_1 + Q_2)^2}{2(C_1 + C_2)} = \frac{(2 \times 10^{-4} + 3 \times 10^{-4})^2}{2(0.5 \times 10^{-6} + 1 \times 10^{-6})}$$
$$\fallingdotseq 0.083 \text{[J]}$$

정답 19. ④　20. ③

2021년 제3회 기출문제

01 그림과 같이 단면적 $S[m^2]$가 균일한 환상 철심에 권수 N_1인 A 코일과 권수 N_2인 B 코일이 있을 때, A 코일의 자기 인덕턴스가 $L_1[H]$라면 두 코일의 상호 인덕턴스 $M[H]$는? (단, 누설자속은 0이다.)

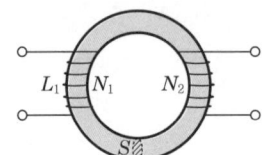

① $\dfrac{L_1 N_2}{N_1}$ ② $\dfrac{N_2}{L_1 N_1}$

③ $\dfrac{L_1 N_1}{N_2}$ ④ $\dfrac{N_1}{L_1 N_2}$

해설 A 코일의 자기 인덕턴스 $L_1 = \dfrac{\mu N_1^2 S}{l}[H]$

상호 인덕턴스 $M = \dfrac{\mu N_1 N_2 S}{l} = \dfrac{\mu N_1 N_2 S}{l} \cdot \dfrac{N_1}{N_1}$

$= L_1 \cdot \dfrac{N_2}{N_1}[H]$

02 평행판 커패시터에 어떤 유전체를 넣었을 때 전속밀도가 $4.8 \times 10^{-7}[C/m^2]$이고 단위체적당 정전에너지가 $5.3 \times 10^{-3}[J/m^3]$이었다. 이 유전체의 유전율은 약 몇 [F/m]인가?

① 1.15×10^{-11} ② 2.17×10^{-11}
③ 3.19×10^{-11} ④ 4.21×10^{-11}

해설 정전에너지 $w_E = \dfrac{D^2}{2\varepsilon}[J/m^3]$

유전율 $\varepsilon = \dfrac{D^2}{2w_E} = \dfrac{(4.8 \times 10^{-7})^2}{2 \times 5.3 \times 10^{-3}}$

$= 2.17 \times 10^{-11}[F/m]$

03 진공 중에서 점(0, 1)[m]의 위치에 $-2 \times 10^{-9}[C]$의 점전하가 있을 때, 점(2, 0)[m]에 있는 1[C]의 점전하에 작용하는 힘은 몇 [N]인가? (단, $\hat{x}$, $\hat{y}$는 단위벡터이다.)

① $-\dfrac{18}{3\sqrt{5}}\hat{x} + \dfrac{36}{3\sqrt{5}}\hat{y}$

② $-\dfrac{36}{5\sqrt{5}}\hat{x} + \dfrac{18}{5\sqrt{5}}\hat{y}$

③ $-\dfrac{36}{3\sqrt{5}}\hat{x} + \dfrac{18}{3\sqrt{5}}\hat{y}$

④ $\dfrac{36}{5\sqrt{5}}\hat{x} + \dfrac{18}{5\sqrt{5}}\hat{y}$

해설 거리벡터 $r = 2\hat{x} + \hat{y}[m]$

거리벡터의 절댓값 $|r| = \sqrt{2^2 + 1^2} = \sqrt{5}[m]$

단위벡터 $r_0 = \dfrac{r}{|r|} = \dfrac{2\hat{x} + \hat{y}}{\sqrt{5}}$

힘 $F = r_0 \dfrac{1}{4\pi\varepsilon_0} \cdot \dfrac{Q_1 Q_2}{r^2}$

$= \dfrac{2\hat{x} + \hat{y}}{\sqrt{5}} \times 9 \times 10^9 \times \dfrac{-2 \times 10^{-9} \times 1}{(\sqrt{5})^2}$

$= \dfrac{-36}{5\sqrt{5}}\hat{x} + \dfrac{18}{5\sqrt{5}}\hat{y}[N]$

04 다음 중 기자력(magnetomotive force)에 대한 설명으로 틀린 것은?

① SI 단위는 암페어[A]이다.
② 전기회로의 기전력에 대응한다.
③ 자기회로의 자기저항과 자속의 곱과 동일하다.
④ 코일에 전류를 흘렸을 때 전류밀도와 코일의 권수의 곱의 크기와 같다.

해설 기자력 $F = NI[A]$

기자력은 전기회로의 기전력과 대응되며 자기저항 R_m과 자속 ϕ의 곱의 크기와 같다.

자기회로 옴의 법칙 $\phi = \dfrac{F}{R_m}[Wb]$

정답 01. ① 02. ② 03. ② 04. ④

05 쌍극자 모멘트가 $M[C \cdot m]$인 전기 쌍극자에 의한 임의의 점 P에서의 전계의 크기는 전기 쌍극자의 중심에서 축 방향과 점 P를 잇는 선분 사이의 각이 얼마일 때 최대가 되는가?

① 0
② $\dfrac{\pi}{2}$
③ $\dfrac{\pi}{3}$
④ $\dfrac{\pi}{4}$

해설 전기 쌍극자에 의한 전계의 세기

$$E = \sqrt{E_r^2 + E_\theta^2} = \dfrac{M}{4\pi\varepsilon_0 r^3}\sqrt{1+3\cos^2\theta}\,[V/m]$$

$\theta = 0$일 때 전계의 크기는 최대이다.

06 정상 전류계에서 J는 전류밀도, σ는 도전율, ρ는 고유저항, E는 전계의 세기일 때, 옴의 법칙의 미분형은?

① $J = \sigma E$
② $J = \dfrac{E}{\sigma}$
③ $J = \rho E$
④ $J = \rho \sigma E$

해설 전류 $I = \dfrac{V}{R} = \dfrac{El}{\rho \dfrac{l}{S}} = \dfrac{E}{\rho}S\,[A]$

전류밀도 $J = \dfrac{I}{S} = \dfrac{E}{\rho} = \sigma E\,[A/m^2]$

07 그림과 같이 극판의 면적이 $S[m^2]$인 평행판 커패시터에 유전율이 각각 $\varepsilon_1 = 4$, $\varepsilon_2 = 2$인 유전체를 채우고, a, b 양단에 $V[V]$의 전압을 인가했을 때, ε_1, ε_2인 유전체 내부의 전계의 세기 E_1과 E_2의 관계식은? (단, $\sigma[C/m^2]$는 면전하 밀도이다.)

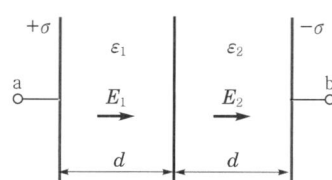

① $E_1 = 2E_2$
② $E_1 = 4E_2$
③ $2E_1 = E_2$
④ $E_1 = E_2$

해설 유전체의 경계면 조건에서 전속밀도의 법선성분은 서로 같으므로

$D_{1n} = D_{2n}$, $\varepsilon_1 E_1 = \varepsilon_2 E_2$, $4E_1 = 2E_2$

$\therefore 2E_1 = E_2$

08 반지름이 $r[m]$인 반원형 전류 $I[A]$에 의한 반원의 중심(O)에서 자계의 세기$[AT/m]$는?

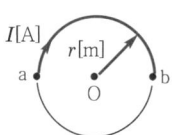

① $\dfrac{2I}{r}$
② $\dfrac{I}{r}$
③ $\dfrac{I}{2r}$
④ $\dfrac{I}{4r}$

해설 원형 코일 중심점의 자계의 세기

$$H = \dfrac{NI}{2a} = \dfrac{\frac{1}{2}I}{2r} = \dfrac{I}{4r}\,[AT/m]$$

09 평균 반지름(r)이 20[cm], 단면적(S)이 6[cm²]인 환상 철심에서 권선수(N)가 500회인 코일에 흐르는 전류(I)가 4[A]일 때 철심 내부에서의 자계의 세기(H)는 약 몇 [AT/m]인가?

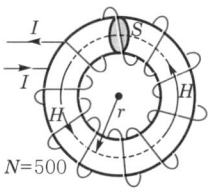

① 1,590
② 1,700
③ 1,870
④ 2,120

해설 솔레노이드 내부의 자계의 세기

$$H = \dfrac{NI}{l} = \dfrac{NI}{2\pi r} = \dfrac{500 \times 4}{2\pi \times 0.2}$$

$= 1591.5 \fallingdotseq 1,590\,[AT/m]$

정답 05. ① 06. ① 07. ③ 08. ④ 09. ①

10 속도 v의 전자가 평등자계 내에 수직으로 들어갈 때, 이 전자에 대한 설명으로 옳은 것은?

① 구면 위에서 회전하고 구의 반지름은 자계의 세기에 비례한다.
② 원운동을 하고 원의 반지름은 자계의 세기에 비례한다.
③ 원운동을 하고 원의 반지름은 자계의 세기에 반비례한다.
④ 원운동을 하고 원의 반지름은 전자의 처음 속도의 제곱에 비례한다.

해설 전자가 자계 중에 수직으로 들어갈 때 구심력과 원심력이 같은 상태에서 원운동을 하므로 $ev\beta = \dfrac{mv^2}{r}$ 이며, 반경 $r = \dfrac{mv}{e\beta}[m] \propto \dfrac{1}{\beta}$ 이다.

11 길이가 10[cm]이고 단면의 반지름이 1[cm]인 원통형 자성체가 길이 방향으로 균일하게 자화되어 있을 때 자화의 세기가 0.5[Wb/m²]이라면 이 자성체의 자기 모멘트[Wb·m]는?

① 1.57×10^{-5}
② 1.57×10^{-4}
③ 1.57×10^{-3}
④ 1.57×10^{-2}

해설 자화의 세기 $J = \dfrac{m}{S} = \dfrac{ml}{Sl}$
$= \dfrac{M(\text{자기 모멘트})}{V(\text{체적})}[\text{Wb/m}^2]$

자기 모멘트 $M = vJ = \pi a^2 \cdot lJ$
$= \pi \times (0.01)^2 \times 0.1 \times 0.5$
$= 1.57 \times 10^{-5}[\text{Wb} \cdot \text{m}]$

12 자기 인덕턴스가 각각 L_1, L_2인 두 코일의 상호 인덕턴스가 M일 때 결합계수는?

① $\dfrac{M}{L_1 L_2}$
② $\dfrac{L_1 L_2}{M}$
③ $\dfrac{M}{\sqrt{L_1 L_2}}$
④ $\dfrac{\sqrt{L_1 L_2}}{M}$

해설 누설 자속에 있는 솔레노이드에서
$M^2 \leq L_1 L_2$, $M \leq \sqrt{L_1 L_2}$
$M = K\sqrt{L_1 L_2}$
결합계수 $K = \dfrac{M}{\sqrt{L_1 L_2}}$

13 간격 d[m], 면적 S[m²]의 평행판 전극 사이에 유전율이 ε인 유전체가 있다. 전극 간에 $v(t) = V_m \sin\omega t$의 전압을 가했을 때, 유전체 속의 변위전류밀도[A/m²]는?

① $\dfrac{\varepsilon \omega V_m}{d} \cos\omega t$
② $\dfrac{\varepsilon \omega V_m}{d} \sin\omega t$
③ $\dfrac{\varepsilon V_m}{\omega d} \cos\omega t$
④ $\dfrac{\varepsilon V_m}{\omega d} \sin\omega t$

해설 변위전류 $I_d = \dfrac{\partial D}{\partial t} S$[A]

변위전류밀도 $J_d = \dfrac{I_d}{S} = \dfrac{\partial D}{\partial t} = \varepsilon \dfrac{\partial E}{\partial f} = \dfrac{\varepsilon}{d} \dfrac{\partial v}{\partial f}$
$= \dfrac{\varepsilon}{d} \dfrac{\partial}{\partial f} V_m \sin\omega t$
$= \dfrac{\varepsilon}{d} \omega V_m \cos\omega t [\text{A/m}^2]$

14 그림과 같이 공기 중 2개의 동심 구도체에서 내구(A)에만 전하 Q를 주고 외구(B)를 접지하였을 때 내구(A)의 전위는?

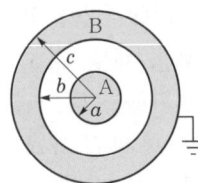

① $\dfrac{Q}{4\pi\varepsilon_0} \left(\dfrac{1}{a} - \dfrac{1}{b} + \dfrac{1}{c} \right)$
② $\dfrac{Q}{4\pi\varepsilon_0} \left(\dfrac{1}{a} - \dfrac{1}{b} \right)$
③ $\dfrac{Q}{4\pi\varepsilon_0} \cdot \dfrac{1}{c}$
④ 0

정답 10. ③ 11. ① 12. ③ 13. ① 14. ②

해설 외구를 접지하면 B 도체의 전위는 0[V]이므로 a, b 두 점 사이의 전위차가 내구(A)의 전위이다.

전위 $V_a = -\int_b^a E dl = \dfrac{Q}{4\pi\varepsilon_0}\left(\dfrac{1}{a} - \dfrac{1}{b}\right)$[V]

15 간격이 d[m]이고 면적이 S[m²]인 평행판 커패시터의 전극 사이에 유전율이 ε인 유전체를 넣고 전극 간에 V[V]의 전압을 가했을 때, 이 커패시터의 전극판을 떼어내는 데 필요한 힘의 크기[N]는?

① $\dfrac{1}{2\varepsilon}\dfrac{V^2}{d^2 S}$

② $\dfrac{1}{2\varepsilon}\dfrac{dV^2}{S}$

③ $\dfrac{1}{2}\varepsilon\dfrac{V}{d}S$

④ $\dfrac{1}{2}\varepsilon\dfrac{V^2}{d^2}S$

해설 전극판을 떼어내는 데 필요한 힘은 정전응력과 같으므로

힘 $F = fs = \dfrac{1}{2}\varepsilon E^2 S = \dfrac{1}{2}\varepsilon\dfrac{V^2}{d^2}S$[N]

16 패러데이관(Faraday tube)의 성질에 대한 설명으로 틀린 것은?

① 패러데이관 중에 있는 전속수는 그 관속에 진전하가 없으면 일정하며 연속적이다.
② 패러데이관의 양단에는 양 또는 음의 단위 진전하가 존재하고 있다.
③ 패러데이관 한 개의 단위 전위차당 보유에너지는 $\dfrac{1}{2}$[J]이다.
④ 패러데이관의 밀도는 전속밀도와 같지 않다.

해설 패러데이관(Faraday tube)은 단위 정·부하 전하를 연결한 전기력 관으로 진전하가 없는 곳에서 연속이며, 보유에너지는 $\dfrac{1}{2}$[J]이고 전속수와 같다.

17 유전율 ε, 투자율 μ인 매질 내에서 전자파의 전파속도는?

① $\sqrt{\dfrac{\mu}{\varepsilon}}$

② $\sqrt{\mu\varepsilon}$

③ $\sqrt{\dfrac{\varepsilon}{\mu}}$

④ $\dfrac{1}{\sqrt{\mu\varepsilon}}$

해설 전자파의 전파속도 $v = \dfrac{1}{\sqrt{\mu\varepsilon}}$[m/s]

18 히스테리시스 곡선에서 히스테리시스 손실에 해당하는 것은?

① 보자력의 크기
② 잔류 자기의 크기
③ 보자력과 잔류 자기의 곱
④ 히스테리시스 곡선의 면적

해설 히스테리시스 손실(Hysteresis loss)은 자장에 의한 자성체 내 전자의 자전운동에 의한 손실로 히스테리시스 곡선의 면적과 같다.

19 공기 중 무한 평면 도체의 표면으로부터 2[m] 떨어진 곳에 4[C]의 점전하가 있다. 이 점전하가 받는 힘은 몇 [N]인가?

① $\dfrac{1}{\pi\varepsilon_0}$

② $\dfrac{1}{4\pi\varepsilon_0}$

③ $\dfrac{1}{8\pi\varepsilon_0}$

④ $\dfrac{1}{16\pi\varepsilon_0}$

해설 전기영상법에 의한 힘

$F = \dfrac{1}{4\pi\varepsilon_0}\dfrac{Q_1 Q_2}{(2r)^2} = \dfrac{Q^2}{16\pi\varepsilon_0 r^2}$

$= \dfrac{4^2}{16\pi\varepsilon_0 \cdot 2^2} = \dfrac{1}{4\pi\varepsilon_0}$[N]

정답 15. ④ 16. ④ 17. ④ 18. ④ 19. ②

20 내압이 2.0[kV]이고 정전용량이 각각 0.01[μF], 0.02[μF], 0.04[μF]인 3개의 커패시터를 직렬로 연결했을 때 전체 내압은 몇 [V]인가?

① 1,750 ② 2,000
③ 3,500 ④ 4,000

해설 각 콘덴서에 가해지는 전압을 V_1, V_2, V_3[V]라 하면

$$V_1 : V_2 : V_3 = \frac{1}{0.01} : \frac{1}{0.02} : \frac{1}{0.04} = 4 : 2 : 1$$

$$V_1 = 2.0[\text{kV}] = 2,000[\text{V}]$$

$$V_2 = 2,000 \times \frac{2}{4} = 1,000[\text{V}]$$

$$V_3 = 2,000 \times \frac{1}{4} = 500[\text{V}]$$

∴ 전체 내압 $V = V_1 + V_2 + V_3$
$= 2,000 + 1,000 + 500$
$= 3,500[\text{V}]$

정답 20. ③

2021년 제3회 CBT 기출복원문제

전기산업기사

01 강자성체에서 자구의 크기에 대한 설명으로 옳은 것은?

① 역자성체를 제외한 다른 자성체에서는 모두 같다.
② 원자나 분자의 질량에 따라 달라진다.
③ 물질의 종류에 관계없이 크기가 모두 같다.
④ 물질의 종류 및 상태에 따라 다르다.

해설 일반적으로 자구(磁區)를 가지는 자성체는 강자성체이며, 물질의 종류 및 상태 등에 따라 다르게 나타난다.

02 평행판 콘덴서의 두 극판 면적을 3배로 하고 간격을 $\frac{1}{2}$ 배로 하면 정전용량은 처음의 몇 배가 되는가?

① $\frac{3}{2}$ ② $\frac{2}{3}$
③ $\frac{1}{6}$ ④ 6

해설 정전용량 $C = \frac{\varepsilon S}{d}$

면적을 3배, 간격을 $\frac{1}{2}$ 배 하면

$C' = \frac{\varepsilon 3S}{\frac{d}{2}} = \frac{6\varepsilon S}{d} = 6C$

03 액체 유전체를 넣은 콘덴서의 용량이 $20[\mu F]$이다. 여기에 $500[kV]$의 전압을 가하면 누설전류[A]는? (단, 비유전율 $\varepsilon_s = 2.2$, 고유저항 $\rho = 10^{11}[\Omega]$이다.)

① 4.2   ② 5.13
③ 54.5   ④ 61

해설 $RC = \rho\varepsilon$에서 $R = \frac{\rho\varepsilon}{C}$ 이므로

$I = \frac{V}{R} = \frac{CV}{\rho\varepsilon} = \frac{CV}{\rho\varepsilon_0\varepsilon_s}$

$= \frac{20 \times 10^{-6} \times 500 \times 10^3}{10^{11} \times 8.855 \times 10^{-12} \times 2.2}$

$= 5.13[A]$

04 그림과 같이 도체 1을 도체 2로 포위하여 도체 2를 일정 전위로 유지하고, 도체 1과 도체 2의 외측에 도체 3이 있을 때 용량계수 및 유도계수의 성질 중 맞는 것은?

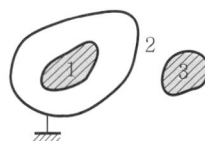

① $q_{21} = -q_{11}$
② $q_{31} = q_{11}$
③ $q_{13} = -q_{11}$
④ $q_{23} = q_{11}$

해설 도체 1에 단위의 전위 1[V]를 주고 도체 2, 3을 영전위로 유지하면, 도체 2에는 정전유도에 의하여 $Q_2 = -Q_1$의 전하가 생기므로

$Q_1 = q_{11}V_1 + q_{12}V_2$, $Q_2 = q_{21}V_1 + q_{22}V_2$
$Q_2 = -Q_1$, $V_2 = 0$
$\therefore -q_{11}V_1 = q_{21}V_1$ 그러므로 $-q_{11} = q_{21}$

05 반지름 $a[m]$인 접지 도체구 중심으로부터 $d[m](> a)$인 곳에 점전하 $Q[C]$이 있으면 구도체에 유기되는 전하량[C]은?

① $-\frac{a}{d}Q$ ② $\frac{a}{d}Q$
③ $-\frac{d}{a}Q$ ④ $\frac{d}{a}Q$

정답 01.④ 02.④ 03.② 04.① 05.①

해설

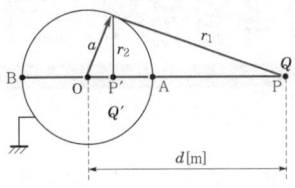

영상점 P'의 위치는 $OP' = \dfrac{a^2}{d}[m]$

영상전하의 크기는

$\therefore Q' = -\dfrac{a}{d}Q[C]$

06 반지름 $a[m]$, 선간거리 $d[m]$인 평행 도선 간의 정전용량[F/m]은? (단 $d \gg a$이다.)

① $\dfrac{2\pi\varepsilon_0}{\ln\dfrac{d}{a}}$

② $\dfrac{1}{2\pi\varepsilon_0 \ln\dfrac{d}{a}}$

③ $\dfrac{1}{2\varepsilon_0 \ln\dfrac{d}{a}}$

④ $\dfrac{\pi\varepsilon_0}{\ln\dfrac{d}{a}}$

해설

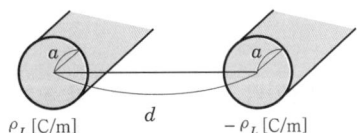

단위길이당 정전용량 $C = \dfrac{\pi\varepsilon_0}{\ln\dfrac{d-a}{a}}[F/m]$

$d \gg a$인 경우

$C = \dfrac{\pi\varepsilon_0}{\ln\dfrac{d}{a}}[F/m]$

07 10[V]의 기전력을 유기시키려면 5[s] 간에 몇 [Wb]의 자속을 끊어야 하는가?

① 2   ② $\dfrac{1}{2}$

③ 10   ④ 50

해설 패러데이 법칙

$e = \dfrac{d\phi}{dt}$

$10 = \dfrac{d\phi}{5}$

$\therefore d\phi = 10 \times 5 = 50[Wb]$

08 자유공간의 고유 임피던스[Ω]는?
(단, ε_0는 유전율, μ_0는 투자율이다.)

① $\sqrt{\dfrac{\varepsilon_0}{\mu_0}}$

② $\sqrt{\dfrac{\mu_0}{\varepsilon_0}}$

③ $\sqrt{\varepsilon_0 \mu_0}$

④ $\sqrt{\dfrac{1}{\varepsilon_0 \mu_0}}$

해설 전계 및 자계 크기의 비(고유 임피던스)

$\eta = \dfrac{E}{H} = \sqrt{\dfrac{\mu}{\varepsilon}} = \sqrt{\dfrac{\mu_0}{\varepsilon_0}} \cdot \sqrt{\dfrac{\mu_s}{\varepsilon_s}}$

$= 120\pi \sqrt{\dfrac{\mu_s}{\varepsilon_s}} = 377 \sqrt{\dfrac{\mu_s}{\varepsilon_s}}[\Omega]$

자유공간의 고유 임피던스

$\eta_0 = \sqrt{\dfrac{\mu_0}{\varepsilon_0}} = 377[\Omega]$

09 변위전류에 의하여 전자파가 발생되었을 때, 전자파의 위상은?

① 변위전류보다 90° 늦다.
② 변위전류보다 90° 빠르다.
③ 변위전류보다 30° 빠르다.
④ 변위전류보다 30° 늦다.

해설

$I_d = \dfrac{\partial \psi}{\partial t} = \dfrac{\partial D}{\partial t}S = \varepsilon \dfrac{\partial E}{\partial t}S = \varepsilon \cdot S \dfrac{\partial}{\partial t}E_0 \sin\omega t$

$= \omega \varepsilon S E_0 \cos\omega t = \omega \varepsilon S E_0 \sin\left(\omega t + \dfrac{\pi}{2}\right)[A]$

이므로 변위전류가 90° 빠르다.

$\therefore$ 전자파의 위상은 변위전류보다 90° 늦다.

정답 06. ④ 07. ④ 08. ② 09. ①

10 자기 인덕턴스가 L_1, L_2이고 상호 인덕턴스가 M인 두 회로의 결합계수가 1이면 다음 중 옳은 것은?

① $L_1 L_2 = M$
② $L_1 L_2 < M^2$
③ $L_1 L_2 > M^2$
④ $L_1 L_2 = M^2$

해설 결합계수 k가 1이면 $k = \dfrac{M}{\sqrt{L_1 L_2}}$에서

$M = \sqrt{L_1 L_2}$

$\therefore M^2 = L_1 L_2$

11 대전 도체의 성질 중 옳지 않은 것은?

① 도체 표면의 전하밀도를 $\sigma[\text{C/m}^2]$라 하면 표면상의 전계는 $E = \dfrac{\sigma}{\varepsilon_0}[\text{V/m}]$이다.
② 도체 표면상의 전계는 면에 대해서 수평이다.
③ 도체 내부의 전계는 0이다.
④ 도체는 등전위이고, 그의 표면은 등전위면이다.

해설 대전된 도체 표면상의 전계는 표면에 수직이다.

12 내구의 반지름 a, 외구의 반지름 b인 두 동심구 사이의 정전용량[F]은?

① $2\pi\varepsilon_0 \dfrac{ab}{b-a}$
② $4\pi\varepsilon_0 \left(\dfrac{1}{a} - \dfrac{1}{b}\right)$
③ $\dfrac{4\pi\varepsilon_0}{\dfrac{1}{a} - \dfrac{1}{b}}$
④ $2\pi\varepsilon_0 \left(\dfrac{1}{a} - \dfrac{1}{b}\right)$

해설

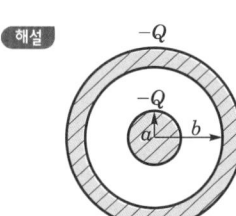

전위차 $V_{ab} = -\int_b^a E dr = -\int_b^a \dfrac{Q}{4\pi\varepsilon_0 r^2} dr$

$= \dfrac{Q}{4\pi\varepsilon_0}\left(\dfrac{1}{a} - \dfrac{1}{b}\right)[\text{V}]$

$C = \dfrac{Q}{V_{ab}} = \dfrac{Q}{\dfrac{Q}{4\pi\varepsilon_0}\left(\dfrac{1}{a} - \dfrac{1}{b}\right)} = \dfrac{4\pi\varepsilon_0}{\dfrac{1}{a} - \dfrac{1}{b}}$

$= \dfrac{4\pi\varepsilon_0 ab}{b-a}[\text{F}]$

13 두 자성체가 접했을 때 $\dfrac{\tan\theta_1}{\tan\theta_2} = \dfrac{\mu_1}{\mu_2}$의 관계식에서 $\theta_1 = 0$일 때 다음 중에 표현이 잘못된 것은?

① 자기력선은 굴절하지 않는다.
② 자속밀도는 불변이다.
③ 자계는 불연속이다.
④ 자기력선은 투자율이 큰 쪽에 모여진다.

해설 $\theta_1 = 0$ 즉 자계가 경계면에 수직일 때

㉠ $\theta_2 = 0$이 되어 자속과 자기력선은 굴절하지 않는다.
㉡ 자속밀도는 불변이다. ($B_1 = B_2$)
㉢ $\dfrac{H_1}{H_2} = \dfrac{\mu_2}{\mu_1}$로 자계는 불연속이다.
㉣ 자기력선은 투자율이 작은 쪽에 모이는 성질이 있다.

14 $v[\text{m/s}]$의 속도로 전자가 반경이 $r[\text{m}]$인 $B[\text{Wb/m}]$의 평등자계에 직각으로 들어가면 원운동을 한다. 이때 자계의 세기는? (단, 전자의 질량 m, 전자의 전하는 e이다.)

① $H = \dfrac{\mu_0 er}{mv}[\text{A/m}]$
② $H = \dfrac{\mu_0 r}{emv}[\text{A/m}]$
③ $H = \dfrac{mv}{\mu_0 er}[\text{A/m}]$
④ $H = \dfrac{emv}{\mu_0 r}[\text{A/m}]$

정답 10. ④ 11. ② 12. ③ 13. ④ 14. ③

[해설] 전자의 원운동
구심력=원심력

$evB = \dfrac{mv^2}{r}$

$ev\mu_0 H = \dfrac{mv^2}{r}$

∴ 자계의 세기 $H = \dfrac{mv}{\mu_0 er}$ [A/m]

15 그림과 같이 균일한 자계의 세기 H[AT/m] 내에 자극의 세기가 $\pm m$[Wb], 길이 l[m] 인 막대자석을 그 중심 주위에 회전할 수 있도록 놓는다. 이때, 자석과 자계의 방향이 이룬 각을 θ라 하면 자석이 받는 회전력 [N·m]은?

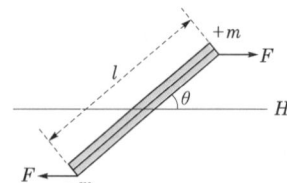

① $mHl\cos\theta$ ② $mHl\sin\theta$
③ $2mHl\sin\theta$ ④ $2mHl\tan\theta$

[해설] 미소막대자석의 회전력
$T = mlH\sin\theta$ [N·m]
벡터화하면 $T = M \times H$ [N·m]

16 표피깊이 δ를 나타내는 식은? (단, 도전율 k[S/m], 주파수 f[Hz], 투자율 μ[H/m])

① $\delta = \dfrac{1}{\pi f \mu k}$

② $\delta = \sqrt{\pi f \mu k}$

③ $\delta = \dfrac{1}{\sqrt{\pi f \mu k}}$

④ $\delta = \pi f \mu k$

[해설] 표피효과 침투깊이 $\delta = \sqrt{\dfrac{\rho}{\pi \mu k}} = \sqrt{\dfrac{1}{\pi f \mu k}}$
즉, 주파수 f, 도전율 k, 투자율 μ가 클수록 δ가 작아지므로 표피효과가 커진다.

17 공기 중에서 평등전계 E[V/m]에 수직으로 비유전율이 ε_s인 유전체를 놓았더니 σ_p [C/m²]의 분극전하가 표면에 생겼다면 유전체 중의 전계강도 E[V/m]는?

① $\dfrac{\sigma_p}{\varepsilon_0 \varepsilon_s}$ ② $\dfrac{\sigma_p}{\varepsilon_0(\varepsilon_s - 1)}$

③ $\varepsilon_0 \varepsilon_s \sigma_p$ ④ $\varepsilon_0(\varepsilon_s - 1)\sigma_p$

[해설] $P = D - \varepsilon_0 E = \varepsilon_0(\varepsilon_s - 1)E$ [C/m²]

∴ $E = \dfrac{P}{\varepsilon_0(\varepsilon_s - 1)} = \dfrac{\sigma_p}{\varepsilon_0(\varepsilon_s - 1)}$ [V/m]

18 전전류 I[A]가 반지름 a[m]인 원주를 흐를 때, 원주 내부 중심에서 r[m] 떨어진 원주 내부의 점의 자계 세기[AT/m]는?

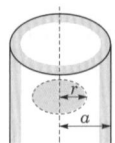

① $\dfrac{rI}{2\pi a^2}$ ② $\dfrac{I}{2\pi a^2}$

③ $\dfrac{rI}{\pi a^2}$ ④ $\dfrac{I}{\pi a^2}$

[해설] 그림에서 내부에 앙페르의 주회적분법칙을 적용하면

$2\pi r \cdot H_i = I \times \dfrac{\pi r^2}{\pi a^2}$

∴ $H_i = \dfrac{Ir}{2\pi a^2}$ [AT/m]

19 패러데이-노이만 전자유도법칙에 의하여 일반화된 맥스웰 전자방정식의 형은?

① $\nabla \times H = i_C + \dfrac{\partial D}{\partial t}$ ② $\nabla \cdot B = 0$

③ $\nabla \times E = -\dfrac{\partial B}{\partial t}$ ④ $\nabla \cdot D = \rho$

[해설] $\mathrm{rot} E = \nabla \times E = -\dfrac{\partial B}{\partial t} = -\mu \dfrac{\partial H}{\partial t}$

[정답] 15. ② 16. ③ 17. ② 18. ① 19. ③

20 공기 중에서 5[V], 10[V]로 대전된 반지름 2[cm], 4[cm]의 2개의 구를 가는 철사로 접속시 공통전위는 몇 [V]인가?

① 6.25　　② 7.5
③ 8.33　　④ 10

해설 연결하기 전의 전하 Q는
$Q = Q_1 + Q_2 = 4\pi\varepsilon_0 (a_1 V_1 + a_2 V_2) V [C]$
연결 후의 전하 Q'는
$Q' = Q_1' + Q_2' = 4\pi\varepsilon_0 (a_1 V_1 + a_2 V_2) V [C]$
도선으로 접속하면 등전위가 되므로 $Q = Q'$
∴ 공통전위

$$V = \frac{Q}{C}$$
$$= \frac{Q_1 + Q_2}{C_1 + C_2} = \frac{a_1 V_1 + a_2 V_2}{a_1 + a_2}$$
$$= \frac{2 \times 10^{-2} \times 5 + 4 \times 10^{-2} \times 10}{2 \times 10^{-2} + 4 \times 10^{-2}}$$
$$\fallingdotseq 8.33 [V]$$

정답 20. ③

2022년 제1회 기출문제 전기기사

01 면적이 0.02[m²], 간격이 0.03[m]이고, 공기로 채워진 평행 평판의 커패시터에 1.0×10^{-6}[C]의 전하를 충전시킬 때, 두 판 사이에 작용하는 힘의 크기는 약 몇 [N]인가?

① 1.13 ② 1.41
③ 1.89 ④ 2.83

[해설] 힘 $F = f \cdot s = \dfrac{\sigma^2}{2\varepsilon_0} \cdot s = \dfrac{\left(\dfrac{Q}{s}\right)^2}{2\varepsilon_0} \cdot s = \dfrac{Q^2}{2\varepsilon_0 s}$

$= \dfrac{(1 \times 10^{-6})^2}{2 \times 8.855 \times 10^{-12} \times 0.02} = 2.83$[N]

02 자극의 세기가 7.4×10^{-5}[Wb], 길이가 10[cm]인 막대자석이 100[AT/m]의 평등자계 내에 자계의 방향과 30°로 놓여 있을 때 이 자석에 작용하는 회전력[N·m]은?

① 2.5×10^{-3} ② 3.7×10^{-4}
③ 5.3×10^{-5} ④ 6.2×10^{-6}

[해설] 토크 $T = mHl\sin\theta$
$= 7.4 \times 10^{-5} \times 100 \times 0.1 \times \dfrac{1}{2}$
$= 3.7 \times 10^{-4}$[N·m]

03 유전율이 $\varepsilon = 2\varepsilon_0$이고 투자율이 μ_0인 비도전성 유전체에서 전자파의 전계의 세기가 $E(z,t) = 120\pi \cos(10^9 t - \beta z)\hat{y}$[V/m]일 때, 자계의 세기 H[A/m]는? (단, $\hat{x}$, $\hat{y}$는 단위벡터이다.)

① $-\sqrt{2}\cos(10^9 t - \beta z)\hat{x}$
② $\sqrt{2}\cos(10^9 t - \beta z)\hat{x}$
③ $-2\cos(10^9 t - \beta z)\hat{x}$
④ $2\cos(10^9 t - \beta z)\hat{x}$

[해설] 고유 임피던스
$\eta = \dfrac{E}{H} = \sqrt{\dfrac{\mu_0}{\varepsilon_0}}\sqrt{\dfrac{\mu_s}{\varepsilon_s}} = 120\pi \cdot \dfrac{1}{\sqrt{2}}$[Ω]

전계는 y축이고 진행 방향은 z축이므로 자계의 방향은 $-x$축 방향이 된다.
$H_x = -\dfrac{\sqrt{2}}{120\pi}E_y\hat{x}$
$= -\sqrt{2} \cdot \cos(10^9 t - \beta z)\hat{x}$[A/m]

04 자기회로에서 전기회로의 도전율 σ[℧/m]에 대응되는 것은?

① 자속 ② 기자력
③ 투자율 ④ 자기저항

[해설] 자기저항 $R_m = \dfrac{l}{\mu S}$, 전기저항 $R = \dfrac{l}{\sigma A}$ 이므로 전기회로의 도전율 σ[℧/m]는 자기회로의 투자율 μ[H/m]에 대응된다.

05 단면적이 균일한 환상 철심에 권수 1,000회인 A 코일과 권수 N_B회인 B 코일이 감겨져 있다. A 코일의 자기 인덕턴스가 100[mH]이고, 두 코일 사이의 상호 인덕턴스가 20[mH]이고, 결합계수가 1일 때, B 코일의 권수(N_B)는 몇 회인가?

① 100 ② 200
③ 300 ④ 400

[해설] 상호 인덕턴스 $M = \dfrac{\mu N_A N_B \cdot S}{l} = L_A\dfrac{N_B}{N_A}$ 에서
$N_B = \dfrac{M}{L_A}N_A = \dfrac{20}{100} \times 1,000 = 200$회

06 공기 중에서 1[V/m]의 전계의 세기에 의한 변위전류밀도의 크기를 2[A/m²]으로 흐르게 하려면 전계의 주파수는 몇 [MHz]가 되어야 하는가?

① 9,000 ② 18,000
③ 36,000 ④ 72,000

정답 01. ④ 02. ② 03. ① 04. ③ 05. ② 06. ③

해설

변위전류밀도 $i_d = \dfrac{\partial D}{\partial t} = \varepsilon_0 \dfrac{\partial E}{\partial t}$

$= \omega \varepsilon_0 E_0 \sin\omega t \,[\text{A/m}^2]$

주파수 $f = \dfrac{i_d}{2\pi\varepsilon_0 E} = \dfrac{2}{2\pi \times 8.855 \times 10^{-12} \times 1}$

$= 35.947 \times 10^6 \,[\text{Hz}]$

$\fallingdotseq 36,000 \,[\text{MHz}]$

07 내부 원통 도체의 반지름이 $a[\text{m}]$, 외부 원통 도체의 반지름이 $b[\text{m}]$인 동축 원통 도체에서 내외 도체 간 물질의 도전율이 $\sigma[\mho/\text{m}]$일 때 내외 도체 간의 단위길이당 컨덕턴스 $[\mho/\text{m}]$는?

① $\dfrac{2\pi\sigma}{\ln\dfrac{b}{a}}$ ② $\dfrac{2\pi\sigma}{\ln\dfrac{a}{b}}$

③ $\dfrac{4\pi\sigma}{\ln\dfrac{b}{a}}$ ④ $\dfrac{4\pi\sigma}{\ln\dfrac{a}{b}}$

해설 동축 원통 도체의 단위길이당 정전용량

$C = \dfrac{2\pi\varepsilon}{\ln\dfrac{b}{a}} \,[\text{F/m}]$

저항 $R = \dfrac{\rho\varepsilon}{C} = \dfrac{\varepsilon}{\sigma C} \,[\Omega]$

컨덕턴스 $G = \dfrac{1}{R} = \dfrac{\sigma}{\varepsilon} C = \dfrac{\sigma}{\varepsilon} \cdot \dfrac{2\pi\varepsilon}{\ln\dfrac{b}{a}}$

$= \dfrac{2\pi\sigma}{\ln\dfrac{b}{a}} \,[\mho/\text{m}]$

08 z축 상에 놓인 길이가 긴 직선 도체에 $10[\text{A}]$의 전류가 $+z$ 방향으로 흐르고 있다. 이 도체 주위의 자속밀도가 $3\hat{x} - 4\hat{y}\,[\text{Wb/m}^2]$일 때 도체가 받는 단위길이당 힘$[\text{N/m}]$은? (단, $\hat{x}$, $\hat{y}$는 단위벡터이다.)

① $-40\hat{x} + 30\hat{y}$
② $-30\hat{x} + 40\hat{y}$
③ $30\hat{x} + 40\hat{y}$
④ $40\hat{x} + 30\hat{y}$

해설 힘 $\vec{F} = (\vec{I} \times \vec{B})l \,[\text{N}]$

단위길이당 힘

$\vec{f} = \vec{I} \times \vec{B} = \begin{vmatrix} \hat{x} & \hat{y} & \hat{z} \\ 0 & 0 & 10 \\ 3 & -4 & 0 \end{vmatrix}$

$= \hat{x}(0+40) + \hat{y}(30-0) + \hat{z}(0-0)$

$= 40\hat{x} + 30\hat{y} \,[\text{N/m}]$

09 진공 중 한 변의 길이가 $0.1[\text{m}]$인 정삼각형의 3정점 A, B, C에 각각 $2.0 \times 10^{-6}[\text{C}]$의 점전하가 있을 때, 점 A의 전하에 작용하는 힘은 몇 $[\text{N}]$인가?

① $1.8\sqrt{2}$ ② $1.8\sqrt{3}$
③ $3.6\sqrt{2}$ ④ $3.6\sqrt{3}$

해설

$F_{BA} = F_{CA} = \dfrac{1}{4\pi\varepsilon_0} \cdot \dfrac{Q_1 Q_2}{r^2}$

$= 9 \times 10^9 \cdot \dfrac{(2.0 \times 10^{-6})^2}{(0.1)^2} = 3.6 \,[\text{N}]$

$F = 2F_{BA} \cdot \cos 30°$

$= 2 \times 3.6 \times \dfrac{\sqrt{3}}{2} = 3.6\sqrt{3} \,[\text{N}]$

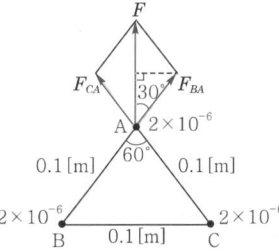

10 투자율이 $\mu[\text{H/m}]$, 자계의 세기가 $H[\text{AT/m}]$, 자속밀도가 $B[\text{Wb/m}^2]$인 곳에서의 자계 에너지 밀도$[\text{J/m}^3]$는?

① $\dfrac{B^2}{2\mu}$ ② $\dfrac{H^2}{2\mu}$

③ $\dfrac{1}{2}\mu H$ ④ BH

해설 자계 중의 축적 에너지 $W_H[\text{J}]$

$W_H = W_L = \dfrac{1}{2}\phi I = \dfrac{1}{2} B \cdot Sl = \dfrac{1}{2} BHV \,[\text{J}]$

자계 에너지 밀도 $w_H = \dfrac{W_H}{V} = \dfrac{1}{2} BH = \dfrac{B^2}{2\mu} \,[\text{J/m}^3]$

정답 07. ① 08. ④ 09. ④ 10. ①

11 진공 내 전위함수가 $V = x^2 + y^2$[V]로 주어졌을 때, $0 \leq x \leq 1$, $0 \leq y \leq 1$, $0 \leq z \leq 1$인 공간에 저장되는 정전에너지[J]는?

① $\dfrac{4}{3}\varepsilon_0$ ② $\dfrac{2}{3}\varepsilon_0$

③ $4\varepsilon_0$ ④ $2\varepsilon_0$

해설 $W = \int_v \dfrac{1}{2}\varepsilon_0 E^2 dv$

전계의 세기
$E = -\text{grad}\,V = -\nabla \cdot V$
$= -\left(i\dfrac{\partial}{\partial x} + j\dfrac{\partial}{\partial y} + k\dfrac{\partial}{\partial z}\right) \cdot (x^2 + y^2)$
$= -i2x - j2y$

$\therefore W = \dfrac{1}{2}\varepsilon_0 \int_0^1 \int_0^1 \int_0^1 (-i2x - j2y)^2 dxdydz$
$= \dfrac{1}{2}\varepsilon_0 \int_0^1 \int_0^1 \int_0^1 (4x^2 + 4y^2)dxdydz$
$= \dfrac{1}{2}\varepsilon_0 \int_0^1 \int_0^1 \left[\dfrac{4}{3}x^3 + 4y^2 x\right]_0^1 dydz$
$= \dfrac{1}{2}\varepsilon_0 \int_0^1 \left[\dfrac{4}{3}y + \dfrac{4}{3}y^3\right]_0^1 dz$
$= \dfrac{1}{2}\varepsilon_0 \left[\dfrac{8}{3}z\right]_0^1$
$= \dfrac{4}{3}\varepsilon_0$

12 전계가 유리에서 공기로 입사할 때 입사각 θ_1과 굴절각 θ_2의 관계와 유리에서의 전계 E_1과 공기에서의 전계 E_2의 관계는?

① $\theta_1 > \theta_2$, $E_1 > E_2$ ② $\theta_1 < \theta_2$, $E_1 > E_2$
③ $\theta_1 > \theta_2$, $E_1 < E_2$ ④ $\theta_1 < \theta_2$, $E_1 < E_2$

해설 유리의 유전율 $\varepsilon_1 = \varepsilon_0 \varepsilon_s$ ($\varepsilon_s > 1$)
공기의 유전율
$\varepsilon_2 = \varepsilon_0$ (공기의 비유전율 $\varepsilon_s = 1.000586 ≒ 1$)
$\varepsilon_1 > \varepsilon_2$이므로 유전체의 경계면 조건에서
$\varepsilon_1 > \varepsilon_2$이면 $\theta_1 > \theta_2$이며, 전계는 경계면에서 수평성분이 서로 같으므로 $E_1 \sin\theta_1 = E_2 \sin\theta_2$이다.
$\therefore \varepsilon_1 > \varepsilon_2$이면 $\theta_1 > \theta_2$이고, $E_1 < E_2$이다.

13 진공 중 4[m] 간격으로 평행한 두 개의 무한 평판 도체에 각각 +4[C/m²], -4[C/m²]의 전하를 주었을 때, 두 도체 간의 전위차는 약 몇 [V]인가?

① 1.36×10^{11} ② 1.36×10^{12}
③ 1.8×10^{11} ④ 1.8×10^{12}

해설 전위차 $V = Ed = \dfrac{\sigma}{\varepsilon_0}d$
$= \dfrac{4}{8.855 \times 10^{-12}} \times 4 = 1.8 \times 10^{12}[V]$

14 인덕턴스(H)의 단위를 나타낸 것으로 틀린 것은?

① $\Omega \cdot s$ ② Wb/A
③ J/A² ④ N/(A · m)

해설 자속 $\phi = LI$[Wb = V · s]
인덕턴스 $L = \dfrac{\phi}{I}$[H]
$\left[H = \dfrac{Wb}{A} = \dfrac{V \cdot s}{A} = \Omega \cdot s = \dfrac{VAs}{A^2} = \dfrac{J}{A^2}\right]$

15 진공 중 반지름이 a[m]인 무한길이의 원통 도체 2개가 간격 d[m]로 평행하게 배치되어 있다. 두 도체 사이의 정전용량[C]을 나타낸 것으로 옳은 것은?

① $\pi\varepsilon_0 \ln\dfrac{d-a}{a}$ ② $\dfrac{\pi\varepsilon_0}{\ln\dfrac{d-a}{a}}$

③ $\pi\varepsilon_0 \ln\dfrac{a}{d-a}$ ④ $\dfrac{\pi\varepsilon_0}{\ln\dfrac{a}{d-a}}$

해설 평행 도체 사이의 전위차 V[V]
$V = -\int_{d-a}^{a} E dx = \dfrac{\lambda}{\pi\varepsilon_0}\ln\dfrac{d-a}{a}$[V]

정전용량 $C = \dfrac{Q}{V} = \dfrac{\lambda l}{\dfrac{\lambda}{\pi\varepsilon_0}\ln\dfrac{d-a}{a}} = \dfrac{\pi\varepsilon_0 l}{\ln\dfrac{d-a}{a}}$[F]

단위길이에 대한 정전용량 C[F/m]
$C = \dfrac{\pi\varepsilon_0}{\ln\dfrac{d-a}{a}}$[F/m]

정답 11. ① 12. ③ 13. ④ 14. ④ 15. ②

16 진공 중에 4[m]의 간격으로 놓여진 평행 도선에 같은 크기의 왕복전류가 흐를 때 단위길이당 2.0×10^{-7}[N]의 힘이 작용하였다. 이 때 평행 도선에 흐르는 전류는 몇 [A]인가?

① 1 ② 2
③ 4 ④ 8

해설 평행 도체 사이에 단위길이당 작용하는 힘
$$F = \frac{2I^2}{d} \times 10^{-7} \text{[N/m]}$$
전류 $I = \sqrt{\dfrac{F \cdot d}{2 \times 10^{-7}}}$
$= \sqrt{\dfrac{2 \times 10^{-7} \times 4}{2 \times 10^{-7}}} = 2\text{[A]}$

17 평행 극판 사이 간격이 d[m]이고 정전용량이 0.3[μF]인 공기 커패시터가 있다. 그림과 같이 두 극판 사이에 비유전율이 5인 유전체를 절반 두께 만큼 넣었을 때 이 커패시터의 정전용량은 몇 [μF]이 되는가?

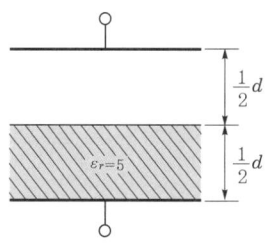

① 0.01 ② 0.05
③ 0.1   ④ 0.5

해설 유전체를 절반만 평행하게 채운 경우

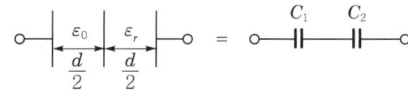

정전용량 : $C = \dfrac{2C_0}{1 + \dfrac{1}{\varepsilon_r}}$
$= \dfrac{2 \times 0.3}{1 + \dfrac{1}{5}} = 0.5\text{[μF]}$

18 반지름이 a[m]인 접지된 구도체와 구도체의 중심에서 거리 d[m] 떨어진 곳에 점전하가 존재할 때, 점전하에 의한 접지된 구도체에서의 영상전하에 대한 설명으로 틀린 것은?

① 영상전하는 구도체 내부에 존재한다.
② 영상전하는 점전하와 구도체 중심을 이은 직선상에 존재한다.
③ 영상전하의 전하량과 점전하의 전하량은 크기는 같고 부호는 반대이다.
④ 영상전하의 위치는 구도체의 중심과 점전하 사이 거리(d[m])와 구도체의 반지름(a[m])에 의해 결정된다.

해설 구도체의 영상전하는 점전하와 구도체 중심을 이은 직선상의 구도체 내부에 존재하며
영상전하 $Q' = -\dfrac{a}{d}Q\text{[C]}$
위치는 구도체 중심에서 $x = \dfrac{a^2}{d}\text{[m]}$에 존재한다.

19 평등 전계 중에 유전체 구에 의한 전계 분포가 그림과 같이 되었을 때 ε_1과 ε_2의 크기 관계는?

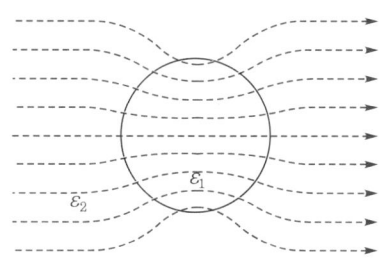

① $\varepsilon_1 > \varepsilon_2$ ② $\varepsilon_1 < \varepsilon_2$
③ $\varepsilon_1 = \varepsilon_2$ ④ 무관하다.

해설 임의의 점에서의 전계의 세기는 전기력선의 밀도와 같다. 즉 전기력선은 유전율이 작은 쪽으로 모이므로 $\varepsilon_1 < \varepsilon_2$이 된다.

정답 16.② 17.④ 18.③ 19.②

20 어떤 도체에 교류 전류가 흐를 때 도체에서 나타나는 표피효과에 대한 설명으로 틀린 것은?

① 도체 중심부보다 도체 표면부에 더 많은 전류가 흐르는 것을 표피효과라 한다.
② 전류의 주파수가 높을수록 표피효과는 작아진다.
③ 도체의 도전율이 클수록 표피효과는 커진다.
④ 도체의 투자율이 클수록 표피효과는 커진다.

해설 도체에 교류 전류가 흐를 때 도체 표면으로 갈수록 전류밀도가 높아지는 현상을 표피효과라 하며 침투깊이(표피두께) $\delta = \dfrac{1}{\sqrt{\pi f \sigma \mu}}$ [m]에서 전류의 주파수가 높을수록 침투깊이가 작아져 표피효과는 커진다.

정답 20. ②

2022년 제1회 CBT 기출복원문제

전기산업기사

01 단위 구면(單位球面)을 통해 나오는 전기력선의 수[개]는? (단, 구 내부의 전하량은 $Q[C]$이다.)

① 1 ② 4π
③ ε_0 ④ $\dfrac{Q}{\varepsilon_0}$

해설 $Q[C]$의 전하로부터 발산되는 전기력선의 수는
$N = \int_s \boldsymbol{E} \cdot dS = \dfrac{Q}{\varepsilon_0}$ [개] (가우스 정리)

02 극판의 면적 $S = 10[\text{cm}^2]$, 간격 $d = 1[\text{mm}]$의 평행판 콘덴서에 비유전율 $\varepsilon_s = 3$인 유전체를 채웠을 때, 전압 100[V]를 인가하면 축적되는 에너지[J]는?

① 2.1×10^{-7} ② 0.3×10^{-7}
③ 1.3×10^{-7} ④ 0.6×10^{-7}

해설 $C = \dfrac{\varepsilon_0 \varepsilon_s}{d} S = \dfrac{3 \times 10 \times 10^{-4}}{36\pi \times 10^9 \times 10^{-3}}$
$= \dfrac{1}{12\pi} \times 10^{-9} [\text{F}]$
$\therefore W = \dfrac{1}{2} CV^2 = \dfrac{1}{2} \times \dfrac{1}{12\pi} \times 10^{-9} \times 100^2$
$= 1.33 \times 10^{-7} [\text{J}]$

03 1권선의 코일에 5[Wb]의 자속이 쇄교하고 있을 때, $t = \dfrac{1}{100}$초 사이에 이 자속을 0으로 했다면 이때 코일에 유도되는 기전력은 몇 [V]이겠는가?

① 100 ② 250
③ 500 ④ 700

해설 $e = -N \dfrac{d\phi}{dt} = -1 \times \dfrac{0-5}{10^{-2}} = 500[\text{V}]$

04 길이 40[cm]인 철선을 정사각형으로 만들고 직류 5[A]를 흘렸을 때, 그 중심에서의 자계 세기[AT/m]는?

① 40 ② 45
③ 80 ④ 85

해설 40[cm]인 철선으로 정사각형을 만들면 한 변의 길이는 10[cm]이므로
$H = \dfrac{2\sqrt{2}\,I}{\pi l} = \dfrac{2\sqrt{2} \times 5}{\pi \times 0.1} = 45[\text{AT/m}]$

05 전자계의 기초 방정식이 아닌 것은?

① $\text{rot}\,\boldsymbol{H} = i + \dfrac{\partial \boldsymbol{D}}{\partial t}$ ② $\text{rot}\,\boldsymbol{E} = -\dfrac{\partial \boldsymbol{B}}{\partial t}$
③ $\text{div}\,\boldsymbol{D} = \rho$ ④ $\text{div}\,\boldsymbol{B} = -\dfrac{\partial \boldsymbol{D}}{\partial t}$

해설 맥스웰의 전자계 기초 방정식
㉠ $\text{rot}\,\boldsymbol{E} = \nabla \times \boldsymbol{E} = -\dfrac{\partial \boldsymbol{B}}{\partial t} = -\mu \dfrac{\partial \boldsymbol{H}}{\partial t}$ (패러데이 전자 유도 법칙의 미분형)
㉡ $\text{rot}\,\boldsymbol{H} = \nabla \times \boldsymbol{H} = i + \dfrac{\partial \boldsymbol{D}}{\partial t}$ (앙페르 주회 적분 법칙의 미분형)
㉢ $\text{div}\,\boldsymbol{D} = \nabla \cdot \boldsymbol{D} = \rho$ (정전계 가우스 정리의 미분형)
㉣ $\text{div}\,\boldsymbol{B} = \nabla \cdot \boldsymbol{B} = 0$ (정자계 가우스 정리의 미분형)

06 진공 중에 그림과 같이 한 변이 $a[\text{m}]$인 정삼각형의 꼭짓점에 각각 서로 같은 점전하 $+Q[C]$이 있을 때 그 각 전하에 작용하는 힘 F는 몇 [N]인가?

① $F = \dfrac{Q^2}{4\pi\varepsilon_0 a^2}$
② $F = \dfrac{Q^2}{2\pi\varepsilon_0 a^2}$
③ $F = \dfrac{\sqrt{2}\,Q^2}{4\pi\varepsilon_0 a^2}$
④ $F = \dfrac{\sqrt{3}\,Q^2}{4\pi\varepsilon_0 a^2}$

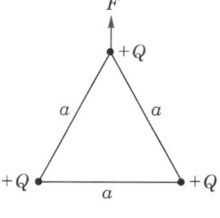

정답 01.④ 02.③ 03.③ 04.② 05.④ 06.④

해설 그림에서 $F_1 = F_2 = \dfrac{Q^2}{4\pi\varepsilon_0 a^2}$ [N]이며 정삼각형 정점에 작용하는 전체 힘은 벡터합으로 구하므로

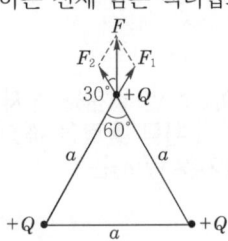

$F = 2F_2 \cos 30° = \sqrt{3}\, F_2 = \dfrac{\sqrt{3}\, Q^2}{4\pi\varepsilon_0 a^2}$ [N]

07 반지름 a[m]인 접지 도체구 중심으로부터 d[m]($>a$)인 곳에 점전하 Q[C]이 있으면 구도체에 유기되는 전하량[C]은?

① $-\dfrac{a}{d}Q$
② $\dfrac{a}{d}Q$
③ $-\dfrac{d}{a}Q$
④ $\dfrac{d}{a}Q$

해설 영상점 P'의 위치는 $OP' = \dfrac{a^2}{d}$ [m]

영상 전하의 크기는 ∴ $Q' = -\dfrac{a}{d}Q$ [C]

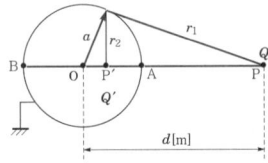

08 비유전율 $\varepsilon_s = 2.75$의 기름 속에서 전자파 속도[m/s]를 구한 값은? (단, 비투자율 $\mu_s = 1$이다.)

① 1.81×10^8
② 1.61×10^8
③ 1.31×10^8
④ 1.11×10^8

해설 $v = \dfrac{1}{\sqrt{\varepsilon\mu}} = \dfrac{1}{\sqrt{\varepsilon_0 \mu_0}} \cdot \dfrac{1}{\sqrt{\varepsilon_s \mu_s}}$

$= \dfrac{C_o}{\sqrt{\varepsilon_s \mu_s}} = \dfrac{3 \times 10^8}{\sqrt{2.75 \times 1}} = 1.81 \times 10^8$ [m/s]

09 두 종류의 금속으로 된 회로에 전류를 통하면 각 접속점에서 열의 흡수 또는 발생이 일어나는 현상은?

① 톰슨 효과
② 제벡 효과
③ 볼타 효과
④ 펠티에 효과

해설 펠티에 효과는 두 종류의 금속으로 폐회로를 만들어 전류를 흘리면 두 접속점에서 열이 흡수(온도 강하)되거나 발생(온도 상승)하는 현상이다.

10 전류에 의한 자계의 방향을 결정하는 법칙은?

① 렌츠의 법칙
② 플레밍의 오른손 법칙
③ 플레밍의 왼손 법칙
④ 앙페르의 오른 나사 법칙

해설 전류에 의한 자계의 방향은 앙페르의 오른 나사 법칙에 따르며 다음 그림과 같은 방향이다.

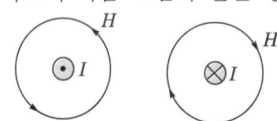

11 반지름 a[m]인 원형 코일에 전류 I[A]가 흘렀을 때, 코일 중심 자계의 세기[AT/m]는?

① $\dfrac{I}{2a}$
② $\dfrac{I}{4a}$
③ $\dfrac{I}{2\pi a}$
④ $\dfrac{I}{4\pi a}$

해설 원형 코일 중심축상 자계의 세기

$H = \dfrac{a^2 \cdot I}{2(a^2 + x^2)^{3/2}}$ [AT/m]

원형 코일 중심 자계의 세기($x = 0$)

∴ $H = \dfrac{I}{2a}$ [AT/m]

원형 코일의 권수를 N이라 하면 $H = \dfrac{NI}{2a}$ [AT/m]

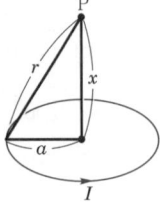

정답 07. ① 08. ① 09. ④ 10. ④ 11. ①

12 강자성체의 자속밀도 B의 크기와 자화의 세기 J의 크기를 비교할 때 옳은 것은?

① J는 B보다 약간 크다.
② J는 B보다 대단히 크다.
③ J는 B보다 약간 작다.
④ J는 B보다 대단히 작다.

해설 $B = \mu_0 H + J = 4\pi \times 10^{-7} H + J$
∴ $J = B - \mu_0 H \, [\text{Wb/m}^2]$
따라서, J는 B보다 약간 작다.

13 권수가 N인 철심이 든 환상 솔레노이드가 있다. 철심의 투자율을 일정하다고 하면, 이 솔레노이드의 자기 인덕턴스 $L[H]$은? (단, 여기서 R_m은 철심의 자기저항이고, 솔레노이드에 흐르는 전류를 I라 한다.)

① $L = \dfrac{R_m}{N^2}$ ② $L = \dfrac{N^2}{R_m}$
③ $L = R_m N^2$ ④ $L = \dfrac{N}{R_m}$

해설 $L = \dfrac{N\phi}{I} = \dfrac{N \cdot \frac{F}{R_m}}{I} = \dfrac{N \cdot \frac{NI}{R_m}}{I} = \dfrac{N^2}{R_m} \, [H]$

14 자기회로의 자기저항에 대한 설명으로 옳지 않은 것은?

① 자기회로의 단면적에 반비례한다.
② 자기회로의 길이에 반비례한다.
③ 자성체의 비투자율에 반비례한다.
④ 단위는 [AT/Wb]이다.

해설 자기저항 $R_m = \dfrac{l}{\mu S} = \dfrac{l}{\mu_0 \mu_s S} \, [\text{AT/Wb}]$

자기저항은 자기회로의 단면적(S), 투자율(μ)에 반비례하고, 자기회로의 길이에 비례한다.

15 비유전율 $\varepsilon_s = 5$인 유전체 내의 분극률은 몇 [F/m]인가?

① $\dfrac{10^{-8}}{9\pi}$ ② $\dfrac{10^9}{9\pi}$
③ $\dfrac{10^{-9}}{9\pi}$ ④ $\dfrac{10^8}{9\pi}$

해설 분극률 $\chi = \varepsilon_0(\varepsilon_s - 1) = \dfrac{1}{4\pi \times 9 \times 10^9}(5-1)$
$= \dfrac{10^{-9}}{9\pi} \, [\text{F/m}]$

16 두 개의 코일이 있다. 각각의 자기 인덕턴스가 0.4[H], 0.9[H]이고 상호 인덕턴스가 0.36[H]일 때, 결합계수는?

① 0.5 ② 0.6
③ 0.7 ④ 0.8

해설 $k = \dfrac{M}{\sqrt{L_1 L_2}} = \dfrac{0.36}{\sqrt{0.4 \times 0.9}} = 0.6$

17 철심이 든 환상 솔레노이드에서 2,000[AT]의 기자력에 의해 철심 내에 4×10^{-5}[Wb]의 자속이 통할 때, 이 철심의 자기저항은 몇 [AT/Wb]인가?

① 2×10^7
② 3×10^7
③ 4×10^7
④ 5×10^7

해설 $\phi = \dfrac{F}{R_m} \, [\text{Wb}]$
∴ $R_m = \dfrac{F}{\phi} = \dfrac{2,000}{4 \times 10^{-5}} = 5 \times 10^7 \, [\text{AT/Wb}]$

18 동심구형 콘덴서의 내외 반지름을 각각 5배로 증가시키면 정전용량은 몇 배가 되는가?

① 2 ② $\sqrt{2}$
③ 5 ④ $\sqrt{5}$

정답 12. ③ 13. ② 14. ② 15. ③ 16. ② 17. ④ 18. ③

해설 동심구형 콘덴서의 정전용량 C는

$$C = \frac{4\pi\varepsilon_0 ab}{b-a} [\text{F}]$$

내·외구의 반지름을 5배로 증가한 후의 정전용량을 C'라 하면

$$C' = \frac{4\pi\varepsilon_0 (5a \times 5b)}{5b - 5a} = \frac{25 \times 4\pi\varepsilon_0 ab}{5(b-a)} = 5C [\text{F}]$$

19 무한히 넓은 2개의 평행판 도체의 간격이 d [m]이며 그 전위차는 V [V]이다. 도체판의 단위면적에 작용하는 힘[N/m²]은? (단, 유전율은 ε_0이다.)

① $\varepsilon_0 \dfrac{V}{d}$
② $\varepsilon_0 \left(\dfrac{V}{d}\right)^2$
③ $\dfrac{1}{2}\varepsilon_0 \dfrac{V}{d}$
④ $\dfrac{1}{2}\varepsilon_0 \left(\dfrac{V}{d}\right)^2$

해설 $f = \dfrac{\sigma^2}{2\varepsilon_0} = \dfrac{1}{2}\varepsilon_0 E^2 = \dfrac{1}{2}\varepsilon_0 \left(\dfrac{V}{d}\right)^2 [\text{N/m}^2]$

20 자기 쌍극자에 의한 자위 U [A]에 해당되는 것은? (단, 자기 쌍극자의 자기 모멘트는 M [Wb·m], 쌍극자 중심으로부터의 거리는 r [m], 쌍극자 정방향과의 각도는 θ 도라 한다.)

① $6.33 \times 10^4 \dfrac{M\sin\theta}{r^3}$
② $6.33 \times 10^4 \dfrac{M\sin\theta}{r^2}$
③ $6.33 \times 10^4 \dfrac{M\cos\theta}{r^3}$
④ $6.33 \times 10^4 \dfrac{M\cos\theta}{r^2}$

해설 자위 $U = \dfrac{M}{4\pi\mu_0 r^2}\cos\theta = 6.33 \times 10^4 \dfrac{M\cos\theta}{r^2} [\text{A}]$

정답 19. ④ 20. ④

2022년 제2회 기출문제

전기기사

01 $\varepsilon_r =81$, $\mu_r =1$인 매질의 고유 임피던스는 약 몇 [Ω]인가? (단, ε_r은 비유전율이고, μ_r은 비투자율이다.)

① 13.9 ② 21.9
③ 33.9 ④ 41.9

해설 고유 임피던스 $\eta[\Omega]$

$$\eta = \frac{E}{H} = \sqrt{\frac{\mu}{\varepsilon}} = \sqrt{\frac{\mu_0}{\varepsilon_0}} \cdot \sqrt{\frac{\mu_r}{\varepsilon_r}}$$

$$= 120\pi \frac{1}{\sqrt{81}} = \frac{120\pi}{9}$$

$$\fallingdotseq 41.9[\Omega]$$

02 강자성체의 $B-H$ 곡선을 자세히 관찰하면 매끈한 곡선이 아니라 자속밀도가 어느 순간 급격히 계단적으로 증가 또는 감소하는 것을 알 수 있다. 이러한 현상을 무엇이라 하는가?

① 퀴리점(Curie point)
② 자왜현상(Magneto-Striction)
③ 바크하우젠 효과(Barkhausen effect)
④ 자기여자 효과(Magnetic after effect)

해설 히스테리시스 곡선($B-H$ 곡선)

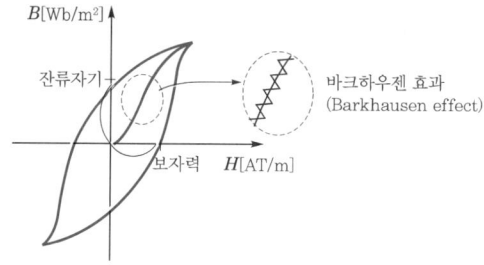

03 진공 중에 무한 평면 도체와 $d[m]$ 만큼 떨어진 곳에 선전하밀도 $\lambda[C/m]$의 무한 직선 도체가 평행하게 놓여 있는 경우 직선 도체의 단위길이당 받는 힘은 몇 [N/m]인가?

① $\dfrac{\lambda^2}{\pi\varepsilon_0 d}$ ② $\dfrac{\lambda^2}{2\pi\varepsilon_0 d}$

③ $\dfrac{\lambda^2}{4\pi\varepsilon_0 d}$ ④ $\dfrac{\lambda^2}{16\pi\varepsilon_0 d}$

해설 무한 평면 도체와 선전하에서

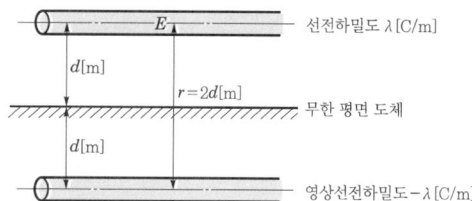

영상전하밀도에 의한 직선 도체에서의 전계의 세기 E

$$E = \frac{\lambda}{2\pi\varepsilon_0 (2d)} [V/m]$$

직선 도체가 단위길이당 받는 힘 $f[N/m]$

$$f = -\lambda \cdot E = -\frac{\lambda^2}{4\pi\varepsilon_0 d} [N/m] \quad (-: 흡인력)$$

04 평행 극판 사이에 유전율이 각각 ε_1, ε_2인 유전체를 그림과 같이 채우고, 극판 사이에 일정한 전압을 걸었을 때 두 유전체 사이에 작용하는 힘은? (단, $\varepsilon_1 > \varepsilon_2$)

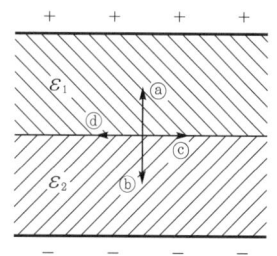

① ⓐ의 방향 ② ⓑ의 방향
③ ⓒ의 방향 ④ ⓓ의 방향

해설 경계면에서 작용하는 힘 $f[N/m^2]$

$$f = \frac{1}{2}\left(\frac{1}{\varepsilon_2} - \frac{1}{\varepsilon_1}\right)D^2 [N/m^2]$$이고

힘은 유전율이 큰 쪽에서 작은 쪽으로 작용한다.

정답 01. ④ 02. ③ 03. ③ 04. ②

05 정전용량이 20[μF]인 공기의 평행판 커패시터에 0.1[C]의 전하량을 충전하였다. 두 평행판 사이에 비유전율이 10인 유전체를 채웠을 때 유전체 표면에 나타나는 분극전하량[C]은?

① 0.009 ② 0.01
③ 0.09   ④ 0.1

해설 분극의 세기 $P[\text{C/m}^2]$

$$P = \frac{Q'}{S} = \varepsilon_0(\varepsilon_r - 1)E = \varepsilon_0\varepsilon_r E - \varepsilon_0 E[\text{C/m}^2]$$

분극전하량 $Q'[\text{C}]$

$$Q' = \varepsilon_0\varepsilon_r ES - \varepsilon_0 ES = Q - \frac{Q}{\varepsilon_r}$$
$$= Q\left(1 - \frac{1}{\varepsilon_r}\right) = 0.1 \times \left(1 - \frac{1}{10}\right) = 0.09[\text{C}]$$

06 유전율이 ε_1과 ε_2인 두 유전체가 경계를 이루어 평행하게 접하고 있는 경우 유전율이 ε_1인 영역에 전하 Q가 존재할 때 이 전하와 ε_2인 유전체 사이에 작용하는 힘에 대한 설명으로 옳은 것은?

① $\varepsilon_1 > \varepsilon_2$인 경우 반발력이 작용한다.
② $\varepsilon_1 > \varepsilon_2$인 경우 흡인력이 작용한다.
③ ε_1과 ε_2에 상관없이 반발력이 작용한다.
④ ε_1과 ε_2에 상관없이 흡인력이 작용한다.

해설 전하와 ε_2인 유전체 사이에 작용하는 힘 $F[\text{N}]$

$$F = \frac{1}{4\pi\varepsilon_1} \frac{Q \cdot Q'}{(2d)^2} = \frac{Q \cdot \frac{\varepsilon_1 - \varepsilon_2}{\varepsilon_1 + \varepsilon_2}Q}{16\pi\varepsilon_1 d^2}$$
$$= \frac{1}{16\pi\varepsilon_1} \frac{\varepsilon_1 - \varepsilon_2}{\varepsilon_1 + \varepsilon_2} \frac{Q^2}{d^2}[\text{N}]$$

$\varepsilon_1 > \varepsilon_2$일 때 반발력이 작용한다.($+F$: 반발력, $-F$: 흡인력)

07 단면적이 균일한 환상철심에 권수 100회인 A 코일과 권수 400회인 B 코일이 있을 때 A 코일의 자기 인덕턴스가 4[H]라면 두 코일의 상호 인덕턴스는 몇 [H]인가? (단, 누설자속은 0이다.)

① 4   ② 8
③ 12   ④ 16

해설 자기 인덕턴스 $L_1 = \frac{\mu N_1^2 S}{l}$ [H]

상호 인덕턴스 $M = \frac{\mu N_1 N_2 S}{l} = \frac{\mu N_1^2 S}{l} \cdot \frac{N_2}{N_1}$

$$= L_1 \cdot \frac{N_2}{N_1} = 4 \times \frac{400}{100} = 16[\text{H}]$$

08 평균 자로의 길이가 10[cm], 평균 단면적이 2[cm^2]인 환상 솔레노이드의 자기 인덕턴스를 5.4[mH] 정도로 하고자 한다. 이때 필요한 코일의 권선수는 약 몇 회인가? (단, 철심의 비투자율은 15,000이다.)

① 6   ② 12
③ 24   ④ 29

해설 자기 인덕턴스 $L[\text{H}]$

$L = \frac{\mu_0 \mu_r N^2 S}{l}$에서

권선수 $N = \sqrt{L \cdot \frac{l}{\mu_0 \mu_r S}}$

$$= \sqrt{5.4 \times 10^{-3} \times \frac{10 \times 10^{-2}}{4\pi \times 10^{-7} \times 15{,}000 \times 2 \times 10^{-4}}}$$
$$= 11.96 ≒ 12[\text{회}]$$

09 투자율이 μ[H/m], 단면적이 S[m^2], 길이가 l[m]인 자성체에 권선을 N회 감아서 I[A]의 전류를 흘렸을 때 이 자성체의 단면적 S[m^2]를 통과하는 자속[Wb]은?

① $\mu \frac{I}{Nl} S$ ② $\mu \frac{NI}{Sl}$
③ $\frac{NI}{\mu S} l$ ④ $\mu \frac{NI}{l} S$

해설 자속 ϕ[Wb]

$$\phi = \frac{F}{R_m} = \frac{NI}{\frac{l}{\mu S}} = \frac{\mu NIS}{l}[\text{Wb}]$$

정답 05. ③ 06. ① 07. ④ 08. ② 09. ④

10 그림은 커패시터의 유전체 내에 흐르는 변위전류를 보여준다. 커패시터의 전극 면적을 $S[m^2]$, 전극에 축적된 전하를 $q[C]$, 전극의 표면전하밀도를 $\sigma[C/m^2]$, 전극 사이의 전속밀도를 $D[C/m^2]$라 하면 변위전류밀도 $i_d[A/m^2]$는?

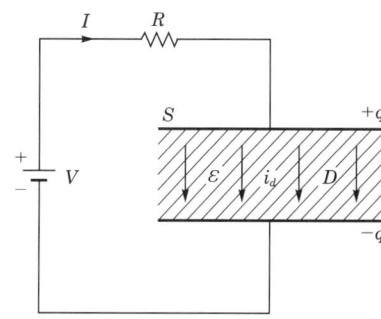

① $\dfrac{\partial D}{\partial t}$ ② $\dfrac{\partial q}{\partial t}$

③ $S\dfrac{\partial D}{\partial t}$ ④ $\dfrac{1}{S}\dfrac{\partial D}{\partial t}$

해설 변위전류 $I_d[A]$

$I_d = \dfrac{\partial Q}{\partial t} = \dfrac{\partial \psi}{\partial t} = \dfrac{\partial D}{\partial t}S$ (전속 $\psi = Q = DS$)[A]

변위전류밀도 $i_d[A/m^2]$

$i_d = \dfrac{I_d}{S} = \dfrac{\partial D}{\partial t}[A/m^2]$

11 진공 중에서 점(1, 3)[m]의 위치에 -2×10^{-9}[C]의 점전하가 있을 때 점(2, 1)[m]에 있는 1[C]의 점전하에 작용하는 힘은 몇 [N]인가? (단, $\hat{x}$, $\hat{y}$는 단위벡터이다.)

① $-\dfrac{18}{5\sqrt{5}}\hat{x} + \dfrac{36}{5\sqrt{5}}\hat{y}$

② $-\dfrac{36}{5\sqrt{5}}\hat{x} + \dfrac{18}{5\sqrt{5}}\hat{y}$

③ $-\dfrac{36}{5\sqrt{5}}\hat{x} - \dfrac{18}{5\sqrt{5}}\hat{y}$

④ $\dfrac{18}{5\sqrt{5}}\hat{x} + \dfrac{36}{5\sqrt{5}}\hat{y}$

해설 거리벡터 $\vec{r} = \overrightarrow{P-Q}$
$= (2-1)\hat{x} + (1-3)\hat{y}$
$= \hat{x} - 2\hat{y}[m]$

단위벡터 $\vec{r_0} = \dfrac{\vec{r}}{|\vec{r}|} = \dfrac{\hat{x}-2\hat{y}}{\sqrt{1^2+2^2}} = \dfrac{\hat{x}-2\hat{y}}{\sqrt{5}}$

힘 $F = \vec{r_0}\dfrac{1}{4\pi\varepsilon_0}\dfrac{Q_1 \cdot Q_2}{r^2}$

$= \dfrac{\hat{x}-2\hat{y}}{\sqrt{5}} \times 9 \times 10^9 \times \dfrac{-2 \times 10^{-9} \times 1}{(\sqrt{5})^2}$

$= -\dfrac{18}{5\sqrt{5}}\hat{x} + \dfrac{36}{5\sqrt{5}}\hat{y}[N]$

12 정전용량이 $C_0[\mu F]$인 평행판의 공기 커패시터가 있다. 두 극판 사이에 극판과 평행하게 절반을 비유전율이 ε_r인 유전체로 채우면 커패시터의 정전용량[μF]은?

① $\dfrac{C_0}{2\left(1+\dfrac{1}{\varepsilon_r}\right)}$ ② $\dfrac{C_0}{1+\dfrac{1}{\varepsilon_r}}$

③ $\dfrac{2C_0}{1+\dfrac{1}{\varepsilon_r}}$ ④ $\dfrac{4C_0}{1+\dfrac{1}{\varepsilon_r}}$

해설 공기 콘덴서의 정전용량 $C_0 = \dfrac{\varepsilon_0 S}{d}[\mu F]$

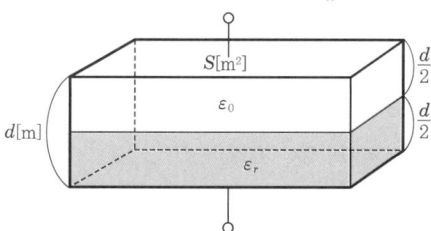

$C_1 = \dfrac{\varepsilon_0 S}{\dfrac{d}{2}} = 2C_0$

$C_2 = \dfrac{\varepsilon_0 \varepsilon_r S}{\dfrac{d}{2}} = 2\varepsilon_r C_0$

정전용량 $C = \dfrac{C_1 \cdot C_2}{C_1 + C_2} = \dfrac{2C_0 \times 2\varepsilon_r C_0}{2C_0 + 2\varepsilon_r C_0}$

$= \dfrac{2\varepsilon_r C_0}{1+\varepsilon_r} = \dfrac{2C_0}{1+\dfrac{1}{\varepsilon_r}}[\mu F]$

정답 10. ① 11. ① 12. ③

13 그림과 같이 점 O를 중심으로 반지름이 a [m]인 구도체 1과 안쪽 반지름이 b[m]이고 바깥쪽 반지름이 c[m]인 구도체 2가 있다. 이 도체계에서 전위계수 P_{11}[1/F]에 해당되는 것은?

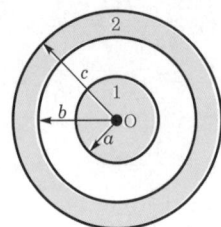

① $\dfrac{1}{4\pi\varepsilon}\dfrac{1}{a}$ ② $\dfrac{1}{4\pi\varepsilon}\left(\dfrac{1}{a}-\dfrac{1}{b}\right)$

③ $\dfrac{1}{4\pi\varepsilon}\left(\dfrac{1}{b}-\dfrac{1}{c}\right)$ ④ $\dfrac{1}{4\pi\varepsilon}\left(\dfrac{1}{a}-\dfrac{1}{b}+\dfrac{1}{c}\right)$

[해설] 도체 1의 전위 V_1[V]

$V_1 = P_{11}Q_1 + P_{12}Q_2$에서 $Q_1=1$, $Q_2=0$일 때

$V_1 = P_{11} = V_{ab} + V_c = \dfrac{1}{4\pi\varepsilon}\left(\dfrac{1}{a}-\dfrac{1}{b}\right)+\dfrac{1}{4\pi\varepsilon c}$

$= \dfrac{1}{4\pi\varepsilon}\left(\dfrac{1}{a}-\dfrac{1}{b}+\dfrac{1}{c}\right)$[1/F]

14 자계의 세기를 나타내는 단위가 아닌 것은?

① A/m ② N/Wb
③ (H·A)/m² ④ Wb/(H·m)

[해설] 자계의 세기 H[A/m]

$H = \dfrac{F}{m}\left[\dfrac{N}{Wb} = \dfrac{N \cdot m}{Wb} \cdot \dfrac{1}{m} = \dfrac{J \cdot 1}{Wb \cdot m}\right.$

$\left. = \dfrac{A}{m} = \dfrac{A \cdot H}{m \cdot H} = \dfrac{Wb}{H \cdot m}\right]$

15 반지름이 2[m]이고 권수가 120회인 원형 코일 중심에서의 자계의 세기를 30[AT/m]로 하려면 원형 코일에 몇 [A]의 전류를 흘려야 하는가?

① 1 ② 2
③ 3 ④ 4

[해설] 원형 코일 중심에서의 자계의 세기 H[A/m]

$H = \dfrac{NI}{2a}$에서

전류 $I = H \cdot \dfrac{2a}{N} = 30 \times \dfrac{2 \times 2}{120} = 1$[A]

16 그림과 같이 평행한 무한장 직선의 두 도선에 I[A], $4I$[A]인 전류가 각각 흐른다. 두 도선 사이 점 P에서의 자계의 세기가 0이라면 $\dfrac{a}{b}$는?

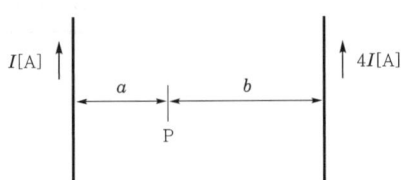

① 2 ② 4
③ $\dfrac{1}{2}$ ④ $\dfrac{1}{4}$

[해설] 자계의 세기 $H_1 = \dfrac{I}{2\pi a}$[A/m], $H_2 = \dfrac{4I}{2\pi b}$[A/m]

$H_1 = H_2$일 때 P점의 자계의 세기가 0이므로

$\dfrac{I}{2\pi a} = \dfrac{4I}{2\pi b}$ $\therefore \dfrac{a}{b} = \dfrac{1}{4}$

17 내압 및 정전용량이 각각 1,000[V]-2[μF], 700[V]-3[μF], 600[V]-4[μF], 300[V]-8[μF]인 4개의 커패시터가 있다. 이 커패시터들을 직렬로 연결하여 양단에 전압을 인가한 후 전압을 상승시키면 가장 먼저 절연이 파괴되는 커패시터는? (단, 커패시터의 재질이나 형태는 동일하다.)

① 1,000[V]-2[μF] ② 700[V]-3[μF]
③ 600[V]-4[μF] ④ 300[V]-8[μF]

[해설] 커패시터를 직렬로 접속하고 전압을 인가하면 각 콘덴서의 전기량은 동일하므로 내압과 정전용량의 곱한 값이 가장 작은 커패시터가 제일 먼저 파괴된다.

[정답] 13.④ 14.③ 15.① 16.④ 17.①

18 내구의 반지름이 $a=5$[cm], 외구의 반지름이 $b=10$[cm]이고, 공기로 채워진 동심구형 커패시터의 정전용량은 약 몇 [pF]인가?

① 11.1   ② 22.2
③ 33.3   ④ 44.4

해설 동심구형 커패시터의 정전용량 C[F]

$$C = \frac{4\pi\varepsilon_0}{\frac{1}{a}-\frac{1}{b}} = 4\pi\varepsilon_0 \frac{ab}{b-a} = \frac{1}{9\times10^9} \times \frac{0.05 \times 0.1}{0.1-0.05}$$
$$= 11.1 \times 10^{-12} ≒ 11.1 [\text{pF}]$$

19 자성체의 종류에 대한 설명으로 옳은 것은? (단, χ_m는 자화율이고, μ_r는 비투자율이다.)

① $\chi_m > 0$이면, 역자성체이다.
② $\chi_m < 0$이면, 상자성체이다.
③ $\mu_r > 1$이면, 비자성체이다.
④ $\mu_r < 1$이면, 역자성체이다.

해설 자성체의 종류에 따른 비투자율과 자화율
$[\chi_m = \mu_0(\mu_r - 1)]$
㉠ 상자성체 : $\mu_r > 1$ ⇒ $\chi_m > 0$
㉡ 강자성체 : $\mu_r \gg 1$ ⇒ $\chi_m > 0$
㉢ 역(반)자성체 : $\mu_r < 1$ ⇒ $\chi_m < 0$
㉣ 비자성체 : $\mu_r = 1$ ⇒ $\chi_m = 0$

20 구좌표계에서 $\nabla^2 r$의 값은 얼마인가? (단, $r = \sqrt{x^2 + y^2 + z^2}$)

① $\frac{1}{r}$ ② $\frac{2}{r}$
③ r ④ $2r$

해설 구좌표계의 변수 (r, θ, ϕ)

$$\nabla^2 r = \frac{1}{r^2}\frac{\partial}{\partial r}\left(r^2 \frac{\partial r}{\partial r}\right) + \frac{1}{r^2 \sin\theta}\frac{\partial}{\partial \theta}\left(\sin\theta \frac{\partial r}{\partial \theta}\right)$$
$$+ \frac{1}{r^2 \sin^2\theta}\frac{\partial^2 r}{\partial \phi^2}$$
$$= \frac{1}{r^2}\frac{\partial}{\partial r}r^2$$
$$= \frac{1}{r^2}2r$$
$$= \frac{2}{r}$$

정답 18. ① 19. ④ 20. ②

2022년 전기산업기사 제2회 CBT 기출복원문제

01 10[mm]의 지름을 가진 동선에 50[A]의 전류가 흐를 때 단위시간에 동선의 단면을 통과하는 전자의 수는 얼마인가?

① 약 50×10^{19}[개]
② 약 20.45×10^{15}[개]
③ 약 31.25×10^{19}[개]
④ 약 7.85×10^{16}[개]

해설 전류 $I = \dfrac{Q}{t} = \dfrac{ne}{t}$ [C/s, A]

전자의 수 $n = \dfrac{It}{e} = \dfrac{50 \times 1}{1.602 \times 10^{-19}}$
$= 31.25 \times 10^{19}$ [개]

02 100회 감은 코일과 쇄교하는 자속이 $\dfrac{1}{10}$초 동안에 0.5[Wb]에서 0.3[Wb]로 감소했다. 이때, 유기되는 기전력은 몇 [V]인가?

① 20 ② 200
③ 80 ④ 800

해설 $e = -N\dfrac{d\phi}{dt} = -100 \times \dfrac{0.3-0.5}{0.1} = 200$ [V]

03 무한히 넓은 2개의 평행 도체판의 간격이 d[m]이며 그 전위차는 V[V]이다. 도체판의 단위면적에 작용하는 힘은 몇 [N/m²]인가? (단, 유전율은 ε_0이다.)

① $\varepsilon_0\left(\dfrac{V}{d}\right)^2$
② $\dfrac{1}{2}\varepsilon_0\left(\dfrac{V}{d}\right)^2$
③ $\dfrac{1}{2}\varepsilon_0\left(\dfrac{V}{d}\right)$
④ $\varepsilon_0\left(\dfrac{V}{d}\right)$

해설 $f = \dfrac{\rho_s^2}{2\varepsilon_0} = \dfrac{1}{2}\varepsilon_0 E^2 = \dfrac{1}{2}\varepsilon_0\left(\dfrac{V}{d}\right)^2$ [N/m²]

04 접지된 구도체와 점전하 간에 작용하는 힘은?

① 항상 흡인력이다.
② 항상 반발력이다.
③ 조건적 흡인력이다.
④ 조건적 반발력이다.

해설 점전하가 Q[C]일 때 접지 구도체의 영상전하 $Q' = -\dfrac{a}{d}Q$[C] 으로 이종의 전하 사이에 작용하는 힘으로 쿨롱의 법칙에서 항상 흡인력이 작용한다.

05 평행판 콘덴서에 어떤 유전체를 넣었을 때 전속밀도가 4.8×10^{-7}[C/m²]이고, 단위체적당 정전 에너지가 5.3×10^{-3}[J/m³]이었다. 이 유전체의 유전율은 몇 [F/m]인가?

① 1.15×10^{-11} ② 2.17×10^{-11}
③ 3.19×10^{-11} ④ 4.21×10^{-11}

해설 정전 에너지
$W = \dfrac{D^2}{2\varepsilon}$ [J/m³]
$\therefore \varepsilon = \dfrac{D^2}{2W} = \dfrac{(4.8 \times 10^{-7})^2}{2 \times 5.3 \times 10^{-3}}$
$= 2.17 \times 10^{-11}$ [F/m]

06 히스테리시스 곡선에서 히스테리시스 손실에 해당하는 것은?

① 보자력의 크기
② 잔류자기의 크기
③ 보자력과 잔류자기의 곱
④ 히스테리시스 곡선의 면적

해설 히스테리시스 루프를 일주할 때마다 그 면적에 상당하는 에너지가 열에너지로 손실되는데, 교류의 경우 단위체적당 에너지 손실이 되고 이를 히스테리시스 손실이라고 한다.

정답 01. ③ 02. ② 03. ② 04. ① 05. ② 06. ④

07 자기회로와 전기회로의 대응으로 틀린 것은?

① 자속 ↔ 전류
② 기자력 ↔ 기전력
③ 투자율 ↔ 유전율
④ 자계의 세기 ↔ 전계의 세기

해설

자기회로	전기회로
기자력 $F=NI$	기전력 E
자기저항 $R_m=\dfrac{l}{\mu S}$	저항 $R=\dfrac{l}{kS}$
자속 $\phi=\dfrac{F}{R_m}$	전류 $I=\dfrac{E}{R}$
투자율 μ	도전율 k
자계의 세기 H	전계의 세기 E

08 다음 중 전류에 의한 자계의 방향을 결정하는 법칙은?

① 렌츠의 법칙
② 플레밍의 왼손법칙
③ 플레밍의 오른손법칙
④ 앙페르의 오른나사법칙

해설 전류에 의한 자계의 방향은 앙페르의 오른나사법칙에 따르며 다음 그림과 같은 방향이다.

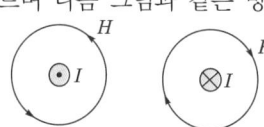

09 표면 전하밀도 $\sigma[C/m^2]$로 대전된 도체 내부의 전속밀도는 몇 $[C/m^2]$인가?

① σ
② $\varepsilon_0 E$
③ $\dfrac{\sigma}{\varepsilon_0}$
④ 0

해설 도체 내부의 전계의 세기 $E=0$
전속밀도 $D=\varepsilon_0 E=0$

10 10[mH]의 두 가지 인덕턴스가 있다. 결합계수를 0.1로부터 0.9까지 변화시킬 수 있다면 이것을 접속시켜 얻을 수 있는 합성 인덕턴스의 최댓값과 최솟값의 비는?

① 9 : 1
② 13 : 1
③ 16 : 1
④ 19 : 1

해설 합성 인덕턴스 $L_0=L_1+L_2\pm 2M[H]$
$L_1=L_2=10[mH]$이므로 $L_0=20\pm 2M[mH]$
상호 인덕턴스 $M=K\sqrt{L_1L_2}=10K$
결합계수는 0.1로부터 0.9까지 변화시킬 수 있지만 합성 인덕턴스의 최댓값과 최솟값의 비이므로 결합계수 $K=0.9$이다.
∴ $L_0=20\pm 2\times 10\times 0.9=20\pm 18[mH]$
∴ 합성 인덕턴스의 최댓값과 최솟값의 비
 38 : 2 = 19 : 1

11 공기 중에서 $E[V/m]$의 전계를 $i_D[A/m^2]$의 변위전류로 흐르게 하려면 주파수[Hz]는 얼마가 되어야 하는가?

① $f=\dfrac{i_D}{2\pi\varepsilon E}$
② $f=\dfrac{i_D}{4\pi\varepsilon E}$
③ $f=\dfrac{\varepsilon i_D}{2\pi^2 E}$
④ $f=\dfrac{i_D E}{4\pi^2 \varepsilon}$

해설 전계 E를 페이저(phasor)로 표시하면 $E=E_0 e^{j\omega t}$ [V/m]가 되므로
$i_D=\dfrac{\partial D}{\partial t}=\varepsilon\dfrac{\partial E}{\partial t}=\varepsilon\dfrac{\partial}{\partial t}(E_0 e^{j\omega t})$
$=j\omega\varepsilon E_0 e^{j\omega t}=j\omega\varepsilon E[A/m^2]$
$\omega=2\pi f[rad/s]$를 $|i_D|$에 대입하면
$i_D=2\pi f\varepsilon E[A/m^2]$ ∴ $f=\dfrac{i_D}{2\pi\varepsilon E}[Hz]$

12 자기 인덕턴스가 L_1, L_2이고 상호 인덕턴스가 M인 두 회로의 결합계수가 1이면 다음 중 옳은 것은?

① $L_1L_2=M$
② $L_1L_2<M^2$
③ $L_1L_2>M^2$
④ $L_1L_2=M^2$

해설 결합계수 K가 1이면 $K=\dfrac{M}{\sqrt{L_1L_2}}$ 에서
$M=\sqrt{L_1L_2}$ ∴ $M^2=L_1L_2$

정답 07.③ 08.④ 09.④ 10.④ 11.① 12.④

13 지름 10[cm]인 원형 코일에 1[A]의 전류를 흘릴 때, 코일 중심의 자계를 1,000[AT/m]로 하려면 코일을 몇 회 감으면 되는가?

① 200　　　② 150
③ 100　　　④ 50

해설　$H = \dfrac{NI}{2a}$[AT/m]

$N = \dfrac{2aH}{I} = \dfrac{2\left(\dfrac{d}{2}\right)H_0}{I}$

$= \dfrac{2 \times \dfrac{0.1}{2} \times 1,000}{1} = 100$[회]

14 도체계에서 임의의 도체를 일정 전위의 도체로 완전 포위하면 내외 공간의 전계를 완전 차단할 수 있다. 이것을 무엇이라 하는가?

① 전자차폐　　　② 정전차폐
③ 홀(Hall) 효과　　④ 핀치(Pinch) 효과

15 동일한 금속 도선의 두 점 간에 온도차를 주고 고온 쪽에서 저온 쪽으로 전류를 흘리면, 줄열 이외에 도선 속에서 열이 발생하거나 흡수가 일어나는 현상을 지칭하는 것은?

① 제벡 효과　　　② 톰슨 효과
③ 펠티에 효과　　④ 볼타 효과

해설
- 톰슨 효과 : 동종의 금속에서도 각 부에서 온도가 다르면 그 부분에서 열의 발생 또는 흡수가 일어나는 효과를 톰슨 효과라 한다.
- 제벡 효과 : 서로 다른 두 금속 A, B를 접속하고 다른 쪽에 전압계를 연결하여 접속부를 가열하면 전압이 발생하는 것을 알 수 있다. 이와 같이 서로 다른 금속을 접속하고 접속점을 서로 다른 온도를 유지하면 기전력이 생겨 일정한 방향으로 전류가 흐른다. 이러한 현상을 제벡 효과(Seebeck effect)라 한다. 즉, 온도차에 의한 열기전력 발생을 말한다.
- 펠티에 효과 : 서로 다른 두 금속에서 다른 쪽 금속으로 전류를 흘리면 열의 발생 또는 흡수가 일어나는데 이 현상을 펠티에 효과라 한다.

16 m[Wb]의 점자극에 의한 자계 중에서 r[m] 거리에 있는 점의 자위[A]는?

① $\dfrac{1}{4\pi\mu_0} \times \dfrac{m}{r^2}$　　② $\dfrac{1}{4\pi\mu_0} \times \dfrac{m}{r}$

③ $\dfrac{1}{4\pi\mu_0} \times \dfrac{m^2}{r}$　　④ $\dfrac{1}{4\pi\mu_0} \times \dfrac{m^2}{r^2}$

해설

+1[Wb]의 자하를 자계 0인 무한 원점에서 점 P까지 운반하는 데 소요되는 일

$U = -\displaystyle\int_\infty^P H \cdot dr = -\int_\infty^r \dfrac{m}{4\pi\mu_0 r^2} dr$

$= \dfrac{m}{4\pi\mu_0 r} = 6.33 \times 10^4 \dfrac{m}{r}$ [AT, A]

17 100[MHz]의 전자파의 파장은?

① 0.3[m]　　　② 0.6[m]
③ 3[m]　　　　④ 6[m]

해설　진공 중에서 전파속도는 빛의 속도와 같으므로

$v = C_0 = 3 \times 10^8$[m/s]

∴ $v = C_0 = \lambda \cdot f$ [m/s]

∴ $\lambda = \dfrac{C_0}{f} = \dfrac{3 \times 10^8}{100 \times 10^6} = 3$[m]

18 유전율 ε, 투자율 μ인 매질 내에서 전자파의 속도[m/s]는?

① $\sqrt{\dfrac{\mu}{\varepsilon}}$　　　　② $\sqrt{\mu\varepsilon}$

③ $\sqrt{\dfrac{\varepsilon}{\mu}}$　　　　④ $\dfrac{3 \times 10^8}{\sqrt{\varepsilon_s \mu_s}}$

해설　$v = \dfrac{1}{\sqrt{\varepsilon\mu}} = \dfrac{1}{\sqrt{\varepsilon_0 \mu_0}} \cdot \dfrac{1}{\sqrt{\varepsilon_s \mu_s}}$

$= C_0 \dfrac{1}{\sqrt{\varepsilon_s \mu_s}} = \dfrac{3 \times 10^8}{\sqrt{\varepsilon_s \mu_s}}$ [m/s]

정답　13. ③　14. ②　15. ②　16. ②　17. ③　18. ④

19 한 변의 길이가 2[m]인 정삼각형 정점 A, B, C에 각각 10^{-4}[C]의 점전하가 있다. 점 B에 작용하는 힘[N]은?

① 26　　② 39
③ 48　　④ 54

해설

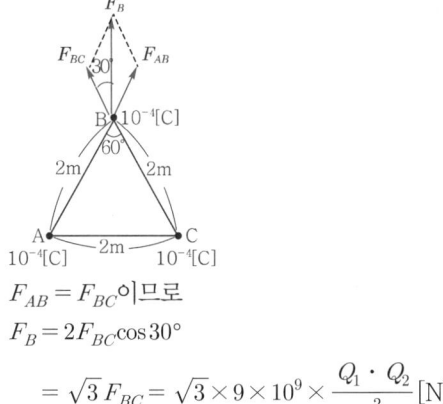

$F_{AB} = F_{BC}$ 이므로
$F_B = 2F_{BC}\cos 30°$

$\quad = \sqrt{3}\,F_{BC} = \sqrt{3} \times 9 \times 10^9 \times \dfrac{Q_1 \cdot Q_2}{r^2}$ [N]

$\quad = \sqrt{3} \times 9 \times 10^9 \times \dfrac{(10^{-4})^2}{2^2}$

$\quad \fallingdotseq 39$ [N]

20 점 (-2, 1, 5)[m]와 점 (1, 3, -1)[m]에 각각 위치해 있는 점전하 1[μC]과 4[μC]에 의해 발생된 전위장 내에 저장된 정전 에너지는 약 몇 [mJ]인가?

① 2.57　　② 5.14
③ 7.71　　④ 10.28

해설 정전 에너지

$W = F \cdot r = \dfrac{Q_1 Q_2}{4\pi\varepsilon_0 r^2} \cdot r = 9 \times 10^9 \times \dfrac{Q_1 Q_2}{r}$ [J]

$\dot{r} = \{1-(-2)\}i + (3-1)j + (-1-5)k$
$\quad = 3i + 2j - 6k$

$|\dot{r}| = \sqrt{3^2 + 2^2 + (-6)^2} = 7$ [m]

$Q_1 = 1[\mu C]$, $Q_2 = 4[\mu C]$ 이므로

$\therefore W = 9 \times 10^9 \times \dfrac{1 \times 10^{-6} \times 4 \times 10^{-6}}{7} \times 10^3$

$\qquad = 5.14$ [mJ]

정답 19. ② 20. ②

2022년 제3회 CBT 기출복원문제 (전기기사)

01 내압이 1[kV]이고 용량이 각각 0.01[μF], 0.02[μF], 0.04[μF]인 콘덴서를 직렬로 연결했을 때 전체 콘덴서의 내압은 몇 [V]인가?

① 1,750
② 2,000
③ 3,500
④ 4,000

해설 각 콘덴서에 가해지는 전압을 V_1, V_2, V_3[V]라 하면
$V_1 : V_2 : V_3 = \dfrac{1}{0.01} : \dfrac{1}{0.02} : \dfrac{1}{0.04} = 4 : 2 : 1$
∴ $V_1 = 1,000$[V]
$V_2 = 1,000 \times \dfrac{2}{4} = 500$[V]
$V_3 = 1,000 \times \dfrac{1}{4} = 250$[V]
∴ 전체 내압 : $V = V_1 + V_2 + V_3$
$= 1,000 + 500 + 250$
$= 1,750$[V]

02 두 개의 길고 직선인 도체가 평행으로 그림과 같이 위치하고 있다. 각 도체에는 10[A]의 전류가 같은 방향으로 흐르고 있으며, 이격 거리는 0.2[m]일 때 오른쪽 도체의 단위 길이당 힘[N/m]은? (단, a_x, a_z는 단위 벡터이다.)

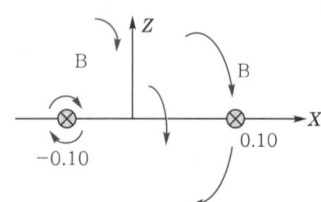

① $10^{-2}(-a_x)$
② $10^{-4}(-a_x)$
③ $10^{-2}(-a_z)$
④ $10^{-4}(-a_z)$

해설
$F = \dfrac{2I_1 I_2}{r} \times 10^{-7}$ [N/m]
$= \dfrac{2 \times 10 \times 10}{0.2} \times 10^{-7}$
$= 10^{-4}$ [N/m]
전류 방향이 같으므로 흡인력 발생은 $-X$축

03 간격에 비해서 충분히 넓은 평행판 콘덴서의 판 사이에 비유전율 ε_s인 유전체를 채우고 외부에서 판에 수직 방향으로 전계 E_0를 가할 때, 분극 전하에 의한 전계의 세기는 몇 [V/m]인가?

① $\dfrac{\varepsilon_s + 1}{\varepsilon_s} \times E_0$
② $\dfrac{\varepsilon_s - 1}{\varepsilon_s} \times E_0$
③ $\dfrac{\varepsilon_s}{\varepsilon_s + 1} \times E_0$
④ $\dfrac{\varepsilon_s}{\varepsilon_s - 1} \times E_0$

해설 유전체 내의 전계 E는 E_0와 분극 전하에 의한 E'와의 합으로 다음과 같다.
$E = E_0 + E'$ [V/m]
또한, $E = \dfrac{E_0}{\varepsilon_s}$ [V/m]이므로
$\dfrac{E_0}{\varepsilon_s} = E_0 + E'$
∴ $E' = E_0 \left(\dfrac{1}{\varepsilon_s} - 1 \right) = -E_0 \left(\dfrac{\varepsilon_s - 1}{\varepsilon_s} \right)$ [V/m]
∴ $E' = E_0 \left(\dfrac{\varepsilon_s - 1}{\varepsilon_s} \right)$ [V/m]

04 유전율 ε, 투자율 μ인 매질 내에서 전자파의 속도[m/s]는?

① $\sqrt{\dfrac{\mu}{\varepsilon}}$
② $\sqrt{\mu\varepsilon}$
③ $\sqrt{\dfrac{\varepsilon}{\mu}}$
④ $\dfrac{3 \times 10^8}{\sqrt{\varepsilon_s \mu_s}}$

정답 01. ① 02. ② 03. ② 04. ④

해설
$$v = \frac{1}{\sqrt{\varepsilon\mu}} = \frac{1}{\sqrt{\varepsilon_0\mu_0}} \cdot \frac{1}{\sqrt{\varepsilon_s\mu_s}}$$
$$= C_0 \frac{1}{\sqrt{\varepsilon_s\mu_s}} = \frac{3\times 10^8}{\sqrt{\varepsilon_s\mu_s}} \text{[m/s]}$$

05 내반경 a[m], 외반경 b[m]인 동축 케이블에서 극간 매질의 도전율이 σ [S/m]일 때, 단위 길이당 이 동축 케이블의 컨덕턴스 [S/m]는?

① $\dfrac{4\pi\sigma}{\ln\dfrac{b}{a}}$ ② $\dfrac{2\pi\sigma}{\ln\dfrac{b}{a}}$

③ $\dfrac{\pi\sigma}{\ln\dfrac{b}{a}}$ ④ $\dfrac{6\pi\sigma}{\ln\dfrac{b}{a}}$

해설 동축 케이블의 단위 길이당 정전용량
$C = \dfrac{2\pi\varepsilon}{\ln\dfrac{b}{a}}$ [F/m]이므로 $RC=\rho\varepsilon$에서

$R = \dfrac{\rho\varepsilon}{C} = \dfrac{\rho\varepsilon}{\dfrac{2\pi\varepsilon}{\ln\dfrac{b}{a}}} = \dfrac{\rho}{2\pi}\ln\dfrac{b}{a} = \dfrac{1}{2\pi\sigma}\ln\dfrac{b}{a}$ [Ω/m]

$\therefore G = \dfrac{1}{R} = \dfrac{2\pi\sigma}{\ln\dfrac{b}{a}}$ [S/m]

06 유전율 ε_1, ε_2인 두 유전체 경계면에서 전계가 경계면에 수직일 때, 경계면에 작용하는 힘은 몇 [N/m²]인가? (단, $\varepsilon_1 > \varepsilon_2$이다.)

① $\left(\dfrac{1}{\varepsilon_1}+\dfrac{1}{\varepsilon_2}\right)D$ ② $2\left(\dfrac{1}{\varepsilon_1^2}+\dfrac{1}{\varepsilon_2^2}\right)D^2$

③ $\dfrac{1}{2}\left(\dfrac{1}{\varepsilon_2}-\dfrac{1}{\varepsilon_1}\right)D$ ④ $\dfrac{1}{2}\left(\dfrac{1}{\varepsilon_2}-\dfrac{1}{\varepsilon_1}\right)D^2$

해설 전계가 수직으로 입사시 경계면 양측에서 전속밀도가 같다.
$D_1 = D_2 = D$
$\therefore f = \dfrac{1}{2}E_2D_2 - \dfrac{1}{2}E_1D_1$ [N/m]
$= \dfrac{1}{2}(E_2-E_1)D$
$= \dfrac{1}{2}\left(\dfrac{1}{\varepsilon_2}-\dfrac{1}{\varepsilon_1}\right)D^2$ [N/m²]

07 벡터 퍼텐셜 $A = 3x^2ya_x + 2xa_y - z^3a_z$ [Wb/m]일 때의 자계의 세기 H[A/m]는? (단, μ는 투자율이라 한다.)

① $\dfrac{1}{\mu}(2-3x^2)a_y$ ② $\dfrac{1}{\mu}(3-2x^2)a_y$

③ $\dfrac{1}{\mu}(2-3x^2)a_z$ ④ $\dfrac{1}{\mu}(3-2x^2)a_z$

해설 $B=\mu H = \text{rot} A = \nabla \times A$ (A는 벡터 퍼텐셜, H는 자계의 세기)
$\therefore H = \dfrac{1}{\mu}(\nabla \times A)$

$\nabla \times A = \begin{vmatrix} a_x & a_y & a_z \\ \dfrac{\partial}{\partial x} & \dfrac{\partial}{\partial y} & \dfrac{\partial}{\partial z} \\ 3x^2y & 2x & -z^3 \end{vmatrix} = (2-3x^2)a_z$

$\therefore$ 자계의 세기 $H = \dfrac{1}{\mu}(2-3x^2)a_z$

08 전위 경도 V와 전계 E의 관계식은?

① $E = \text{grad}\, V$ ② $E = \text{div}\, V$
③ $E = -\text{grad}\, V$ ④ $E = -\text{div}\, V$

해설 전계의 세기 $E = -\text{grad}\, V = -\nabla V$ [V/m]
전위 경도는 전계의 세기와 크기는 같고, 방향은 반대이다.

09 2[C]의 점전하가 전계 $E = 2a_x + a_y - 4a_z$ [V/m] 및 자계 $B = -2a_x + 2a_y - a_z$ [Wb/m²] 내에서 $v = 4a_x - a_y - 2a_z$ [m/s]의 속도로 운동하고 있을 때, 점전하에 작용하는 힘 F는 몇 [N]인가?

① $-14a_x + 18a_y + 6a_z$ ② $14a_x - 18a_y - 6a_z$
③ $-14a_x + 18a_y + 4a_z$ ④ $14a_x + 18a_y + 4a_z$

해설 $F = q\{E + (v \times B)\}$
$= 2(2a_x + a_y - 4a_z) + 2(4a_x - a_y - 2a_z)$
$\quad \times(-2a_x + 2a_y - a_z)$
$= 2(2a_x + a_y - 4a_z) + 2\begin{vmatrix} a_x & a_y & a_z \\ 4 & -1 & -2 \\ -2 & 2 & -1 \end{vmatrix}$
$= 2(2a_x + a_y - 4a_z) + 2(5a_x + 8a_y + 6a_z)$
$= 14a_x + 18a_y + 4a_z$ [N]

정답 05. ② 06. ④ 07. ③ 08. ③ 09. ④

10 그림과 같이 반지름 10[cm]인 반원과 그 양단으로부터 직선으로 된 도선에 10[A]의 전류가 흐를 때, 중심 0에서의 자계의 세기와 방향은?

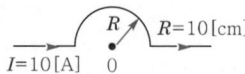

① 2.5[AT/m], 방향 ⊙
② 25[AT/m], 방향 ⊙
③ 2.5[AT/m], 방향 ⊗
④ 25[AT/m], 방향 ⊗

해설 반원의 자계의 세기
$$H = \frac{I}{2R} \times \frac{1}{2} = \frac{I}{4R} [AT/m]$$
앙페르의 오른 나사 법칙에 의해 들어가는 방향(⊗)으로 자계가 형성된다.
$$\therefore H = \frac{10}{4 \times 10 \times 10^{-2}} = 25[AT/m]$$

11 일반적인 전자계에서 성립되는 기본 방정식이 아닌 것은? (단, i는 전류 밀도, ρ는 공간 전하 밀도이다.)

① $\nabla \times H = i + \frac{\partial D}{\partial t}$
② $\nabla \times E = -\frac{\partial B}{\partial t}$
③ $\nabla \cdot D = \rho$
④ $\nabla \cdot B = \mu H$

해설 맥스웰의 전자계 기초 방정식
- $\text{rot} E = \nabla \times E = -\frac{\partial B}{\partial t} = -\mu \frac{\partial H}{\partial t}$ (패러데이 전자 유도 법칙의 미분형)
- $\text{rot} H = \nabla \times H = i + \frac{\partial D}{\partial t}$ (앙페르 주회 적분 법칙의 미분형)
- $\text{div} D = \nabla \cdot D = \rho$ (정전계 가우스 정리의 미분형)
- $\text{div} B = \nabla \cdot B = 0$ (정자계 가우스 정리의 미분형)

12 자성체 $3 \times 4 \times 20 [cm^3]$가 자속밀도 $B = 130[mT]$로 자화되었을 때 자기 모멘트가 $48[A \cdot m^2]$였다면 자화의 세기(M)는 몇 [A/m]인가?

① 10^4
② 10^5
③ 2×10^4
④ 2×10^5

해설 자화의 세기(M)는 자성체에서 단위 체적당의 자기 모멘트이다.
$$\therefore M = \frac{자기\ 모멘트}{단위\ 체적} = \frac{48}{3 \times 4 \times 20 \times 10^{-6}}$$
$$= 2 \times 10^5 [A/m]$$

13 그림과 같은 모양의 자화 곡선을 나타내는 자성체 막대를 충분히 강한 평등 자계 중에서 매분 3,000회 회전시킬 때 자성체는 단위 체적당 매초 약 몇 [kcal/s]의 열이 발생하는가? (단, $B_r = 2[Wb/m^2]$, $H_c = 500[AT/m]$, $B = \mu H$에서 μ는 일정하지 않다.)

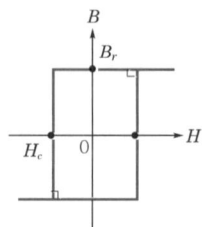

① 11.7
② 47.6
③ 70.2
④ 200

해설 체적당 전력=히스테리시스 곡선의 면적
$$P_h = 4H_cB_r = 4 \times 500 \times 2 = 4,000[W/m^3]$$
$$\therefore H = 0.24 \times 4,000 \times \frac{3,000}{60} \times 10^{-3}$$
$$= 48[kcal/s]$$

14 접지된 구도체와 점전하 간에 작용하는 힘은?

① 항상 흡인력이다.
② 항상 반발력이다.
③ 조건적 흡인력이다.
④ 조건적 반발력이다.

정답 10. ④ 11. ④ 12. ④ 13. ② 14. ①

해설 점전하가 Q[C]일 때

접지 구도체의 영상 전하 $Q' = -\dfrac{a}{d}Q$[C]이므로 항상 흡인력이 작용한다.

15 자속밀도 B[Wb/m²]의 평등 자계 내에서 길이 l[m]인 도체 ab가 속도 v[m/s]로 그림과 같이 도선을 따라서 자계와 수직으로 이동할 때 도체 ab에 의해 유기된 기전력의 크기 e[V]와 폐회로 abcd 내 저항 R에 흐르는 전류의 방향은? (단, 폐회로 abcd 내 도선 및 도체의 저항은 무시한다.)

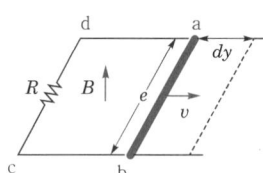

① $e = Blv$, 전류 방향 : c → d
② $e = Blv$, 전류 방향 : d → c
③ $e = Blv^2$, 전류 방향 : c → d
④ $e = Blv^2$, 전류 방향 : d → c

해설 플레밍의 오른손 법칙
유기 기전력 $e = vBl\sin\theta = Blv$[V]
방향 a → b → c → d

16 질량(m)이 10^{-10}[kg]이고, 전하량(Q)이 10^{-8}[C]인 전하가 전기장에 의해 가속되어 운동하고 있다. 가속도가 $a = 10^2 i + 10^2 j$[m/s²]일 때 전기장의 세기 E[V/m]는?

① $E = 10^4 i + 10^5 j$
② $E = i + 10 j$
③ $E = i + j$
④ $E = 10^{-6} i + 10^{-4} j$

해설 전기장에 의해 전하량 Q에 작용하는 힘과 가속에 의한 질량 m에 작용하는 힘이 동일하므로
$F = QE = ma$
전기장의 세기 $E = \dfrac{m}{Q}a = \dfrac{10^{-10}}{10^{-8}} \times (10^2 i + 10^2 j)$
$\qquad\qquad\qquad = i + j$[V/m]

17 유전율 ε, 전계의 세기 E인 유전체의 단위 체적에 축적되는 에너지[J/m³]는?

① $\dfrac{E}{2\varepsilon}$
② $\dfrac{\varepsilon E}{2}$
③ $\dfrac{\varepsilon E^2}{2}$
④ $\dfrac{\varepsilon^2 E^2}{2}$

해설 단위 체적당 에너지 밀도
단위 전위차를 가진 부분을 Δl, 단면적을 ΔS라 하면
$W = \dfrac{1}{2}\dfrac{1}{\Delta l \Delta S}$
$\quad = \dfrac{1}{2}E \cdot D \, (D = \varepsilon E)$
$\quad = \dfrac{1}{2}\dfrac{D^2}{\varepsilon} = \dfrac{1}{2}\varepsilon E^2$ [J/m³]

여기서, $\dfrac{1}{\Delta l}$: 전위 경도
$\dfrac{1}{\Delta S}$: 패러데이관의 밀도, 즉 전속밀도

18 다음 그림과 같은 직사각형의 평면 코일이 $B = \dfrac{0.05}{\sqrt{2}}(a_x + a_y)$[Wb/m²]인 자계에 위치하고 있다. 이 코일에 흐르는 전류가 5[A]일 때 z축에 있는 코일에서의 토크는 약 몇 [N·m]인가?

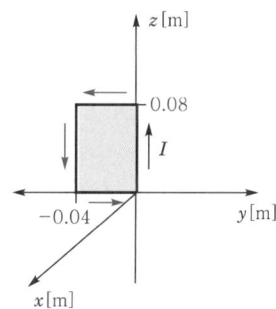

① $2.66 \times 10^{-4} a_x$
② $5.66 \times 10^{-4} a_x$
③ $2.66 \times 10^{-4} a_z$
④ $5.66 \times 10^{-4} a_z$

해설 자속밀도 $B = \dfrac{0.05}{\sqrt{2}}(a_x + a_y)$
$= 0.035a_x + 0.035a_y [\text{Wb/m}^2]$

면 벡터 $S = 0.04 \times 0.08 a_x = 0.0032 a_x [\text{m}^2]$

토크 $T = (S \times B)I$
$= 5 \times \begin{vmatrix} a_x & a_y & a_z \\ 0.0032 & 0 & 0 \\ 0.035 & 0.035 & 0 \end{vmatrix}$
$= 5 \times (0.035 \times 0.0032) a_z$
$= 5.66 \times 10^{-4} a_z [\text{N} \cdot \text{m}]$

19 그림과 같이 균일하게 도선을 감은 권수 N, 단면적 $S[\text{m}^2]$, 평균 길이 $l[\text{m}]$인 공심의 환상 솔레노이드에 $I[\text{A}]$의 전류를 흘렸을 때 자기 인덕턴스 $L[\text{H}]$의 값은?

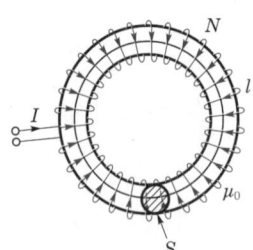

① $L = \dfrac{4\pi N^2 S}{l} \times 10^{-5}$

② $L = \dfrac{4\pi N^2 S}{l} \times 10^{-6}$

③ $L = \dfrac{4\pi N^2 S}{l} \times 10^{-7}$

④ $L = \dfrac{4\pi N^2 S}{l} \times 10^{-8}$

해설 자기 인덕턴스 $L = \dfrac{\mu_0 N^2 S}{l} = \dfrac{4\pi \times 10^{-7} N^2 S}{l} [\text{H}]$

20 간격이 3[cm]이고 면적이 30[cm²]인 평판의 공기 콘덴서에 220[V]의 전압을 가하면 두 판 사이에 작용하는 힘은 약 몇 [N]인가?

① 6.3×10^{-6} ② 7.14×10^{-7}
③ 8×10^{-5} ④ 5.75×10^{-4}

해설 정전 응력 $f = \dfrac{1}{2}\varepsilon_0 E^2 = \dfrac{1}{2}\varepsilon_0 \left(\dfrac{v}{d}\right)^2 [\text{N/m}]$

힘 $F = fs$
$= \dfrac{1}{2} \times 8.855 \times 10^{-12} \times \left(\dfrac{220}{3 \times 10^{-2}}\right)^2 \times 30 \times 10^{-4}$
$= 7.14 \times 10^{-7} [\text{N}]$

정답 19. ③ 20. ②

2022년 제3회 CBT 기출복원문제

전기산업기사

01 대전 도체의 성질로 가장 알맞은 것은?

① 도체 내부에 정전 에너지가 저축된다.

② 도체 표면의 정전응력은 $\dfrac{\sigma^2}{2\varepsilon_0}$[N/m²]이다.

③ 도체 표면의 전계의 세기는 $\dfrac{\sigma^2}{\varepsilon_0}$[V/m]이다.

④ 도체의 내부 전위와 도체 표면의 전위는 다르다.

해설
- 도체 내부에는 전기력선이 존재하지 않는다.
- 도체 표면의 전하밀도가 σ[C/m²]이면 정전응력 $f=\dfrac{\sigma^2}{2\varepsilon_0}$[N/m²]이다.
- 도체 표면의 전계의 세기 $E=\dfrac{\sigma}{\varepsilon_0}$[V/m]이다.
- 도체는 등전위이므로 내부나 표면이 등전위이다.

02 자기 인덕턴스 50[mH]의 회로에 흐르는 전류가 매초 100[A]의 비율로 감소할 때 자기유도 기전력은?

① 5×10^{-4}[mV] ② 5[V]
③ 40[V] ④ 200[V]

해설 $e = L \cdot \dfrac{di}{dt} = 50 \times 10^{-3} \times \dfrac{100}{1} = 5$[V]

03 무한 평면 도체로부터 a[m] 떨어진 곳에 점전하 Q[C]이 있을 때 이 무한 평면 도체 표면에 유도되는 면밀도가 최대인 점의 전하밀도는 몇 [C/m²]인가?

① $-\dfrac{Q}{2\pi a^2}$ ② $-\dfrac{Q}{\pi\varepsilon_0 a}$
③ $-\dfrac{Q}{4\pi a^2}$ ④ $-\dfrac{Q}{4\pi a}$

해설 무한 평면 도체면상 점 $(0, y)$의 전계 세기 E는
$$E = -\dfrac{Qa}{2\pi\varepsilon_0(a^2+y^2)^{\frac{3}{2}}}\text{[V/m]}$$
도체 표면상의 면전하 밀도 σ는
$$\sigma = D = \varepsilon_0 E = -\dfrac{Qa}{2\pi(a^2+y^2)^{\frac{3}{2}}}\text{[C/m²]}$$
최대 면밀도는 $y=0$인 점이므로
$$\therefore \sigma_{\max} = -\dfrac{Q}{2\pi a^2}\text{[C/m²]}$$

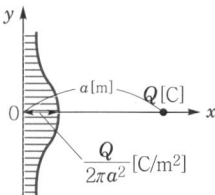

04 그림과 같은 정전용량이 C_0[F]가 되는 평행판 공기 콘덴서가 있다. 이 콘덴서의 판면적의 $\dfrac{2}{3}$가 되는 공간에 비유전율 ε_s인 유전체를 채우면 공기 콘덴서의 정전용량[F]은?

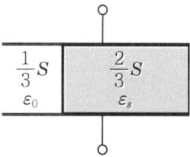

① $\dfrac{2\varepsilon_s}{3}C_0$ ② $\dfrac{3}{1+2\varepsilon_s}C_0$
③ $\dfrac{1+\varepsilon_s}{3}C_0$ ④ $\dfrac{1+2\varepsilon_s}{3}C_0$

해설 합성 정전용량은 두 콘덴서의 병렬 연결과 같으므로
$$\therefore C = C_1 + C_2 = \dfrac{1}{3}C_0 + \dfrac{2}{3}\varepsilon_s C_0$$
$$= \dfrac{1+2\varepsilon_s}{3}C_0\text{[F]}$$

정답 01. ② 02. ② 03. ① 04. ④

05 $l_1 = \infty$, $l_2 = 1[m]$의 두 직선 도선을 50[cm]의 간격으로 평행하게 놓고, l_1을 중심축으로 하여 l_2를 속도 100[m/s]로 회전시키면 l_2에 유기되는 전압은 몇 [V]인가? (단, l_1에 흐르는 전류는 50[mA]이다.)

① 0
② 5
③ 2×10^{-6}
④ 3×10^{-6}

해설 도선이 있는 곳의 자계 H는

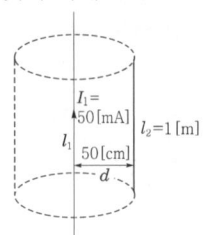

$$H = \frac{I}{2\pi d} = \frac{50 \times 10^{-3}}{2\pi \times 0.5} = \frac{50 \times 10^{-3}}{\pi}$$

$$= \frac{0.05}{\pi}[AT/m]$$

로 위에서 보면 반시계 방향으로 존재한다. 도선 l_2를 속도 100[m/s]로 원운동시키면 $\theta = 0°$ 또는 $180°$이므로
∴ $e = vBl\sin\theta = 0[V]$

06 물(비유전율 80, 비투자율 1)속에서의 전자파 전파속도[m/s]는?

① 3×10^{10}
② 3×10^8
③ 3.35×10^{10}
④ 3.35×10^7

해설 $v = \frac{1}{\sqrt{\varepsilon\mu}} = \frac{1}{\sqrt{\varepsilon_0\mu_0}} \cdot \frac{1}{\sqrt{\varepsilon_s\mu_s}}$

$= \frac{C_0}{\sqrt{\varepsilon_s\mu_s}} = \frac{3 \times 10^8}{\sqrt{80 \times 1}} ≒ 3.35 \times 10^7 [m/s]$

07 전위 함수가 $V = x^2 + y^2$[V]인 자유 공간 내의 전하밀도는 몇 [C/m³]인가?

① -12.5×10^{-12}
② -22.4×10^{-12}
③ -35.4×10^{-12}
④ -70.8×10^{-12}

해설 $\varepsilon_0 = 8.855 \times 10^{-12}$[F/m]이므로
∴ $\rho = -4\varepsilon_0 = -4 \times 8.855 \times 10^{-12}$
$= -35.4 \times 10^{-12}$[C/m³]

08 영구 자석의 재료로 사용되는 철에 요구되는 사항으로 다음 중 가장 적절한 것은?

① 잔류 자속밀도는 작고 보자력이 커야 한다.
② 잔류 자속밀도는 크고 보자력이 작아야 한다.
③ 잔류 자속밀도와 보자력이 모두 커야 한다.
④ 잔류 자속밀도는 커야 하나 보자력은 0이어야 한다.

해설 영구 자석 재료는 외부 자계에 대하여 잔류 자속이 쉽게 없어지면 안 되므로 잔류 자기(B_r)와 보자력(H_c)이 모두 커야 한다.

09 반지름 a[m]의 구도체에 전하 Q[C]이 주어질 때, 구도체 표면에 작용하는 정전응력[N/m²]은?

① $\frac{Q^2}{64\pi^2\varepsilon_0 a^4}$
② $\frac{Q^2}{32\pi^2\varepsilon_0 a^4}$
③ $\frac{Q^2}{16\pi^2\varepsilon_0 a^4}$
④ $\frac{Q^2}{8\pi^2\varepsilon_0 a^4}$

해설 구도체 표면의 전계의 세기
$E = \frac{Q}{4\pi\varepsilon_0 a^2}$[V/m]
∴ 정전응력 $f = \frac{1}{2}\varepsilon_0 E^2 = \frac{1}{2}\varepsilon_0 \left(\frac{Q}{4\pi\varepsilon_0 a^2}\right)^2$
$= \frac{Q^2}{32\pi^2\varepsilon_0 a^4}$[N/m²]

10 자위(magnetic potential)의 단위로 옳은 것은?

① C/m
② N·m
③ AT
④ J

정답 05. ① 06. ④ 07. ③ 08. ③ 09. ② 10. ③

해설 무한 원점에서 자계 중의 한 점 P까지 단위 정자극 ($+1$[Wb])을 운반할 때, 소요되는 일을 그 점에 대한 자위라고 한다.
$$U_P = -\int_{\infty}^{P} H \cdot dl \ [\text{A/m} \cdot \text{m}] = [\text{A}] = [\text{AT}]$$

11 평등자계 내에 수직으로 돌입한 전자의 궤적은?

① 원운동을 하는데, 원의 반지름은 자계의 세기에 비례한다.
② 구면 위에서 회전하고 반지름은 자계의 세기에 비례한다.
③ 원운동을 하고 반지름은 전자의 처음 속도에 비례한다.
④ 원운동을 하고 반지름은 자계의 세기에 반비례한다.

해설 평등자계 내에 수직으로 돌입한 전자는 원운동을 한다.

구심력=원심력, $evB = \dfrac{mv^2}{r}$

회전 반지름 $r = \dfrac{mv}{eB} = \dfrac{mv}{e\mu_0 H}$ [m]

∴ 원자는 원운동을 하고 반지름은 자계의 세기 (H)에 반비례한다.

12 유전체 내의 전계의 세기가 E, 분극의 세기가 P, 유전율이 $\varepsilon = \varepsilon_s \varepsilon_0$인 유전체 내의 변위전류밀도는?

① $\varepsilon \dfrac{\partial E}{\partial t} + \dfrac{\partial P}{\partial t}$
② $\varepsilon_0 \dfrac{\partial E}{\partial t} + \dfrac{\partial P}{\partial t}$
③ $\varepsilon_0 \left(\dfrac{\partial E}{\partial t} + \dfrac{\partial P}{\partial t} \right)$
④ $\varepsilon \left(\dfrac{\partial E}{\partial t} + \dfrac{\partial P}{\partial t} \right)$

해설 전속밀도의 시간적 변화를 변위전류라 한다.
$$i_D = \dfrac{\partial D}{\partial t} = \dfrac{\partial}{\partial t}(\varepsilon_0 E + P) = \varepsilon_0 \dfrac{\partial E}{\partial t} + \dfrac{\partial P}{\partial t} \ [\text{A/m}^2]$$
($\because D = \varepsilon_0 E + P \ [\text{C/m}^2]$)

13 코일로 감겨진 환상 자기 회로에서 철심의 투자율을 μ[H/m]라 하고 자기 회로의 길이를 l[m]라 할 때, 그 자기 회로의 일부에 미소 공극 l_g[m]를 만들면 회로의 자기 저항은 이전의 약 몇 배 정도 되는가?

① $1 + \dfrac{\mu l_g}{\mu_0 l}$
② $1 + \dfrac{\mu l}{\mu_0 l_g}$
③ $\dfrac{\mu l_g}{\mu_0 l}$
④ $\dfrac{\mu l}{\mu_0 l_g}$

해설 공극이 없을 때의 자기 저항 R은
$$R = \dfrac{l + l_g}{\mu S} ≒ \dfrac{l}{\mu S} \ [\Omega] \ (\because l \gg l_g)$$
미소 공극 l_g가 있을 때의 자기 저항 R'는
$$R' = \dfrac{l_g}{\mu_0 S} + \dfrac{l}{\mu S} \ [\Omega]$$
$$\therefore \dfrac{R'}{R} = 1 + \dfrac{\dfrac{l_g}{\mu_0 S}}{\dfrac{l}{\mu S}} = 1 + \dfrac{\mu l_g}{\mu_0 l} = 1 + \mu_s \dfrac{l_g}{l}$$

14 그림과 같이 유전체 경계면에서 $\varepsilon_1 < \varepsilon_2$이었을 때 E_1과 E_2의 관계식 중 옳은 것은?

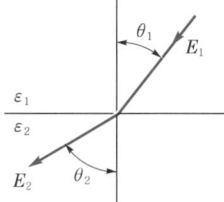

① $E_1 > E_2$
② $E_1 < E_2$
③ $E_1 = E_2$
④ $E_1 \cos\theta_1 = E_2 \cos\theta_2$

해설
• $\varepsilon_1 < \varepsilon_2$이면 $\theta_1 < \theta_2$이므로 ∴ $E_1 > E_2$
• $\varepsilon_1 > \varepsilon_2$이면 $\theta_1 > \theta_2$이므로 ∴ $E_1 < E_2$

정답 11. ④ 12. ② 13. ① 14. ①

15 전류가 흐르고 있는 무한 직선 도체로부터 2[m]만큼 떨어진 자유 공간 내 P점의 자계의 세기가 $\frac{4}{\pi}$[AT/m]일 때, 이 도체에 흐르는 전류는 몇 [A]인가?

① 2　　② 4
③ 8　　④ 16

해설 $H = \frac{I}{2\pi r}$ [AT/m]

∴ $I = 2\pi r \cdot H = 2\pi \times 2 \times \frac{4}{\pi} = 16$ [A]

16 반지름 a[m]의 구도체에 Q[C]의 전하가 주어졌을 때 구심에서 $5a$[m]되는 점의 전위는 몇 [V]인가?

① $\frac{Q}{4\pi\varepsilon_0 a}$　　② $\frac{Q}{4\pi\varepsilon_0 a^2}$

③ $\frac{Q}{20\pi\varepsilon_0 a}$　　④ $\frac{Q}{20\pi\varepsilon_0 a^2}$

해설 $V = \frac{Q}{4\pi\varepsilon_0 r} = \frac{Q}{4\pi\varepsilon_0 (5a)} = \frac{Q}{20\pi\varepsilon_0 a}$ [V]

17 공간도체 중의 정상 전류밀도를 i, 공간 전하밀도를 ρ라고 할 때, 키르히호프의 전류 법칙을 나타내는 것은?

① $i = 0$　　② $\text{div} \, i = 0$

③ $i = \frac{\partial \rho}{\partial t}$　　④ $\text{div} \, i = \infty$

해설 키르히호프의 전류 법칙은 $\sum I = 0$

$\int_s i \cdot ds = \int_v \text{div} \, i \, dv = 0$이므로 $\text{div} \, i = 0$이 된다. 즉 단위 체적당 전류의 발산이 없음을 의미한다.

18 유전체에 가한 전계 E[V/m]와 분극의 세기 P[C/m²], 전속밀도 D[C/m²] 간의 관계식으로 옳은 것은?

① $P = \varepsilon_0(\varepsilon_s - 1)E$　　② $P = \varepsilon_0(\varepsilon_s + 1)E$
③ $D = \varepsilon_0 E - P$　　④ $D = \varepsilon_0 \varepsilon_s E + P$

해설 전속밀도 $D = \varepsilon_0 E + P$

∴ 분극의 세기 $P = D - \varepsilon_0 E = \varepsilon_0 \varepsilon_s E - \varepsilon_0 E$
$= \varepsilon_0(\varepsilon_s - 1)E$ [C/m²]

19 단면의 지름이 D[m], 권수가 n[회/m]인 무한장 솔레노이드에 전류 I[A]를 흘렸을 때, 길이 l[m]에 대한 인덕턴스 L[H]는 얼마인가?

① $4\pi^2 \mu_s n D^2 l \times 10^{-7}$

② $4\pi \mu_s n^2 D l \times 10^{-7}$

③ $\pi^2 \mu_s n D^2 l \times 10^{-7}$

④ $\pi^2 \mu_s n^2 D^2 l \times 10^{-7}$

해설 $L = L_0 l = \mu_0 \mu_s n^2 S l$

$= 4\pi \times 10^{-7} \times \mu_s n^2 \times \left(\frac{1}{4}\pi D^2\right) \times l$

$= \pi^2 \mu_s n^2 D^2 l \times 10^{-7}$ [H]

20 전류의 세기가 I[A], 반지름 r[m]인 원형 선전류 중심에 m[Wb]인 가상 점자극을 둘 때, 원형 선전류가 받는 힘[N]은?

① $\frac{mI}{2\pi r}$　　② $\frac{mI}{2r}$

③ $\frac{mI^2}{2\pi r}$　　④ $\frac{mI}{2\pi r^2}$

해설 $F = mH = m \cdot \frac{I}{2r}$ [N]

정답 15.④　16.③　17.②　18.①　19.④　20.②

2023년 제1회 CBT 기출복원문제

전기기사

01 $Ql = \pm 200\pi\varepsilon_0 \times 10^3 [\text{C}\cdot\text{m}]$인 전기 쌍극자에서 l과 r의 사이각이 $\frac{\pi}{3}$이고, $r = 1$인 점의 전위[V]는?

① $50\pi \times 10^4$
② 50×10^3
③ 25×10^3
④ $5\pi \times 10^4$

해설 전기 쌍극자의 전위

$$V = \frac{M\cos\theta}{4\pi\varepsilon_0 r^2} = 9 \times 10^9 \frac{Q \cdot l\cos\theta}{r^2} [\text{V}]$$

$$\therefore V = \frac{1}{4\pi\varepsilon_0} \times \frac{200\pi\varepsilon_0 \times 10^3}{1^2} \times \cos 60°$$

$$= 25 \times 10^3 [\text{V}]$$

02 비투자율 $\mu_s = 800$, 원형 단면적 $S = 10[\text{cm}^2]$, 평균 자로 길이 $l = 8\pi \times 10^{-2}[\text{m}]$의 환상 철심에 600회의 코일을 감고 이것에 1[A]의 전류를 흘리면 내부의 자속은 몇 [Wb]인가?

① 1.2×10^{-3}
② 1.2×10^{-5}
③ 2.4×10^{-3}
④ 2.4×10^{-5}

해설 자속

$$\phi = BS = \mu HS = \mu_0\mu_s \frac{NI}{l} S$$

$$= \frac{4\pi \times 10^{-7} \times 800 \times 10 \times 10^{-4} \times 600 \times 1}{8\pi \times 10^{-2}}$$

$$= 2.4 \times 10^{-3} [\text{Wb}]$$

03 다음의 관계식 중 성립할 수 없는 것은? (단, μ는 투자율, μ_0는 진공의 투자율, χ는 자화율, J는 자화의 세기이다.)

① $\mu = \mu_0 + \chi$
② $J = \chi B$
③ $\mu_s = 1 + \frac{\chi}{\mu_0}$
④ $B = \mu H$

해설
$J = \chi H [\text{Wb/m}^2]$
$B = \mu_0 H + J = \mu_0 H + \chi H = (\mu_0 + \chi) H$
$\quad = \mu_0\mu_s H [\text{Wb/m}^2]$
$\mu = \mu_0 + \chi$ [H/m], $\mu_s = \mu/\mu_0 = 1 + \chi$
$B = \mu H [\text{Wb/m}^2]$, $\mu_s = \frac{\mu}{\mu_0} = \frac{\mu_0 + \chi}{\mu_0} = 1 + \frac{\chi}{\mu_0}$

04 전자파에서 전계 E와 자계 H의 비$\left(\frac{E}{H}\right)$는? (단, μ_s, ε_s는 각각 공간의 비투자율, 비유전율이다.)

① $377\sqrt{\frac{\varepsilon_s}{\mu_s}}$
② $377\sqrt{\frac{\mu_s}{\varepsilon_s}}$
③ $\frac{1}{377}\sqrt{\frac{\varepsilon_s}{\mu_s}}$
④ $\frac{1}{377}\sqrt{\frac{\mu_s}{\varepsilon_s}}$

해설 고유 임피던스

$$\eta = \frac{E}{H} = \sqrt{\frac{\mu}{\varepsilon}} = \sqrt{\frac{\mu_0}{\varepsilon_0}} \cdot \sqrt{\frac{\mu_s}{\varepsilon_s}} = 377\sqrt{\frac{\mu_s}{\varepsilon_s}} [\Omega]$$

05 정상 전류계에서 J는 전류 밀도, σ는 도전율, ρ는 고유 저항, E는 전계의 세기일 때, 옴의 법칙의 미분형은?

① $J = \sigma E$
② $J = \frac{E}{\sigma}$
③ $J = \rho E$
④ $J = \rho\sigma E$

해설 전류 $I = \frac{V}{R} = \frac{El}{\rho \frac{l}{S}} = \frac{E}{\rho} S [\text{A}]$

전류 밀도 $J = \frac{I}{S} = \frac{E}{\rho} = \sigma E [\text{A/m}^2]$

정답 01. ③ 02. ③ 03. ② 04. ② 05. ①

06 도전율 σ인 도체에서 전장 E에 의해 전류밀도 J가 흘렀을 때 이 도체에서 소비되는 전력을 표시한 식은?

① $\int_v E \cdot J dv$ ② $\int_v E \times J dv$
③ $\frac{1}{\sigma}\int_v E \cdot J dv$ ④ $\frac{1}{\sigma}\int_v E \times J dv$

[해설] 전위 $V=\int_l E dl$, 전류 $I=\int_s J n dS$

전력 $P=VI=\int_l E dl \cdot \int_s J n dS$
$=\int_v E \cdot J dv$ [W]

07 비투자율 350인 환상 철심 중의 평균 자계의 세기가 280[AT/m]일 때, 자화의 세기는 약 몇 [Wb/m²]인가?

① 0.12 ② 0.15
③ 0.18 ④ 0.21

[해설] 자화의 세기
$J = \mu_0(\mu_s - 1)H$
$= 4\pi \times 10^{-7}(350-1) \times 280$
$= 0.12 [\text{Wb/m}^2]$

08 자속 밀도 B[Wb/m²]의 평등 자계 내에서 길이 l[m]인 도체 ab가 속도 v[m/s]로 그림과 같이 도선을 따라서 자계와 수직으로 이동할 때 도체 ab에 의해 유기된 기전력의 크기 e[V]와 폐회로 abcd 내 저항 R에 흐르는 전류의 방향은? (단, 폐회로 abcd 내 도선 및 도체의 저항은 무시한다.)

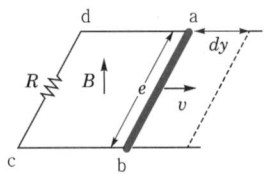

① $e = Blv$, 전류 방향 : c → d
② $e = Blv$, 전류 방향 : d → c
③ $e = Blv^2$, 전류 방향 : c → d
④ $e = Blv^2$, 전류 방향 : d → c

[해설] 플레밍의 오른손 법칙
유기 기전력 $e = vBl\sin\theta = Blv$[V]
방향 a → b → c → d

09 유전율이 ε_1, ε_2인 유전체 경계면에 수직으로 전계가 작용할 때 단위 면적당에 작용하는 수직력은?

① $2\left(\frac{1}{\varepsilon_2} - \frac{1}{\varepsilon_1}\right)E^2$ ② $2\left(\frac{1}{\varepsilon_2} - \frac{1}{\varepsilon_1}\right)D^2$
③ $\frac{1}{2}\left(\frac{1}{\varepsilon_2} - \frac{1}{\varepsilon_1}\right)E^2$ ④ $\frac{1}{2}\left(\frac{1}{\varepsilon_2} - \frac{1}{\varepsilon_1}\right)D^2$

[해설] 전계가 경계면에 수직이므로
$f = \frac{1}{2}(E_2 - E_1)D^2$
$= \frac{1}{2}\left(\frac{1}{\varepsilon_2} - \frac{1}{\varepsilon_1}\right)D^2 [\text{N/m}^2]$

10 환상 철심에 권선수 20인 A 코일과 권선수 80인 B 코일이 감겨있을 때, A 코일의 자기 인덕턴스가 5[mH]라면 두 코일의 상호 인덕턴스는 몇 [mH]인가? (단, 누설 자속은 없는 것으로 본다.)

① 20 ② 1.25
③ 0.8 ④ 0.05

[해설] $M = \frac{N_A N_B}{R_m} = L_A \frac{N_B}{N_A} = 5 \times \frac{80}{20} = 20$[mH]

11 0.2[C]의 점전하가 전계 $E = 5a_y + a_z$[V/m] 및 자속 밀도 $B = 2a_y + 5a_z$[Wb/m²] 내로 속도 $v = 2a_x + 3a_y$[m/s]로 이동할 때, 점전하에 작용하는 힘 F[N]은? (단, a_x, a_y, a_z는 단위 벡터이다.)

① $2a_x - a_y + 3a_z$ ② $3a_x - a_y + a_z$
③ $a_x + a_y - 2a_z$ ④ $5a_x + a_y - 3a_z$

[정답] 06. ① 07. ① 08. ① 09. ④ 10. ① 11. ②

해설) $F = q(E + v \times B)$
$= 0.2(5a_y + a_z) + 0.2(2a_x + 3a_y) \times (2a_y + 5a_z)$
$= 0.2(5a_y + a_z) + 0.2\begin{vmatrix} a_x & a_y & a_z \\ 2 & 3 & 0 \\ 0 & 2 & 5 \end{vmatrix}$
$= 0.2(5a_y + a_z) + 0.2(15a_x + 4a_z - 10a_y)$
$= 0.2(15a_x - 5a_y + 5a_z) = 3a_x - a_y + a_z$ [N]

12 그림과 같이 평행한 무한장 직선 도선에 I [A], $4I$ [A]인 전류가 흐른다. 두 선 사이의 점 P에서 자계의 세기가 0이라고 하면 $\dfrac{a}{b}$는?

① 2
② 4
③ $\dfrac{1}{2}$
④ $\dfrac{1}{4}$

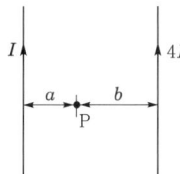

해설) $H_1 = \dfrac{I}{2\pi a}$, $H_2 = \dfrac{4I}{2\pi b}$

자계의 세기가 0일 때 $H_1 = H_2$

$\dfrac{I}{2\pi a} = \dfrac{4I}{2\pi b}$

$\dfrac{1}{a} = \dfrac{4}{b}$

∴ $\dfrac{a}{b} = \dfrac{1}{4}$

13 반지름이 0.01[m]인 구도체를 접지시키고 중심으로부터 0.1[m]의 거리에 10[μC]의 점전하를 놓았다. 구도체에 유도된 총 전하량은 몇 [μC]인가?

① 0
② −1
③ −10
④ 10

해설) 영상 전하의 크기 $Q' = -\dfrac{a}{d}Q$ [C]

∴ $Q' = -\dfrac{0.01}{0.1} \times 10 = -1$ [μC]

14 두 개의 자극판이 놓여 있을 때, 자계의 세기 H [AT/m], 자속 밀도 B [Wb/m²], 투자율 μ [H/m]인 곳의 자계의 에너지 밀도 [J/m³]는?

① $\dfrac{H^2}{2\mu}$
② $\dfrac{1}{2}\mu H^2$
③ $\dfrac{\mu H}{2}$
④ $\dfrac{1}{2}B^2 H$

해설) $\omega_m = \dfrac{1}{2}\mu H^2 = \dfrac{1}{2}BH = \dfrac{B^2}{2\mu}$ [J/m³]

15 진공 중에서 점 (0, 1)[m]되는 곳에 -2×10^{-9} [C] 점전하가 있을 때 점 (2, 0)[m]에 있는 1[C]에 작용하는 힘[N]은?

① $-\dfrac{36}{5\sqrt{5}}a_x + \dfrac{18}{5\sqrt{5}}a_y$
② $-\dfrac{18}{5\sqrt{5}}a_x + \dfrac{36}{5\sqrt{5}}a_y$
③ $-\dfrac{36}{3\sqrt{5}}a_x + \dfrac{18}{3\sqrt{5}}a_y$
④ $\dfrac{36}{5\sqrt{5}}a_x + \dfrac{18}{5\sqrt{5}}a_y$

해설) $r = (2-0)a_x + (0-1)a_y$
$= 2a_x - a_y$ [m]
$|r| = \sqrt{2^2 + (-1)^2} = \sqrt{5}$ [m]
∴ $r_0 = \dfrac{1}{\sqrt{5}}(2a_x - a_y)$ [m]
∴ $F = 9 \times 10^9 \times \dfrac{-2 \times 10^{-9} \times 1}{(\sqrt{5})^2}$
$\times \dfrac{1}{\sqrt{5}}(2a_x - a_y)$
$= -\dfrac{36}{5\sqrt{5}}a_x + \dfrac{18}{5\sqrt{5}}a_y$ [N]

정답) 12. ④ 13. ② 14. ② 15. ①

16 유전율 ε_1, ε_2인 두 유전체 경계면에서 전계가 경계면에 수직일 때, 경계면에 작용하는 힘은 몇 [N/m²]인가? (단, $\varepsilon_1 > \varepsilon_2$이다.)

① $\left(\dfrac{1}{\varepsilon_1} + \dfrac{1}{\varepsilon_2}\right)D$
② $2\left(\dfrac{1}{\varepsilon_1^2} + \dfrac{1}{\varepsilon_2^2}\right)D^2$
③ $\dfrac{1}{2}\left(\dfrac{1}{\varepsilon_2} - \dfrac{1}{\varepsilon_1}\right)D$
④ $\dfrac{1}{2}\left(\dfrac{1}{\varepsilon_2} - \dfrac{1}{\varepsilon_1}\right)D^2$

[해설] 전계가 수직으로 입사시 경계면 양측에서 전속 밀도가 같다.
$D_1 = D_2 = D$
$\therefore f = \dfrac{1}{2}E_2 D_2 - \dfrac{1}{2}E_1 D_1 \,[\text{N/m}]$
$= \dfrac{1}{2}(E_2 - E_1)D$
$= \dfrac{1}{2}\left(\dfrac{1}{\varepsilon_2} - \dfrac{1}{\varepsilon_1}\right)D^2 \,[\text{N/m}^2]$

17 q[C]의 전하가 진공 중에서 v[m/s]의 속도로 운동하고 있을 때, 이 운동 방향과 θ의 각으로 r[m] 떨어진 점의 자계의 세기 [AT/m]는?

① $\dfrac{q\sin\theta}{4\pi r^2 v}$
② $\dfrac{v\sin\theta}{4\pi r^2 q}$
③ $\dfrac{qv\sin\theta}{4\pi r^2}$
④ $\dfrac{v\sin\theta}{4\pi r^2 q^2}$

[해설] 비오-사바르의 법칙(Biot-Savart's law)
자계의 세기 $H = \dfrac{Il}{4\pi r^2}\sin\theta$
전류 $I = \dfrac{q}{t}$, 속도 $v = \dfrac{l}{t}$, $l = v \cdot t$이므로
$Il = \dfrac{q}{t} \cdot vt = qv$
따라서, 자계의 세기 $H = \dfrac{qv}{4\pi r^2}\sin\theta \,[\text{AT/m}]$

18 내압이 1[kV]이고 용량이 각각 0.01[μF], 0.02[μF], 0.04[μF]인 콘덴서를 직렬로 연결했을 때 전체 콘덴서의 내압은 몇 [V]인가?

① 1,750
② 2,000
③ 3,500
④ 4,000

[해설] 각 콘덴서에 가해지는 전압을 V_1, V_2, V_3[V]라 하면
$V_1 : V_2 : V_3 = \dfrac{1}{0.01} : \dfrac{1}{0.02} : \dfrac{1}{0.04} = 4 : 2 : 1$
$\therefore V_1 = 1,000\,[\text{V}]$
$V_2 = 1,000 \times \dfrac{2}{4} = 500\,[\text{V}]$
$V_3 = 1,000 \times \dfrac{1}{4} = 250\,[\text{V}]$
$\therefore$ 전체 내압 : $V = V_1 + V_2 + V_3$
$= 1,000 + 500 + 250$
$= 1,750\,[\text{V}]$

19 정전계와 정자계의 대응 관계가 성립되는 것은?

① $\text{div}\,\boldsymbol{D} = \rho_v \rightarrow \text{div}\,\boldsymbol{B} = \rho_m$
② $\nabla^2 V = -\dfrac{\rho_v}{\varepsilon_0} \rightarrow \nabla^2 \boldsymbol{A} = -\dfrac{i}{\mu_0}$
③ $W = \dfrac{1}{2}CV^2 \rightarrow W = \dfrac{1}{2}LI^2$
④ $\boldsymbol{F} = 9 \times 10^9 \dfrac{Q_1 Q_2}{r^2} a_r$
$\rightarrow \boldsymbol{F} = 6.33 \times 10^{-4} \dfrac{m_1 m_2}{r^2} a_r$

[해설] 정전계와 정자계의 대응 관계
• $\text{div}\,\boldsymbol{D} = \rho_v \rightarrow \text{div}\,\boldsymbol{B} = 0$
• $\nabla^2 V = -\dfrac{\rho_v}{\varepsilon_0} \rightarrow \nabla^2 \boldsymbol{A} = -\mu_0 i$
• $\boldsymbol{F} = 9 \times 10^9 \dfrac{Q_1 Q_2}{r^2} a_r$
$\rightarrow \boldsymbol{F} = 6.33 \times 10^4 \dfrac{m_1 m_2}{r^2} a_r$
$\therefore$ 정전 에너지 $W = \dfrac{1}{2}CV^2$
$\rightarrow$ 자계 에너지 $W = \dfrac{1}{2}LI^2$

정답 16. ④ 17. ③ 18. ① 19. ③

20 유전율 ε, 투자율 μ인 매질 내에서 전자파의 속도[m/s]는?

① $\sqrt{\dfrac{\mu}{\varepsilon}}$ ② $\sqrt{\mu\varepsilon}$

③ $\sqrt{\dfrac{\varepsilon}{\mu}}$ ④ $\dfrac{3\times 10^8}{\sqrt{\varepsilon_s \mu_s}}$

해설
$$v = \dfrac{1}{\sqrt{\varepsilon\mu}} = \dfrac{1}{\sqrt{\varepsilon_0 \mu_0}} \cdot \dfrac{1}{\sqrt{\varepsilon_s \mu_s}}$$
$$= C_0 \dfrac{1}{\sqrt{\varepsilon_s \mu_s}} = \dfrac{3\times 10^8}{\sqrt{\varepsilon_s \mu_s}}\,[\text{m/s}]$$

정답 20. ④

2023년 제1회 CBT 기출복원문제

01 무한 평면 도체에서 $h[\text{m}]$의 높이에 반지름 $a[\text{m}](a \ll h)$의 도선을 도체에 평행하게 가설하였을 때 도체에 대한 도선의 정전 용량은 몇 $[\text{F/m}]$인가?

① $\dfrac{\pi\varepsilon_0}{\ln\dfrac{h}{a}}$ ② $\dfrac{2\pi\varepsilon_0}{\ln\dfrac{2h}{a}}$

③ $\dfrac{\pi\varepsilon_0}{\ln\dfrac{2h}{a}}$ ④ $\dfrac{2\pi\varepsilon_0}{\ln\dfrac{h}{a}}$

[해설]
$$C = \frac{q}{V} = \frac{q}{-\int_h^a E\,dx}$$
$$= \frac{q}{\dfrac{q}{2\pi\varepsilon_0}\int_a^h\left(\dfrac{1}{x}+\dfrac{1}{2h-x}\right)dx}$$
$$= \frac{q}{\dfrac{q}{2\pi\varepsilon_0}[\ln x - \ln(2h-x)]_a^h}$$
$$= \frac{q}{\dfrac{q}{2\pi\varepsilon_0}\ln\left(\dfrac{2h-a}{a}\right)}$$
$$= \frac{2\pi\varepsilon_0}{\ln\dfrac{2h-a}{a}} \fallingdotseq \frac{2\pi\varepsilon_0}{\ln\dfrac{2h}{a}}\,[\text{F/m}]$$

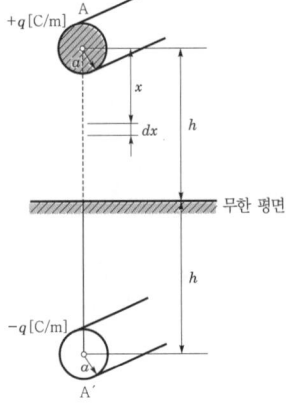

02 전류가 흐르는 도선을 자계 내에 놓으면 이 도선에 힘이 작용한다. 평등 자계의 진공 중에 놓여 있는 직선 전류 도선이 받는 힘에 대한 설명으로 옳은 것은?

① 도선의 길이에 비례한다.
② 전류의 세기에 반비례한다.
③ 자계의 세기에 반비례한다.
④ 전류와 자계 사이의 각에 대한 정현(sine)에 반비례한다.

[해설] 플레밍의 왼손 법칙에서 도선이 받는 힘(F)
$F = IBl\sin\theta\,[\text{N}]$

03 전류가 흐르고 있는 도체에 자계를 가하면 도체 측면에 정·부(+, -)의 전하가 나타나 두 면 간에 전위차가 발생하는 현상은?

① 홀 효과   ② 핀치 효과
③ 톰슨 효과 ④ 제벡 효과

[해설]
• 제벡 효과 : 서로 다른 두 금속 A, B를 접속하고 다른 쪽에 전압계를 연결하여 접속부를 가열하면 전압이 발생하는 것을 알 수 있다. 이와 같이 서로 다른 금속을 접속하고 접속점을 서로 다른 온도를 유지하면 기전력이 생겨 일정한 방향으로 전류가 흐른다. 이러한 현상을 제벡 효과(Seebeck effect)라 한다. 즉, 온도차에 의한 열기전력 발생을 말한다.
• 톰슨 효과 : 동종의 금속에서도 각 부에서 온도가 다르면 그 부분에서 열의 발생 또는 흡수가 일어나는 효과를 톰슨 효과라 한다.
• 홀(Hall) 효과 : 홀 효과는 전기가 흐르고 있는 도체에 자계를 가하면 플레밍의 왼손 법칙에 의하여 도체 내부의 전하가 횡방향으로 힘을 받아 도체 측면에 (+), (-)의 전하가 나타나는 현상이다.

정답 01. ② 02. ① 03. ①

04 유전체에 가한 전계 E[V/m]와 분극의 세기 P[C/m²], 전속 밀도 D[C/m²] 간의 관계식으로 옳은 것은?

① $P = \varepsilon_0(\varepsilon_s - 1)E$
② $P = \varepsilon_0(\varepsilon_s + 1)E$
③ $D = \varepsilon_0 E - P$
④ $D = \varepsilon_0 \varepsilon_s E + P$

해설 전속 밀도 $D = \varepsilon_0 E + P$
∴ 분극의 세기 $P = D - \varepsilon_0 E$
$= \varepsilon_0 \varepsilon_s E - \varepsilon_0 E$
$= \varepsilon_0(\varepsilon_s - 1)E$ [C/m²]

05 유전율 ε, 투자율 μ인 매질 중을 주파수 f[Hz]의 전자파가 전파되어 나갈 때의 파장은 몇 [m]인가?

① $f\sqrt{\varepsilon\mu}$
② $\dfrac{1}{f\sqrt{\varepsilon\mu}}$
③ $\dfrac{f}{\sqrt{\varepsilon\mu}}$
④ $\dfrac{\sqrt{\varepsilon\mu}}{f}$

해설 $v^2 = \dfrac{1}{\varepsilon\mu}$에서 $v = \dfrac{1}{\sqrt{\varepsilon\mu}}$ [m/s]이므로
$\lambda = \dfrac{v}{f} = \dfrac{\frac{1}{\sqrt{\varepsilon\mu}}}{f} = \dfrac{1}{f\sqrt{\varepsilon\mu}}$ [m]

06 반지름 a[m]인 원주 도체의 단위 길이당 내부 인덕턴스[H/m]는?

① $\dfrac{\mu}{4\pi}$
② $\dfrac{\mu}{8\pi}$
③ $4\pi\mu$
④ $8\pi\mu$

해설 원통 도체 내부의 단위 길이당 인덕턴스

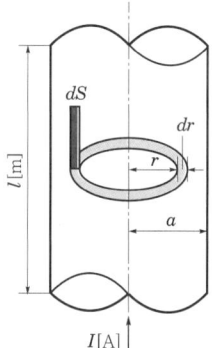

r[m] 떨어진 도체 내부에 축적되는 에너지는
$W = \dfrac{1}{2}LI^2$ [J]

도체 내부의 자계의 세기는 $H_i = \dfrac{Ir}{2\pi a^2}$

전체 에너지는
$W = \displaystyle\int_0^a \dfrac{1}{2}\mu H^2 dv = \int_0^a \dfrac{1}{2}\mu\left(\dfrac{r \cdot I}{2\pi a^2}\right)^2 dv$
$= \displaystyle\int_0^a \dfrac{1}{2}\mu \dfrac{r^2 I^2}{4\pi^2 a^4} 2\pi r \cdot dr$
$= \dfrac{\mu I^2}{4\pi a^4}\displaystyle\int_0^a r^3 dr = \dfrac{\mu I^2}{4\pi a^4}\left[\dfrac{1}{4}r^4\right]_0^a$
$= \dfrac{\mu I^2}{16\pi}$ [J]

따라서, $\dfrac{\mu I^2}{16\pi} = \dfrac{1}{2}LI^2$

자기 인덕턴스 L은 $L = \dfrac{\mu}{8\pi} \cdot l$ [H]

단위 길이당 자기 인덕턴스는
$L = \dfrac{\mu}{8\pi}$ [H/m]

07 무한 평면 도체로부터 a[m]의 거리에 점전하 Q[C]이 있을 때, 이 점전하와 평면 도체 간의 작용력은 몇 [N]인가?

① $\dfrac{Q^2}{2\pi\varepsilon^2}$
② $-\dfrac{Q^2}{4\pi\varepsilon a^2}$
③ $\dfrac{Q^2}{8\pi\varepsilon a^2}$
④ $-\dfrac{Q^2}{16\pi\varepsilon a^2}$

정답 04. ① 05. ② 06. ② 07. ④

해설 점전하 Q[C]과 무한 평면 도체 간의 작용력[N]은 점전하 Q[C]과 영상 전하 $-Q$[C]과의 작용력[N]이므로

$$F = -\frac{Q^2}{4\pi\varepsilon(2a)^2} = -\frac{Q^2}{16\pi\varepsilon a^2} \text{[N](흡인력)}$$

매질이 공기 ε_0가 아닌 ε임에 주의한다.

08 전계 E[V/m] 및 자계 H[AT/m]의 에너지가 자유 공간 사이를 C[m/s]의 속도로 전파될 때 단위 시간에 단위 면적을 지나는 에너지[W/m²]는?

① $\frac{1}{2}EH$ ② EH

③ EH^2 ④ E^2H

해설
- 전파 속도 $v = \frac{1}{\sqrt{\varepsilon\mu}}$[m/s]
- 고유 임피던스 $\eta = \frac{E}{H} = \frac{\sqrt{\mu}}{\sqrt{\varepsilon}}$ [Ω]
- 전자 에너지 $W = W_E + W_H = \frac{1}{2}(\varepsilon E^2 + \mu H^2)$
  $= \sqrt{\varepsilon\mu}\, EH$[J/m³]
- 단위 면적당 전력 $P = v \cdot W$
  $= \frac{1}{\sqrt{\varepsilon\mu}} \cdot \sqrt{\varepsilon\mu}\, EH$
  $= EH$ [W/m²]

09 비투자율 μ_s, 자속 밀도 B[Wb/m]의 자계 중에 있는 m[Wb]의 자극이 받는 힘은 몇 [N]인가?

① $m \cdot B$ ② $\frac{m \cdot B}{\mu_0}$

③ $\frac{m \cdot B}{\mu_s}$ ④ $\frac{m \cdot B}{\mu_0 \mu_s}$

해설 $F = mH = m \cdot \frac{B}{\mu_0 \mu_s} = \frac{mB}{\mu_0 \mu_s}$[N]

10 역자성체 내에서 비투자율 μ_s는?

① $\mu_s \gg 1$ ② $\mu_s > 1$

③ $\mu_s < 1$ ④ $\mu_s = 1$

해설 비투자율 $\mu_s = \frac{\mu}{\mu_0} = 1 + \frac{\chi_m}{\mu_0}$에서

$\mu_s > 1$, 즉 $x_m > 0$이면 상자성체
$\mu_s < 1$, 즉 $x_m < 0$이면 역자성체

11 $\varepsilon_1 > \varepsilon_2$인 두 유전체의 경계면에 전계가 수직으로 입사할 때, 단위 면적당 경계면에 작용하는 힘은?

① 힘 $f = \frac{1}{2}\left(\frac{1}{\varepsilon_1} - \frac{1}{\varepsilon_2}\right)D^2$이 ε_2에서 ε_1으로 작용한다.

② 힘 $f = \frac{1}{2}\left(\frac{1}{\varepsilon_1} - \frac{1}{\varepsilon_2}\right)E^2$이 ε_2에서 ε_1으로 작용한다.

③ 힘 $f = \frac{1}{2}\left(\frac{1}{\varepsilon_2} - \frac{1}{\varepsilon_1}\right)D^2$이 ε_1에서 ε_2로 작용한다.

④ 힘 $f = \frac{1}{2}\left(\frac{1}{\varepsilon_1} - \frac{1}{\varepsilon_2}\right)E^2$이 ε_2에서 ε_1으로 작용한다.

해설 전계가 경계면에 수직이므로
$f = \frac{1}{2}(E_2 - E_1)D^2 = \frac{1}{2}\left(\frac{1}{\varepsilon_2} - \frac{1}{\varepsilon_1}\right)D^2$[N/m²]인 인장 응력이 작용한다.
$\varepsilon_1 > \varepsilon_2$이므로 ε_1에서 ε_2로 작용한다.

12 두 점전하 q, $\frac{1}{2}q$가 a만큼 떨어져 놓여 있다. 이 두 점전하를 연결하는 선상에서 전계의 세기가 영(0)이 되는 점은 q가 놓여 있는 점으로부터 얼마나 떨어진 곳인가?

① $\sqrt{2}\,a$ ② $(2-\sqrt{2})a$

③ $\frac{\sqrt{3}}{2}a$ ④ $\frac{(1+\sqrt{2})a}{2}$

해설 q가 놓여 있는 점으로부터 떨어진 거리를 x라 하면
$\frac{1}{x^2} = \frac{1}{2(a-x)^2}$
$\therefore x = (2-\sqrt{2})a$

정답 08. ② 09. ④ 10. ③ 11. ③ 12. ②

13 공간 도체 중의 정상 전류 밀도를 i, 공간 전하 밀도를 ρ라고 할 때, 키르히호프의 전류 법칙을 나타내는 것은?

① $i = 0$ ② $\text{div} i = 0$
③ $i = \dfrac{\partial \rho}{\partial t}$ ④ $\text{div} i = \infty$

해설 키르히호프의 전류 법칙은 $\sum I = 0$
$\int_s i \cdot ds = \int_v \text{div} i \, dv = 0$이므로 $\text{div} i = 0$ 이 된다. 즉 단위 체적당 전류의 발산이 없음을 의미한다.

14 양도체에 있어서 전자파의 전파정수는? (단, 주파수 f[Hz], 도전율 σ[s/m], 투자율 μ[H/m])

① $\sqrt{\pi f \sigma \mu} + j \sqrt{\pi f \sigma \mu}$
② $\sqrt{2\pi f \sigma \mu} + j \sqrt{2\pi f \sigma \mu}$
③ $\sqrt{2\pi f \sigma \mu} + j \sqrt{\pi f \sigma \mu}$
④ $\sqrt{\pi f \sigma \mu} + j \sqrt{2\pi f \sigma \mu}$

해설 전파정수 $\gamma = \alpha + j\beta = \sqrt{\pi f \sigma \mu} + j \sqrt{\pi f \sigma \mu}$

15 전계 E[V/m] 및 자계 H[AT/m]의 에너지가 자유 공간 사이를 C[m/s]의 속도로 전파될 때 단위 시간에 단위 면적을 지나는 에너지[W/m²]는?

① $\dfrac{1}{2} EH$ ② EH
③ EH^2 ④ $E^2 H$

해설 포인팅 벡터
$P = w \times v = \sqrt{\varepsilon \mu} \, EH \times \dfrac{1}{\sqrt{\varepsilon \mu}} = EH$ [W/m²]

16 자속 밀도가 B인 곳에 전하 Q, 질량 m인 물체가 자속 밀도 방향과 수직으로 입사한다. 속도를 2배로 증가시키면, 원운동의 주기는 몇 배가 되는가?

① $\dfrac{1}{2}$
② 1
③ 2
④ 4

해설 $F = QvB = \dfrac{mv^2}{r}$ 에서
$\therefore QB = \dfrac{mv}{r} = \dfrac{mr \cdot \omega}{r} = m \cdot \omega = m \cdot 2\pi f$
$\therefore f = \dfrac{QB}{2\pi m}$
주기 $T = \dfrac{1}{f} = \dfrac{2\pi m}{QB}$ [s]
$\therefore$ 주기는 속도와 관계가 없다.

17 등전위면을 따라 전하 Q[C]을 운반하는 데 필요한 일은?

① 전하의 크기에 따라 변한다.
② 전위의 크기에 따라 변한다.
③ 등전위면과 전기력선에 의하여 결정된다.
④ 항상 0이다.

해설 $\oint_c QE \cdot dl = Q \oint_c E \cdot dl = 0$
즉, 등전위면을 따라서 전하를 운반할 때 일은 필요하지 않다.

18 면적이 S[m²], 극 사이의 거리가 d[m], 유전체의 비유전율이 ε_s인 평행 평판 콘덴서의 정전 용량은 몇 [F]인가?

① $\dfrac{\varepsilon_0 S}{d}$ ② $\dfrac{\varepsilon_0 \varepsilon_s S}{d}$
③ $\dfrac{\varepsilon_0 d}{S}$ ④ $\dfrac{\varepsilon_0 \varepsilon_s d}{S}$

해설 정전 용량 C는
$C = \dfrac{Q}{V} = \dfrac{Q}{Ed} = \dfrac{\sigma S}{\dfrac{\sigma d}{\varepsilon_0 \varepsilon_s}} = \sigma S \times \dfrac{\varepsilon_0 \varepsilon_s}{\sigma d} = \dfrac{\varepsilon_0 \varepsilon_s S}{d}$ [F]

정답 13. ② 14. ① 15. ② 16. ② 17. ④ 18. ②

19 일반적으로 자구(magnetic domain)를 가지는 자성체는?

① 강자성체
② 유전체
③ 역자성체
④ 비자성체

해설 강자성체는 전자의 스핀에 의한 자기 모멘트가 서로 접근하여 원자 전체의 모멘트가 동일 방향으로 정렬된 자구(磁區)를 가지고 있다.

20 100[mH]의 자기 인덕턴스를 갖는 코일에 10[A]의 전류를 통할 때 축적되는 에너지는 몇 [J]인가?

① 1
② 5
③ 50
④ 1,000

해설 자기 에너지

$$W = \frac{1}{2}LI^2 = \frac{1}{2} \times 100 \times 10^{-3} \times 10^2 = 5[J]$$

정답 19. ① 20. ②

2023년 제2회 CBT 기출복원문제

01 그림과 같은 환상 솔레노이드 내의 철심 중심에서의 자계의 세기 H[AT/m]는? (단, 환상 철심의 평균 반지름은 r[m], 코일의 권수는 N회, 코일에 흐르는 전류는 I[A]이다.)

① $\dfrac{NI}{\pi r}$

② $\dfrac{NI}{2\pi r}$

③ $\dfrac{NI}{4\pi r}$

④ $\dfrac{NI}{2r}$

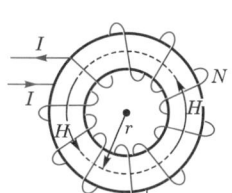

해설 앙페르의 주회 적분 법칙

$NI = \oint_c H \cdot dl$ 에서

$NI = H \cdot l = H \cdot 2\pi r$ [AT]

자계의 세기 $H = \dfrac{NI}{2\pi r}$ [AT/m]

02 그림과 같이 비투자율이 μ_{s1}, μ_{s2}인 각각 다른 자성체를 접하여 놓고 θ_1을 입사각이라 하고, θ_2를 굴절각이라 한다. 경계면에 자하가 없는 경우, 미소 폐곡면을 취하여 이곳에 출입하는 자속수를 구하면?

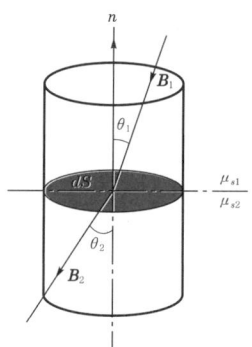

① $\displaystyle\int_l B \cdot n\,dl = 0$

② $\displaystyle\int_S B \cdot n\,dS = 0$

③ $\displaystyle\int_S B \cdot dS = 0$

④ $\displaystyle\int_S B \cdot n\sin\theta\,dS = 0$

해설 경계면에는 자하가 없으므로 경계면에서의 자속은 연속한다.

$\text{div}\,A = \nabla \cdot A = 0$

$\therefore \text{div}\,B = \nabla \cdot B = 0$

즉, $\displaystyle\int_S B \cdot n\,dS = 0$

03 다음 식 중에서 틀린 것은?

① 가우스의 정리 : $\text{div}\,D = \rho$

② 푸아송의 방정식 : $\nabla^2 V = \dfrac{\rho}{\varepsilon}$

③ 라플라스의 방정식 : $\nabla^2 V = 0$

④ 발산의 정리 : $\oint_s A \cdot ds = \displaystyle\int_v \text{div}\,A\,dv$

해설 맥스웰의 전자계 기초 방정식

• $\text{rot}\,E = \nabla \times E = -\dfrac{\partial B}{\partial t} = -\mu\dfrac{\partial H}{\partial t}$

  (패러데이 전자 유도 법칙의 미분형)

• $\text{rot}\,H = \nabla \times H = i + \dfrac{\partial D}{\partial t}$

  (앙페르 주회 적분 법칙의 미분형)

• $\text{div}\,D = \nabla \cdot D = \rho$ (가우스 정리의 미분형)

• $\text{div}\,B = \nabla \cdot B = 0$ (가우스 정리의 미분형)

• $\nabla^2 V = -\dfrac{\rho}{\varepsilon_0}$ (푸아송의 방정식)

• $\nabla^2 V = 0$ (라플라스 방정식)

정답 01. ② 02. ② 03. ②

04 자속 밀도가 10[Wb/m²]인 자계 내에 길이 4[cm]의 도체를 자계와 직각으로 놓고 이 도체를 0.4초 동안 1[m]씩 균일하게 이동 하였을 때 발생하는 기전력은 몇 [V]인가?

① 1　　② 2
③ 3　　④ 4

해설 기전력
$e = Blv\sin\theta$
여기서 $v = \dfrac{1}{0.4} = 2.5$[m/s], $\theta = 90°$이므로
$\therefore e = 10 \times 4 \times 10^{-2} \times 2.5 \times \sin 90° = 1$[V]

05 패러데이관(Faraday tube)의 성질에 대한 설명으로 틀린 것은?

① 패러데이관 중에 있는 전속수는 그 관 속에 진전하가 없으면 일정하며 연속적이다.
② 패러데이관의 양단에는 양 또는 음의 단위 진전하가 존재하고 있다.
③ 패러데이관 한 개의 단위 전위차당 보유 에너지는 $\dfrac{1}{2}$[J]이다.
④ 패러데이관의 밀도는 전속 밀도와 같지 않다.

해설 패러데이관(Faraday tube)은 단위 정·부하 전하를 연결한 전기력 관으로 진전하가 없는 곳에서 연속이며, 보유 에너지는 $\dfrac{1}{2}$[J]이고 전속수와 같다.

06 간격 d[m]의 평행판 도체에 V[kV]의 전위차를 주었을 때 음극 도체판을 초속도 0으로 출발한 전자 e[C]이 양극 도체판에 도달할 때의 속도는 몇 [m/s]인가? (단, m[kg]은 전자의 질량이다.)

① $\sqrt{\dfrac{eV}{m}}$　　② $\sqrt{\dfrac{2eV}{m}}$
③ $\sqrt{\dfrac{eV}{2m}}$　　④ $\dfrac{2eV}{m}$

해설 전자 볼트(eV)를 운동 에너지로 나타내면 $\dfrac{1}{2}mv^2$[J]이므로
$eV = \dfrac{1}{2}mv^2$
$\therefore v = \sqrt{\dfrac{2eV}{m}}$ [m/s]

07 반경 r_1, r_2인 동심구가 있다. 반경 r_1, r_2인 구껍질에 각각 $+Q_1, +Q_2$의 전하가 분포되어 있는 경우 $r_1 \leq r \leq r_2$에서의 전위는?

① $\dfrac{1}{4\pi\varepsilon_0}\left(\dfrac{Q_1+Q_2}{r}\right)$
② $\dfrac{1}{4\pi\varepsilon_0}\left(\dfrac{Q_1}{r_1}+\dfrac{Q_2}{r_2}\right)$
③ $\dfrac{1}{4\pi\varepsilon_0}\left(\dfrac{Q_2}{r}+\dfrac{Q_1}{r_2}\right)$
④ $\dfrac{1}{4\pi\varepsilon_0}\left(\dfrac{Q_1}{r}+\dfrac{Q_2}{r_2}\right)$

해설 반경 r의 전위는 외구 표면 전위(V_2) $r \sim r_2$의 사이의 전위차(Vr_2)의 합이므로
$\therefore V = V_2 + Vr_2$
$= \dfrac{Q_1+Q_2}{4\pi\varepsilon_0 r_2} + \dfrac{Q_1}{4\pi\varepsilon_0}\left(\dfrac{1}{r}-\dfrac{1}{r_2}\right)$
$= \dfrac{1}{4\pi\varepsilon_0}\left(\dfrac{Q_1}{r}+\dfrac{Q_2}{r_2}\right)$[V]

08 길이가 l[m], 단면적의 반지름이 a[m]인 원통이 길이 방향으로 균일하게 자화되어 자화의 세기가 J[Wb/m²]인 경우 원통 양단에서의 자극의 세기 m[Wb]은?

① alJ　　② $2\pi alJ$
③ $\pi a^2 J$　　④ $\dfrac{J}{\pi a^2}$

해설 자화의 세기 $J = \dfrac{m}{s}$[Wb/m²]
자성체 양단 자극의 세기 $m = sJ = \pi a^2 J$[Wb]

정답 04.① 05.④ 06.② 07.④ 08.③

09 맥스웰의 방정식과 연관이 없는 것은?

① 패러데이의 법칙
② 쿨롱의 법칙
③ 스토크스의 법칙
④ 가우스의 정리

해설 맥스웰의 전자계 기초 방정식
- $\text{rot}\,\boldsymbol{E} = \nabla \times \boldsymbol{E} = -\dfrac{\partial \boldsymbol{B}}{\partial t} = -\mu\dfrac{\partial \boldsymbol{H}}{\partial t}$
  (패러데이 전자 유도 법칙의 미분형)
- $\text{rot}\,\boldsymbol{H} = \nabla \times \boldsymbol{H} = i + \dfrac{\partial \boldsymbol{D}}{\partial t}$
  (앙페르 주회 적분 법칙의 미분형)
- $\text{div}\,\boldsymbol{D} = \nabla \cdot \boldsymbol{D} = \rho$ (가우스 정리의 미분형)
- $\text{div}\,\boldsymbol{B} = \nabla \cdot \boldsymbol{B} = 0$ (가우스 정리의 미분형)

∴ 맥스웰 방정식은 패러데이 법칙, 앙페르 주회 적분 법칙에서 $\oint_s \boldsymbol{A}dl = \int_s \text{rot}\boldsymbol{A}ds$, 즉 선적분을 면적분으로 변환하기 위한 스토크스의 정리, 가우스의 정리가 연관된다.

10 자화의 세기 단위로 옳은 것은?

① [AT/Wb]
② [AT/m²]
③ [Wb·m]
④ [Wb/m²]

해설

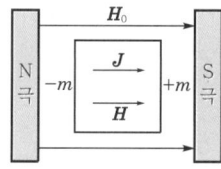

자성체를 자계 내에 놓았을 때 물질이 자화되는 경우 이것을 양적으로 표시하면 단위 체적당 자기 모멘트를 그 점의 자화의 세기라 한다.
이를 식으로 나타내면
$J = B - \mu_0 H$
$\quad = \mu_0 \mu_s H - \mu_0 H$
$\quad = \mu_0(\mu_s - 1)H$
$\quad = \chi_m H\,[\text{Wb/m}^2]$

11 두 종류의 유전율(ε_1, ε_2)을 가진 유전체가 서로 접하고 있는 경계면에 진전하가 존재하지 않을 때 성립하는 경계 조건으로 옳은 것은? (단, E_1, E_2는 각 유전체에서의 전계이고, D_1, D_2는 각 유전체에서의 전속 밀도이고, θ_1, θ_2는 각각 경계면의 법선 벡터와 E_1, E_2가 이루는 각이다.)

① $E_1\cos\theta_1 = E_2\cos\theta_2$,
$D_1\sin\theta_1 = D_2\sin\theta_2$, $\dfrac{\tan\theta_1}{\tan\theta_2} = \dfrac{\varepsilon_2}{\varepsilon_1}$

② $E_1\cos\theta_1 = E_2\cos\theta_2$,
$D_1\sin\theta_1 = D_2\sin\theta_2$, $\dfrac{\tan\theta_1}{\tan\theta_2} = \dfrac{\varepsilon_1}{\varepsilon_2}$

③ $E_1\sin\theta_1 = E_2\sin\theta_2$,
$D_1\cos\theta_1 = D_2\cos\theta_2$, $\dfrac{\tan\theta_1}{\tan\theta_2} = \dfrac{\varepsilon_2}{\varepsilon_1}$

④ $E_1\sin\theta_1 = E_2\sin\theta_2$,
$D_1\cos\theta_1 = D_2\cos\theta_2$, $\dfrac{\tan\theta_1}{\tan\theta_2} = \dfrac{\varepsilon_1}{\varepsilon_2}$

해설 유전체의 경계면에서 경계 조건
- 전계 E의 접선 성분은 경계면의 양측에서 같다.
  $E_1\sin\theta_1 = E_2\sin\theta_2$
- 전속 밀도 D의 법선 성분은 경계면 양측에서 같다.
  $D_1\cos\theta_1 = D_2\cos\theta_2$
- 굴절각은 유전율에 비례한다.
  $\dfrac{\tan\theta_1}{\tan\theta_2} = \dfrac{\varepsilon_1}{\varepsilon_2} \propto \dfrac{\theta_1}{\theta_2}$

12 자극의 세기가 8×10^{-6}[Wb], 길이가 3[cm]인 막대 자석을 120[AT/m]의 평등 자계 내에 자력선과 30°의 각도로 놓으면 이 막대 자석이 받는 회전력은 몇 [N·m]인가?

① 3.02×10^{-5}
② 3.02×10^{-4}
③ 1.44×10^{-5}
④ 1.44×10^{-4}

정답 09. ② 10. ④ 11. ④ 12. ③

해설
$$T = MH\sin\theta = mlH\sin\theta$$
$$= 8 \times 10^{-6} \times 3 \times 10^{-2} \times 120 \times \sin 30°$$
$$= 1.44 \times 10^{-5} [\text{N} \cdot \text{m}]$$

13 전자파의 특성에 대한 설명으로 틀린 것은?

① 전자파의 속도는 주파수와 무관하다.
② 전파 E_x를 고유 임피던스로 나누면 자파 H_y가 된다.
③ 전파 E_x와 자파 H_y의 진동 방향은 진행 방향에 수평인 종파이다.
④ 매질이 도전성을 갖지 않으면 전파 E_x와 자파 H_y는 동위상이 된다.

해설 전자파
- 전자파의 속도
  $v = \dfrac{1}{\sqrt{\varepsilon\mu}} [\text{m/s}]$
  매질의 유전율, 투자율과 관계가 있다.
- 고유 임피던스
  $\eta = \dfrac{E_x}{H_y} = \sqrt{\dfrac{\mu}{\varepsilon}}$
- 전파 E_x와 자파 H_y의 진동 방향은 진행 방향에 수직인 횡파이다.

14 균일하게 원형 단면을 흐르는 전류 $I[\text{A}]$에 의한 반지름 $a[\text{m}]$, 길이 $l[\text{m}]$, 비투자율 μ_s인 원통 도체의 내부 인덕턴스는 몇 [H]인가?

① $10^{-7}\mu_s l$
② $3 \times 10^{-7}\mu_s l$
③ $\dfrac{1}{4a} \times 10^{-7}\mu_s l$
④ $\dfrac{1}{2} \times 10^{-7}\mu_s l$

해설 원통 내부 인덕턴스
$$L = \dfrac{\mu}{8\pi} \cdot l = \dfrac{\mu_0}{8\pi}\mu_s l$$
$$= \dfrac{4\pi \times 10^{-7}}{8\pi}\mu_s l = \dfrac{1}{2} \times 10^{-7}\mu_s l [\text{H}]$$

15 다음 식 중 옳지 않은 것은?

① $V_p = \displaystyle\int_p^\infty \boldsymbol{E} \cdot dr$
② $\boldsymbol{E} = -\operatorname{grad} V$
③ $\operatorname{grad} V = i\dfrac{\partial V}{\partial x} + j\dfrac{\partial V}{\partial y} + k\dfrac{\partial V}{\partial z}$
④ $\displaystyle\oint_s \boldsymbol{E} \cdot ds = Q$

해설
- 전위 $V_p = -\displaystyle\int_\infty^p \boldsymbol{E} \cdot dr = \displaystyle\int_p^\infty \boldsymbol{E} \cdot dr [\text{V}]$
- 전계의 세기와 전위와의 관계식
  $\boldsymbol{E} = -\operatorname{grad} V = -\nabla V$
  $\operatorname{grad} V = \nabla \cdot V = \left(i\dfrac{\partial}{\partial x} + j\dfrac{\partial}{\partial y} + k\dfrac{\partial}{\partial z}\right)V$
- 가우스의 법칙
  전기력선의 총수는
  $N = \displaystyle\int_s \boldsymbol{E} \cdot ds = \dfrac{Q}{\varepsilon_0} [\text{lines}]$

16 회로에서 단자 a-b 간에 V의 전위차를 인가할 때 C_1의 에너지는?

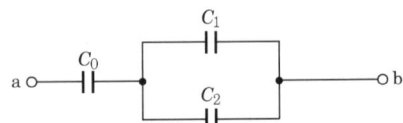

① $\dfrac{C_1^2 V^2}{2}\left(\dfrac{C_1 + C_2}{C_0 + C_1 + C_2}\right)^2$
② $\dfrac{C_1 V^2}{2}\left(\dfrac{C_0}{C_0 + C_1 + C_2}\right)^2$
③ $\dfrac{C_1 V^2}{2}\dfrac{C_0(C_1 + C_2)}{(C_0 + C_1 + C_2)^2}$
④ $\dfrac{C_1 V^2}{2}\dfrac{C_0^2 C_2}{(C_0 + C_1 + C_2)}$

해설
$$W = \dfrac{1}{2}C_1 V_1^2 [\text{J}] = \dfrac{1}{2}C_1\left(\dfrac{C_0}{C_0 + C_1 + C_2} \times V\right)^2$$
$$= \dfrac{1}{2}C_1 V^2\left(\dfrac{C_0}{C_0 + C_1 + C_2}\right)^2$$

정답 13. ③ 14. ④ 15. ④ 16. ②

17 압전기 현상에서 전기 분극이 기계적 응력에 수직한 방향으로 발생하는 현상은?

① 종효과
② 횡효과
③ 역효과
④ 직접 효과

[해설] 전기석이나 티탄산바륨($BaTiO_3$)의 결정에 응력을 가하면 전기 분극이 일어나고 그 단면에 분극 전하가 나타나는 현상을 압전 효과라 하며 응력과 동일 방향으로 분극이 일어나는 압전 효과를 종효과, 분극이 응력에 수직 방향일 때 횡효과라 한다.

18 그림과 같이 전류가 흐르는 반원형 도선이 평면 $Z=0$ 상에 놓여 있다. 이 도선이 자속밀도 $B=0.6a_x-0.5a_y+a_z$ [Wb/m²]인 균일 자계 내에 놓여 있을 때 도선의 직선 부분에 작용하는 힘[N]은?

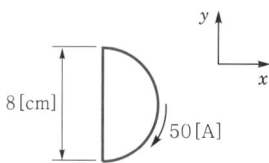

① $4a_x+2.4a_z$
② $4a_x-2.4a_z$
③ $5a_x-3.5a_z$
④ $-5a_x+3.5a_z$

[해설] 플레밍의 왼손 법칙
힘 $F=IBl\sin\theta$
$$F=(I\times B)l=\begin{vmatrix} a_x & a_y & a_z \\ 0 & 50 & 0 \\ 0.6 & -0.5 & 1 \end{vmatrix}\times 0.08$$
$=(50a_x-30a_z)\times 0.08$
$=4a_x-2.4a_z$ [N]

19 진공 중에 서로 떨어져 있는 두 도체 A, B가 있다. 도체 A에만 1[C]의 전하를 줄 때, 도체 A, B의 전위가 각각 3[V], 2[V]이었다. 지금 도체 A, B에 각각 1[C]과 2[C]의 전하를 주면 도체 A의 전위는 몇 [V]인가?

① 6
② 7
③ 8
④ 9

[해설] 각 도체의 전위
$V_1=P_{11}Q_1+P_{12}Q_2$, $V_2=P_{21}Q_1+P_{22}Q_2$ 에서
A 도체에만 1[C]의 전하를 주면
$V_1=P_{11}\times 1+P_{12}\times 0=3$
$\therefore P_{11}=3$
$V_2=P_{21}\times 1+P_{22}\times 0=2$
$\therefore P_{21}(=P_{12})=2$
A, B에 각각 1[C], 2[C]을 주면 A 도체의 전위는
$V_1=3\times 1+2\times 2=7$ [V]

20 2[C]의 점전하가 전계 $E=2a_x+a_y-4a_z$ [V/m] 및 자계 $B=-2a_x+2a_y-a_z$ [Wb/m²] 내에서 $v=4a_x-a_y-2a_z$ [m/s]의 속도로 운동하고 있을 때, 점전하에 작용하는 힘 F는 몇 [N]인가?

① $-14a_x+18a_y+6a_z$
② $14a_x-18a_y-6a_z$
③ $-14a_x+18a_y+4a_z$
④ $14a_x+18a_y+4a_z$

[해설] $F=q\{E+(v\times B)\}$
$=2(2a_x+a_y-4a_z)+2(4a_x-a_y-2a_z)$
$\quad\times(-2a_x+2a_y-a_z)$
$=2(2a_x+a_y-4a_z)+2\begin{vmatrix} a_x & a_y & a_z \\ 4 & -1 & -2 \\ -2 & 2 & -1 \end{vmatrix}$
$=2(2a_x+a_y-4a_z)+2(5a_x+8a_y+6a_z)$
$=14a_x+18a_y+4a_z$ [N]

정답 17.② 18.② 19.② 20.④

2023년 제2회 CBT 기출복원문제

전기산업기사

01 2[Wb/m²]인 평등 자계 속에 길이가 30[cm]인 도선이 자계와 직각 방향으로 놓여 있다. 이 도선이 자계와 30°의 방향으로 30[m/s]의 속도로 이동할 때 도체 양단에 유기되는 기전력[V]의 크기는?

① 3　　② 9
③ 30　　④ 90

해설 플레밍의 오른손 법칙

유기 기전력 $e = vBl\sin\theta = 30 \times 2 \times 0.3 \times \dfrac{1}{2}$
$= 9[V]$

02 다음의 맥스웰 방정식 중 틀린 것은?

① $\text{rot}\boldsymbol{H} = i + \dfrac{\partial \boldsymbol{D}}{\partial t}$

② $\text{rot}\boldsymbol{E} = -\dfrac{\partial \boldsymbol{B}}{\partial t}$

③ $\text{div}\boldsymbol{B} = 0$

④ $\text{div}\boldsymbol{D} = \rho$

해설 패러데이 전자 유도 법칙의 미분형

$\text{rot}\boldsymbol{E} = \nabla \times \boldsymbol{E} = -\dfrac{\partial \boldsymbol{B}}{\partial t} = -\mu\dfrac{\partial \boldsymbol{H}}{\partial t}$

03 점 P(1, 2, 3)[m]와 Q(2, 0, 5)[m]에 각각 4×10^{-5}[C]과 -2×10^{-4}[C]의 점전하가 있을 때, 점 P에 작용하는 힘은 몇 [N]인가?

① $\dfrac{8}{3}(i - 2j + 2k)$

② $\dfrac{8}{3}(-i - 2j + 2k)$

③ $\dfrac{3}{8}(i + 2j + 2k)$

④ $\dfrac{3}{8}(2i + j - 2k)$

해설
$F = \dfrac{1}{4\pi\varepsilon_0} \cdot \dfrac{Q_1 Q_2}{r^2} r_0 = 9 \times 10^9 \times \dfrac{Q_1 Q_2}{r^2} r_0$

$= 9 \times 10^9 \times \dfrac{4 \times 10^{-5} \times (-2 \times 10^{-4})}{(1-2)^2 + (2-0)^2 + (3-5)^2}$

$\times \dfrac{(1-2)i + (2-0)j + (3-5)k}{\sqrt{(1-2)^2 + (2-0)^2 + (3-5)^2}}$

$= 9 \times 10^9 \times \dfrac{-8 \times 10^{-9}}{9} \times \dfrac{1}{3}$

$\times (-i + 2j - 2k)$

$= \dfrac{8}{3}(i - 2j + 2k)[N]$

04 두 벡터 $A = A_x i + 2j$, $B = 3i - 3j - k$가 서로 직교하려면 A_x의 값은?

① 0　　② 2
③ $\dfrac{1}{2}$　　④ -2

해설 $\boldsymbol{A} \cdot \boldsymbol{B} = |\boldsymbol{A}||\boldsymbol{B}|\cos 90° = 0$

따라서 $\boldsymbol{A} \cdot \boldsymbol{B} = (iA_x + j2) \cdot (i3 - j3 - k)$
$= 3A_x - 6 = 0$

∴ $A_x = \dfrac{6}{3} = 2$

05 전류가 흐르고 있는 무한 직선 도체로부터 2[m]만큼 떨어진 자유 공간 내 P점의 자계의 세기가 $\dfrac{4}{\pi}$[AT/m]일 때, 이 도체에 흐르는 전류는 몇 [A]인가?

① 2　　② 4
③ 8　　④ 16

해설 $H = \dfrac{I}{2\pi r}$[AT/m]

∴ $I = 2\pi r \cdot H = 2\pi \times 2 \times \dfrac{4}{\pi} = 16$[A]

정답 01. ②　02. ②　03. ①　04. ②　05. ④

06 그림과 같이 면적 $S[\text{m}^2]$, 간격 $d[\text{m}]$인 극판 간에 유전율 ε, 저항률 ρ인 매질을 채웠을 때 극판 간의 정전 용량 C와 저항 R의 관계는? (단, 전극판의 저항률은 매우 작은 것으로 한다.)

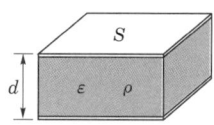

① $R = \dfrac{\varepsilon\rho}{C}$

② $R = \dfrac{C}{\varepsilon\rho}$

③ $R = \varepsilon\rho C$

④ $R = \dfrac{1}{\varepsilon\rho C}$

해설 저항 $R = \rho\dfrac{d}{s}$

정전 용량 $C = \dfrac{\varepsilon s}{d}$

$R \cdot C = \rho\dfrac{d}{s} \cdot \dfrac{\varepsilon s}{d} = \rho\varepsilon$

$R = \dfrac{\varepsilon\rho}{C}\,[\Omega]$

07 히스테리시스 손실과 히스테리시스 곡선과의 관계는?

① 히스테리시스 곡선의 면적이 클수록 히스테리시스 손실이 적다.
② 히스테리시스 곡선의 면적이 작을수록 히스테리시스 손실이 적다.
③ 히스테리시스 곡선의 잔류 자기값이 클수록 히스테리시스 손실이 적다.
④ 히스테리시스 곡선의 보자력 값이 클수록 히스테리시스 손실이 적다.

해설 히스테리시스 손실 $P_h = \eta f B_m^{1.6}[\text{W/m}^2]$
히스테리시스 곡선의 종축과 만나는 잔류 자기(B)가 작을수록 히스테리시스 곡선의 면적은 작아지고 히스테리시스 손실도 적어진다.

08 유전율 $\varepsilon[\text{F/m}]$인 유전체 중에서 전하가 $Q[\text{C}]$, 전위가 $V[\text{V}]$, 반지름 $a[\text{m}]$인 도체구가 갖는 에너지는 몇 [J]인가?

① $\dfrac{1}{2}\pi\varepsilon a V^2$ ② $\pi\varepsilon a V^2$

③ $2\pi\varepsilon a V^2$ ④ $4\pi\varepsilon a V^2$

해설 반지름이 $a[\text{m}]$인 고립 도체구의 정전 용량 C는
$C = 4\pi\varepsilon a[\text{F}]$
$\therefore W = \dfrac{1}{2}CV^2 = \dfrac{1}{2}(4\pi\varepsilon a)V^2 = 2\pi\varepsilon a V^2[\text{J}]$

09 열전대는 무슨 효과를 이용한 것인가?

① 압전 효과   ② 제벡 효과
③ 홀 효과   ④ 가우스 효과

해설 제벡 효과
서로 다른 두 종류의 금속선을 접합하여 폐회로를 만든 후 두 접합부의 온도를 달리하였을 때 열기전력이 발생하여 열전류가 흐른다.

10 접지 구도체와 점전하 사이에 작용하는 힘은?

① 항상 반발력이다.
② 항상 흡인력이다.
③ 조건적 반발력이다.
④ 조건적 흡인력이다.

해설 접지 구도체에는 항상 점전하 $Q[\text{C}]$과 반대 극성인 영상 전하 $Q' = -\dfrac{a}{d}Q[\text{C}]$이 유도되므로 항상 흡인력이 작용한다.

11 자기 인덕턴스가 각각 L_1, L_2인 두 코일을 서로 간섭이 없도록 병렬로 연결했을 때 그 합성 인덕턴스는?

① $L_1 L_2$ ② $\dfrac{L_1 + L_2}{L_1 L_2}$

③ $L_1 + L_2$ ④ $\dfrac{L_1 L_2}{L_1 + L_2}$

정답 06. ① 07. ② 08. ③ 09. ② 10. ② 11. ④

해설 병렬 접속시 합성 인덕턴스

$$L_0 = \frac{L_1 L_2 - M^2}{L_1 + L_2 \mp 2M} [\text{H}]$$

두 코일을 서로 간섭이 없게 연결하면 상호 자속이 0이 되므로

∴ 합성 인덕턴스 $L_0 = \dfrac{L_1 L_2}{L_1 + L_2}$ [H]

12 전하 q[C]이 진공 중의 자계 H[AT/m]에 수직 방향으로 v[m/s]의 속도로 움직일 때, 받는 힘은 몇 [N]인가? (단, μ_0는 진공의 투자율이다.)

① $\dfrac{qH}{\mu_0 v}$ ② qvH

③ $\dfrac{qvH}{\mu_0}$ ④ $\mu_0 qvH$

해설 $F = qvB \sin 90° = qvB = qv\mu_0 H$ [N]

13 전계 $E = i3x^2 + j2xy^2 + kx^2 yz$의 div E는 얼마인가?

① $-i6x + jxy + kx^2 y$
② $i6x + j6xy + kx^2 y$
③ $-6x - 6xy - x^2 y$
④ $6x + 4xy + x^2 y$

해설 div $E = \nabla \cdot E$

$= \left(i\dfrac{\partial}{\partial x} + j\dfrac{\partial}{\partial y} + k\dfrac{\partial}{\partial z} \right)$
$\times (i3x^2 + j2xy^2 + kx^2 \cdot yz)$
$= \dfrac{\partial}{\partial x}(3x^2) + \dfrac{\partial}{\partial y}(2xy^2) + \dfrac{\partial}{\partial z}(x^2 yz)$
$= 6x + 4xy + x^2 y$

14 다음 중 인덕턴스의 공식이 옳은 것은? (단, N은 권수, I는 전류, l은 철심의 길이, R_m은 자기 저항, μ는 투자율, S는 철심 단면적이다.)

① $\dfrac{NI}{R_m}$ ② $\dfrac{N^2}{R_m}$

③ $\dfrac{\mu NS}{l}$ ④ $\dfrac{\mu_0 NIS}{l}$

해설
- 자속 $\phi = \dfrac{F}{R_m} = \dfrac{NI}{\dfrac{l}{\mu S}} = \dfrac{\mu SNI}{l}$ [Wb]

- 인덕턴스 $L = \dfrac{N}{I}\phi = \dfrac{N}{I}$
$= \dfrac{\mu SNI}{l} = \dfrac{\mu SN^2}{l}$
$= \dfrac{N^2}{\dfrac{l}{\mu \cdot S}} = \dfrac{N^2}{R_m}$ [H]

15 유전체 내의 정전 에너지식으로 옳지 않은 것은?

① $\dfrac{1}{2}ED$ [J/m³]
② $\dfrac{1}{2}\dfrac{D^2}{\varepsilon}$ [J/m³]
③ $\dfrac{1}{2}\varepsilon D$ [J/m³]
④ $\dfrac{1}{2}\varepsilon E^2$ [J/m³]

해설 $W = \dfrac{1}{2}ED = \dfrac{1}{2} \cdot \dfrac{D^2}{\varepsilon} = \dfrac{1}{2}\varepsilon E^2$ [J/m³]

16 자위(magnetic potential)의 단위로 옳은 것은?

① C/m ② N·m
③ AT ④ J

해설 무한 원점에서 자계 중의 한 점 P까지 단위 정자극(+1[Wb])을 운반할 때, 소요되는 일을 그 점에 대한 자위라고 한다.

$U_P = -\int_\infty^P H \cdot dl$ [A/m·m] = [A] = [AT]

정답 12. ④ 13. ④ 14. ② 15. ③ 16. ③

17 자속 밀도 0.5[Wb/m²]인 균일한 자장 내에 반지름 10[cm], 권수 1,000회인 원형 코일이 매분 1,800회전할 때 이 코일의 저항이 100[Ω]일 경우 이 코일에 흐르는 전류의 최대값은 약 몇 [A]인가?

① 14.4　　② 23.5
③ 29.6　　④ 43.2

해설 쇄교 자속 $\phi = \phi_m \cos\omega t = BS\cos\omega t$

유기 기전력 $e = -n\dfrac{d\phi}{dt} = -nBS\dfrac{d}{dt}\cos\omega t$
$$= \omega nBS\sin\omega t$$

∴ 최대 전압
$$E_m = \omega nBS = 2\pi fn \cdot B\pi r^2$$
$$= 2\pi \times \dfrac{1,800}{60} \times 1,000 \times 0.5 \times \pi$$
$$\times (10 \times 10^{-2})^2$$
$$= 2,961[\text{V}]$$

∴ 전류의 최대값 $I_m = \dfrac{E_m}{R} = \dfrac{2,961}{100} = 29.61[\text{A}]$

18 그림과 같이 유전체 경계면에서 $\varepsilon_1 < \varepsilon_2$이었을 때 E_1과 E_2의 관계식 중 옳은 것은?

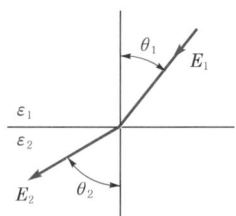

① $E_1 > E_2$
② $E_1 < E_2$
③ $E_1 = E_2$
④ $E_1\cos\theta_1 = E_2\cos\theta_2$

해설
- $\varepsilon_1 < \varepsilon_2$이면 $\theta_1 < \theta_2$이므로 ∴ $\boldsymbol{E_1 > E_2}$
- $\varepsilon_1 > \varepsilon_2$이면 $\theta_1 > \theta_2$이므로 ∴ $\boldsymbol{E_1 < E_2}$

19 환상 솔레노이드 코일에 흐르는 전류가 2[A]일 때 자로의 자속이 1×10^{-2}[Wb]라고 한다. 코일의 권수를 500회라 할 때 이 코일의 자기 인덕턴스는 몇 [H]인가?

① 2.5　　② 3.5
③ 4.5　　④ 5.5

해설 $\phi = N\phi = LI[\text{Wb} \cdot \text{T}]$

∴ $L = \dfrac{N\phi}{I} = \dfrac{500 \times 1 \times 10^{-2}}{2} = 2.5[\text{H}]$

20 전자 유도 작용에서 벡터 퍼텐셜을 A[Wb/m]라 할 때 유도되는 전계 E[V/m]는?

① $\dfrac{\partial A}{\partial t}$　　② $\displaystyle\int Adt$
③ $-\dfrac{\partial A}{\partial t}$　　④ $-\displaystyle\int Adt$

해설 $B = \nabla\times A$, $\nabla\times E = -\dfrac{\partial B}{\partial t}$

$\nabla\times E = \dfrac{\partial B}{\partial t} = -\dfrac{\partial}{\partial t}(\nabla\times A) = \nabla\times\left(-\dfrac{\partial A}{\partial t}\right)$

∴ $E = -\dfrac{\partial A}{\partial t}$ [V/m]

정답 17. ③　18. ①　19. ①　20. ③

2023년 제3회 CBT 기출복원문제 (전기기사)

01 대지의 고유 저항이 $\rho[\Omega \cdot m]$일 때 반지름이 $a[m]$인 그림과 같은 반구 접지극의 접지 저항$[\Omega]$은?

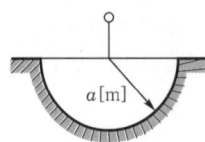

① $\dfrac{\rho}{4\pi a}$　　② $\dfrac{\rho}{2\pi a}$

③ $\dfrac{2\pi\rho}{a}$　　④ $2\pi\rho a$

해설
- 저항과 정전 용량 $RC = \rho\varepsilon$
- 반구도체의 정전 용량 $C = 2\pi\varepsilon a[F]$
- 접지 저항 $R = \dfrac{\rho\varepsilon}{C} = \dfrac{\rho\varepsilon}{2\pi\varepsilon a} = \dfrac{\rho}{2\pi a}[\Omega]$

02 자기 유도 계수 L의 계산 방법이 아닌 것은?
(단, N : 권수, ϕ : 자속, I : 전류, A : 벡터 퍼텐셜, i : 전류 밀도, B : 자속 밀도, H : 자계의 세기이다.)

① $L = \dfrac{N\phi}{I}$　　② $L = \dfrac{\int_v A i dv}{I^2}$

③ $L = \dfrac{\int_v BH dv}{I^2}$　　④ $L = \dfrac{\int_v A i dv}{I}$

해설 자기 유도 계수 $L = \dfrac{2w}{I^2}$

자계 에너지 $w = \dfrac{1}{2}\int_v BH dv = \dfrac{1}{2}\int_v A i dv$

$\therefore L = \dfrac{\int_v BH dv}{I^2} = \dfrac{\int_v A i dv}{I^2}$

03 내부 도체의 반지름이 $a[m]$이고, 외부 도체의 내반지름이 $b[m]$, 외반지름이 $c[m]$인 동축 케이블의 단위 길이당 자기 인덕턴스는 몇 $[H/m]$인가?

① $\dfrac{\mu_0}{2\pi}\ln\dfrac{b}{a}$　　② $\dfrac{\mu_0}{\pi}\ln\dfrac{b}{a}$

③ $\dfrac{2\pi}{\mu_0}\ln\dfrac{b}{a}$　　④ $\dfrac{\pi}{\mu_0}\ln\dfrac{b}{a}$

해설

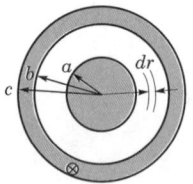

단위 길이당 미소 자속

$d\phi = B \cdot ds = \mu_0 H dr = \dfrac{\mu_0 I}{2\pi r}dr$

$\therefore \phi = \int_a^b d\phi = \dfrac{\mu_0 I}{2\pi}\ln\dfrac{b}{a}[Wb]$

$\therefore$ 단위 길이당 인덕턴스

$L = \dfrac{\phi}{I} = \dfrac{\mu_0}{2\pi}\ln\dfrac{b}{a}[H/m]$

04 $V = x^2[V]$로 주어지는 전위 분포일 때 $x = 20[cm]$인 점의 전계는?

① $+x$방향으로 $40[V/m]$
② $-x$방향으로 $40[V/m]$
③ $+x$방향으로 $0.4[V/m]$
④ $-x$방향으로 $0.4[V/m]$

해설 $E = -\text{grad }V = -\nabla V$

$= -\left(\dfrac{\partial}{\partial x}i + \dfrac{\partial}{\partial y}j + \dfrac{\partial}{\partial z}k\right) \cdot x^2$

$= -2xi[V/m]$

$\therefore [E]_{x=0.2} = 0.4i[V/m]$

$\therefore$ 전계는 $-x$ 방향으로 $0.4[V/m]$이다.

정답 01. ② 02. ④ 03. ① 04. ④

05 비투자율 μ_s는 역자성체에서 다음 중 어느 값을 갖는가?

① $\mu_s = 1$
② $\mu_s < 1$
③ $\mu_s > 1$
④ $\mu_s = 0$

해설 비투자율 $\mu_s = \dfrac{\mu}{\mu_0} = 1 + \dfrac{\chi_m}{\mu_0}$ 에서
$\mu_s > 1$, 즉 $\chi_m > 0$ 이면 상자성체
$\mu_s < 1$, 즉 $\chi_m < 0$ 이면 역자성체

06 자속 밀도가 10[Wb/m²]인 자계 내에 길이 4[cm]의 도체를 자계와 직각으로 놓고 이 도체를 0.4초 동안 1[m]씩 균일하게 이동 하였을 때 발생하는 기전력은 몇 [V]인가?

① 1
② 2
③ 3
④ 4

해설 기전력 $e = vBl\sin\theta = \dfrac{x}{t}Bl\sin\theta$
$= \dfrac{1}{0.4} \times 10 \times 0.04 \times 1 = 1[V]$

07 전위 경도 V와 전계 E의 관계식은?

① $E = \text{grad } V$
② $E = \text{div } V$
③ $E = -\text{grad } V$
④ $E = -\text{div } V$

해설 전계의 세기 $E = -\text{grad}V = -\nabla V[V/m]$
전위 경도는 전계의 세기와 크기는 같고, 방향은 반대이다.

08 평면 전자파에서 전계의 세기가 $E = 5\sin\omega\left(t - \dfrac{x}{v}\right)[\mu V/m]$인 공기 중에서의 자계의 세기는 몇 [$\mu$A/m]인가?

① $-\dfrac{5\omega}{v}\cos\omega\left(t - \dfrac{x}{v}\right)$
② $5\omega\cos\omega\left(t - \dfrac{x}{v}\right)$
③ $4.8 \times 10^2 \sin\omega\left(t - \dfrac{x}{v}\right)$
④ $1.3 \times 10^{-2} \sin\omega\left(t - \dfrac{x}{v}\right)$

해설 $H = \sqrt{\dfrac{\varepsilon_0}{\mu_0}} E$
$= \sqrt{\dfrac{8.854 \times 10^{-12}}{4\pi \times 10^{-7}}} E$
$= 2.65 \times 10^{-3} E$
$= 2.65 \times 10^{-3} \times 5 \sin\omega\left(t - \dfrac{x}{v}\right)$
$= 1.3 \times 10^{-2} \sin\omega\left(t - \dfrac{x}{v}\right)[\mu A/m]$

09 정전 용량 0.06[μF]의 평행판 공기 콘덴서가 있다. 전극판 간격의 $\dfrac{1}{2}$ 두께의 유리판을 전극에 평행하게 넣으면 공기 부분의 정전 용량과 유리판 부분의 정전 용량을 직렬로 접속한 콘덴서가 된다. 유리의 비유전율을 $\varepsilon_s = 5$라 할 때 새로운 콘덴서의 정전 용량은 몇 [μF]인가?

① 0.01
② 0.05
③ 0.1
④ 0.5

해설 공기 콘덴서의 정전 용량 $C_0 = \dfrac{\varepsilon_0 S}{d}[\mu F]$
$C_1 = \dfrac{\varepsilon_0 S}{\dfrac{d}{2}} = 2C_0[\mu F]$
$C_2 = \dfrac{\varepsilon_0 \varepsilon_s S}{\dfrac{d}{2}} = 2\varepsilon_s C_0 = 10C_0[\mu F]$

∴ 새로운 콘덴서의 정전 용량
$C = \dfrac{1}{\dfrac{1}{C_1} + \dfrac{1}{C_2}} = \dfrac{C_1 C_2}{C_1 + C_2} = \dfrac{2C_0 \times 10C_0}{2C_0 + 10C_0}$
$= \dfrac{20}{12}C_0 = \dfrac{20}{12} \times 0.06 = 0.1[\mu F]$

정답 05. ② 06. ① 07. ③ 08. ④ 09. ③

10 환상 솔레노이드 철심 내부에서 자계의 세기[AT/m]는? (단, N은 코일 권선수, r은 환상 철심의 평균 반지름, I는 코일에 흐르는 전류이다.)

① NI
② $\dfrac{NI}{2\pi r}$
③ $\dfrac{NI}{2r}$
④ $\dfrac{NI}{4\pi r}$

해설 • 앙페르의 주회 적분 법칙 $NI = \oint_c H dl = Hl$
• 자계의 세기 $H = \dfrac{NI}{l} = \dfrac{NI}{2\pi r}$ [AT/m]

11 그림과 같이 공기 중에서 무한 평면 도체의 표면으로부터 2[m]인 곳에 점전하 4[C]이 있다. 전하가 받는 힘은 몇 [N]인가?

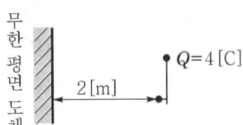

① 3×10^9
② 9×10^9
③ 1.2×10^{10}
④ 3.6×10^{10}

해설 $F = \dfrac{-Q^2}{16\pi\varepsilon_0 a^2}$
$= -\dfrac{4^2}{16\pi\varepsilon_0 \times 2^2}$
$= -\dfrac{1}{4\pi\varepsilon_0}$
$= -9 \times 10^9$ [N] (흡인력)

12 자기 인덕턴스(self inductance) L[H]을 나타낸 식은? (단, N은 권선수, I는 전류[A], ϕ는 자속[Wb], B는 자속 밀도[Wb/m²], H는 자계의 세기[AT/m], A는 벡터 퍼텐셜[Wb/m], J는 전류 밀도[A/m²]이다.)

① $L = \dfrac{N\phi}{I^2}$
② $L = \dfrac{1}{2I^2} \int B \cdot H dv$
③ $L = \dfrac{1}{I^2} \int A \cdot J dv$
④ $L = \dfrac{1}{I} \int B \cdot H dv$

해설 • 쇄교 자속 $N\phi = LI$
• 자기 인덕턴스 $L = \dfrac{N\phi}{I}$
• 자속 $N\phi = \int_s \vec{B} \vec{n} ds = \int_s \text{rot}\vec{A} \vec{n} ds$
$= \oint_c A dl$ [Wb]
• 전류 $I = \int_s \vec{J}\vec{n} ds$ [A]
• 인덕턴스 $L = \dfrac{N\phi I}{I^2} = \dfrac{1}{I^2} \oint A dl \int_s \vec{J}\vec{n} ds$
$= \dfrac{1}{I^2} \int_v A \cdot J dv$ [H]

13 극판 간격 d[m], 면적 S[m²], 유전율 ε[F/m]이고, 정전 용량이 C[F]인 평행판 콘덴서에 $v = V_m \sin\omega t$[V]의 전압을 가할 때의 변위 전류[A]는?

① $\omega C V_m \cos\omega t$
② $C V_m \sin\omega t$
③ $-C V_m \sin\omega t$
④ $-\omega C V_m \cos\omega t$

해설 $C = \dfrac{\varepsilon S}{d}$, $E = \dfrac{v}{d}$, $D = \varepsilon E$ 이므로
$i_d = \dfrac{\partial D}{\partial t} = \varepsilon \dfrac{\partial E}{\partial t} = \varepsilon \dfrac{\partial}{\partial t}\left(\dfrac{v}{d}\right)$
$= \dfrac{\varepsilon}{d} \dfrac{\partial}{\partial t}(V_m \sin\omega t) = \dfrac{\varepsilon\omega V_m \cos\omega t}{d}$ [A/m²]
$\therefore I_D = i_d \cdot S = \dfrac{\varepsilon\omega V_m \cos\omega t}{d} \cdot \dfrac{Cd}{\varepsilon}$
$= \omega C V_m \cos\omega t$

정답 10. ② 11. ② 12. ③ 13. ①

14 $x=0$인 무한 평면을 경계면으로 하여 $x<0$인 영역에는 비유전율 $\varepsilon_{r1}=2$, $x>0$인 영역에는 $\varepsilon_{r2}=4$인 유전체가 있다. ε_{r1}인 유전체 내에서 전계 $E_1 = 20a_x - 10a_y + 5a_z$ [V/m]일 때 $x>0$인 영역에 있는 ε_{r2}인 유전체 내에서 전속 밀도 D_2[C/m²]는? (단, 경계면 상에는 자유 전하가 없다고 한다.)

① $D_2 = \varepsilon_0(20a_x - 40a_y + 5a_z)$
② $D_2 = \varepsilon_0(40a_x - 40a_y + 20a_z)$
③ $D_2 = \varepsilon_0(80a_x - 20a_y + 10a_z)$
④ $D_2 = \varepsilon_0(40a_x - 20a_y + 20a_z)$

해설 전계는 경계면에서 수평 성분(=접선 부분)이 서로 같다.
$E_{1t} = E_{2t}$
전속 밀도는 경계면에서 수직 성분(법선 성분)이 서로 같다.
$D_{1n} = D_{2n}$
즉, $D_{1x} = D_{2x}$ $\varepsilon_0\varepsilon_{r1}E_{1x} = \varepsilon_0\varepsilon_{r2}E_{2x}$
유전체 ε_2 영역의 전계 E_2의 각 축성분 E_{2x} · E_{2y}
· E_{2z}는 $E_{2x} = \dfrac{\varepsilon_0\varepsilon_{r1}}{\varepsilon_0\varepsilon_{r2}}E_{1x}$, $E_{2y} = E_{1y}$, $E_{2z} = E_{1z}$

∴ $E_2 = \dfrac{\varepsilon_0\varepsilon_{r1}}{\varepsilon_0\varepsilon_{r2}}E_{1x} + E_{1y} + E_{1z}$
$= \dfrac{2}{4} \times 20a_x - 10a_y + 5a_z$
$= 10a_x - 10a_y + 5a_z$

∴ $D_2 = \varepsilon_2 E_2 = \varepsilon_0\varepsilon_{r2}E_2$
$= 4\varepsilon_0(10a_x - 10a_y + 5a_z)$
$= \varepsilon_0(40a_x - 40a_y + 20a_z)$ [C/m²]

15 전류 I[A]가 흐르고 있는 무한 직선 도체로부터 r[m]만큼 떨어진 점의 자계의 크기는 $2r$[m]만큼 떨어진 점의 자계의 크기의 몇 배인가?

① 0.5   ② 1
③ 2   ④ 4

해설 r[m], $2r$[m]되는 점의 자계의 세기를 H_1, H_2라 하면
$H_1 = \dfrac{I}{2\pi r}$ [AT/m]
$H_2 = \dfrac{I}{2\pi \cdot 2r}$ [AT/m]
$\dfrac{H_1}{H_2} = \dfrac{\dfrac{I}{2\pi r}}{\dfrac{I}{2\pi \cdot 2r}} = 2$
∴ $H_1 = 2H_2$ [AT/m]

16 반지름이 r[m]인 반원형 전류 I[A]에 의한 반원의 중심(O)에서 자계의 세기[AT/m]는?

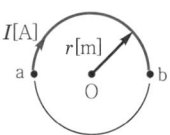

① $\dfrac{2I}{r}$ ② $\dfrac{I}{r}$
③ $\dfrac{I}{2r}$ ④ $\dfrac{I}{4r}$

해설 원형 코일 중심점의 자계의 세기
$H = \dfrac{NI}{2a} = \dfrac{\dfrac{1}{2}I}{2r} = \dfrac{I}{4r}$ [AT/m]

17 규소 강판과 같은 자심 재료의 히스테리시스 곡선의 특징은?

① 히스테리시스 곡선의 면적이 작은 것이 좋다.
② 보자력이 큰 것이 좋다.
③ 보자력과 잔류 자기가 모두 큰 것이 좋다.
④ 히스테리시스 곡선의 면적이 큰 것이 좋다.

해설 규소 강판은 철에 소량의 규소(Si)를 첨가하여 제조한 강판으로 여러 가지 자기 특성이 뛰어나 전력 기기의 철심에 대량으로 사용된다. 이런 전자석의 재료는 히스테리시스 곡선의 면적이 작고 잔류 자기는 크며 보자력은 작다.

정답 14. ② 15. ③ 16. ④ 17. ①

18 전속 밀도 $D = X^2 i + Y^2 j + Z^2 k [C/m^2]$를 발생시키는 점 (1, 2, 3)에서의 체적 전하 밀도는 몇 $[C/m^3]$인가?

① 12 ② 13
③ 14 ④ 15

해설 전속 $\psi = \int_s D n \, dS = \int_v \text{div} D \, dv = Q [C]$

$\psi = Q = \int_v \rho \, dv$

∴ 체적 전하 밀도 $\rho = \text{div} D = \nabla \cdot D$

$= \left(i \frac{\partial}{\partial x} + j \frac{\partial}{\partial y} + k \frac{\partial}{\partial z} \right)$
$\quad \cdot (i D_x + j D_y + k D_z)$
$= \frac{\partial D_x}{\partial x} + \frac{\partial D_y}{\partial y} + \frac{\partial D_z}{\partial z}$
$= 2x + 2y + 2z$
$= 2 + 4 + 6 = 12 [C/m^3]$

19 전속 밀도 D, 전계의 세기 E, 분극의 세기 P 사이의 관계식은?

① $P = D + \varepsilon_0 E$ ② $P = D - \varepsilon_0 E$
③ $P = D(1 - \varepsilon_0) E$ ④ $P = \varepsilon_0 (D - E)$

해설 전속 밀도 $D = \varepsilon_0 E + P$ 에서

분극의 세기 $P = D - \varepsilon_0 E = \varepsilon_0 \varepsilon_s E - \varepsilon_0 E$
$\qquad\qquad\qquad = \varepsilon_0 (\varepsilon_s - 1) E [C/m^2]$

20 유전율이 ε_1, ε_2인 유전체 경계면에 수직으로 전계가 작용할 때 단위 면적당 수직으로 작용하는 힘$[N/m^2]$은? (단, E는 전계$[V/m]$이고, D는 전속 밀도$[C/m^2]$이다.)

① $2 \left(\frac{1}{\varepsilon_2} - \frac{1}{\varepsilon_1} \right) E^2$ ② $2 \left(\frac{1}{\varepsilon_2} - \frac{1}{\varepsilon_1} \right) D^2$
③ $\frac{1}{2} \left(\frac{1}{\varepsilon_2} - \frac{1}{\varepsilon_1} \right) E^2$ ④ $\frac{1}{2} \left(\frac{1}{\varepsilon_2} - \frac{1}{\varepsilon_1} \right) D^2$

해설 유전체 경계면에 전계가 수직으로 입사하면 전속 밀도 $D_1 = D_2$이고, 인장 응력이 작용한다.

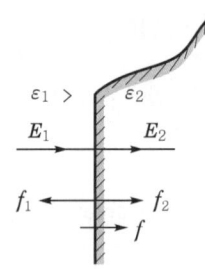

∥경계면∥

$f_1 = \frac{D_1^2}{2\varepsilon_1}$, $f_2 = \frac{D_2^2}{2\varepsilon_2} [N/m^2]$

$\varepsilon_1 > \varepsilon_2$ 일 때

$f = f_2 - f_1 = \frac{1}{2} \left(\frac{1}{\varepsilon_2} - \frac{1}{\varepsilon_1} \right) D^2 [N/m^2]$

힘은 유전율이 큰 쪽에서 작은 쪽으로 작용한다.

정답 18. ① 19. ② 20. ④

2023년 제3회 CBT 기출복원문제

01 전계와 자계의 기본 법칙에 대한 내용으로 틀린 것은?

① 앙페르의 주회 적분 법칙
: $\oint_c H \cdot dl = I + \int_S \frac{\partial D}{\partial t} \cdot dS$

② 가우스의 정리 : $\oint_S B \cdot dS = 0$

③ 가우스의 정리 : $\oint_S D \cdot dS = \int_v \rho dv = Q$

④ 패러데이의 법칙 : $\oint_c D \cdot dl = -\int_S \frac{dH}{dt} dS$

해설 전자계의 기본 법칙

맥스웰 전자 방정식	
미분형	적분형
$\mathrm{rot}\, E = -\frac{\partial B}{\partial t}$	$\oint_c E \cdot dl = -\int_S \frac{\partial B}{\partial t} \cdot dS$
$\mathrm{rot}\, H = i_r + \frac{\partial D}{\partial t}$	$\oint_c H \cdot dl = I + \int_S \frac{\partial D}{\partial t} \cdot dS$
$\mathrm{div}\, D = \rho$	$\oint_s D \cdot dS = \int_v \rho dv = Q$
$\mathrm{div}\, B = 0$	$\oint_s B \cdot dS = 0$

02 지름 2[mm]의 동선에 π[A]의 전류가 균일하게 흐를 때 전류 밀도는 몇 [A/m²]인가?

① 10^3
② 10^4
③ 10^5
④ 10^6

해설 전류 밀도 $J = \frac{I}{S} = \frac{\pi}{\left(\frac{d}{2}\right)^2 \pi}$
$= \frac{1}{(1 \times 10^{-3})^2} = 10^6 [\mathrm{A/m^2}]$

03 전류가 흐르는 도선을 자계 내에 놓으면 이 도선에 힘이 작용한다. 평등 자계의 진공 중에 놓여 있는 직선 전류 도선이 받는 힘에 대한 설명으로 옳은 것은?

① 도선의 길이에 비례한다.
② 전류의 세기에 반비례한다.
③ 자계의 세기에 반비례한다.
④ 전류와 자계 사이의 각에 대한 정현(sine)에 반비례한다.

해설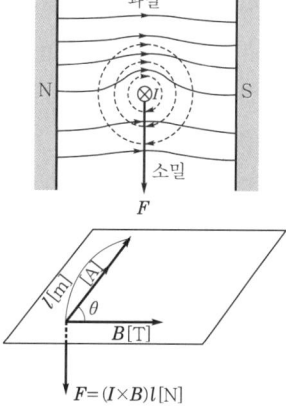

전류 I[A]가 흐르고 있는 길이가 l[m]인 도체가 자속 밀도 B의 자계 속에 놓여 있을 때 이 도체에 작용하는 힘으로
$F = IlB\sin\theta = Il\mu_0 H \sin\theta$ [N]
Vector로 표시하면 $F = Il \times B$ [N]

04 두 코일 A, B의 자기 인덕턴스가 각각 3[mH], 5[mH]라 한다. 두 코일을 직렬 연결시 자속이 서로 상쇄되도록 했을 때의 합성 인덕턴스는 서로 증가하도록 연결했을 때의 60[%]이었다. 두 코일의 상호 인덕턴스는 몇 [mH]인가?

① 0.5
② 1
③ 5
④ 10

정답 01. ④ 02. ④ 03. ① 04. ②

해설 가동 결합은 자속이 서로 증가하도록 연결할 경우 이므로

합성 인덕턴스 $L_0 = L_1 + L_2 + 2M$
$= 3 + 5 + 2M \text{[mH]}$ ········ ㉠

차동 결합은 자속이 서로 상쇄되도록 연결할 경우 이므로

합성 인덕턴스 $0.6L_0 = L_1 + L_2 - 2M$
$= 3 + 5 - 2M \text{[mH]}$ ····· ㉡

㉠과 ㉡을 더하면 $1.6L_0 = 16$
∴ $L_0 = 10 \text{[mH]}$

∴ 상호 인덕턴스 $M = \dfrac{L_0 - L_1 - L_2}{2}$
$= \dfrac{10 - 3 - 5}{2} = 1 \text{[mH]}$

05 전기력선의 성질에 관한 설명으로 틀린 것은?

① 전기력선의 방향은 그 점의 전계의 방향과 같다.
② 전기력선은 전위가 높은 점에서 낮은 점으로 향한다.
③ 전하가 없는 곳에서도 전기력선의 발생, 소멸 이 있다.
④ 전계가 0이 아닌 곳에서 2개의 전기력선은 교차하는 일이 없다.

해설 전기력선의 성질
- 전기력선의 방향은 그 점의 전계의 방향과 같으며, 전기력선의 밀도는 그 점에서의 전계의 크기와 같다 $\left(\dfrac{[개]}{[\text{m}^2]} = \dfrac{[\text{N}]}{[\text{C}]} \right)$.
- 전기력선은 정전하(+)에서 시작하여 부전하(−)에서 끝난다.
- 전하가 없는 곳에서는 전기력선의 발생, 소멸이 없다. 즉, 연속적이다.
- 단위 전하(±1[C])에서는 $\dfrac{1}{\varepsilon_0}$ 개의 전기력선이 출입한다.
- 전기력선은 그 자신만으로 폐곡선(루프)을 만들지 않는다.
- 전기력선은 전위가 높은 점에서 낮은 점으로 향한다.
- 전계가 0이 아닌 곳에서 2개의 전기력선은 교차하는 일이 없다.
- 전기력선은 등전위면과 직교한다. 단, 전계가 0인 곳에서는 이 조건은 성립되지 않는다.
- 전기력선은 도체 표면(등전위면)에 수직으로 출입한다. 단, 전계가 0인 곳에서는 이 조건은 성립하지 않는다.
- 도체 내부에서는 전기력선이 존재하지 않는다.

06 다음 식들 중 옳지 못한 것은?

① 라플라스(Laplace)의 방정식 : $\nabla^2 V = 0$
② 발산 정리 : $\oint_S A dS = \int_v \text{div} A dv$
③ 푸아송(poisson's)의 방정식 : $\nabla^2 V = \dfrac{\rho}{\varepsilon_0}$
④ 가우스(Gauss)의 정리 : $\text{div} D = \rho$

해설 푸아송의 방정식

$\text{div} \boldsymbol{E} = \nabla \cdot \boldsymbol{E} = \nabla \cdot (-\nabla V) = -\nabla^2 V = \dfrac{\rho}{\varepsilon_0}$

∴ $\nabla^2 V = -\dfrac{\rho}{\varepsilon_0}$

07 두 벡터 $A = -7i - j$, $B = -3i - 4j$ 가 이루는 각은?

① 30°
② 45°
③ 60°
④ 90°

해설 $\boldsymbol{A} \cdot \boldsymbol{B} = |\boldsymbol{A}||\boldsymbol{B}|\cos\theta$

$\cos\theta = \dfrac{\boldsymbol{A} \cdot \boldsymbol{B}}{AB}$
$= \dfrac{(-7)(-3) + (-1)(-4)}{\sqrt{(-7)^2 + (-1)^2} \cdot \sqrt{(-3)^2 + (-4)^2}}$
$= \dfrac{25}{25\sqrt{2}}$
$= \dfrac{1}{\sqrt{2}}$

∴ $\theta = \cos^{-1} \dfrac{1}{\sqrt{2}} = 45°$

정답 05. ③ 06. ③ 07. ②

08 무한히 넓은 2개의 평행 도체판의 간격이 d[m]이며 그 전위차는 V[V]이다. 도체판의 단위 면적에 작용하는 힘은 몇 [N/m²]인가? (단, 유전율은 ε_0이다.)

① $\varepsilon_0 \left(\dfrac{V}{d}\right)^2$

② $\dfrac{1}{2}\varepsilon_0 \left(\dfrac{V}{d}\right)^2$

③ $\dfrac{1}{2}\varepsilon_0 \left(\dfrac{V}{d}\right)$

④ $\varepsilon_0 \left(\dfrac{V}{d}\right)$

해설 $f = \dfrac{\sigma^2}{2\varepsilon_0} = \dfrac{1}{2}\varepsilon_0 E^2 = \dfrac{1}{2}\varepsilon_0 \left(\dfrac{V}{d}\right)^2$ [N/m²]

09 무한 평면 도체로부터 a[m] 떨어진 곳에 점전하 Q[C]이 있을 때 이 무한 평면 도체 표면에 유도되는 면밀도가 최대인 점의 전하 밀도는 몇 [C/m²]인가?

① $-\dfrac{Q}{2\pi a^2}$ ② $-\dfrac{Q}{\pi \varepsilon_0 a}$

③ $-\dfrac{Q}{4\pi a^2}$ ④ $-\dfrac{Q}{4\pi a}$

해설 무한 평면 도체면상 점 $(0, y)$의 전계 세기 E는

$E = -\dfrac{Qa}{2\pi\varepsilon_0(a^2+y^2)^{\frac{3}{2}}}$ [V/m]

도체 표면상의 면전하 밀도 σ는

$\sigma = D = \varepsilon_0 E = -\dfrac{Qa}{2\pi(a^2+y^2)^{\frac{3}{2}}}$ [C/m²]

최대 면밀도는 $y = 0$인 점이므로

$\therefore \sigma_{\max} = -\dfrac{Q}{2\pi a^2}$ [C/m²]

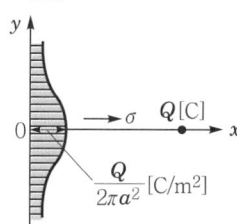

10 투자율 μ_1 및 μ_2인 두 자성체의 경계면에서 자력선의 굴절 법칙을 나타낸 식은?

① $\dfrac{\mu_1}{\mu_2} = \dfrac{\sin\theta_1}{\sin\theta_2}$

② $\dfrac{\mu_1}{\mu_2} = \dfrac{\sin\theta_2}{\sin\theta_1}$

③ $\dfrac{\mu_1}{\mu_2} = \dfrac{\tan\theta_1}{\tan\theta_2}$

④ $\dfrac{\mu_1}{\mu_2} = \dfrac{\tan\theta_2}{\tan\theta_1}$

해설 자성체의 경계면 조건
- $H_1 \sin\theta_1 = H_2 \sin\theta_2$
- $B_1 \cos\theta_1 = B_2 \cos\theta_2$
- $\dfrac{\tan\theta_1}{\tan\theta_2} = \dfrac{\mu_1}{\mu_2}$, $\mu_2 \tan\theta_1 = \mu_1 \tan\theta_2$

11 $l_1 = \infty$, $l_2 = 1$[m]의 두 직선 도선을 50[cm]의 간격으로 평행하게 놓고, l_1을 중심축으로 하여 l_2를 속도 100[m/s]로 회전시키면 l_2에 유기되는 전압은 몇 [V]인가? (단, l_1에 흐르는 전류는 50[mA]이다.)

① 0 ② 5
③ 2×10^{-6} ④ 3×10^{-6}

해설 도선이 있는 곳의 자계 H는

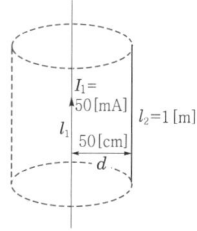

$H = \dfrac{I}{2\pi d} = \dfrac{50 \times 10^{-3}}{2\pi \times 0.5} = \dfrac{50 \times 10^{-3}}{\pi}$

$= \dfrac{0.05}{\pi}$ [AT/m]

로 위에서 보면 반시계 방향으로 존재한다. 도선 l_2를 속도 100[m/s]로 원운동시키면 $\theta = 0° = 180°$이므로

$\therefore e = vBl\sin\theta = 0$ [V]

정답 08. ② 09. ① 10. ③ 11. ①

12 변위 전류 밀도를 나타낸 식은? (단, ϕ는 자속, D는 전속 밀도, B는 자속 밀도, $N\phi$는 자속 쇄교수이다.)

① $i_d = \dfrac{d(N\phi)}{dt}$ ② $i_d = \dfrac{d\phi}{dt}$

③ $i_d = \dfrac{d\boldsymbol{D}}{dt}$ ④ $i_d = \dfrac{d\boldsymbol{B}}{dt}$

해설 변위 전류 밀도 $i_d = \dfrac{\partial \boldsymbol{D}}{\partial t}$[A/m²]로 전속 밀도의 시간적 변화이다.

13 그림과 같은 정전 용량이 C_0[F]가 되는 평행판 공기 콘덴서가 있다. 이 콘덴서의 판면적의 $\dfrac{2}{3}$가 되는 공간에 비유전율 ε_s인 유전체를 채우면 공기 콘덴서의 정전 용량[F]은?

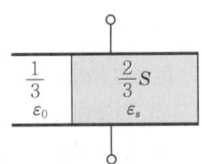

① $\dfrac{2\varepsilon_s}{3}C_0$ ② $\dfrac{3}{1+2\varepsilon_s}C_0$

③ $\dfrac{1+\varepsilon_s}{3}C_0$ ④ $\dfrac{1+2\varepsilon_s}{3}C_0$

해설 합성 정전 용량은 두 콘덴서의 병렬 연결과 같으므로

$C = C_1 + C_2 = \dfrac{1}{3}C_0 + \dfrac{2}{3}\varepsilon_s C_0 = \dfrac{1+2\varepsilon_s}{3}C_0$ [μF]

14 어느 철심에 도선을 250회 감고 여기에 4[A]의 전류를 흘릴 때 발생하는 자속이 0.02[Wb]이었다. 이 코일의 자기 인덕턴스는 몇 [H]인가?

① 1.05 ② 1.25
③ 2.5   ④ $\sqrt{2}\pi$

해설 $N\phi = LI$

$L = \dfrac{N\phi}{I} = \dfrac{250 \times 0.02}{4} = 1.25$[H]

15 자화의 세기 J_m[C/m²]을 자속 밀도 B[Wb/m²]와 비투자율 μ_r로 나타내면?

① $J_m = (1-\mu_r)B$

② $J_m = (\mu_r - 1)B$

③ $J_m = \left(1 - \dfrac{1}{\mu_r}\right)B$

④ $J_m = \left(\dfrac{1}{\mu_r} - 1\right)B$

해설 자속 밀도 $B = \dfrac{\phi}{S} = \mu_0 \mu_r H$[Wb/m²]

∴ 자화의 세기 $J_m = B - \mu_0 H = \left(1 - \dfrac{1}{\mu_r}\right)B$

16 자속 ϕ[Wb]가 $\phi_m \cos 2\pi ft$[Wb]로 변화할 때 이 자속과 쇄교하는 권수 N회의 코일에 발생하는 기전력은 몇 [V]인가?

① $-\pi f N \phi_m \cos 2\pi ft$

② $\pi f N \phi_m \sin 2\pi ft$

③ $-2\pi f N \phi_m \cos 2\pi ft$

④ $2\pi f N \phi_m \sin 2\pi ft$

해설 $e = -N\dfrac{d\phi}{dt} = -N \cdot \dfrac{d}{dt}(\phi_m \cos 2\pi ft)$
$= 2\pi f N \phi_m \sin 2\pi ft$[V]

17 공기 콘덴서의 극판 사이에 비유전율 ε_s의 유전체를 채운 경우, 동일 전위차에 대한 극판 간의 전하량은?

① $\dfrac{1}{\varepsilon_s}$로 감소 ② ε_s배로 증가

③ $\pi\varepsilon_s$배로 증가 ④ 불변

해설 전하량 $Q = CV$[C]

$C = \dfrac{\varepsilon S}{d} = \dfrac{\varepsilon_0 \varepsilon_s S}{d}$[F]

∴ $Q = \dfrac{\varepsilon_0 \varepsilon_s S}{d} \cdot V$[C]

즉, 전하량은 비유전율(ε_s)에 비례한다.

정답 12.③ 13.④ 14.② 15.③ 16.④ 17.②

18 길이 l[m]인 도선으로 원형 코일을 만들어 일정한 전류를 흘릴 때, M회 감았을 때의 중심 자계는 N회 감았을 때의 중심 자계의 몇 배인가?

① $\left(\dfrac{M}{N}\right)^2$ ② $\left(\dfrac{N}{M}\right)^2$

③ $\dfrac{N}{M}$ ④ $\dfrac{M}{N}$

해설 원형 코일의 반지름 r, 권수 N_0, 전류 I라 하면 중심 자계의 세기 H는
$$H = \dfrac{N_0 I}{2r} \text{[AT/m]}$$
코일의 권수 M일 때 원형 코일의 반지름 r_1은
$2\pi r_1 M = l$ 에서 $r_1 = \dfrac{l}{2\pi M}$ [M]
중심 자장의 세기 H_1은
$$H_1 = \dfrac{MI}{\dfrac{2l}{2\pi M}} = \dfrac{\pi M^2 I}{l} \text{[AT/m]}$$이고

같은 방법으로 코일의 권수 N일 때의 중심 자장의 세기 H_2는
$$H_2 = \dfrac{\pi N^2 I}{l} \text{[AT/m]}$$

$$\dfrac{H_1}{H_2} = \dfrac{\dfrac{\pi M^2 I}{l}}{\dfrac{\pi N^2 I}{l}} = \dfrac{M^2}{N^2} = \left(\dfrac{M}{N}\right)^2 \text{배}$$

19 내압이 1[kV]이고, 용량이 각각 0.01[μF], 0.02[μF], 0.05[μF]인 콘덴서를 직렬로 연결했을 때의 전체 내압[V]은?

① 1,500 ② 1,600
③ 1,700 ④ 1,800

해설 각 콘덴서에 가해지는 전압은 $V = \dfrac{Q}{C} \propto \dfrac{1}{C}$ 이므로
$V_1 : V_2 : V_3 = \dfrac{1}{0.01} : \dfrac{1}{0.02} : \dfrac{1}{0.05} = 10 : 5 : 2$
전체 전압 $V = V_1 + V_2 + V_3$
$= 10 + 5 + 2$
$= 17$

C_1 콘덴서의 전압이 가장 높으므로
$V : V_1 = 17 : 10$ 에서
$V = \dfrac{17}{10} V_1 = \dfrac{17}{10} \times 1,000 = 1,700 \text{[V]}$

20 평면 전자파의 전계 E와 자계 H와의 관계식으로 알맞은 것은?

① $H = \sqrt{\dfrac{\varepsilon}{\mu}} E$

② $H = \sqrt{\dfrac{\mu}{\varepsilon}} E$

③ $H = \dfrac{\varepsilon}{\mu} E$

④ $H = \dfrac{\mu}{\varepsilon} E$

해설 전자파의 파동 고유 임피던스는 전계와 자계의 비로
$$\eta = \dfrac{E}{H} = \sqrt{\dfrac{\mu}{\varepsilon}}$$
이 식을 변형하면
$\sqrt{\varepsilon} E = \sqrt{\mu} H$ 또는 $E = \sqrt{\dfrac{\mu}{\varepsilon}} H$, $H = \sqrt{\dfrac{\varepsilon}{\mu}} E$

정답 18. ① 19. ③ 20. ①

2024년 제1회 CBT 기출복원문제 (전기기사)

01 어느 철심에 도선을 250회 감고 여기에 4[A]의 전류를 흘릴 때 발생하는 자속이 0.02[Wb]이었다. 이 코일의 자기 인덕턴스는 몇 [H]인가?

① 1.05
② 1.25
③ 2.5
④ $\sqrt{2}\pi$

해설 $N\phi = LI$, $L = \dfrac{N\phi}{I} = \dfrac{250 \times 0.02}{4} = 1.25[H]$

02 도전율 σ, 투자율 μ인 도체에 교류 전류가 흐를 때 표피효과의 영향에 대한 설명으로 옳은 것은?

① σ가 클수록 작아진다.
② μ가 클수록 작아진다.
③ μ_s가 클수록 작아진다.
④ 주파수가 높을수록 커진다.

해설 표피효과 침투깊이 $\delta = \sqrt{\dfrac{1}{\pi f \mu \sigma}}$[m] $= \sqrt{\dfrac{\rho}{\pi f \mu}}$
즉, 주파수 f, 도전율 σ, 투자율 μ가 클수록 δ가 작아지므로 표피효과가 커진다.

03 벡터 퍼텐셜 $A = 3x^2ya_x + 2xa_y - z^3a_z$[Wb/m]일 때의 자계의 세기 H[A/m]는? (단, μ는 투자율이라 한다.)

① $\dfrac{1}{\mu}(2-3x^2)a_y$
② $\dfrac{1}{\mu}(3-2x^2)a_y$
③ $\dfrac{1}{\mu}(2-3x^2)a_z$
④ $\dfrac{1}{\mu}(3-2x^2)a_z$

해설 $B = \mu H = \text{rot } A = \nabla \times A$ (A는 벡터 퍼텐셜, H는 자계의 세기)

$\therefore H = \dfrac{1}{\mu}(\nabla \times A)$

$\nabla \times A = \begin{vmatrix} a_x & a_y & a_z \\ \dfrac{\partial}{\partial x} & \dfrac{\partial}{\partial y} & \dfrac{\partial}{\partial z} \\ 3x^2y & 2x & -z^3 \end{vmatrix} = (2-3x^2)a_z$

$\therefore$ 자계의 세기 $H = \dfrac{1}{\mu}(2-3x^2)a_z$

04 그림과 같이 단면적 $S = 10$[cm²], 자로의 길이 $l = 20\pi$[cm], 비유전율 $\mu_s = 1,000$인 철심에 $N_1 = N_2 = 100$인 두 코일을 감았다. 두 코일 사이의 상호 인덕턴스는 몇 [mH]인가?

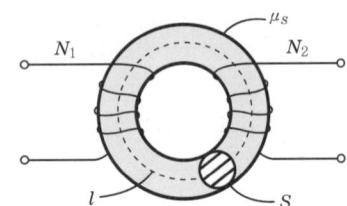

① 0.1
② 1
③ 2
④ 20

해설 상호 인덕턴스
$M = \dfrac{\mu S N_1 N_2}{l}$
$= \dfrac{\mu_0 \mu_s S N_1 N_2}{l}$
$= \dfrac{4\pi \times 10^{-7} \times 1,000 \times (10 \times 10^{-2})^2 \times 100 \times 100}{20\pi \times 10^{-2}}$
$= 20$[mH]

05 한 변이 L[m] 되는 정사각형의 도선 회로에 전류 I[A]가 흐르고 있을 때 회로 중심에서의 자속밀도는 몇 [Wb/m²]인가?

① $\dfrac{2\sqrt{2}}{\pi}\mu_0\dfrac{L}{I}$
② $\dfrac{\sqrt{2}}{\pi}\mu_0\dfrac{I}{L}$
③ $\dfrac{2\sqrt{2}}{\pi}\mu_0\dfrac{I}{L}$
④ $\dfrac{4\sqrt{2}}{\pi}\mu_0\dfrac{L}{I}$

정답 01. ② 02. ④ 03. ③ 04. ④ 05. ③

해설 한 변의 길이가 L[m]인 경우
- 한 변의 자계의 세기
$$H_1 = \frac{I}{\pi L \sqrt{2}} [\text{AT/m}]$$
- 정사각형 중심 자계의 세기
$$H = 4H_1$$
$$= 4 \cdot \frac{I}{\pi L \sqrt{2}}$$
$$= \frac{2\sqrt{2} I}{\pi L} [\text{AT/m}]$$

∴ 자속밀도 $B = \mu_0 H$
$$= \mu_0 \frac{2\sqrt{2} I}{\pi L}$$
$$= \frac{2\sqrt{2}}{\pi} \mu_0 \frac{I}{L} [\text{Wb/m}^2]$$

06 진공 중 한 변의 길이가 0.1[m]인 정삼각형의 3정점 A, B, C에 각각 2.0×10^{-6}[C]의 점전하가 있을 때, 점 A의 전하에 작용하는 힘은 몇 [N]인가?

① $1.8\sqrt{2}$ ② $1.8\sqrt{3}$
③ $3.6\sqrt{2}$ ④ $3.6\sqrt{3}$

해설

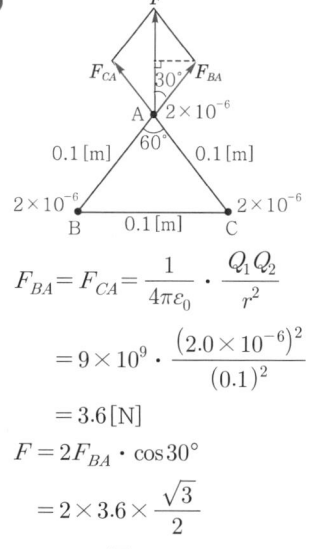

$$F_{BA} = F_{CA} = \frac{1}{4\pi\varepsilon_0} \cdot \frac{Q_1 Q_2}{r^2}$$
$$= 9 \times 10^9 \cdot \frac{(2.0 \times 10^{-6})^2}{(0.1)^2}$$
$$= 3.6 [\text{N}]$$

$$F = 2F_{BA} \cdot \cos 30°$$
$$= 2 \times 3.6 \times \frac{\sqrt{3}}{2}$$
$$= 3.6\sqrt{3} [\text{N}]$$

07 자기회로에서 키르히호프의 법칙으로 알맞은 것은? (단, R : 자기저항, ϕ : 자속, N : 코일 권수, I : 전류이다.)

① $\sum_{i=1}^{n} \phi_i = \infty$

② $\sum_{i=1}^{n} N_i \phi_i = 0$

③ $\sum_{i=1}^{n} R_i \phi_i = \sum_{i=1}^{n} N_i I_i$

④ $\sum_{i=1}^{n} R_i \phi_i = \sum_{i=1}^{n} N_i L_i$

해설 임의의 폐자기 회로망에서 기자력의 총화는 자기저항과 자속의 곱의 총화와 같다.
$$\sum_{i=1}^{n} N_i I_i = \sum_{i=1}^{n} R_i \phi_i$$

08 반지름이 a[m]인 접지된 구도체와 구도체의 중심에서 거리 d[m] 떨어진 곳에 점전하가 존재할 때, 점전하에 의한 접지된 구도체에서의 영상전하에 대한 설명으로 틀린 것은?

① 영상전하는 구도체 내부에 존재한다.
② 영상전하는 점전하와 구도체 중심을 이은 직선상에 존재한다.
③ 영상전하의 전하량과 점전하의 전하량은 크기는 같고 부호는 반대이다.
④ 영상전하의 위치는 구도체의 중심과 점전하 사이 거리(d[m])와 구도체의 반지름(a[m])에 의해 결정된다.

해설 구도체의 영상전하는 점전하와 구도체 중심을 이은 직선상의 구도체 내부에 존재하며

영상전하 $Q' = -\frac{a}{d} Q$[C]

위치는 구도체 중심에서 $x = \frac{a^2}{d}$[m]에 존재한다.

정답 06. ④ 07. ③ 08. ③

09 내압이 1[kV]이고 용량이 각각 0.01[μF], 0.02[μF], 0.04[μF]인 콘덴서를 직렬로 연결했을 때의 전체 내압[V]은?

① 3,000 ② 1,750
③ 1,700 ④ 1,500

해설 각 콘덴서에 가해지는 전압을 V_1, V_2, V_3[V]라 하면

$$V_1 : V_2 : V_3 = \frac{1}{0.01} : \frac{1}{0.02} : \frac{1}{0.04} = 4 : 2 : 1$$

$$\therefore V_1 = 1,000[V]$$

$$V_2 = 1,000 \times \frac{2}{4} = 500[V]$$

$$V_3 = 1,000 \times \frac{1}{4} = 250[V]$$

$$\therefore 전체 내압 : V = V_1 + V_2 + V_3$$
$$= 1,000 + 500 + 250$$
$$= 1,750[V]$$

10 투자율을 μ라 하고, 공기 중의 투자율 μ_0와 비투자율 μ_s의 관계에서 $\mu_s = \frac{\mu}{\mu_0} = 1 + \frac{\chi}{\mu_0}$로 표현된다. 이에 대한 설명으로 알맞은 것은? (단, χ는 자화율이다.)

① $\chi > 0$인 경우 역자성체
② $\chi < 0$인 경우 상자성체
③ $\mu_s > 1$인 경우 비자성체
④ $\mu_s < 1$인 경우 역자성체

해설 비투자율 $\mu_s = \frac{\mu}{\mu_0} = 1 + \frac{\chi}{\mu_0}$에서
- $\mu_s > 1$, 즉 $\chi > 0$이면 상자성체
- $\mu_s < 1$, 즉 $\chi < 0$이면 역자성체

11 베이클라이트 중의 전속밀도가 $D[C/m^2]$일 때의 분극의 세기는 몇 $[C/m^2]$인가? (단, 베이클라이트의 비유전율은 ε_r이다.)

① $D(\varepsilon_r - 1)$ ② $D\left(1 + \frac{1}{\varepsilon_r}\right)$
③ $D\left(1 - \frac{1}{\varepsilon_r}\right)$ ④ $D(\varepsilon_r + 1)$

해설 분극의 세기

$$P = D - \varepsilon_0 E = D\left(1 - \frac{1}{\varepsilon_r}\right)[C/m^2]$$

12 한 변의 길이가 3[m]인 정삼각형의 회로에 2[A]의 전류가 흐를 때 정삼각형 중심에서의 자계의 크기는 몇 [AT/m]인가?

① $\frac{1}{\pi}$

② $\frac{2}{\pi}$

③ $\frac{3}{\pi}$

④ $\frac{4}{\pi}$

해설 정삼각형 중심 자계의 세기

$$H = \frac{9I}{2\pi l} = \frac{9 \times 2}{2\pi \times 3} = \frac{3}{\pi}[AT/m]$$

13 2개의 도체를 $+Q[C]$과 $-Q[C]$으로 대전했을 때, 이 두 도체 간의 정전용량을 전위계수로 표시하면 어떻게 되는가?

① $\frac{p_{11}p_{22} - p_{12}^2}{p_{11} + 2p_{12} + p_{22}}$

② $\frac{p_{11}p_{22} + p_{12}^2}{p_{11} + 2p_{12} + p_{22}}$

③ $\frac{1}{p_{11} + 2p_{12} + p_{22}}$

④ $\frac{1}{p_{11} - 2p_{12} + p_{22}}$

해설 $Q_1 = Q[C]$, $Q_2 = -Q[C]$이므로
$V_1 = p_{11}Q_1 + p_{12}Q_2 = p_{11}Q - p_{12}Q[V]$
$V_2 = p_{21}Q_1 + p_{22}Q_2 = p_{21}Q - p_{22}Q[V]$
$\therefore V = V_1 - V_2 = (p_{11} - 2p_{12} + p_{22})Q[V]$
전위계수로 표시한 정전용량 C

$$\therefore C = \frac{Q}{V} = \frac{Q}{V_1 - V_2} = \frac{1}{p_{11} - 2p_{12} + p_{22}}[F]$$

정답 09. ② 10. ④ 11. ③ 12. ③ 13. ④

14 다음 설명 중 옳은 것은?

① 무한 직선 도선에 흐르는 전류에 의한 도선 내부에서 자계의 크기는 도선의 반경에 비례한다.
② 무한 직선 도선에 흐르는 전류에 의한 도선 외부에서 자계의 크기는 도선의 중심과의 거리에 무관하다.
③ 무한장 솔레노이드 내부 자계의 크기는 코일에 흐르는 전류의 크기에 비례한다.
④ 무한장 솔레노이드 내부 자계의 크기는 단위길이당 권수의 제곱에 비례한다.

해설 무한장 솔레노이드
- 외부 자계의 세기 : $H_o = 0$ [AT/m]
- 내부 자계의 세기 : $H_i = nI$ [AT/m]

여기서, n : 단위길이당 권수
즉, 내부 자계의 세기는 평등자계이며, 코일의 전류에 비례한다.

15 $\varepsilon_1 > \varepsilon_2$의 유전체 경계면에 전계가 수직으로 입사할 때, 경계면에 작용하는 힘과 방향에 대한 설명이 옳은 것은?

① $f = \frac{1}{2}\left(\frac{1}{\varepsilon_2} - \frac{1}{\varepsilon_1}\right)D^2$의 힘이 ε_1에서 ε_2로 작용
② $f = \frac{1}{2}\left(\frac{1}{\varepsilon_1} - \frac{1}{\varepsilon_2}\right)E^2$의 힘이 ε_2에서 ε_1으로 작용
③ $f = \frac{1}{2}(\varepsilon_2 - \varepsilon_1)D^2$의 힘이 ε_1에서 ε_2로 작용
④ $f = \frac{1}{2}(\varepsilon_1 - \varepsilon_2)D^2$의 힘이 ε_2에서 ε_1으로 작용

해설 전계가 경계면에 수직이므로 $f = \frac{1}{2}(E_2 - E_1)D$
$= \frac{1}{2}\left(\frac{1}{\varepsilon_2} - \frac{1}{\varepsilon_1}\right)D^2$ [N/m²]인 인장응력이 작용한다.
$\varepsilon_1 > \varepsilon_2$이므로 ε_1에서 ε_2로 작용한다.

16 다음 (㉠), (㉡)에 대한 법칙으로 알맞은 것은?

전자유도에 의하여 회로에 발생되는 기전력은 쇄교 자속수의 시간에 대한 감소 비율에 비례한다는 (㉠)에 따르고 특히, 유도된 기전력의 방향은 (㉡)에 따른다.

① ㉠ 패러데이의 법칙, ㉡ 렌츠의 법칙
② ㉠ 렌츠의 법칙, ㉡ 패러데이의 법칙
③ ㉠ 플레밍의 왼손법칙, ㉡ 패러데이의 법칙
④ ㉠ 패러데이의 법칙, ㉡ 플레밍의 왼손법칙

해설
- 패러데이의 법칙 – 유도기전력의 크기
$e = -N\frac{d\phi}{dt}$ [V]
- 렌츠의 법칙 – 유도기전력의 방향
전자유도에 의해 발생하는 기전력은 자속의 증감을 방해하는 방향으로 발생된다.

17 다음 식들 중에 옳지 못한 것은?

① 라플라스(Laplace)의 방정식 : $\nabla^2 V = 0$
② 발산(divergence) 정리 :
$\int_s \boldsymbol{E} \cdot n dS = \int_v \text{div } \boldsymbol{E} dv$
③ 푸아송(Poisson)의 방정식 : $\nabla^2 V = \frac{\rho}{\varepsilon_0}$
④ 가우스(Gauss)의 정리 : $\text{div } \boldsymbol{D} = \rho$

해설 푸아송의 방정식
$\text{div } \boldsymbol{E} = \nabla \cdot \boldsymbol{E} = \nabla \cdot (-\nabla V) = -\nabla^2 V = \frac{\rho}{\varepsilon_0}$
$\therefore \nabla^2 V = -\frac{\rho}{\varepsilon_0}$

18 압전기 현상에서 분극이 응력과 같은 방향으로 발생하는 현상을 무슨 효과라 하는가?

① 종효과 ② 횡효과
③ 역효과 ④ 간접 효과

정답 14. ③ 15. ① 16. ① 17. ③ 18. ①

해설 압전효과에서 분극 현상이 응력과 같은 방향으로 발생하면 종효과, 수직 방향으로 나타나면 횡효과라 한다.

19 $\varepsilon_r = 80$, $\mu_r = 1$인 매질의 전자파의 고유 임피던스(intrinsic impedance)[Ω]는 얼마인가?

① 41.9
② 33.9
③ 21.9
④ 13.9

해설
$$\eta = \frac{E}{H} = \sqrt{\frac{\mu}{\varepsilon}} = \sqrt{\frac{\mu_0}{\varepsilon_0}} \cdot \sqrt{\frac{\mu_r}{\varepsilon_r}}$$
$$= 120\pi \sqrt{\frac{\mu_r}{\varepsilon_r}} = 377 \sqrt{\frac{\mu_r}{\varepsilon_r}} = 377 \times \sqrt{\frac{1}{80}}$$
$$= 41.9[\Omega]$$

20 평행 극판 사이 간격이 d[m]이고 정전용량이 0.3[μF]인 공기 커패시터가 있다. 그림과 같이 두 극판 사이에 비유전율이 5인 유전체를 절반 두께 만큼 넣었을 때 이 커패시터의 정전용량은 몇 [μF]이 되는가?

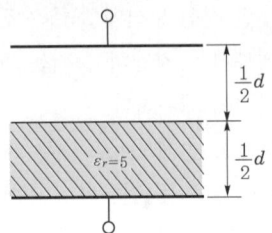

① 0.01
② 0.05
③ 0.1
④ 0.5

해설 유전체를 절반만 평행하게 채운 경우

정전용량 : $C = \dfrac{2C_0}{1 + \dfrac{1}{\varepsilon_r}} = \dfrac{2 \times 0.3}{1 + \dfrac{1}{5}} = 0.5[\mu F]$

정답 19. ① 20. ④

2024년 제1회 CBT 기출복원문제

전기산업기사

01 액체 유전체를 넣은 콘덴서의 용량이 20[μF]이다. 여기에 500[kV]의 전압을 가하면 누설전류[A]는? (단, 비유전율 $\varepsilon_s = 2.2$, 고유저항 $\rho = 10^{11}[\Omega]$이다.)

① 4.2 ② 5.13
③ 54.5 ④ 61

[해설] 정전계와 도체계의 관계식

$R \cdot C = \rho \cdot \varepsilon$, $\dfrac{C}{G} = \dfrac{\varepsilon}{k}$

$RC = \rho\varepsilon$에서 $R = \dfrac{\rho\varepsilon}{C}$이므로

$I = \dfrac{V}{R} = \dfrac{CV}{\rho\varepsilon} = \dfrac{CV}{\rho\varepsilon_0\varepsilon_s}$

$= \dfrac{20 \times 10^{-6} \times 500 \times 10^3}{10^{11} \times 8.855 \times 10^{-12} \times 2.2} = 5.13[A]$

02 유전율 ε, 투자율 μ인 매질 중을 주파수 f[Hz]의 전자파가 전파되어 나갈 때의 파장[m]은?

① $f\sqrt{\varepsilon\mu}$ ② $\dfrac{1}{f\sqrt{\varepsilon\mu}}$
③ $\dfrac{f}{\sqrt{\varepsilon\mu}}$ ④ $\dfrac{\sqrt{\varepsilon\mu}}{f}$

[해설] $v^2 = \dfrac{1}{\varepsilon\mu}$에서 $v = \dfrac{1}{\sqrt{\varepsilon\mu}}$[m/s]이므로

$\lambda = \dfrac{v}{f} = \dfrac{1/\sqrt{\varepsilon\mu}}{f} = \dfrac{1}{f\sqrt{\varepsilon\mu}}$[m]

03 자극의 세기가 8×10^{-6}[Wb]이고, 길이가 30[cm]인 막대자석을 120[AT/m] 평등자계 내에 자력선과 30°의 각도로 놓았다면 자석이 받는 회전력은 몇 [N·m]인가?

① 1.44×10^{-4} ② 1.44×10^{-5}
③ 2.88×10^{-4} ④ 2.88×10^{-5}

[해설] 자계 내에 막대자석이 받는 회전력

$T = MH\sin\theta = mlH\sin\theta$
$= 8 \times 10^{-6} \times 0.3 \times 120 \times \sin30°$
$= 1.44 \times 10^{-4}$[N·m]

04 한 변의 길이가 3[m]인 정삼각형의 회로에 2[A]의 전류가 흐를 때 정삼각형 중심에서의 자계의 크기는 몇 [AT/m]인가?

① $\dfrac{1}{\pi}$ ② $\dfrac{2}{\pi}$
③ $\dfrac{3}{\pi}$ ④ $\dfrac{4}{\pi}$

[해설] 정삼각형 중심 자계의 세기

$H = \dfrac{9I}{2\pi l} = \dfrac{9 \times 2}{2\pi \times 3} = \dfrac{3}{\pi}$[AT/m]

05 진공 중에 그림과 같이 한 변이 a[m]인 정삼각형의 꼭짓점에 각각 서로 같은 점전하 $+Q$[C]이 있을 때 그 각 전하에 작용하는 힘 F는 몇 [N]인가?

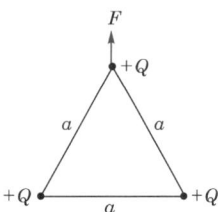

① $F = \dfrac{Q^2}{4\pi\varepsilon_0 a^2}$

② $F = \dfrac{Q^2}{2\pi\varepsilon_0 a^2}$

③ $F = \dfrac{\sqrt{2}\,Q^2}{4\pi\varepsilon_0 a^2}$

④ $F = \dfrac{\sqrt{3}\,Q^2}{4\pi\varepsilon_0 a^2}$

정답 01. ② 02. ② 03. ① 04. ③ 05. ④

해설

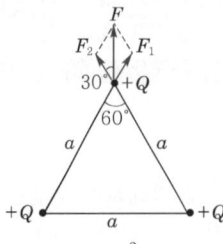

그림에서 $F_1 = F_2 = \dfrac{Q^2}{4\pi\varepsilon_0 a^2}$ [N]이며

정삼각형 정점에 작용하는 전체 힘은 벡터합으로 구하므로

$F = 2F_2 \cos 30° = \sqrt{3}\, F_2 = \dfrac{\sqrt{3}\, Q^2}{4\pi\varepsilon_0 a^2}$ [N]

06 그림과 같이 gap의 단면적 $S[\text{m}^2]$의 전자석에 자속밀도 $B[\text{Wb/m}^2]$의 자속이 발생될 때, 철편을 흡입하는 힘은 몇 [N]인가?

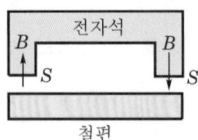

① $\dfrac{B^2 S}{2\mu_0}$ ② $\dfrac{B^2 S}{\mu_0}$

③ $\dfrac{B^2 S^2}{\mu_0}$ ④ $\dfrac{2B^2 S^2}{\mu_0}$

해설 공극이 2개가 있으므로 철편에 작용하는 힘

$F = \dfrac{B^2 S}{2\mu_0} \times 2 = \dfrac{B^2 S}{\mu_0}$ [N]

07 자성체의 종류에 대한 설명으로 옳은 것은? (단, χ_m는 자화율이고, μ_r은 비투자율이다.)

① $\chi_m > 0$이면, 역자성체이다.
② $\chi_m < 0$이면, 상자성체이다.
③ $\mu_r > 1$이면, 비자성체이다.
④ $\mu_r < 1$이면, 역자성체이다.

해설 자성체의 종류에 따른 비투자율과 자화율

$[\chi_m = \mu_0(\mu_r - 1)]$

- 상자성체 : $\mu_r > 1$ $\chi_m > 0$
- 강자성체 : $\mu_r \gg 1$ $\chi_m > 0$
- 역(반)자성체 : $\mu_r < 1$ $\chi_m < 0$
- 비자성체 : $\mu_r = 1$ $\chi_m = 0$

08 두 종류의 금속 접합면에 전류를 흘리면 접속점에서 열의 흡수 또는 발생이 일어나는 현상은?

① 제벡효과   ② 펠티에효과
③ 톰슨효과   ④ 코일의 상대 위치

해설 펠티에효과는 두 종류의 금속으로 폐회로를 만들어 전류를 흘리면 두 접속점에서 열이 흡수(온도 강하)되거나 발생(온도 상승)하는 현상이다.

09 중공 도체의 중공구 내에 전하를 놓지 않으면 외부에서 준 전하는 외부 표면에만 분포한다. 도체 내의 전계[V/m]는 얼마인가?

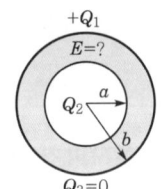

① 0 ② $\dfrac{Q_1}{4\pi\varepsilon_0 a}$

③ $\dfrac{Q_1}{4\pi\varepsilon_0 b}$ ④ $\dfrac{Q_1}{\varepsilon_0}$

해설 중공구 도체는 전하가 구도체 표면에만 존재하므로 도체 내부의 전계의 세기는 0이다.

10 간격 $d[\text{m}]$인 두 평행판 전극 사이에 유전율 ε인 유전체를 넣고 전극 사이에 전압 $e = E_m \sin\omega t$[V]를 가했을 때 변위전류밀도 $[\text{A/m}^2]$는?

① $\dfrac{\varepsilon\omega E_m \cos\omega t}{d}$ ② $\dfrac{\varepsilon E_m \cos\omega t}{d}$

③ $\dfrac{\varepsilon\omega E_m \sin\omega t}{d}$ ④ $\dfrac{\varepsilon E_m \sin\omega t}{d}$

정답 06. ② 07. ④ 08. ② 09. ① 10. ①

해설 변위전류밀도

$$i_d = \frac{\partial D}{\partial t} = \varepsilon \frac{\partial E}{\partial t} = \frac{\varepsilon}{d} \frac{\partial}{\partial t} E_m \sin\omega t$$
$$= \frac{\varepsilon\omega}{d} E_m \cos\omega t \, [\text{A/m}^2]$$

11 반지름 $a[\text{m}]$인 두 개의 무한장 도선이 $d[\text{m}]$의 간격으로 평행하게 놓여 있을 때 $a \ll d$인 경우, 단위길이당 정전용량[F/m]은?

① $\dfrac{2\pi\varepsilon_0}{\ln\dfrac{d}{a}}$ ② $\dfrac{\pi\varepsilon_0}{\ln\dfrac{d}{a}}$

③ $\dfrac{4\pi\varepsilon_0}{\dfrac{1}{a}-\dfrac{1}{d}}$ ④ $\dfrac{2\pi\varepsilon_0}{\dfrac{1}{a}-\dfrac{1}{d}}$

해설

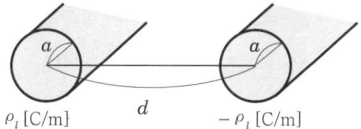

단위길이당 정전용량 $C = \dfrac{\pi\varepsilon_0}{\ln\dfrac{d-a}{a}}$ [F/m]

$d \gg a$인 경우 $C = \dfrac{\pi\varepsilon_0}{\ln\dfrac{d}{a}}$ [F/m]

$= \dfrac{12.08}{\log\dfrac{d}{a}}$ [pF/m]

12 일반적인 전자계에서 성립되는 기본 방정식이 아닌 것은? (단, i는 전류밀도, ρ는 공간 전하밀도이다.)

① $\nabla \times H = i + \dfrac{\partial D}{\partial t}$ ② $\nabla \times E = -\dfrac{\partial B}{\partial t}$

③ $\nabla \cdot D = \rho$ ④ $\nabla \cdot B = \mu H$

해설 맥스웰의 전자계 기초 방정식

• $\text{rot} E = \nabla \times E = -\dfrac{\partial B}{\partial t} = -\mu\dfrac{\partial H}{\partial t}$ (패러데이 전자유도법칙의 미분형)

• $\text{rot} H = \nabla \times H = i + \dfrac{\partial D}{\partial t}$ (앙페르 주회적분법칙의 미분형)

• $\text{div} D = \nabla \cdot D = \rho$ (정전계 가우스 정리의 미분형)

• $\text{div} B = \nabla \cdot B = 0$ (정자계 가우스 정리의 미분형)

13 무한장 솔레노이드에 전류가 흐를 때, 발생되는 자장에 관한 설명 중 옳은 것은?

① 내부 자장은 평등 자장이다.
② 외부와 내부 자장의 세기는 같다.
③ 외부 자장은 평등 자장이다.
④ 내부 자장의 세기는 0이다.

해설 무한장 솔레노이드의 내부 자계는 평등 자계이며, 그 크기는 $H_i = n_0 I$ [AT/m]
($\because n_0$: 단위길이당 권수[회/m])이고 외부 자계는 $H_0 = 0$ [AT/m]이다.)

14 전위 분포가 $V = 2x^2 + 3y^2 + z^2$[V]의 식으로 표시되는 공간의 전하밀도 ρ[C/m³]는 얼마인가?

① $-\varepsilon_0$ ② $-4\varepsilon_0$
③ $-8\varepsilon_0$ ④ $-12\varepsilon_0$

해설 푸아송의 방정식

$$\nabla^2 V = -\dfrac{\rho}{\varepsilon_0}$$

$$\nabla^2 V = \dfrac{\partial^2 V}{\partial x^2} + \dfrac{\partial^2 V}{\partial y^2} + \dfrac{\partial^2 V}{\partial z^2} = 4+6+2 = -\dfrac{\rho}{\varepsilon_0}$$

$\therefore \rho = -12\varepsilon_0$ [C/m³]

15 다음 중 [Ω·s]와 같은 단위는?

① [F]   ② [F/m]
③ [H]   ④ [H/m]

정답 11. ② 12. ④ 13. ① 14. ④ 15. ③

해설 $e = L\dfrac{di}{dt}$ 에서 $L = e\dfrac{dt}{di}$ 이므로

$$[V] = \left[H \cdot \dfrac{A}{s}\right]$$

$$\therefore [H] = \left[\dfrac{V}{A} \cdot s\right] = [\Omega \cdot s]$$

$$\therefore [\text{Henry}] = [\text{Ohm} \cdot s]$$

16 투자율이 μ이고, 감자율 N인 자성체를 외부 자계 H_o 중에 놓았을 때에 자성체의 자화 세기 $J\,[\text{Wb/m}^2]$를 구하면?

① $\dfrac{\mu_0(\mu_s+1)}{1+N(\mu_s+1)}H_o$ ② $\dfrac{\mu_0\mu_s}{1+N(\mu_s+1)}H_o$

③ $\dfrac{\mu_0\mu_s}{1+N(\mu_s-1)}H_o$ ④ $\dfrac{\mu_0(\mu_s-1)}{1+N(\mu_s-1)}H_o$

해설 감자력 $H' = H_o - H$라 하면 자성체의 내부 자계

$H = H_o - H' = H_o - \dfrac{NJ}{\mu_0}\,[\text{AT/m}]$

여기서, $J = \chi_m H$, $\chi_m = \mu_0(\mu_s-1)\,[\text{Wb/m}^2]$이므로

$$\therefore J = \dfrac{\chi_m}{1+\dfrac{\chi_m N}{\mu_0}}H_o$$

$$= \dfrac{\mu_0(\mu_s-1)}{1+N(\mu_s-1)}H_o\,[\text{Wb/m}^2]$$

17 그림과 같이 도체 1을 도체 2로 포위하여 도체 2를 일정 전위로 유지하고, 도체 1과 도체 2의 외측에 도체 3이 있을 때 용량계수 및 유도계수의 성질 중 맞는 것은?

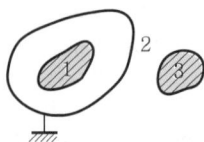

① $q_{21} = -q_{11}$ ② $q_{31} = q_{11}$
③ $q_{13} = -q_{11}$ ④ $q_{23} = q_{11}$

해설 도체 1에 단위의 전위 1[V]를 주고 도체 2, 3을 영전위로 유지하면, 도체 2에는 정전유도에 의하여 $Q_2 = -Q_1$의 전하가 생기므로

$Q_1 = q_{11}V_1 + q_{12}V_2$, $Q_2 = q_{21}V_1 + q_{22}V_2$

$Q_2 = -Q_1$, $V_2 = 0$

$\therefore -q_{11}V_1 = q_{21}V_1$ 그러므로 $-q_{11} = q_{21}$

18 권선수가 N회인 코일에 전류 $I\,[\text{A}]$를 흘릴 경우, 코일에 $\phi\,[\text{Wb}]$의 자속이 지나간다면 이 코일에 저장된 자계에너지[J]는?

① $\dfrac{1}{2}N\phi^2 I$ ② $\dfrac{1}{2}N\phi I$

③ $\dfrac{1}{2}N^2\phi I$ ④ $\dfrac{1}{2}N\phi I^2$

해설 코일에 저장되는 에너지는 인덕턴스의 축적에너지이므로 $N\phi = LI$에서 $L = \dfrac{N\phi}{I}$이다.

$$\therefore W_L = \dfrac{1}{2}LI^2 = \dfrac{1}{2}\dfrac{N\phi}{I}I^2 = \dfrac{1}{2}N\phi I\,[\text{J}]$$

19 비유전율 $\varepsilon_s = 5$인 등방 유전체의 한 점에서 전계의 세기가 $E = 10^4\,[\text{V/m}]$일 때, 이 점의 분극률 $\chi\,[\text{F/m}]$는?

① $\dfrac{10^{-9}}{9\pi}$ ② $\dfrac{10^{-9}}{18\pi}$

③ $\dfrac{10^{-9}}{27\pi}$ ④ $\dfrac{10^{-9}}{36\pi}$

해설 분극의 세기

$P = D - \varepsilon_0 E = \varepsilon_0(\varepsilon_s - 1)E = \chi E\,[\text{C/m}^2]$

$$\therefore \chi = \dfrac{P}{E}$$

$$= \varepsilon_0(\varepsilon_s - 1)$$

$$= \dfrac{10^{-9}}{36\pi} \times (5-1)$$

$$= \dfrac{10^{-9}}{9\pi}\,[\text{F/m}]$$

정답 16. ④ 17. ① 18. ② 19. ①

20 투자율이 각각 μ_1, μ_2인 두 자성체의 경계면에서 자기력선의 굴절 법칙을 나타낸 식은?

① $\dfrac{\mu_1}{\mu_2} = \dfrac{\sin\theta_1}{\sin\theta_2}$ ② $\dfrac{\mu_1}{\mu_2} = \dfrac{\sin\theta_2}{\sin\theta_1}$

③ $\dfrac{\mu_1}{\mu_2} = \dfrac{\tan\theta_1}{\tan\theta_2}$ ④ $\dfrac{\mu_1}{\mu_2} = \dfrac{\tan\theta_2}{\tan\theta_1}$

해설 자성체의 굴절 법칙
- $H_1\sin\theta_1 = H_2\sin\theta_2$
- $B_1\cos\theta_1 = B_2\cos\theta_2$
- $\dfrac{\mu_1}{\mu_2} = \dfrac{\tan\theta_1}{\tan\theta_2}$

정답 20. ③

2024년 제2회 CBT 기출복원문제

01 단면적이 $S[\text{m}^2]$, 단위길이에 대한 권수가 $n[\text{회/m}]$인 무한히 긴 솔레노이드의 단위 길이당 자기 인덕턴스[H/m]는?

① $\mu \cdot S \cdot n$
② $\mu \cdot S \cdot n^2$
③ $\mu \cdot S^2 \cdot n$
④ $\mu \cdot S^2 \cdot n^2$

[해설]
- 내부 자계의 세기 : $H = nI\,[\text{AT/m}]$
- 내부 자속 : $\phi = B \cdot S = \mu HS = \mu nIS\,[\text{Wb}]$
- 자기 인덕턴스 : $L = \dfrac{n\phi}{I} = \mu Sn^2\,[\text{H/m}]$

투자율 μ, 단위 [m]당 권수 n^2, 면적 S에 비례한다.

02 반지름 $a[\text{m}]$의 반구형 도체를 대지 표면에 그림과 같이 묻었을 때 접지저항 $R[\Omega]$은? (단, $\rho[\Omega \cdot \text{m}]$는 대지의 고유저항이다.)

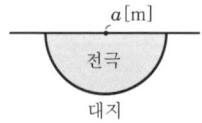

① $\dfrac{\rho}{2\pi a}$
② $\dfrac{\rho}{4\pi a}$
③ $2\pi a\rho$
④ $4\pi a\rho$

[해설] 반지름 $a[\text{m}]$인 구의 정전용량은 $4\pi\varepsilon a\,[\text{F}]$이므로 반구의 정전용량 C는 $C = 2\pi\varepsilon a\,[\text{F}]$이다.
$RC = \rho\varepsilon$
$R = \dfrac{\rho\varepsilon}{C} = \dfrac{\rho\varepsilon}{2\pi\varepsilon a} = \dfrac{\rho}{2\pi a}\,[\Omega]$

03 그림과 같이 $d[\text{m}]$ 떨어진 두 평행 도선에 $I[\text{A}]$의 전류가 흐를 때, 도선 단위길이당 작용하는 힘 $F[\text{N/m}]$는?

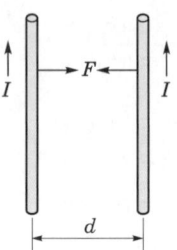

① $\dfrac{\mu_0 I}{2\pi d}$
② $\dfrac{\mu_0 I^2}{2\pi d^2}$
③ $\dfrac{\mu_0 I^2}{2\pi d}$
④ $\dfrac{\mu_0 I^2}{2d}$

[해설] $I_1 = I_2 = I$이므로 단위길이당 작용하는 힘
$F = \dfrac{\mu_0 I_1 I_2}{2\pi d} = \dfrac{\mu_0 I^2}{2\pi d}\,[\text{N/m}]$
같은 방향의 전류이므로 흡인력이 작용한다.

04 전위함수가 $V = 2x + 5yz + 3$일 때, 점 (2, 1, 0)에서의 전계 세기[V/m]는?

① $-i - j5 - k3$
② $i - j2 + k3$
③ $-i2 - k5$
④ $j4 + k3$

[해설] 전위 경도
$\boldsymbol{E} = -\text{grad}\,V$
$= -\nabla V = -\left(i\dfrac{\partial}{\partial x} + j\dfrac{\partial}{\partial y} + k\dfrac{\partial}{\partial z}\right) \cdot V$
$= -\left(\dfrac{\partial}{\partial x}i + \dfrac{\partial}{\partial y}j + \dfrac{\partial}{\partial z}k\right)(2x + 5yz + 3)$
$= -(2i + 5zj + 5yk)\,[\text{V/m}]$
$\therefore [\boldsymbol{E}]_{x=2, y=1, z=0} = -2i - 5k\,[\text{V/m}]$

정답 01. ② 02. ① 03. ③ 04. ③

05 전류 I[A]가 흐르는 반지름 a[m]인 원형 코일의 중심선상 x[m]인 점 P의 자계 세기 [AT/m]는?

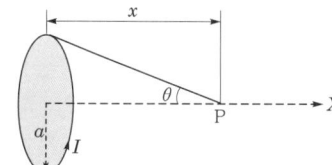

① $\dfrac{a^2 I}{2(a^2+x^2)}$ ② $\dfrac{a^2 I}{2(a^2+x^2)^{1/2}}$

③ $\dfrac{a^2 I}{2(a^2+x^2)^2}$ ④ $\dfrac{a^2 I}{2(a^2+x^2)^{3/2}}$

해설 • 원형 전류 중심축상 자계의 세기

$$H = \dfrac{a^2 I}{2(a^2+x^2)^{\frac{3}{2}}} \text{[AT/m]}$$

• 원형 전류 중심에서의 자계의 세기

$$H_0 = \dfrac{I}{2a} \text{[AT/m]}$$

06 스토크스(Stokes) 정리를 표시하는 식은?

① $\int_s \boldsymbol{A} \cdot ds = \int_v \text{div } \boldsymbol{A} \cdot dv$

② $\oint_c \boldsymbol{A} \cdot dl = \int_v \text{div } \boldsymbol{A} dv$

③ $\oint_c \boldsymbol{A} \cdot dl = \int_s (\text{rot } \boldsymbol{A})_n \cdot ds$

④ $\int_s \boldsymbol{A} \cdot ds = \int_s \text{rot } \boldsymbol{A} \cdot ds$

해설 스토크스의 정리는 선적분을 면적분으로 변환하는 정리로 선적분을 면적분으로 변환 시 rot를 붙여 간다.

$$\oint_c \boldsymbol{A} \cdot dl = \int_s \text{rot } \boldsymbol{A} \cdot ds$$
$$= \int_s \text{curl } \boldsymbol{A} \cdot ds$$
$$= \int_s \nabla \times \boldsymbol{A} \cdot ds$$

07 권선수가 N회인 코일에 전류 I[A]를 흘릴 경우, 코일에 ϕ[Wb]의 자속이 지나간다면 이 코일에 저장된 자계에너지[J]는?

① $\dfrac{1}{2} N\phi^2 I$

② $\dfrac{1}{2} N\phi I$

③ $\dfrac{1}{2} N^2 \phi I$

④ $\dfrac{1}{2} N\phi I^2$

해설 코일에 저장되는 에너지는 인덕턴스의 축적에너지이므로 $N\phi = LI$에서 $L = \dfrac{N\phi}{I}$이다.

$$\therefore W_L = \dfrac{1}{2} LI^2 = \dfrac{1}{2} \dfrac{N\phi}{I} I^2 = \dfrac{1}{2} N\phi I \text{[J]}$$

08 그림과 같이 평행한 무한장 직선 도선에 I[A], $4I$[A]인 전류가 흐른다. 두 선 사이의 점 P에서 자계의 세기가 0이라고 하면 $\dfrac{a}{b}$는?

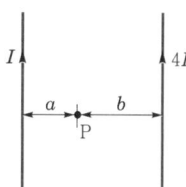

① 2 ② 4

③ $\dfrac{1}{2}$ ④ $\dfrac{1}{4}$

해설 $H_1 = \dfrac{I}{2\pi a}$, $H_2 = \dfrac{4I}{2\pi b}$

자계의 세기가 0일 때 $H_1 = H_2$

$$\dfrac{I}{2\pi a} = \dfrac{4I}{2\pi b}$$

$$\dfrac{1}{a} = \dfrac{4}{b}$$

$$\therefore \dfrac{a}{b} = \dfrac{1}{4}$$

정답 05. ④ 06. ③ 07. ② 08. ④

부록 _ 과년도 출제문제

09 두 종류의 유전율(ε_1, ε_2)을 가진 유전체 경계면에 진전하가 존재하지 않을 때 성립하는 경계조건을 옳게 나타낸 것은? (단, θ_1, θ_2는 각각 유전체 경계면의 법선 벡터와 E_1, E_2가 이루는 각이다.)

① $E_1\sin\theta_1 = E_2\sin\theta_2$, $D_1\sin\theta_1 = D_2\sin\theta_2$,
$\dfrac{\tan\theta_1}{\tan\theta_2} = \dfrac{\varepsilon_2}{\varepsilon_1}$

② $E_1\cos\theta_1 = E_2\cos\theta_2$, $D_1\sin\theta_1 = D_2\sin\theta_2$,
$\dfrac{\tan\theta_1}{\tan\theta_2} = \dfrac{\varepsilon_2}{\varepsilon_1}$

③ $E_1\sin\theta_1 = E_2\sin\theta_2$, $D_1\cos\theta_1 = D_2\cos\theta_2$,
$\dfrac{\tan\theta_1}{\tan\theta_2} = \dfrac{\varepsilon_1}{\varepsilon_2}$

④ $E_1\cos\theta_1 = E_2\cos\theta_2$, $D_1\cos\theta_1 = D_2\cos\theta_2$,
$\dfrac{\tan\theta_1}{\tan\theta_2} = \dfrac{\varepsilon_2}{\varepsilon_1}$

해설 유전체의 경계면 조건
- 전계는 경계면에서 수평성분이 서로 같다.
$E_1\sin\theta_1 = E_2\sin\theta_2$
- 전속밀도는 경계면에서 수직성분이 서로 같다.
$D_1\cos\theta_1 = D_2\cos\theta_2$
- 위의 비를 취하면
$\dfrac{E_1\sin\theta_1}{D_1\cos\theta_1} = \dfrac{E_2\sin\theta_2}{D_2\cos\theta_2}$
여기서, $D_1 = \varepsilon_1 E_1$, $D_2 = \varepsilon_2 E_2$
∴ $\dfrac{\tan\theta_1}{\tan\theta_2} = \dfrac{\varepsilon_1}{\varepsilon_2}$

10 자기회로와 전기회로의 대응으로 틀린 것은?

① 자속 ↔ 전류
② 기자력 ↔ 기전력
③ 투자율 ↔ 유전율
④ 자계의 세기 ↔ 전계의 세기

해설 자기회로와 전기회로의 대응

자기회로	전기회로
기자력 $F = NI$	기전력 E
자기저항 $R_m = \dfrac{l}{\mu S}$	전기저항 $R = \dfrac{l}{kS}$
자속 $\phi = \dfrac{F}{R_m}$	전류 $I = \dfrac{E}{R}$
투자율 μ	도전율 k
자계의 세기 H	전계의 세기 E

11 동심구형 콘덴서의 내외 반지름을 각각 5배로 증가시키면 정전용량은 몇 배로 증가하는가?

① 5 ② 10
③ 15 ④ 20

해설 동심구형 콘덴서의 정전용량 $C = \dfrac{4\pi\varepsilon_0 ab}{b-a}$ [F]

내외구의 반지름을 5배로 증가한 후의 정전용량을 C'라 하면

$C' = \dfrac{4\pi\varepsilon_0(5a \times 5b)}{5b - 5a} = \dfrac{25 \times 4\pi\varepsilon_0 ab}{5(b-a)} = 5C$ [F]

12 다음의 관계식 중 성립할 수 없는 것은? (단, μ는 투자율, χ는 자화율, μ_0는 진공의 투자율, J는 자화의 세기이다.)

① $J = \chi B$
② $B = \mu H$
③ $\mu = \mu_0 + \chi$
④ $\mu_s = 1 + \dfrac{\chi}{\mu_0}$

해설
- 자화의 세기 : $J = \mu_0(\mu_s - 1)H = \chi H$
- 자속밀도 :
$B = \mu_0 H + J = (\mu_0 + \chi)H = \mu_0\mu_s H = \mu H$
- 비투자율 : $\mu_s = 1 + \dfrac{\chi}{\mu_0}$

정답 09. ③ 10. ③ 11. ① 12. ①

13 환상 솔레노이드(solenoid) 내의 자계 세기[AT/m]는? (단, N은 코일의 감긴 수, a는 환상 솔레노이드의 평균 반지름이다.)

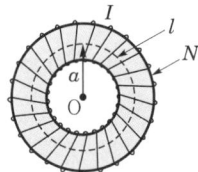

① $\dfrac{2\pi a}{NI}$ ② $\dfrac{NI}{2\pi a}$

③ $\dfrac{NI}{\pi a}$ ④ $\dfrac{NI}{4\pi a}$

해설 위 그림과 같이 반지름 a[m]인 적분으로 잡고 앙페르의 주회적분법칙을 적용하면

$$\oint \boldsymbol{H} \cdot dl = H \cdot 2\pi a = NI$$

$$\therefore H = \dfrac{NI}{2\pi a} = \dfrac{NI}{l} = n_0 I\,[\text{AT/m}]$$

여기서, N은 환상 솔레노이드의 권수이고, n_0는 단위길이당의 권수이다.

14 정전용량이 6[μF]인 평행 평판 콘덴서의 극판 면적의 $\dfrac{2}{3}$에 비유전율 3인 운모를 그림과 같이 삽입했을 때, 콘덴서의 정전용량은 몇 [μF]가 되는가?

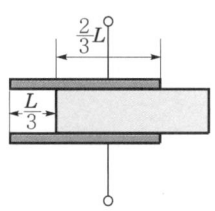

① 14 ② 45

③ $\dfrac{10}{3}$ ④ $\dfrac{12}{7}$

해설 $C = C_1 + C_2$
$= \dfrac{1}{3}C_0 + \dfrac{2}{3}\varepsilon_s C_0$
$= \dfrac{(1+2\varepsilon_s)}{3}C_0 = \dfrac{(1+2\times 3)}{3}\times 6$
$= 14\,[\mu F]$

15 정현파 자속으로 하여 기전력이 유기될 때 자속의 주파수가 3배로 증가하면 유기기전력은 어떻게 되는가?

① 3배 증가
② 3배 감소
③ 9배 증가
④ 9배 감소

해설 $\phi = \phi_m \sin 2\pi ft$[Wb]라 하면 유기기전력 e는

$e = -N\dfrac{d\phi}{dt} = -N\dfrac{d}{dt}(\phi_m \sin 2\pi ft)$
$= -2\pi fN\phi_m \cos 2\pi ft$
$= 2\pi fN\phi_m \sin\left(2\pi ft - \dfrac{\pi}{2}\right)$[V]

$\therefore e \propto f$

따라서, 주파수가 3배로 증가하면 유기기전력도 3배로 증가한다.

16 반지름 a[m]인 접지 도체구 중심으로부터 d[m]($> a$)인 곳에 점전하 Q[C]이 있으면 구도체에 유기되는 전하량[C]은?

① $-\dfrac{a}{d}Q$

② $\dfrac{a}{d}Q$

③ $-\dfrac{d}{a}Q$

④ $\dfrac{d}{a}Q$

해설

영상점 P′의 위치는 $\text{OP}' = \dfrac{a^2}{d}$[m]

영상전하의 크기는 $\therefore Q' = -\dfrac{a}{d}Q$[C]

정답 13. ② 14. ① 15. ① 16. ①

17 전위함수 $V = x^2 + y^2$[V]일 때 점 (3, 4)[m]에서의 등전위선의 반지름은 몇 [m]이며 전기력선 방정식은 어떻게 되는가?

① 등전위선의 반지름 : 3
   전기력선 방정식 : $y = \dfrac{3}{4}x$

② 등전위선의 반지름 : 4
   전기력선 방정식 : $y = \dfrac{4}{3}x$

③ 등전위선의 반지름 : 5
   전기력선 방정식 : $x = \dfrac{4}{3}y$

④ 등전위선의 반지름 : 5
   전기력선 방정식 : $x = \dfrac{3}{4}y$

해설 • 등전위선의 반지름
$r = \sqrt{x^2 + y^2} = \sqrt{3^2 + 4^2} = 5$[m]
• 전기력선 방정식 $E = -\text{grad}\,V = -2xi - 2yj$[V/m]
$\dfrac{dx}{Ex} = \dfrac{dy}{Ey}$에서 $\dfrac{1}{-2x}dx = \dfrac{1}{-2y}dy$
$1nx = 1ny + 1nc, \quad x = cy$
$c = \dfrac{x}{y} = \dfrac{3}{4} \quad \therefore x = \dfrac{3}{4}y$

18 자기 쌍극자에 의한 자위 U[A]에 해당되는 것은? (단, 자기 쌍극자의 자기 모멘트는 M[Wb·m], 쌍극자의 중심으로부터의 거리는 r[m], 쌍극자의 정방향과의 각도는 θ라 한다.)

① $6.33 \times 10^4 \times \dfrac{M\sin\theta}{r^3}$

② $6.33 \times 10^4 \times \dfrac{M\sin\theta}{r^2}$

③ $6.33 \times 10^4 \times \dfrac{M\cos\theta}{r^3}$

④ $6.33 \times 10^4 \times \dfrac{M\cos\theta}{r^2}$

해설 자위 $U = \dfrac{M}{4\pi\mu_0 r^2}\cos\theta = 6.33 \times 10^4 \dfrac{M\cos\theta}{r^2}$[A]

19 일반적인 전자계에서 성립되는 기본 방정식이 아닌 것은? (단, i는 전류밀도, ρ는 공간 전하밀도이다.)

① $\nabla \times H = i + \dfrac{\partial D}{\partial t}$

② $\nabla \times E = -\dfrac{\partial B}{\partial t}$

③ $\nabla \cdot D = \rho$

④ $\nabla \cdot B = \mu H$

해설 맥스웰의 전자계 기초 방정식
• $\text{rot}\,E = \nabla \times E = -\dfrac{\partial B}{\partial t} = -\mu\dfrac{\partial H}{\partial t}$
(패러데이 전자유도법칙의 미분형)
• $\text{rot}\,H = \nabla \times H = i + \dfrac{\partial D}{\partial t}$
(앙페르 주회적분법칙의 미분형)
• $\text{div}\,D = \nabla \cdot D = \rho$
(정전계 가우스 정리의 미분형)
• $\text{div}\,B = \nabla \cdot B = 0$
(정자계 가우스 정리의 미분형)

20 공기 중 무한 평면 도체의 표면으로부터 2[m] 떨어진 곳에 4[C]의 점전하가 있다. 이 점전하가 받는 힘은 몇 [N]인가?

① $\dfrac{1}{\pi\varepsilon_0}$

② $\dfrac{1}{4\pi\varepsilon_0}$

③ $\dfrac{1}{8\pi\varepsilon_0}$

④ $\dfrac{1}{16\pi\varepsilon_0}$

해설 전기 영상법에 의한 힘
$F = \dfrac{1}{4\pi\varepsilon_0}\dfrac{Q_1 Q_2}{(2r)^2} = \dfrac{Q^2}{16\pi\varepsilon_0 r^2}$
$= \dfrac{4^2}{16\pi\varepsilon_0 \cdot 2^2} = \dfrac{1}{4\pi\varepsilon_0}$[N]

정답 17. ④ 18. ④ 19. ④ 20. ②

2024년 제2회 CBT 기출복원문제

전기산업기사

01 그림과 같이 평행한 두 개의 무한 직선 도선에 전류가 각각 I, $2I$인 전류가 흐른다. 두 도선 사이의 점 P에서 자계의 세기가 0이다. 이때 $\dfrac{a}{b}$는?

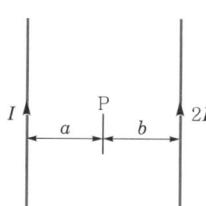

① 4
② 2
③ $\dfrac{1}{2}$
④ $\dfrac{1}{4}$

해설 $H_1 = \dfrac{I}{2\pi a}$, $H_2 = \dfrac{2I}{2\pi b}$

$H_1 = H_2$일 때, 자계의 세기가 0일 때

$H_1 = H_2$이므로 $\dfrac{I}{2\pi a} = \dfrac{2I}{2\pi b}$

$\dfrac{1}{a} = \dfrac{2}{b}$ → $\dfrac{a}{b} = \dfrac{1}{2}$

02 공기 중에 있는 무한 직선 도체에 전류 I[A]가 흐르고 있을 때 도체에서 r[m] 떨어진 점에서의 자속 밀도는 몇 [Wb/m²]인가?

① $\dfrac{I}{2\pi r}$
② $\dfrac{2\mu_0 I}{\pi r}$
③ $\dfrac{\mu_0 I}{r}$
④ $\dfrac{\mu_0 I}{2\pi r}$

해설 자계의 세기 $H = \dfrac{I}{2\pi r}$ [AT/m]

자속 밀도 $B = \mu_0 H$
$= \dfrac{\mu_0 I}{2\pi r}$ [Wb/m²]

03 반지름 a인 접지 도체구의 중심에서 $d > a$ 되는 곳에 점전하 Q가 있다. 구도체에 유기되는 영상전하 및 그 위치(중심에서의 거리)는 각각 얼마인가?

① $+\dfrac{a}{d}Q$이며 $\dfrac{a^2}{d}$이다.
② $-\dfrac{a}{d}Q$이며 $\dfrac{a^2}{d}$이다.
③ $+\dfrac{d}{a}Q$이며 $\dfrac{d^2}{a}$이다.
④ $+\dfrac{d}{a}Q$이며 $\dfrac{d^2}{a}$이다.

해설 접지 구도체와 점전하의 영상전하의 크기는 $Q = -\dfrac{a}{d}Q$[C], 영상전하의 위치는 구 중심에서 $\dfrac{a^2}{d}$인 점이다.

04 자기 인덕턴스가 L_1, L_2이고 상호 인덕턴스가 M인 두 회로의 결합계수가 1이면 다음 중 옳은 것은?

① $L_1 L_2 = M$
② $L_1 L_2 < M^2$
③ $L_1 L_2 > M^2$
④ $L_1 L_2 = M^2$

해설 결합계수 k가 1이면 $k = \dfrac{M}{\sqrt{L_1 L_2}}$에서

$M = \sqrt{L_1 L_2}$

∴ $M^2 = L_1 L_2$

정답 01. ③ 02. ④ 03. ② 04. ④

05 진공 중에 판간 거리가 d[m]인 무한 평판 도체 간의 전위차[V]는? (단, 각 평판 도체에는 면전하밀도 $+\sigma$[C/m²], $-\sigma$[C/m²]가 각각 분포되어 있다.)

① σd ② $\dfrac{\sigma}{\varepsilon_0}$

③ $\dfrac{\varepsilon_0 \sigma}{d}$ ④ $\dfrac{\sigma d}{\varepsilon_0}$

해설 전계의 세기 $E = \dfrac{\sigma}{\varepsilon_0}$[V/m]

전위차 $V = -\int_d^0 E \cdot dl = E[l]_0^d$

$= E(d-0) = \dfrac{\sigma d}{\varepsilon_0}$[V]

06 평면 전자파의 전계 E와 자계 H 사이의 관계식은?

① $E = \sqrt{\dfrac{\varepsilon}{\mu}} H$ ② $E = \sqrt{\mu\varepsilon} H$

③ $E = \sqrt{\dfrac{\mu}{\varepsilon}} H$ ④ $E = \sqrt{\dfrac{1}{\mu\varepsilon}} H$

해설 $\eta = \dfrac{E}{H} = \sqrt{\dfrac{\mu}{\varepsilon}}$

∴ $E = \sqrt{\dfrac{\mu}{\varepsilon}} H$

07 그림과 같이 권수가 1이고 반지름 a[m]인 원형 전류 I[A]가 만드는 자계의 세기 [AT/m]는?

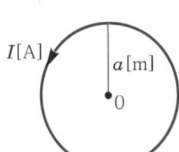

① $\dfrac{I}{a}$ ② $\dfrac{I}{2a}$

③ $\dfrac{I}{3a}$ ④ $\dfrac{I}{4a}$

해설 원형 전류 중심축상의 자계의 세기

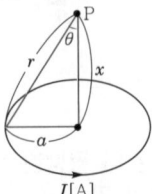

$H = \dfrac{a^2 I}{2(a^2 + x^2)^{\frac{3}{2}}}$[AT/m]

원형 중심의 자계의 세기는 $x=0$인 지점이므로

$H = \dfrac{I}{2a}$[AT/m]

08 진공 중에 같은 전기량 $+1$[C]의 대전체 두 개가 약 몇 [m] 떨어져 있을 때, 각 대전체에 작용하는 반발력이 1[N]인가?

① 3.2×10^{-3} ② 3.2×10^3

③ 9.5×10^{-4} ④ 9.5×10^4

해설 $F = \dfrac{Q_1 Q_2}{4\pi\varepsilon_0 r^2} = 9 \times 10^9 \times \dfrac{Q_1 Q_2}{r^2}$[N]

∴ $r^2 = 9 \times 10^9 \times \dfrac{Q_1 Q_2}{F}$[m]

∴ $r = \sqrt{9 \times 10^9 \times \dfrac{1 \times 1}{1}} = 9.48 \times 10^4$[m]

09 미분 방정식 형태로 나타낸 맥스웰의 전자계 기초 방정식은?

① $\text{rot } E = -\dfrac{\partial B}{\partial t}$, $\text{rot } H = i + \dfrac{\partial D}{\partial t}$,
$\text{div } D = 0$, $\text{div } B = 0$

② $\text{rot } E = -\dfrac{\partial B}{\partial t}$, $\text{rot } H = i + \dfrac{\partial B}{\partial t}$,
$\text{div } D = \rho$, $\text{div } B = H$

③ $\text{rot } E = -\dfrac{\partial B}{\partial t}$, $\text{rot } H = i + \dfrac{\partial D}{\partial t}$,
$\text{div } D = \rho$, $\text{div } B = 0$

④ $\text{rot } E = -\dfrac{\partial B}{\partial t}$, $\text{rot } H = i$, $\text{div } D = 0$,
$\text{div } B = 0$

정답 05. ④ 06. ③ 07. ② 08. ④ 09. ③

해설 맥스웰의 전자계 기초 방정식

- $\text{rot } E = \nabla \times E = -\dfrac{\partial B}{\partial t} = -\mu \dfrac{\partial H}{\partial t}$

  (패러데이 전자유도법칙의 미분형)

- $\text{rot } H = \nabla \times H = i + \dfrac{\partial D}{\partial t}$

  (앙페르 주회적분법칙의 미분형)

- $\text{div } D = \nabla \cdot D = \rho$ (가우스 정리의 미분형)
- $\text{div } B = \nabla \cdot B = 0$ (가우스 정리의 미분형)

10 $\varepsilon_1 > \varepsilon_2$의 유전체 경계면에 전계가 수직으로 입사할 때, 경계면에 작용하는 힘과 방향에 대한 설명이 옳은 것은?

① $f = \dfrac{1}{2}\left(\dfrac{1}{\varepsilon_2} - \dfrac{1}{\varepsilon_1}\right)D^2$의 힘이 ε_1에서 ε_2로 작용

② $f = \dfrac{1}{2}\left(\dfrac{1}{\varepsilon_1} - \dfrac{1}{\varepsilon_2}\right)E^2$의 힘이 ε_2에서 ε_1으로 작용

③ $f = \dfrac{1}{2}(\varepsilon_2 - \varepsilon_1)D^2$의 힘이 ε_1에서 ε_2로 작용

④ $f = \dfrac{1}{2}(\varepsilon_1 - \varepsilon_2)D^2$의 힘이 ε_2에서 ε_1으로 작용

해설 전계가 경계면에 수직이므로 $f = \dfrac{1}{2}(E_2 - E_1)D$
$= \dfrac{1}{2}\left(\dfrac{1}{\varepsilon_2} - \dfrac{1}{\varepsilon_1}\right)D^2 [\text{N/m}^2]$인 인장응력이 작용한다.
$\varepsilon_1 > \varepsilon_2$이므로 ε_1에서 ε_2로 작용한다.

11 다음 조건 중 틀린 것은? (단, χ_m : 비자화율, μ_r : 비투자율이다.)

① $\mu_r \gg 1$이면 강자성체
② $\chi_m > 0$, $\mu_r < 1$이면 상자성체
③ $\chi_m < 0$, $\mu_r < 1$이면 반자성체
④ 물질은 χ_m 또는 μ_r의 값에 따라 반자성체, 상자성체, 강자성체 등으로 구분한다.

해설 비자화율 : $\chi_m = \dfrac{\chi}{\mu_0} = \mu_r - 1$

- 강자성체 : $\mu_r \gg 1$, $\chi_m \gg 0$
- 상자성체 : $\mu_r > 1$, $\chi_m > 0$
- 반자성체 : $\mu_r < 1$, $\chi_m < 0$

12 다음 식들 중에 옳지 못한 것은?

① 라플라스(Laplace)의 방정식 : $\nabla^2 V = 0$

② 발산(divergence) 정리 :
$$\int_s E \cdot n dS = \int_v \text{div } E dv$$

③ 푸아송(Poisson)의 방정식 : $\nabla^2 V = \dfrac{\rho}{\varepsilon_0}$

④ 가우스(Gauss)의 정리 : $\text{div } D = \rho$

해설 푸아송의 방정식

$\text{div } E = \nabla \cdot E = \nabla \cdot (-\nabla V) = -\nabla^2 V = \dfrac{\rho}{\varepsilon_0}$

$\therefore \nabla^2 V = -\dfrac{\rho}{\varepsilon_0}$

13 자기회로에서 단면적, 길이, 투자율을 모두 1/2배로 하면 자기저항은 몇 배가 되는가?

① 0.5
② 2
③ 1
④ 8

해설 $R_m = \dfrac{1}{\mu S} = \dfrac{l}{\mu_0 \mu_s S}$ [AT/Wb]

단면적 S, 길이 l, 투자율 μ를 1/2배로 한 경우의 자기저항을 $R_m{'}$라 하면

$\therefore R_m{'} = \dfrac{\dfrac{1}{2}l}{\dfrac{1}{2}\mu \cdot \dfrac{1}{2}S}$

$= 2\dfrac{l}{\mu S} = 2R_m$ [AT/Wb]

정답 10. ① 11. ② 12. ③ 13. ②

14 다음이 설명하고 있는 것은?

> 수정, 로셸염 등에 열을 가하면 분극을 일으켜 한쪽 끝에 양(+) 전기, 다른 쪽 끝에 음(-) 전기가 나타나며, 냉각할 때에는 역분극이 생긴다.

① 강유전성
② 압전기 현상
③ 파이로(Pyro) 전기
④ 톰슨(Thomson)효과

해설 압전 현상을 일으키는 수정, 전기석, 로셸염, 티탄산바륨의 결정은 가열하면 분극이 생기고, 냉각하면 그 반대 극성의 분극이 생기는 현상이 있다. 이 전기를 파이로 전기(Pyro electricity)라고 한다.

15 전자유도에 의해서 회로에 발생하는 기전력에 관련되는 두 개의 법칙은?

① Gauss의 법칙과 Ohm의 법칙
② Flemming의 법칙과 Ohm의 법칙
③ Faraday의 법칙과 Lenz의 법칙
④ Ampere의 법칙과 Biot-Savart의 법칙

해설 $e = -N\dfrac{d\phi}{dt}$ 의 식에서 (-)를 규명한 것은 Lenz의 법칙이고, e의 크기를 정한 것은 Faraday의 법칙이다.

16 진공 중에 서로 떨어져 있는 두 도체 A, B가 있다. A에만 1[C]의 전하를 줄 때 도체 A, B의 전위가 각각 3[V], 2[V]였다고 하면, A에 2[C], B에 1[C]의 전하를 주면 도체 A의 전위는 몇 [V]인가?

① 6
② 7
③ 8
④ 9

해설 1도체의 전위를 전위계수로 나타내면
$V_1 = P_{11}Q_1 + P_{12}Q_2 = P_{11} \times 1 + P_{12} \times 0 = 3$
∴ $P_{11} = 3$

$V_2 = P_{21}Q_1 + P_{22}Q_2 = P_{21} \times 1 + P_{22} \times 0 = 2$
∴ $P_{21} = 2 = P_{12}$
$Q_1 = 2[C]$, $Q_2 = 1[C]$의 전하를 주면
1도체의 전위
$V_1 = P_{11} \times Q_1 + P_{12} \times Q_2 = 3 \times 2 + 2 \times 1 = 8[V]$

17 코일로 감겨진 자기회로에서 철심의 투자율을 μ라 하고 회로의 길이를 l이라 할 때, 그 회로의 일부에 미소 공극 l_g를 만들면 회로의 자기저항은 처음의 몇 배가 되는가? (단, $l \gg l_g$ 이다.)

① $1 + \dfrac{\mu l}{\mu_0 l_g}$
② $1 + \dfrac{\mu_0 l_g}{\mu l}$
③ $1 + \dfrac{\mu_0 l}{\mu l_g}$
④ $1 + \dfrac{\mu l_g}{\mu_0 l}$

해설 공극이 없을 때의 자기저항 R은
$R = \dfrac{l + l_g}{\mu S} \fallingdotseq \dfrac{l}{\mu S} [\Omega]$ ($\because l \gg l_g$)
미소 공극 l_g가 있을 때의 자기저항 R'는
$R' = \dfrac{l_g}{\mu_0 S} + \dfrac{l}{\mu S} [\Omega]$

∴ $\dfrac{R'}{R} = 1 + \dfrac{\frac{l_g}{\mu_0 S}}{\frac{l}{\mu S}} = 1 + \dfrac{\mu l_g}{\mu_0 l} = 1 + \mu_s \dfrac{l_g}{l}$

18 전하 q[C]이 진공 중의 자계 H[A/m]에 수직 방향으로 v[m/s]의 속도로 움직일 때, 받는 힘[N]은? (단, 진공 중의 투자율은 μ_0이다.)

① $\dfrac{qH}{\mu_0 v}$
② qvH
③ $\dfrac{1}{\mu_0}qvH$
④ $\mu_0 qvH$

해설 하전 입자가 받는 힘
$\boldsymbol{F} = Il\boldsymbol{B}\sin\theta$ 에서 Il은 qv이므로
∴ $\boldsymbol{F} = qv\boldsymbol{B}\sin\theta$
$\boldsymbol{F} = qv\boldsymbol{B}\sin 90° = qv\boldsymbol{B} = qv\mu_0 H[N]$

정답 14. ③ 15. ③ 16. ③ 17. ④ 18. ④

19 내압이 1[kV]이고 용량이 각각 0.01[μF], 0.02[μF], 0.04[μF]인 콘덴서를 직렬로 연결했을 때의 전체 내압[V]은?

① 3,000 ② 1,750
③ 1,700 ④ 1,500

해설 각 콘덴서에 가해지는 전압을 V_1, V_2, V_3[V]라 하면

$$V_1 : V_2 : V_3 = \frac{1}{0.01} : \frac{1}{0.02} : \frac{1}{0.04} = 4 : 2 : 1$$

$\therefore\ V_1 = 1{,}000\,[\text{V}]$

$\quad V_2 = 1{,}000 \times \frac{2}{4} = 500\,[\text{V}]$

$\quad V_3 = 1{,}000 \times \frac{1}{4} = 250\,[\text{V}]$

$\therefore$ 전체 내압 : $V = V_1 + V_2 + V_3$
$\qquad\qquad\qquad = 1{,}000 + 500 + 250$
$\qquad\qquad\qquad = 1{,}750\,[\text{V}]$

20 표의 ㉠, ㉡과 같은 단위로 옳게 나열한 것은?

㉠	[$\Omega \cdot$ s]
㉡	[s/Ω]

① ㉠ [H], ㉡ [F]
② ㉠ [H/m], ㉡ [F/m]
③ ㉠ [F], ㉡ [H]
④ ㉠ [F/m], ㉡ [H/m]

해설 인덕턴스 $L = \dfrac{N\phi}{I}\left[\text{H} = \dfrac{\text{Wb}}{\text{A}} = \dfrac{\text{V}}{\text{A}} \cdot \text{s} = \Omega \cdot \text{s}\right]$

정전용량 $C = \dfrac{Q}{V}\left[\text{F} = \dfrac{\text{C}}{\text{V}} = \dfrac{\text{A}}{\text{V}} \cdot \text{s} = \dfrac{1}{\Omega} \cdot \text{s}\right]$

2024년 제3회 CBT 기출복원문제 (전기기사)

01 액체 유전체를 포함한 콘덴서 용량이 C[F]인 것에 V[V]의 전압을 가했을 경우에 흐르는 누설전류[A]는? (단, 유전체의 유전율은 ε[F/m], 고유저항은 ρ[Ω·m]이다.)

① $\dfrac{\rho\varepsilon}{CV}$
② $\dfrac{C}{\rho\varepsilon V}$
③ $\dfrac{CV}{\rho\varepsilon}$
④ $\dfrac{\rho\varepsilon V}{C}$

해설 $RC = \rho\varepsilon$에서 $R = \dfrac{\rho\varepsilon}{C}$ 이므로
$$I = \dfrac{V}{R} = \dfrac{CV}{\rho\varepsilon} = \dfrac{CV}{\rho\varepsilon_0\varepsilon_s} [A]$$

02 다음의 관계식 중 성립할 수 없는 것은? (단, μ는 투자율, χ는 자화율, μ_0는 진공의 투자율, J는 자화의 세기이다.)

① $J = \chi B$
② $B = \mu H$
③ $\mu = \mu_0 + \chi$
④ $\mu_s = 1 + \dfrac{\chi}{\mu_0}$

해설
- 자화의 세기 : $J = \mu_0(\mu_s - 1)H = \chi H$
- 자속밀도 : $B = \mu_0 H + J = (\mu_0 + \chi)H = \mu_0\mu_s H = \mu H$
- 비투자율 : $\mu_s = 1 + \dfrac{\chi}{\mu_0}$

03 2[C]의 점전하가 전계 $E = 2a_x + a_y - 4a_z$ [V/m] 및 자계 $B = -2a_x + 2a_y - a_z$ [Wb/m²] 내에서 $v = 4a_x - a_y - 2a_z$ [m/s]의 속도로 운동하고 있을 때, 점전하에 작용하는 힘 F는 몇 [N]인가?

① $-14a_x + 18a_y + 6a_z$
② $14a_x - 18a_y - 6a_z$
③ $-14a_x + 18a_y + 4a_z$
④ $14a_x + 18a_y + 4a_z$

해설 로렌츠의 힘
$$\begin{aligned}F &= q(E + v \times B) \\&= 2(2a_x + a_y - 4a_z) + 2\{(4a_x - a_y - 2a_z) \times \\&\quad (-2a_x + 2a_y - a_z)\} \\&= 2(2a_x + a_y - 4a_z) + 2\begin{vmatrix} a_x & a_y & a_z \\ 4 & -1 & -2 \\ -2 & 2 & -1 \end{vmatrix} \\&= 2(2a_x + a_y - 4a_z) + 2(5a_x + 8a_y + 6a_z) \\&= 14a_x + 18a_y + 4a_z \text{ [N]}\end{aligned}$$

04 자속밀도 10[Wb/m²] 자계 중에 10[cm] 도체를 자계와 30°의 각도로 30[m/s]로 움직일 때, 도체에 유기되는 기전력은 몇 [V]인가?

① 15
② $15\sqrt{3}$
③ 1,500
④ $1,500\sqrt{3}$

해설 $e = vBl\sin\theta = 30 \times 10 \times 0.1\sin 30° = 15$[V]

05 5,000[μF]의 콘덴서를 60[V]로 충전시켰을 때, 콘덴서에 축적되는 에너지는 몇 [J]인가?

① 5
② 9
③ 45
④ 90

해설 $W = \dfrac{1}{2}CV^2 = \dfrac{1}{2} \times 5,000 \times 10^{-6} \times 60^2 = 9$[J]

06 원형 단면의 비자성 재료에 권수 $N_1 = 1,000$의 코일이 균일하게 감긴 환상 솔레노이드의 자기 인덕턴스가 $L_1 = 1$[mH]이다. 그 위에 권수 $N_2 = 1,200$의 코일이 감겨져 있다면 이때의 상호 인덕턴스는 몇 [mH]인가? (단, 결합계수 $k = 1$이다.)

① 1.20
② 1.44
③ 1.62
④ 1.82

정답 01.③ 02.① 03.④ 04.① 05.② 06.①

해설

$$\therefore M = \frac{N_1 N_2}{R_m}$$
$$= L_1 \frac{N_2}{N_1} = 1 \times 10^{-3} \times \frac{1,200}{1,000}$$
$$= 1.2 \times 10^{-3} [\text{H}]$$
$$= 1.2 [\text{mH}]$$

07 전류 I[A]가 흐르는 반지름 a[m]인 원형 코일의 중심선상 x[m]인 점 P의 자계 세기 [AT/m]는?

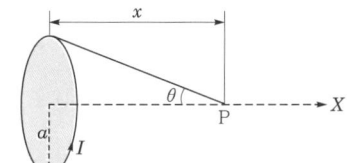

① $\dfrac{a^2 I}{2(a^2+x^2)}$ ② $\dfrac{a^2 I}{2(a^2+x^2)^{1/2}}$

③ $\dfrac{a^2 I}{2(a^2+x^2)^2}$ ④ $\dfrac{a^2 I}{2(a^2+x^2)^{3/2}}$

해설
• 원형 전류 중심축상 자계의 세기 :
$$H = \frac{a^2 I}{2(a^2+x^2)^{\frac{3}{2}}} [\text{AT/m}]$$
• 원형 전류 중심에서의 자계의 세기 :
$$H_0 = \frac{I}{2a} [\text{AT/m}]$$

08 진공 중 한 변의 길이가 0.1[m]인 정삼각형의 3정점 A, B, C에 각각 2.0×10^{-6}[C]의 점전하가 있을 때, 점 A의 전하에 작용하는 힘은 몇 [N]인가?

① $1.8\sqrt{2}$ ② $1.8\sqrt{3}$
③ $3.6\sqrt{2}$ ④ $3.6\sqrt{3}$

해설

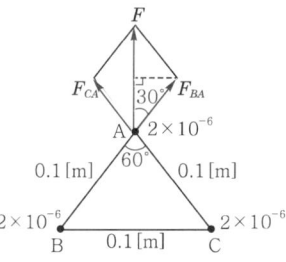

$$F_{BA} = F_{CA} = \frac{1}{4\pi\varepsilon_0} \cdot \frac{Q_1 Q_2}{r^2}$$
$$= 9 \times 10^9 \cdot \frac{(2.0 \times 10^{-6})^2}{(0.1)^2} = 3.6 [\text{N}]$$
$$F = 2F_{BA} \cdot \cos 30°$$
$$= 2 \times 3.6 \times \frac{\sqrt{3}}{2} = 3.6\sqrt{3} [\text{N}]$$

09 자성체의 자화의 세기 $J = 8$[kA/m], 자화율 $\chi = 0.02$일 때 자속밀도는 약 몇 [T]인가?

① 7,000
② 7,500
③ 8,000
④ 8,500

해설 $B = \mu_0 H + J$
자화의 세기 $J = B - \mu_0 H = \chi H [\text{Wb/m}^2]$
$$H = \frac{J}{\chi} [\text{A/m}]$$
$$\therefore B = \mu_0 \frac{J}{\chi} + J = J\left(1 + \frac{\mu_0}{\chi}\right)$$
$$= 8 \times 10^3 \left(1 + \frac{4\pi \times 10^{-7}}{0.02}\right)$$
$$\fallingdotseq 8,000 [\text{Wb/m}^2]$$
$$= 8,000 [\text{T}]$$

10 그림과 같이 반지름 a[m]인 원형 도선에 전하가 선밀도 λ[C/m]로 균일하게 분포되어 있다. 그 중심에 수직인 z축상에 있는 점 P의 전계 세기[V/m]는?

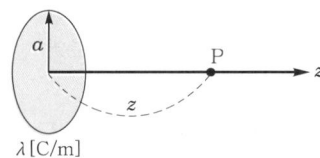

① $\dfrac{\pi z a}{2\varepsilon_0 (a^2+z^2)^{\frac{3}{2}}}$ ② $\dfrac{\lambda z a}{2\varepsilon_0 (a^2+z^2)^{\frac{3}{2}}}$

③ $\dfrac{\lambda z a}{4\pi\varepsilon_0 (a^2+z^2)^{\frac{3}{2}}}$ ④ $\dfrac{\lambda z a}{4\varepsilon_0 (a^2+z^2)^{\frac{3}{2}}}$

정답 07. ④ 08. ④ 09. ③ 10. ②

해설
$E = E_z = -\dfrac{\partial V}{\partial z}$

$= -\dfrac{\partial}{\partial z}\left(\dfrac{a\lambda}{2\varepsilon_0\sqrt{a^2+z^2}}\right)$

$= \dfrac{a\lambda z}{2\varepsilon_0(a^2+z^2)^{\frac{3}{2}}}\,[\text{V/m}]$

11 평행판 콘덴서에 어떤 유전체를 넣었을 때 전속밀도가 $4.8 \times 10^{-7}[\text{C/m}^2]$이고, 단위체적당 정전에너지가 $5.3 \times 10^{-3}[\text{J/m}^3]$이었다. 이 유전체의 유전율은 몇 [F/m]인가?

① 1.15×10^{-11}
② 2.17×10^{-11}
③ 3.19×10^{-11}
④ 4.21×10^{-11}

해설 정전에너지

$W = \dfrac{D^2}{2\varepsilon}\,[\text{J/m}^3]$

$\therefore \varepsilon = \dfrac{D^2}{2W}$

$= \dfrac{(4.8\times 10^{-7})^2}{2\times 5.3\times 10^{-3}}$

$= 2.17 \times 10^{-11}[\text{F/m}]$

12 유전율이 각각 다른 두 유전체가 서로 경계를 이루며 접해 있다. 다음 중 옳지 않은 것은? (단, 이 경계면에는 진전하 분포가 없다고 한다.)

① 경계면에서 전계의 접선 성분은 연속이다.
② 경계면에서 전속 밀도의 법선 성분은 연속이다.
③ 경계면에서 전계와 전속 밀도는 굴절한다.
④ 경계면에서 전계와 전속 밀도는 불변이다.

해설 경계면에서 전계의 접선 성분과 전속 밀도의 법선 성분은 불연속이다.

13 그림과 같은 평행판 콘덴서의 극판 사이에 유전율이 각각 ε_1, ε_2인 두 유전체를 반반씩 채우고 극판 사이에 일정한 전압을 걸어 준다. 이때 매질 (Ⅰ), (Ⅱ) 내의 전계 세기 E_1, E_2 사이에 어떤 관계가 성립하는가?

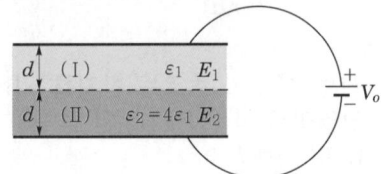

① $E_2 = 4E_1$
② $E_2 = 2E_1$
③ $E_2 = \dfrac{1}{4}E_1$
④ $E_2 = E_1$

해설

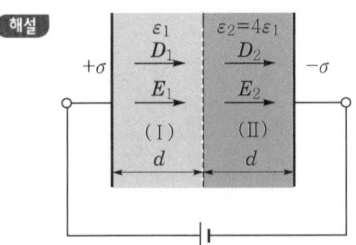

유전체의 경계면 조건은
$D_1 \cos\theta_1 = D_2 \cos\theta_2$, $E_1 \sin\theta_1 = E_2 \sin\theta_2$
여기서, E_1, E_2, D_1, D_2는 경계면에 수직이므로 $\theta_1 = \theta_2 = 0$이다.
$\therefore D_1 = D_2 = D\,[\text{C/m}^2]$
또한 $D_1 = D_2 = D = \sigma$이므로
$D = \varepsilon_1 E_1 = \varepsilon_2 E_2 = \sigma$이다.
$\therefore E_2 = \dfrac{\varepsilon_1}{\varepsilon_2}E_1 = \dfrac{\varepsilon_1}{4\varepsilon_1}E_1 = \dfrac{1}{4}E_1[\text{V/m}]$

14 진공 중에서 2[m] 떨어진 2개의 무한 평행 도선에 단위 길이당 $10^{-7}[\text{N}]$의 반발력이 작용할 때, 그 도선들에 흐르는 전류는?

① 각 도선에 2[A]가 반대 방향으로 흐른다.
② 각 도선에 2[A]가 같은 방향으로 흐른다.
③ 각 도선에 1[A]가 반대 방향으로 흐른다.
④ 각 도선에 1[A]가 같은 방향으로 흐른다.

정답 11. ② 12. ④ 13. ③ 14. ③

해설
$$F = \frac{\mu_o I_1 I_2}{2\pi r} = \frac{2I^2}{r} \times 10^{-7} \text{[N/m]}$$에서
$F = 10^{-7}$[N/m], $r = 2$[m]이므로
$$I = \sqrt{\frac{Fr}{2 \times 10^{-7}}} = \sqrt{\frac{10^{-7} \times 2}{2 \times 10^{-7}}} = \sqrt{1} = 1 \text{[A]}$$
반발력이므로 각 도선에 전류는 반대 방향으로 흐른다.

15 단위 길이당 권수가 n인 무한장 솔레노이드에 I[A]의 전류가 흐를 때, 다음 설명 중 옳은 것은?

① 솔레노이드 내부는 평등 자계이다.
② 외부와 내부의 자계 세기는 같다.
③ 외부 자계의 세기는 nI[AT/m]이다.
④ 내부 자계의 세기는 nI^2[AT/m]이다.

해설 무한장 솔레노이드 내부 자계의 세기 평등 자계이며, 그 크기는 $H_i = n_o I$[AT/m]이다.

16 내압과 용량이 각각 200[V] 5[μF], 300[V] 4[μF], 500[V] 3[μF]인 3개의 콘덴서를 직렬 연결하고 양단에 직류 전압을 가하여 서서히 상승시키면 최초로 파괴되는 콘덴서는 어느 것이며, 이때 양단에 가해진 전압은 몇 [V]인가? (단, 3개의 콘덴서의 재질이나 형태는 동일한 것으로 간주한다. $C_1 = 5$[μF], $C_2 = 4$[μF], $C_3 = 3$[μF]이다.)

① C_2, 468
② C_3, 533
③ C_1, 783
④ C_2, 1,050

해설 각 콘덴서의 전하량은
$Q_{1max} = C_1 V_{1max}$
$\quad = 5 \times 10^{-6} \times 200 = 1 \times 10^{-3}$[C]
$Q_{2max} = C_2 V_{2max}$
$\quad = 4 \times 10^{-6} \times 300 = 1.2 \times 10^{-3}$[C]
$Q_{3max} = C_3 V_{3max}$
$\quad = 3 \times 10^{-6} \times 500 = 1.5 \times 10^{-3}$[C]
따라서, Q_{1max}이 제일 작으므로 $C_1(5[\mu F])$이 최초로 파괴된다.
$V_1 = 200$[V]
$V_2 = \dfrac{Q_{1max}}{C_2} = \dfrac{1 \times 10^{-3}}{4 \times 10^{-6}} = 250$[V]
$V_3 = \dfrac{Q_{1max}}{C_3} = \dfrac{1 \times 10^{-3}}{3 \times 10^{-6}} = 333$[V]
$\therefore V = V_1 + V_2 + V_3$
$\quad = 200 + 250 + 333 ≒ 783$[V]

17 철심이 든 환상 솔레노이드에서 1,000[AT]의 기자력에 의해서 철심 내에 5×10^{-5}[Wb]의 자속이 통하면 이 철심 내의 자기 저항은 몇 [AT/Wb]인가?

① 5×10^2
② 2×10^7
③ 5×10^{-2}
④ 2×10^{-7}

해설
$\phi = \dfrac{F}{R_m}$[Wb]
$\therefore R_m = \dfrac{F}{\phi} = \dfrac{1,000}{5 \times 10^{-5}} = 2 \times 10^7$[AT/Wb]

18 공기 중에서 1[V/m]의 전계의 세기에 의한 변위전류밀도의 크기를 2[A/m²]으로 흐르게 하려면 전계의 주파수는 몇 [MHz]가 되어야 하는가?

① 900
② 18,000
③ 36,000
④ 72,000

해설 변위전류 $i_D = \omega \varepsilon_0 E = 2\pi f \varepsilon_0 E$[A/m²]
$\therefore f = \dfrac{i_D}{2\pi \varepsilon_0 E}$[Hz]
$\quad = \dfrac{2}{2\pi \times 8.855 \times 10^{-12} \times 1} \times 10^{-6}$[MHz]
$\quad = 36,000$[MHz]

정답 15. ① 16. ③ 17. ② 18. ③

19 극판 간격 d[m], 면적 S[m^2], 유전율 ε [F/m]이고, 정전용량이 C[F]인 평행판 콘덴서에 $v = V_m \sin \omega t$[V]의 전압을 가할 때의 변위전류[A]는?

① $\omega C V_m \cos \omega t$
② $C V_m \sin \omega t$
③ $-C V_m \sin \omega t$
④ $-\omega C V_m \cos \omega t$

[해설] 변위전류밀도 $i_d = \dfrac{\partial \boldsymbol{D}}{\partial t}$

$= \varepsilon \dfrac{\partial \boldsymbol{E}}{\partial t} = \varepsilon \dfrac{\partial}{\partial t}\left(\dfrac{v}{d}\right)$

$= \dfrac{\varepsilon}{d} \dfrac{\partial}{\partial t}(V_m \sin \omega t)$

$= \dfrac{\varepsilon \omega V_m \cos \omega t}{d}$ [A/m^2]

변위전류 $I_d = i_d \cdot S$

$= \dfrac{\varepsilon \omega V_m \cos \omega t}{d} \cdot \dfrac{Cd}{\varepsilon}$

$= \omega C V_m \cos \omega t$ [A]

20 투자율을 μ라 하고, 공기 중의 투자율 μ_0와 비투자율 μ_s의 관계에서 $\mu_s = \dfrac{\mu}{\mu_0} = 1 + \dfrac{\chi}{\mu_0}$로 표현된다. 이에 대한 설명으로 알맞은 것은? (단, χ는 자화율이다.)

① $\chi > 0$인 경우 역자성체
② $\chi < 0$인 경우 상자성체
③ $\mu_s > 1$인 경우 비자성체
④ $\mu_s < 1$인 경우 역자성체

[해설] 비투자율 $\mu_s = \dfrac{\mu}{\mu_0} = 1 + \dfrac{\chi}{\mu_0}$에서

- $\mu_s > 1$, 즉 $\chi > 0$이면 상자성체
- $\mu_s < 1$, 즉 $\chi < 0$이면 역자성체

[정답] 19. ① 20. ④

2024년 전기산업기사 제3회 CBT 기출복원문제

01 두 자성체 경계면에서 정자계가 만족하는 것은?

① 자계의 법선성분이 같다.
② 자속밀도의 접선성분이 같다.
③ 경계면상의 두 점 간의 자위차가 같다.
④ 자속은 투자율이 작은 자성체에 모인다.

해설
- 자계의 접선성분이 같다.
  ($H_1 \sin\theta_1 = H_2 \sin\theta_2$)
- 자속밀도의 법선성분이 같다.
  ($B_1 \cos\theta_1 = B_2 \cos\theta_2$)
- 경계면상의 두 점 간의 자위차는 같다.
- 자속은 투자율이 높은 쪽으로 모이려는 성질이 있다.

02 전기력선의 기본 성질에 관한 설명으로 틀린 것은?

① 전기력선의 방향은 그 점의 전계의 방향과 일치한다.
② 전기력선은 전위가 높은 점에서 낮은 점으로 향한다.
③ 전기력선은 그 자신만으로도 폐곡선을 만든다.
④ 전계가 0이 아닌 곳에서는 전기력선은 도체 표면에 수직으로 만난다.

해설 전기력선의 성질
- 전기력선은 정(+)전하에서 시작하여 부(-)전하에서 끝난다.
- 전기력선은 그 자신만으로 폐곡선이 되는 일은 없다.
- 전기력선은 전위가 높은 점에서 낮은 점으로 향한다.
- 도체 내부에는 전기력선이 없다.

03 공기 중에서 무한 평면 도체 표면 아래의 1[m] 떨어진 곳에 1[C]의 점전하가 있다. 전하가 받는 힘의 크기는 몇 [N]인가?

① 9×10^8
② $\dfrac{9}{2} \times 10^9$
③ $\dfrac{9}{4} \times 10^9$
④ $\dfrac{9}{10} \times 10^9$

해설
$$F = \frac{Q^2}{16\pi\varepsilon_o a^2}$$
$$= -\frac{1^2}{16\pi\varepsilon_o \times 1^2}$$
$$= -\frac{1}{16\pi\varepsilon_o}$$
$$= -\frac{9}{4} \times 10^9 \text{[N]}(흡인력)$$

04 평행판 공기 콘덴서 극판 간격의 $\dfrac{1}{2}$ 두께 되는 종이를 전극에 평행하게 넣으면 처음에 비하여 정전 용량은 몇 배가 되는가? (단, 종이의 비유전율은 $\varepsilon_s = 3$이다.)

① 1
② 1.5
③ 2
④ 2.5

해설
$$C_1 = \frac{\varepsilon_o S}{\dfrac{d}{2}} = 2C_o \text{[F]}$$

$$C_2 = \frac{\varepsilon_o \varepsilon_s S}{\dfrac{d}{2}} = \frac{3\varepsilon_o S}{\dfrac{d}{2}} = 6C_o \text{[F]}$$

$$\frac{1}{C} = \frac{1}{C_1} + \frac{1}{C_2}$$

$$\therefore C = \frac{1}{\dfrac{1}{C_1} + \dfrac{1}{C_2}} = \frac{C_1 C_2}{C_1 + C_2} = \frac{2C_o \times 6C_o}{2C_o + 6C_o}$$

$$= \frac{12 C_o^2}{8 C_o} = \frac{12}{8} C_o = 1.5 C_o \text{[F]}$$

정답 01. ③ 02. ③ 03. ③ 04. ②

05 다음 물질 중 비유전율이 가장 큰 것은?
① 산화티탄 자기 ② 종이
③ 운모 ④ 변압기 기름

해설 산화티탄 자기 : 115~5,000, 종이 : 2~2.6, 운모 : 5.5~6.6, 변압기 기름 : 2.2~2.4

06 자기 인덕턴스가 L_1, L_2이고 상호 인덕턴스가 M인 두 회로의 결합 계수가 1이면 다음 중 옳은 것은?
① $L_1L_2 = M$
② $L_1L_2 < M^2$
③ $L_1L_2 > M^2$
④ $L_1L_2 = M^2$

해설 결합 계수 k가 1이면 $k = \dfrac{M}{\sqrt{L_1L_2}}$ 에서
$M = \sqrt{L_1L_2}$
∴ $M^2 = L_1L_2$

07 유전율이 각각 다른 두 종류의 유전체 경계면에 전속이 입사될 때, 이 전속의 방향은?
① 직진 ② 반사
③ 회전 ④ 굴절

해설 $\dfrac{\tan\theta_1}{\tan\theta_2} = \dfrac{\varepsilon_1}{\varepsilon_2}$
이 성립하며, 이것은 ε_1, ε_2에 따라 θ_1, θ_2가 변하여 굴절함을 의미한다.

08 자기회로의 자기저항에 대한 설명으로 틀린 것은?
① 단위는 [AT/Wb]이다.
② 자기회로의 길이에 반비례한다.
③ 자기회로의 단면적에 반비례한다.
④ 자성체의 비투자율에 반비례한다.

해설 자기저항 (R_m)
$R_m = \dfrac{l}{\mu S} = \dfrac{l}{\mu_0 \mu_s S}$ [AT/Wb]
자기저항은 길이에 비례하고, 단면적과 투자율에 반비례한다.

09 1,000[AT/m]의 자계 중에 어떤 자극을 놓았을 때, 3×10^2[N]의 힘을 받았다고 한다. 자극의 세기[Wb]는?
① 0.1 ② 0.2
③ 0.3 ④ 0.4

해설 $F = mH$ [N]
∴ $m = \dfrac{F}{H} = \dfrac{3 \times 10^2}{1,000} = 0.3$ [Wb]

10 그림과 같이 점 0을 중심으로 반지름 a[m]의 도체구 1과 내반지름 b[m], 외반지름 c[m]의 도체구 2가 있다. 이 도체계에서 전위계수 P_{11}[1/F]에 해당되는 것은?

① $\dfrac{1}{4\pi\varepsilon}\dfrac{1}{a}$

② $\dfrac{1}{4\pi\varepsilon}\left(\dfrac{1}{a} - \dfrac{1}{b}\right)$

③ $\dfrac{1}{4\pi\varepsilon}\left(\dfrac{1}{b} - \dfrac{1}{c}\right)$

④ $\dfrac{1}{4\pi\varepsilon}\left(\dfrac{1}{a} - \dfrac{1}{b} + \dfrac{1}{c}\right)$

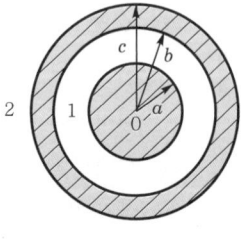

해설 도체 1 및 도체 2의 전위를 V_1, V_2, 전하를 Q_1, Q_2라 하면
$V_1 = p_{11}Q_1 + p_{12}Q_2$ [V], $V_2 = p_{21}Q_1 + p_{22}Q_2$ [V]
$Q_1 = 1$, $Q_2 = 0$일 때 $V_1 = p_{11}$, $V_2 = p_{21}$
$Q_1 = 0$, $Q_2 = 1$일 때 $V_1 = p_{12}$, $V_2 = p_{22}$
따라서 내구의 전위 V_1은
$V_1 = \dfrac{Q_1}{4\pi\varepsilon}\left(\dfrac{1}{a} - \dfrac{1}{b} + \dfrac{1}{c}\right)$ [V]
∴ $p_{11} = \dfrac{V_1}{Q_1} = \dfrac{1}{4\pi\varepsilon}\left(\dfrac{1}{a} - \dfrac{1}{b} + \dfrac{1}{c}\right)$ [1/F]

정답 05. ① 06. ④ 07. ④ 08. ② 09. ③ 10. ④

11 무한 길이의 직선 도체에 전하가 균일하게 분포되어 있다. 이 직선 도체로부터 l인 거리에 있는 점의 전계 세기는?

① l에 비례한다.
② l에 반비례한다.
③ l^2에 비례한다.
④ l^2에 반비례한다.

해설 $E = \dfrac{\rho_L}{2\pi\varepsilon_o l}$ [V/m] $= 18 \times 10^9 \dfrac{\rho_L}{l}$ [V/m]

12 접지된 구도체와 점전하 간에 작용하는 힘은?

① 항상 흡인력이다.
② 항상 반발력이다.
③ 조건적 흡인력이다.
④ 조건적 반발력이다.

해설 점전하가 Q[C]일 때 접지 구도체의 영상전하 $Q' = -\dfrac{a}{d}Q$[C] 으로 이종의 전하 사이에 작용하는 힘으로 쿨롱의 법칙에서 항상 흡인력이 작용한다.

13 유전율 ε, 투자율 μ 의 공간을 전파하는 전자파의 전파 속도 v[m/s]는?

① $v = \sqrt{\varepsilon\mu}$
② $v = \sqrt{\dfrac{\varepsilon}{\mu}}$
③ $v = \sqrt{\dfrac{\mu}{\varepsilon}}$
④ $v = \dfrac{1}{\sqrt{\varepsilon\mu}}$

해설 전자파의 전파 속도

$v = \dfrac{1}{\sqrt{\varepsilon\mu}}$
$= \dfrac{1}{\sqrt{\varepsilon_0\mu_0}} \cdot \dfrac{1}{\sqrt{\varepsilon_s\mu_s}}$
$= C_0 \dfrac{1}{\sqrt{\varepsilon_s\mu_s}}$
$= \dfrac{3 \times 10^8}{\sqrt{\varepsilon_s\mu_s}}$ [m/s]

14 권선수가 N회인 코일에 전류 I[A]를 흘릴 경우, 코일에 ϕ[Wb]의 자속이 지나간다면 이 코일에 저장된 자계에너지[J]는?

① $\dfrac{1}{2}N\phi^2 I$
② $\dfrac{1}{2}N\phi I$
③ $\dfrac{1}{2}N^2\phi I$
④ $\dfrac{1}{2}N\phi I^2$

해설 코일에 저장되는 에너지는 인덕턴스의 축적에너지이므로 $N\phi = LI$에서 $L = \dfrac{N\phi}{I}$이다.

∴ $W_L = \dfrac{1}{2}LI^2 = \dfrac{1}{2}\dfrac{N\phi}{I}I^2 = \dfrac{1}{2}N\phi I$ [J]

15 반경이 3[cm]인 원형 단면을 가지고 있는 원환 연철심에 같은 코일에 전류를 흘려서 철심 중의 자계의 세기가 400[AT/m]가 되도록 여자할 때, 철심 중의 자속 밀도 [Wb/m²]는 얼마인가? (단, 철심의 비투자율은 400이라고 한다.)

① 0.2
② 2.0
③ 0.02
④ 2.2

해설 $B = \mu H$
$= \mu_o\mu_s H$
$= 4\pi \times 10^{-7} \times 400 \times 400$
$= 0.2$ [Wb/m²]

16 평면 전자파의 전계 E와 자계 H 사이의 관계식은?

① $E = \sqrt{\dfrac{\varepsilon}{\mu}}H$
② $E = \sqrt{\mu\varepsilon}H$
③ $E = \sqrt{\dfrac{\mu}{\varepsilon}}H$
④ $E = \sqrt{\dfrac{1}{\mu\varepsilon}}H$

해설 $\eta = \dfrac{E}{H} = \sqrt{\dfrac{\mu}{\varepsilon}}$
∴ $E = \sqrt{\dfrac{\mu}{\varepsilon}}H$

정답 11. ② 12. ① 13. ④ 14. ② 15. ① 16. ③

17 미분 방정식 형태로 나타낸 맥스웰의 전자계 기초 방정식은?

① $\text{rot } E = -\frac{\partial B}{\partial t}$, $\text{rot } H = i + \frac{\partial D}{\partial t}$,
$\text{div } D = 0$, $\text{div } B = 0$

② $\text{rot } E = -\frac{\partial B}{\partial t}$, $\text{rot } H = i + \frac{\partial B}{\partial t}$,
$\text{div } D = \rho$, $\text{div } B = H$

③ $\text{rot } E = -\frac{\partial B}{\partial t}$, $\text{rot } H = i + \frac{\partial D}{\partial t}$,
$\text{div } D = \rho$, $\text{div } B = 0$

④ $\text{rot } E = -\frac{\partial B}{\partial t}$, $\text{rot } H = i$, $\text{div } D = 0$,
$\text{div } B = 0$

해설 맥스웰의 전자계 기초 방정식

- $\text{rot } E = \nabla \times E = -\frac{\partial B}{\partial t} = -\mu \frac{\partial H}{\partial t}$ (패러데이 전자유도법칙의 미분형)
- $\text{rot } H = \nabla \times H = i + \frac{\partial D}{\partial t}$ (앙페르 주회적분법칙의 미분형)
- $\text{div } D = \nabla \cdot D = \rho$ (가우스 정리의 미분형)
- $\text{div } B = \nabla \cdot B = 0$ (가우스 정리의 미분형)

18 권수가 N인 철심이 든 환상 솔레노이드가 있다. 철심의 투자율을 일정하다고 하면, 이 솔레노이드의 자기 인덕턴스 L[H]은? (단, 여기서 R_m은 철심의 자기저항이고, 솔레노이드에 흐르는 전류를 I라 한다.)

① $L = \frac{R_m}{N^2}$
② $L = \frac{N^2}{R_m}$
③ $L = R_m N^2$
④ $L = \frac{N}{R_m}$

해설 $L = \frac{N\phi}{I} = \frac{N \cdot \frac{F}{R_m}}{I} = \frac{N \cdot \frac{NI}{R_m}}{I} = \frac{N^2}{R_m}$ [H]

19 자기회로에서 단면적, 길이, 투자율을 모두 1/2배로 하면 자기저항은 몇 배가 되는가?

① 0.5 ② 2
③ 1   ④ 8

해설 $R_m = \frac{l}{\mu S} = \frac{l}{\mu_0 \mu_s S}$ [AT/Wb]

단면적 S, 길이 l, 투자율 μ를 1/2배로 한 경우의 자기저항을 R_m'라 하면

$\therefore R_m' = \frac{\frac{1}{2}l}{\frac{1}{2}\mu \cdot \frac{1}{2}S} = 2\frac{l}{\mu S} = 2R_m$ [AT/Wb]

20 그림과 같이 평행 왕복 도선에 $\pm I$[A]가 흐르고 있을 때, 점 P($\theta = 90°$)의 자계 세기는 몇 [AT/m]인가?

① $\frac{I}{2\pi d}$
② $\frac{I}{2\pi r_1 r_2}$
③ $\frac{I\sqrt{r_1 + r_2}}{2\pi d}$
④ $\frac{Id}{2\pi r_1 r_2}$

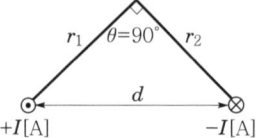

해설

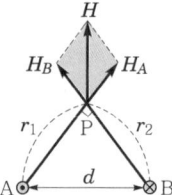

그림에서 A와 B 도선에 의한 자계 H_A, H_B를 구하면

$H_A = \frac{I}{2\pi r_1}$ [AT/m], $H_B = \frac{I}{2\pi r_2}$ [AT/m]

$\therefore H = \sqrt{H_A^2 + H_B^2} = \sqrt{\left(\frac{I}{2\pi r_1}\right)^2 + \left(\frac{I}{2\pi r_2}\right)^2}$

$= \sqrt{\frac{I^2(r_1^2 + r_2^2)}{(2\pi r_1 r_2)^2}} = \sqrt{\frac{I^2 d^2}{(2\pi r_1 r_2)^2}}$

$= \frac{Id}{2\pi r_1 r_2}$ [AT/m]

정답 17. ③ 18. ② 19. ② 20. ④

2025년 전기기사 제1회 CBT 기출복원문제

01 비투자율 1,000인 철심이 든 환상 솔레노이드의 권수가 600회, 평균 지름 20[cm], 철심의 단면적 10[cm²]이다. 이 솔레노이드에 2[A]의 전류가 흐를 때 철심 내의 자속은 약 몇 [Wb]인가?

① 1.2×10^{-3} ② 1.2×10^{-4}
③ 2.4×10^{-3} ④ 2.4×10^{-4}

해설 자속
$$\phi = BS = \mu HS$$
$$= \mu_0 \mu_s \frac{NI}{l} S = \mu_0 \mu_s \frac{NI}{\pi D} S = \frac{\mu_0 \mu_s NIS}{\pi D}$$
$$= \frac{4\pi \times 10^{-7} \times 1,000 \times 600 \times 2 \times 10^{-4}}{20\pi \times 10^{-2}}$$
$$= 2.4 \times 10^{-3} [\text{Wb}]$$

02 전위 $V = 3xy + z + 4$일 때 전계 E는?

① $i3x + j3y + k$
② $-i3y + j3x + k$
③ $i3x - j3y - k$
④ $-i3y - j3x - k$

해설 $E = -\text{grad}\, V = -\nabla V$
$$= -\left(i\frac{\partial}{\partial x} + j\frac{\partial}{\partial y} \cdot k\frac{\partial}{\partial z}\right) \cdot (3xy + z + 4)$$
$$= -(i3y + j3x + k)$$
$$= -i3y - j3x - k$$

03 자극의 세기가 8×10^{-6}[Wb], 길이가 3[cm]인 막대 자석을 120[AT/m]의 평등 자계 내에 자력선과 30°의 각도로 놓으면 이 막대 자석이 받는 회전력은 몇 [N·m]인가?

① 3.02×10^{-5} ② 3.02×10^{-4}
③ 1.44×10^{-5} ④ 1.44×10^{-4}

해설 $T = MH\sin\theta = mlH\sin\theta$
$= 8 \times 10^{-6} \times 3 \times 10^{-2} \times 120 \times \sin 30°$
$= 1.44 \times 10^{-5} [\text{N} \cdot \text{m}]$

04 정전 용량이 1[μF]인 공기 콘덴서가 있다. 이 콘덴서 판 간의 $\frac{1}{2}$인 두께를 갖고 비유전율 $\varepsilon_r = 2$인 유전체를 그 콘덴서의 한 전극면에 접촉하여 넣었을 때, 전체의 정전 용량은 몇 [μF]이 되는가?

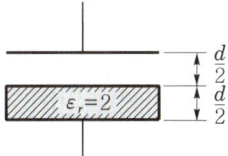

① 2 ② $\frac{1}{2}$
③ $\frac{4}{3}$ ④ $\frac{5}{3}$

해설 $C = \dfrac{2C_0}{1 + \dfrac{1}{\varepsilon_r}} = \dfrac{2 \times 1}{1 + \dfrac{1}{2}} = \dfrac{4}{3}[\mu\text{F}]$

05 자계의 세기 $H = xya_y - xza_z$[A/m]일 때, 점 (2, 3, 5)에서 전류 밀도는 몇 [A/m²]인가?

① $3a_x + 5a_y$ ② $3a_y + 5a_z$
③ $5a_x + 3a_z$ ④ $5a_y + 3a_z$

해설 전류 밀도
$$J = \text{rot}\, H = \nabla \times H = \begin{vmatrix} a_x & a_y & a_z \\ \dfrac{\partial}{\partial x} & \dfrac{\partial}{\partial y} & \dfrac{\partial}{\partial z} \\ 0 & xy & -xz \end{vmatrix} = za_y + ya_z$$

$x = 2$, $y = 3$, $z = 5$를 대입하면
∴ $J = 5a_y + 3a_z$[A/m²]

정답 01. ③ 02. ④ 03. ③ 04. ③ 05. ④

06 자기 회로에서 키르히호프의 법칙으로 알맞은 것은? (단, R: 자기 저항, ϕ: 자속, N: 코일 권수, I: 전류이다.)

① $\sum_{i=1}^{n}\phi_i = \infty$

② $\sum_{i=1}^{n}N_i\phi_i = 0$

③ $\sum_{i=1}^{n}R_i\phi_i = \sum_{i=1}^{n}N_iI_i$

④ $\sum_{i=1}^{n}R_i\phi_i = \sum_{i=1}^{n}N_iL_i$

해설 임의의 폐자기 회로망에서 기자력의 총화는 자기 저항과 자속의 곱의 총화와 같다.

$$\sum_{i=1}^{n}N_iI_i = \sum_{i=1}^{n}R_i\phi_i$$

07 Biot-Savart의 법칙에 의하면, 전류소에 의해서 임의의 한 점(P)에 생기는 자계의 세기를 구할 수 있다. 다음 중 설명으로 틀린 것은?

① 자계의 세기는 전류의 크기에 비례한다.
② MKS 단위계를 사용할 경우 비례 상수는 $\frac{1}{4\pi}$이다.
③ 자계의 세기는 전류소와 점 P와의 거리에 반비례한다.
④ 자계의 방향은 전류소 및 이 전류소와 점 P를 연결하는 직선을 포함하는 면에 법선 방향이다.

해설 비오-사바르(Biot-Savart)의 법칙

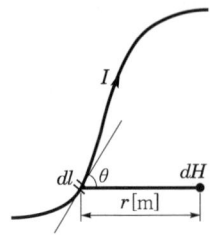

전류 I가 흐르는 도선에 미소 길이 dl [m]와 접선 사이의 각도를 θ라 할 때 이 점에서 거리 r [m]만큼 떨어진 점의 미소 자계의 세기 dH는 비오-사바르 법칙에 의해 다음과 같다.

$$dH = \frac{Idl}{4\pi r^2}\sin\theta \text{ [AT/m]}$$

따라서, 자계의 세기는 전류소와 점 P와의 거리 제곱에 반비례한다.

08 체적 전하 밀도 ρ [C/m³]로 V [m³]의 체적에 걸쳐서 분포되어 있는 전하 분포에 의한 전위를 구하는 식은? (단, r은 중심으로부터의 거리이다.)

① $\frac{1}{4\pi\varepsilon_0}\iiint_v \frac{\rho}{r^2}dv$ [V]

② $\frac{1}{4\pi\varepsilon_0}\iiint_v \frac{\rho}{r}dv$ [V]

③ $\frac{1}{2\pi\varepsilon_0}\iiint_v \frac{\rho}{r^2}$ [V]

④ $\frac{1}{2\pi\varepsilon_0}\iiint_v \frac{\rho}{r}dv$ [V]

해설 전위 $V = \frac{Q}{4\pi\varepsilon_0 r}$ [V]

체적 전하 밀도가 ρ [C/m³]이므로

총 전하 $Q = \iiint \rho dv$ [C]

$\therefore V = \frac{1}{4\pi\varepsilon_0 r}\iiint \rho dv = \frac{1}{4\pi\varepsilon_0}\iiint \frac{\rho}{r}dv$

09 베이클라이트 중의 전속 밀도가 D [C/m²]일 때의 분극의 세기는 몇 [C/m²]인가? (단, 베이클라이트의 비유전율은 ε_r이다.)

① $D(\varepsilon_r - 1)$
② $D\left(1 + \frac{1}{\varepsilon_r}\right)$
③ $D\left(1 - \frac{1}{\varepsilon_r}\right)$
④ $D(\varepsilon_r + 1)$

해설 분극의 세기

$P = D - \varepsilon_0 E = D\left(1 - \frac{1}{\varepsilon_r}\right)$ [C/m²]

정답 06. ③ 07. ③ 08. ② 09. ③

10 진공 중에 선전하 밀도 $+\lambda$[C/m]의 무한장 직선 전하 A와 $-\lambda$[C/m]의 무한장 직선 전하 B가 d[m]의 거리에 평행으로 놓여 있을 때, A에서 거리 $\frac{d}{3}$[m]되는 점의 전계의 크기는 몇 [V/m]인가?

① $\frac{3\lambda}{4\pi\varepsilon_0 d}$ ② $\frac{9\lambda}{4\pi\varepsilon_0 d}$

③ $\frac{3\lambda}{8\pi\varepsilon_0 d}$ ④ $\frac{9\lambda}{8\pi\varepsilon_0 d}$

해설 $E_P = E_A + E_B$
$= \frac{\lambda}{2\pi\varepsilon_0\left(\frac{d}{3}\right)} + \frac{\lambda}{2\pi\varepsilon_0\left(\frac{2}{3}d\right)}$
$= \frac{3\lambda}{2\pi\varepsilon_0 d} + \frac{3\lambda}{4\pi\varepsilon_0 d}$
$= \frac{9\lambda}{4\pi\varepsilon_0 d}$ [V/m]

```
  +λ      P              -λ
A●────────●──────────────●B
    1/3 d    2/3 d
  ←────d────────────────→
```

11 특성 임피던스가 각각 η_1, η_2인 두 매질의 경계면에 전자파가 수직으로 입사할 때, 전계가 무반사로 되기 위한 가장 알맞은 조건은?

① $\eta_2 = 0$
② $\eta_1 = 0$
③ $\eta_1 = \eta_2$
④ $\eta_1 \cdot \eta_2 = 0$

해설 전계의 반사 계수 $= \frac{\eta_2 - \eta_1}{\eta_2 + \eta_1}$
$= \frac{\sqrt{\frac{\mu_2}{\varepsilon_2}} - \sqrt{\frac{\mu_1}{\varepsilon_1}}}{\sqrt{\frac{\mu_2}{\varepsilon_2}} + \sqrt{\frac{\mu_1}{\varepsilon_1}}}$

∴ 무반사가 되기 위한 조건은 반사 계수가 0이므로 $\eta_1 = \eta_2$

12 그림과 같이 비투자율이 μ_{s1}, μ_{s2}인 각각 다른 자성체를 접하여 놓고 θ_1을 입사각이라 하고, θ_2를 굴절각이라 한다. 경계면에 자하가 없는 경우, 미소 폐곡면을 취하여 이곳에 출입하는 자속수를 구하면?

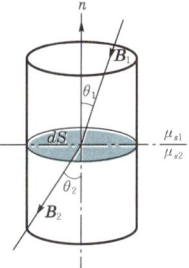

① $\int_l \boldsymbol{B} \cdot n dl = 0$ ② $\int_S \boldsymbol{B} \cdot n dS = 0$

③ $\int_S \boldsymbol{B} \cdot dS = 0$ ④ $\int_S \boldsymbol{B} \cdot n\sin\theta dS = 0$

해설 경계면에는 자하가 없으므로 경계면에서의 자속은 연속한다.
$\text{div}\boldsymbol{A} = \nabla \cdot \boldsymbol{A} = 0$
∴ $\text{div}\boldsymbol{B} = \nabla \cdot \boldsymbol{B} = 0$
즉, $\int_S \boldsymbol{B} \cdot n dS = 0$

13 한 변의 길이가 l[m]인 정삼각형 회로에 전류 I[A]가 흐르고 있을 때 삼각형의 중심에서의 자계의 세기[AT/m]는?

① $\frac{\sqrt{2}I}{3\pi l}$ ② $\frac{9I}{\pi l}$

③ $\frac{2\sqrt{2}I}{3\pi l}$ ④ $\frac{9I}{2\pi l}$

해설

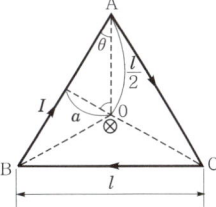

한 변 AB의 자계의 세기 $H_{AB} = \frac{3I}{2\pi l}$ [AT/m]

∴ 정삼각형 중심 자계의 세기
$H_0 = 3H_{AB} = \frac{9I}{2\pi l}$ [AT/m]

정답 10. ② 11. ③ 12. ② 13. ④

부록 _ 과년도 출제문제

14 변위 전류에 의하여 전자파가 발생되었을 때, 전자파의 위상은?

① 변위 전류보다 90° 늦다.
② 변위 전류보다 90° 빠르다.
③ 변위 전류보다 30° 빠르다.
④ 변위 전류보다 30° 늦다.

해설
$I_d = \dfrac{\partial \psi}{\partial t} = \dfrac{\partial D}{\partial t}S = \varepsilon \dfrac{\partial E}{\partial t}S = \varepsilon \cdot S \dfrac{\partial}{\partial t}E_0\sin\omega t$
$= \omega\varepsilon SE_0\cos\omega t = \omega\varepsilon SE_0\sin\left(\omega t + \dfrac{\pi}{2}\right)$[A]

이므로 변위 전류가 90° 빠르다.
∴ 전자파의 위상은 변위 전류보다 90° 늦다.

15 진공 내 전위 함수가 $V = x^2 + y^2$[V]로 주어졌을 때, $0 \le x \le 1, 0 \le y \le 1, 0 \le z \le 1$인 공간에 저장되는 정전 에너지[J]는?

① $\dfrac{4}{3}\varepsilon_0$ ② $\dfrac{2}{3}\varepsilon_0$
③ $4\varepsilon_0$ ④ $2\varepsilon_0$

해설
$W = \displaystyle\int_v \dfrac{1}{2}\varepsilon_0 E^2 dv$
전계의 세기
$E = -\text{grad}V = -\nabla \cdot V$
$= -\left(i\dfrac{\partial}{\partial x} + j\dfrac{\partial}{\partial y} + k\dfrac{\partial}{\partial z}\right) \cdot (x^2 + y^2)$
$= -i2x - j2y$
∴ $W = \dfrac{1}{2}\varepsilon_0 \displaystyle\int_0^1\int_0^1\int_0^1 (-i2x - j2y)^2 dxdydz$
$= \dfrac{1}{2}\varepsilon_0 \displaystyle\int_0^1\int_0^1\int_0^1 (4x^2 + 4y^2) dxdydz$
$= \dfrac{1}{2}\varepsilon_0 \displaystyle\int_0^1\int_0^1 \left[\dfrac{4}{3}x^3 + 4y^2x\right]_0^1 dydz$
$= \dfrac{1}{2}\varepsilon_0 \displaystyle\int_0^1 \left[\dfrac{4}{3}y + \dfrac{4}{3}y^3\right]_0^1 dz$
$= \dfrac{1}{2}\varepsilon_0 \left[\dfrac{8}{3}z\right]_0^1$
$= \dfrac{4}{3}\varepsilon_0$

16 그림과 같이 반지름 a[m]인 원형 단면을 가지고 중심 간격이 d[m]인 평행 왕복 도선의 단위 길이당 자기 인덕턴스[H/m]는? (단, 도체는 공기 중에 있고 $d \gg a$로 한다.)

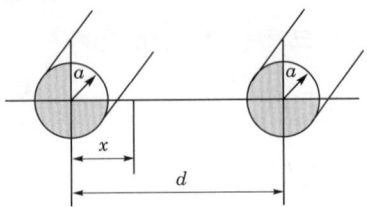

① $L = \dfrac{\mu_0}{\pi}\ln\dfrac{a}{d} + \dfrac{\mu}{4\pi}$
② $L = \dfrac{\mu_0}{\pi}\ln\dfrac{a}{d} + \dfrac{\mu}{2\pi}$
③ $L = \dfrac{\mu_0}{\pi}\ln\dfrac{d}{a} + \dfrac{\mu}{4\pi}$
④ $L = \dfrac{\mu_0}{\pi}\ln\dfrac{d}{a} + \dfrac{\mu}{2\pi}$

해설
$L = \dfrac{\mu_0}{\pi}\ln\dfrac{d}{a} + \dfrac{\mu}{8\pi} \times 2 = \dfrac{\mu_0}{\pi}\ln\dfrac{d}{a} + \dfrac{\mu}{4\pi}$ [H/m]

17 평면 도체 표면에서 d[m] 거리에 점전하 Q[C]이 있을 때 이 전하를 무한 원점까지 운반하는 데 필요한 일[J]은?

① $\dfrac{Q^2}{4\pi\varepsilon_0 d}$ ② $\dfrac{Q^2}{8\pi\varepsilon_0 d}$
③ $\dfrac{Q^2}{16\pi\varepsilon_0 d}$ ④ $\dfrac{Q^2}{32\pi\varepsilon_0 d}$

해설
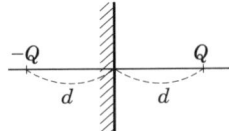

점전하 Q[C]과 무한 평면 도체 간에 작용하는 힘
$F = \dfrac{-Q^2}{4\pi\varepsilon_0(2d)^2} = \dfrac{-Q^2}{16\pi\varepsilon_0 d^2}$ [N] (흡인력)

일 $W = \displaystyle\int_d^\infty F \cdot dr = \dfrac{Q^2}{16\pi\varepsilon_0}\int_d^\infty \dfrac{1}{d^2}dr$[J]
$= \dfrac{Q^2}{16\pi\varepsilon_0}\left[-\dfrac{1}{d}\right]_d^\infty = \dfrac{Q^2}{16\pi\varepsilon_0 d}$

정답 14. ① 15. ① 16. ③ 17. ③

18 공기 중에서 전자기파의 파장이 3[m]라면 그 주파수는 몇 [MHz]인가?

① 100
② 300
③ 1,000
④ 3,000

해설 공기 중의 전자기파의 속도 v_0

$$v_0 = \frac{1}{\sqrt{\varepsilon_0 \mu_0}} = \lambda \cdot f = 3 \times 10^8 [\text{m/s}]$$

주파수 $f = \dfrac{v_0}{\lambda} = \dfrac{3 \times 10^8}{3} = 10^8$
$= 100 [\text{MHz}]$

19 자속 밀도 $B[\text{Wb/m}^2]$의 평등 자계 내에서 길이 $l[\text{m}]$인 도체 ab가 속도 $v[\text{m/s}]$로 그림과 같이 도선을 따라서 자계와 수직으로 이동할 때 도체 ab에 의해 유기된 기전력의 크기 $e[\text{V}]$와 폐회로 abcd 내 저항 R에 흐르는 전류의 방향은? (단, 폐회로 abcd 내 도선 및 도체의 저항은 무시한다.)

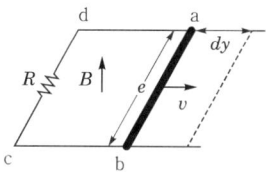

① $e = Blv$, 전류 방향 : c → d
② $e = Blv$, 전류 방향 : d → c
③ $e = Blv^2$, 전류 방향 : c → d
④ $e = Blv^2$, 전류 방향 : d → c

해설 플레밍의 오른손 법칙
유기 기전력 $e = vBl\sin\theta = Blv[\text{V}]$
방향 a → b → c → d

20 대전된 도체의 특징으로 틀린 것은?

① 가우스 정리에 의해 내부에는 전하가 존재한다.
② 전계는 도체 표면에 수직인 방향으로 진행된다.
③ 도체에 인가된 전하는 도체 표면에만 분포한다.
④ 도체 표면에서의 전하 밀도는 곡률이 클수록 높다.

해설 대전 도체의 내부에는 전하가 존재하지 않고 표면에만 분포하여 등전위를 이룬다.
따라서, 전계는 도체 표면과 직교하며 곡률이 클수록 전하 밀도는 높아진다.

2025년 제1회 CBT 기출복원문제

전기산업기사

01 대전 도체의 성질로 가장 알맞은 것은?

① 도체 내부에 정전 에너지가 저축된다.

② 도체 표면의 정전 응력은 $\dfrac{\sigma^2}{2\varepsilon_0}$ [N/m²]이다.

③ 도체 표면의 전계의 세기는 $\dfrac{\sigma^2}{\varepsilon_0}$ [V/m]이다.

④ 도체의 내부 전위와 도체 표면의 전위는 다르다.

해설
- 도체 내부에는 전기력선이 존재하지 않는다.
- 도체 표면의 전하 밀도가 σ[C/m²]이면 정전 응력 $f = \dfrac{\sigma^2}{2\varepsilon_0}$ [N/m²]이다.
- 도체 표면의 전계의 세기 $E = \dfrac{\sigma}{\varepsilon_0}$ [V/m]이다.
- 도체는 등전위이므로 내부나 표면이 등전위이다.

02 어떤 코일에 흐르는 전류가 0.01초 동안에 일정하게 50[A]로부터 10[A]로 바뀔 때 20[V]의 기전력이 발생한다면 자기 인덕턴스는 몇 [mH]인가?

① 5 ② 7
③ 9 ④ 12

해설 $e = L\dfrac{di}{dt}$ [V]

$\therefore L = e\dfrac{dt}{di}$

$= 20 \times \dfrac{0.01}{50-10}$

$= \dfrac{0.2}{40}$

$= 0.005[H]$

$= 5[mH]$

03 진공 중에 같은 전기량 +1[C]의 대전체 두 개가 약 몇 [m] 떨어져 있을 때, 각 대전체에 작용하는 반발력이 1[N]인가?

① 3.2×10^{-3} ② 3.2×10^{3}
③ 9.5×10^{-4} ④ 9.5×10^{4}

해설 $F = \dfrac{Q_1 Q_2}{4\pi\varepsilon_0 r^2} = 9 \times 10^9 \times \dfrac{Q_1 Q_2}{r^2}$ [N]

$\therefore r^2 = 9 \times 10^9 \times \dfrac{Q_1 Q_2}{F}$ [m]

$\therefore r = \sqrt{9 \times 10^9 \times \dfrac{1 \times 1}{1}} = 9.48 \times 10^4$ [m]

04 그림과 같이 유전체 경계면에서 $\varepsilon_1 < \varepsilon_2$이 었을 때 E_1과 E_2의 관계식 중 옳은 것은?

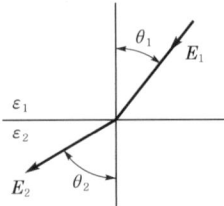

① $E_1 > E_2$ ② $E_1 < E_2$
③ $E_1 = E_2$ ④ $E_1\cos\theta_1 = E_2\cos\theta_2$

해설
- $\varepsilon_1 < \varepsilon_2$이면 $\theta_1 < \theta_2$이므로 $\therefore \boldsymbol{E_1 > E_2}$
- $\varepsilon_1 > \varepsilon_2$이면 $\theta_1 > \theta_2$이므로 $\therefore \boldsymbol{E_1 < E_2}$

05 2[Wb/m²]인 평등 자계 속에 길이가 30[cm]인 도선이 자계와 직각 방향으로 놓여 있다. 이 도선이 자계와 30°의 방향으로 30[m/s]의 속도로 이동할 때 도체 양단에 유기되는 기전력[V]의 크기는?

① 3 ② 9
③ 30 ④ 90

정답 01. ② 02. ① 03. ④ 04. ① 05. ②

[해설] 플레밍의 오른손 법칙

유기 기전력 $e = vBl\sin\theta$
$$= 30 \times 2 \times 0.3 \times \frac{1}{2}$$
$$= 9\,[\text{V}]$$

06 다음 중 인덕턴스의 공식이 옳은 것은? (단, N은 권수, I는 전류, l은 철심의 길이, R_m은 자기 저항, μ는 투자율, S는 철심 단면적이다.)

① $\dfrac{NI}{R_m}$ ② $\dfrac{N^2}{R_m}$

③ $\dfrac{\mu NS}{l}$ ④ $\dfrac{\mu_0 NIS}{l}$

[해설]
- 자속 $\phi = \dfrac{NI}{R_m} = \dfrac{NI}{\dfrac{l}{\mu S}} = \dfrac{\mu SNI}{l}\,[\text{Wb}]$

- 인덕턴스 $L = \dfrac{N}{I}\phi = \dfrac{N}{I}$
$$= \dfrac{\mu SNI}{l} = \dfrac{\mu SN^2}{l}$$
$$= \dfrac{N^2}{\dfrac{l}{\mu \cdot S}} = \dfrac{N^2}{R_m}\,[\text{H}]$$

07 내부 원통의 반지름 $a[\text{m}]$, 외부 원통의 안지름이 $b[\text{m}]$, 길이 $l[\text{m}]$인 동축 원통 도체 간에 도전율 $k[\mho/\text{m}]$인 물질을 채워놓고 내외 원통 도체 간에 전압 $V[\text{V}]$를 걸었을 때에 전류는 몇 [A]인가?

① $\dfrac{\pi l Vk}{\ln\left(\dfrac{b}{a}\right)}$ ② $\dfrac{2\pi l Vk}{\ln\left(\dfrac{b}{a}\right)}$

③ $\dfrac{4\pi l Vk}{\ln\left(\dfrac{b}{a}\right)}$ ④ $\dfrac{\pi l Vk}{2\ln\left(\dfrac{b}{a}\right)}$

[해설] 동축 케이블(원통)의 정전 용량은
$$C = C_0 l = \dfrac{2\pi\varepsilon l}{\ln\dfrac{b}{a}}\,[\text{F}]\text{이므로}$$

$RC = \rho\varepsilon$에서

$$R = \dfrac{\rho\varepsilon}{C} = \dfrac{\rho\varepsilon}{\dfrac{2\pi\varepsilon l}{\ln\dfrac{b}{a}}} = \dfrac{\rho}{2\pi l}\ln\dfrac{b}{a} = \dfrac{\ln\dfrac{b}{a}}{2\pi k l}\,[\Omega]$$

$$\therefore I = \dfrac{V}{R} = \dfrac{V}{\dfrac{\ln\dfrac{b}{a}}{2\pi k l}} = \dfrac{2\pi l Vk}{\ln\dfrac{b}{a}}\,[\text{A}]$$

08 비투자율 μ_s인 철심이 든 환상 솔레노이드의 권수가 N회, 평균 지름이 $d[\text{m}]$, 철심의 단면적이 $A[\text{m}^2]$라 할 때 솔레노이드에 $I[\text{A}]$의 전류가 흐르면, 자속[Wb]은?

① $\dfrac{2\pi \times 10^{-7}\mu_s NIA}{d}$ ② $\dfrac{4\pi \times 10^{-7}\mu_s NIA}{d}$

③ $\dfrac{2 \times 10^{-7}\mu_s NIA}{d}$ ④ $\dfrac{4 \times 10^{-7}\mu_s NIA}{d}$

[해설] 자속 $\phi = \dfrac{NI}{R_m} = \dfrac{NI}{\dfrac{l}{\mu_0\mu_s A}} = \dfrac{\mu_0\mu_s ANI}{l}$

(자로의 길이 $l = 2\pi r = \pi d$)

$$= \dfrac{4\pi \times 10^{-7} \times \mu_s ANI}{\pi d}$$

$$= \dfrac{4 \times 10^{-7} \times \mu_s NIA}{d}\,[\text{Wb}]$$

09 자화의 세기 $J_m[\text{C/m}^2]$을 자속 밀도 $B[\text{Wb/m}^2]$와 비투자율 μ_r로 나타내면?

① $J_m = (1 - \mu_r)B$ ② $J_m = (\mu_r - 1)B$

③ $J_m = \left(1 - \dfrac{1}{\mu_r}\right)B$ ④ $J_m = \left(\dfrac{1}{\mu_r} - 1\right)B$

[해설] 자속 밀도 $B = \dfrac{\phi}{S} = \mu_0\mu_r H\,[\text{Wb/m}^2]$

$\therefore$ 자화의 세기 $J_m = B - \mu_0 H = \left(1 - \dfrac{1}{\mu_r}\right)B$

[정답] 06. ② 07. ② 08. ④ 09. ③

10 다음 중 자계의 세기를 표시하는 단위가 아닌 것은?

① [A/m]   ② [Wb/m]
③ [N/Wb]   ④ [AT/m]

해설 자계의 세기(H)

$$H = \frac{F}{m}\left[\frac{N}{Wb} = \frac{N \cdot m}{Wb} \cdot \frac{1}{m} = \frac{J}{Wb} \cdot \frac{1}{m} = \frac{A}{m} = \frac{AT}{m}\right]$$

T(Turn)는 상수개념이므로 사용할 수도, 생략할 수도 있다.

11 전계 E[V/m] 및 자계 H[AT/m]의 에너지가 자유 공간 사이를 C[m/s]의 속도로 전파될 때 단위 시간에 단위 면적을 지나는 에너지[W/m²]는?

① $\frac{1}{2}EH$ ② EH
③ EH^2 ④ E^2H

해설
- 전파 속도 $v = \frac{1}{\sqrt{\varepsilon\mu}}$ [m/s]
- 고유 임피던스 $\eta = \frac{E}{H} = \frac{\sqrt{\mu}}{\sqrt{\varepsilon}}$ [Ω]
- 전자 에너지 $W = W_E + W_H = \frac{1}{2}(\varepsilon E^2 + \mu H^2)$
  $= \sqrt{\varepsilon\mu}\, EH$ [J/m³]
- 단위 면적당 전력 $P = v \cdot W$
  $= \frac{1}{\sqrt{\varepsilon\mu}} \cdot \sqrt{\varepsilon\mu}\, EH$
  $= EH$ [W/m²]

12 열전대는 무슨 효과를 이용한 것인가?

① 압전 효과   ② 제벡 효과
③ 홀 효과   ④ 가우스 효과

해설 제벡 효과
서로 다른 두 종류의 금속선을 접합하여 폐회로를 만든 후 두 접합부의 온도를 달리하였을 때 열기전력이 발생하여 열전류가 흐른다.

13 정전 용량이 1[μF], 2[μF]인 콘덴서에 각각 2×10^{-4}[C] 및 3×10^{-4}[C]의 전하를 주고 극성을 같게 하여 병렬로 접속할 때, 콘덴서에 축적된 에너지는 약 몇 [J]인가?

① 0.042   ② 0.063
③ 0.084   ④ 0.126

해설 $Q = Q_1 + Q_2 = 5 \times 10^{-4}$[C]
$C = C_1 + C_2 = (1+2) \times 10^{-6} = 3 \times 10^{-6}$[F]
∴ $W = \frac{Q^2}{2C} = \frac{(5 \times 10^{-4})^2}{2 \times 3 \times 10^{-6}} = 0.042$[J]

14 그림과 같이 균일한 자계의 세기 H[AT/m] 내에 자극의 세기가 $\pm m$[Wb], 길이 l[m]인 막대자석을 그 중심 주위에 회전할 수 있도록 놓는다. 이때, 자석과 자계의 방향이 이룬 각을 θ라 하면 자석이 받는 회전력 [N·m]은?

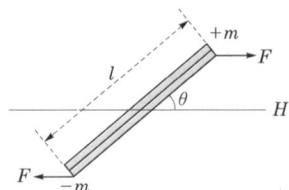

① $mHl\cos\theta$ ② $mHl\sin\theta$
③ $2mHl\sin\theta$ ④ $2mHl\tan\theta$

해설 미소 막대 자석의 회전력
$T = mlH\sin\theta$ [N·m]
벡터화하면 $T = M \times H$ [N·m]

15 전자 e[C]이 공기 중의 자계 H[AT/m] 내를 H에 수직 방향으로 v[m/s]의 속도로 돌입하였을 때 받는 힘은 몇 [N]인가?

① $\mu_0 evH$ ② evH
③ $\dfrac{eH}{\varepsilon_0\mu_0}$ ④ $\dfrac{\varepsilon_0 H}{\mu_0 v}$

해설 $F = qvB\sin\theta$ (자계와 수직 방향이므로 $\theta = 90°$)
∴ $F = qvB\sin 90° = qvB = evB = \mu_0 evH$ [N]

정답 10. ②   11. ②   12. ②   13. ①   14. ②   15. ①

16 공간 도체 중의 정상 전류 밀도를 i, 공간 전하 밀도를 ρ라고 할 때, 키르히호프의 전류 법칙을 나타내는 것은?

① $i = 0$ ② $\text{div}\,i = 0$
③ $i = \dfrac{\partial \rho}{\partial t}$ ④ $\text{div}\,i = \infty$

해설 키르히호프의 전류 법칙은 $\sum I = 0$
$\int_s i \cdot ds = \int_v \text{div}\,i\,dv = 0$이므로 $\text{div}\,i = 0$이 된다. 즉 단위 체적당 전류의 발산이 없음을 의미한다.

17 접지된 무한히 넓은 평면 도체로부터 a[m] 떨어져 있는 공간에 Q[C]의 점전하가 놓여 있을 때, 그림 P점의 전위는 몇 [V]인가?

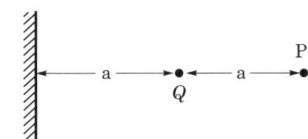

① $\dfrac{Q}{8\pi\varepsilon_0 a}$ ② $\dfrac{Q}{6\pi\varepsilon_0 a}$
③ $\dfrac{3Q}{4\pi\varepsilon_0 a}$ ④ $\dfrac{Q}{2\pi\varepsilon_0 a}$

해설 P점의 전위

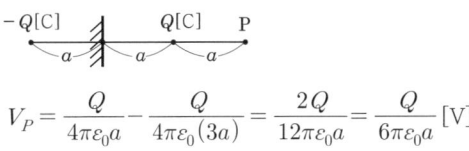

$V_P = \dfrac{Q}{4\pi\varepsilon_0 a} - \dfrac{Q}{4\pi\varepsilon_0 (3a)} = \dfrac{2Q}{12\pi\varepsilon_0 a} = \dfrac{Q}{6\pi\varepsilon_0 a}$ [V]

18 유전체 중의 전계의 세기를 E, 유전율을 ε이라 하면 전기 변위는?

① εE ② εE^2
③ $\dfrac{\varepsilon}{E}$ ④ $\dfrac{E}{\varepsilon}$

해설 전속 밀도(=전기 변위) $D = \varepsilon E$ [C/m²]

19 각각 $\pm Q$[C]로 대전된 두 개의 도체 간의 전위차를 전위 계수로 표시하면? (단, $P_{12} = P_{21}$이다.)

① $(P_{11} + P_{12} + P_{22})Q$
② $(P_{11} + P_{12} - P_{22})Q$
③ $(P_{11} - P_{12} + P_{22})Q$
④ $(P_{11} - 2P_{12} + P_{22})Q$

해설 $Q_1 = Q$, $Q_2 = -Q$이므로
$V_1 = P_{11}Q_1 + P_{12}Q_2 = P_{11}Q - P_{12}Q$ [V]
$V_2 = P_{21}Q_1 + P_{22}Q_2 = P_{12}Q - P_{22}Q$ [V]
두 도체 간의 전위차 V는 $P_{12} = P_{21}$이므로
$\therefore V = V_1 - V_2$
$= (P_{11}Q - P_{12}Q) - (P_{21}Q - P_{22}Q)$
$= (P_{11}Q - P_{12}Q - P_{21}Q + P_{22}Q)$
$= (P_{11} - 2P_{12} + P_{22})Q$ [V]

20 전류가 흐르고 있는 무한 직선 도체로부터 2[m]만큼 떨어진 자유 공간 내 P점의 자계의 세기가 $\dfrac{4}{\pi}$[AT/m]일 때, 이 도체에 흐르는 전류는 몇 [A]인가?

① 2 ② 4
③ 8 ④ 16

해설 $H = \dfrac{I}{2\pi r}$ [AT/m]
$\therefore I = 2\pi r \cdot H = 2\pi \times 2 \times \dfrac{4}{\pi} = 16$ [A]

정답 16. ② 17. ② 18. ① 19. ④ 20. ④

2025년 제2회 CBT 기출복원문제 (전기기사)

01 다음 식 중 옳지 않은 것은?

① $V_p = \int_p^\infty \boldsymbol{E} \cdot dr$

② $\boldsymbol{E} = -\operatorname{grad} V$

③ $\operatorname{grad} V = i\dfrac{\partial V}{\partial x} + j\dfrac{\partial V}{\partial y} + k\dfrac{\partial V}{\partial z}$

④ $\oint_s \boldsymbol{E} \cdot ds = Q$

해설
- 전위
$$V_p = -\int_\infty^p \boldsymbol{E} \cdot dr = \int_p^\infty \boldsymbol{E} \cdot dr\,[\text{V}]$$
- 전계의 세기와 전위와의 관계식
$$\boldsymbol{E} = -\operatorname{grad} V = -\nabla V$$
$$\operatorname{grad} V = \triangle \cdot V = \left(i\dfrac{\partial}{\partial x} + j\dfrac{\partial}{\partial y} + k\dfrac{\partial}{\partial z}\right)V$$
- 가우스의 법칙
전기력선의 총수는
$$N = \int_s \boldsymbol{E} \cdot ds = \dfrac{Q}{\varepsilon_0}\,[\text{lines}]$$

02 그림과 같이 단면적이 균일한 환상 철심에 권수 N_1인 A 코일과 권수 N_2인 B 코일이 있을 때 A 코일의 자기 인덕턴스가 L_1[H]라면 두 코일의 상호 인덕턴스 M은 몇 [H]인가? (단, 누설 자속은 0이라고 한다.)

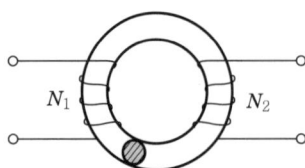

① $\dfrac{L_1 N_1}{N_2}$ ② $\dfrac{N_2}{L_1 N_1}$

③ $\dfrac{N_1}{L_1 N_2}$ ④ $\dfrac{L_1 N_2}{N_1}$

해설
자기 인덕턴스는 $L_1 = \dfrac{N_1^2}{R_m}$[H]이고

상호 인덕턴스는 $M = \dfrac{N_1 N_2}{R_m}$[H]이므로

$R_m = \dfrac{N_1^2}{L_1}$을 M에 대입하면

$\therefore M = \dfrac{N_1 N_2}{R_m} = \dfrac{N_1 N_2}{\dfrac{N_1^2}{L_1}} = \dfrac{L_1 N_2}{N_1}$[H]

03 같은 길이의 도선으로 M회와 N회 감은 원형 동심 코일에 각각 같은 전류를 흘릴 때 M회 감은 코일의 중심 자계는 N회 감은 코일의 몇 배인가?

① $\dfrac{M}{N}$ ② $\dfrac{M^2}{N}$

③ $\dfrac{M}{N^2}$ ④ $\dfrac{M^2}{N^2}$

해설 원형 코일의 반지름 r, 권수 N_0, 전류 I라 하면 중심 자계의 세기 H는
$$H = \dfrac{N_0 I}{2r}\,[\text{AT/m}]$$

코일의 권수 M일 때 원형 코일의 반지름 r_1은

$2\pi r_1 M = l$에서 $r_1 = \dfrac{l}{2\pi M}$[M]

중심 자장의 세기 H_1은

$H_1 = \dfrac{MI}{\dfrac{2l}{2\pi M}} = \dfrac{\pi M^2 I}{l}$[AT/m]이고,

같은 방법으로 코일의 권수 N일 때의 중심 자장의 세기 H_2는 $H_2 = \dfrac{\pi N^2 I}{l}$[AT/m]

$\dfrac{H_1}{H_2} = \dfrac{\dfrac{\pi M^2 I}{l}}{\dfrac{\pi N^2 I}{l}} = \dfrac{M^2}{N^2}$배

정답 01. ④ 02. ④ 03. ④

04 면적이 매우 넓은 두 개의 도체판을 d[m] 간격으로 수평하게 평행 배치하고, 이 평행 도체판 사이에 놓인 전자가 정지하고 있기 위해서 그 도체판 사이에 가하여야 할 전위차[V]는? (단, g는 중력 가속도이고, m은 전자의 질량이고, e는 전자의 전하량이다.)

① $mged$ ② $\dfrac{ed}{mg}$

③ $\dfrac{mgd}{e}$ ④ $\dfrac{mge}{d}$

해설 힘 $F = mg$[H](중력)
$$= q \cdot E = eE = e\dfrac{v}{d}\text{[H]}$$
$mg = e\dfrac{V}{d}$

전위차 $V = \dfrac{mgd}{e}$ [V]

05 방송국 안테나 출력이 W[W]이고 이로부터 진공 중에 r[m] 떨어진 점에서 자계의 세기의 실효치 H는 몇 [A/m]인가?

① $\dfrac{1}{r}\sqrt{\dfrac{W}{377\pi}}$

② $\dfrac{1}{2r}\sqrt{\dfrac{W}{377\pi}}$

③ $\dfrac{1}{2r}\sqrt{\dfrac{W}{188\pi}}$

④ $\dfrac{1}{r}\sqrt{\dfrac{2W}{377\pi}}$

해설 $P = \dfrac{W}{S} = \dfrac{W}{4\pi r^2} = EH$ [W/m²]

전계와 자계의 관계식
$$E = \sqrt{\dfrac{\mu_0}{\varepsilon_0}}\, H = 377H$$
$$\dfrac{W}{4\pi r^2} = 377H^2$$
$$\therefore H = \sqrt{\dfrac{W}{4\pi r^2 \cdot 377}}$$
$$= \dfrac{1}{2r}\sqrt{\dfrac{W}{\pi \cdot 377}} \text{ [A/m]}$$

06 그림과 같은 단극 유도 장치에서 자속 밀도 B[T]로 균일하게 반지름 a[m]인 원통형 영구 자석 중심축 주위를 각속도 ω[rad/s]로 회전하고 있다. 이때, 브러시(접촉자)에서 인출되어 저항 R[Ω]에 흐르는 전류는 몇 [A]인가?

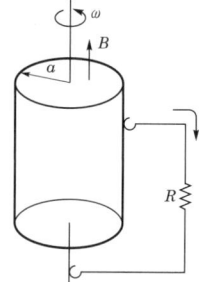

① $\dfrac{aB\omega}{R}$

② $\dfrac{a^2 B\omega}{R}$

③ $\dfrac{aB\omega}{2R}$

④ $\dfrac{a^2 B\omega}{2R}$

해설 원판 회전시 발생되는 유기 기전력
$$e = \dfrac{1}{2}\omega Ba^2 \text{[V]}$$
저항 R[Ω]에 흐르는 전류
$$I = \dfrac{e}{R} = \dfrac{a^2 B\omega}{2R} \text{ [A]}$$

07 그림과 같이 전류가 흐르는 반원형 도선이 평면 $Z=0$상에 놓여 있다. 이 도선이 자속 밀도 $B = 0.6a_x - 0.5a_y + a_z$[Wb/m²]인 균일 자계 내에 놓여 있을 때 도선의 직선 부분에 작용하는 힘[N]은?

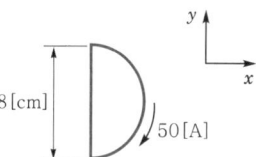

① $4a_x + 2.4a_z$ ② $4a_x - 2.4a_z$

③ $5a_x - 3.5a_z$ ④ $-5a_x + 3.5a_z$

해설 플레밍의 왼손 법칙
힘 $F = IBl\sin\theta$
$$F = (\boldsymbol{I} \times \boldsymbol{B})l$$
$$= \begin{vmatrix} a_x & a_y & a_z \\ 0 & 50 & 0 \\ 0.6 & -0.5 & 1 \end{vmatrix} \times 0.08$$
$$= (50a_x - 30a_z) \times 0.08 = 4a_x - 2.4a_z \text{[N]}$$

정답 04. ③ 05. ② 06. ④ 07. ②

08 매질이 완전 유전체인 경우의 전자 파동 방정식을 표시하는 것은?

① $\nabla^2 E = \varepsilon\mu \dfrac{\partial E}{\partial t}$, $\nabla^2 H = k\mu \dfrac{\partial H}{\partial t}$

② $\nabla^2 E = \varepsilon\mu \dfrac{\partial^2 E}{\partial t^2}$, $\nabla^2 H = \varepsilon\mu \dfrac{\partial^2 H}{\partial t^2}$

③ $\nabla^2 E = \varepsilon\mu \dfrac{\partial^2 E}{\partial t^2}$, $\nabla^2 H = k\mu \dfrac{\partial^2 H}{\partial t^2}$

④ $\nabla^2 E = \varepsilon\mu \dfrac{\partial E}{\partial t}$, $\nabla^2 H = \varepsilon\mu \dfrac{\partial H}{\partial t}$

해설
- 전계 파동 방정식 : $\nabla^2 E = \varepsilon\mu \dfrac{\partial^2 E}{\partial t^2}$
- 자계 파동 방정식 : $\nabla^2 H = \varepsilon\mu \dfrac{\partial^2 H}{\partial t^2}$

09 그림과 같은 히스테리시스 루프를 가진 철심이 강한 평등 자계에 의해 매초 60[Hz]로 자화할 경우 히스테리시스 손실은 몇 [W]인가? (단, 철심의 체적은 20[cm³], $B_r = 5$[Wb/m²], $H_c = 2$[AT/m]이다.)

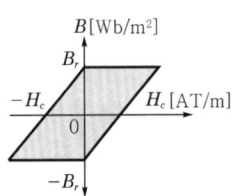

① 1.2×10^{-2} ② 2.4×10^{-2}
③ 3.6×10^{-2} ④ 4.8×10^{-2}

해설 철심이 한 번 자화함에 따라 발생하는 에너지 손실 w_h는 사각형 히스테리시스로 포위된 면적과 동일하게 된다.

$w_h = \oint H \cdot \alpha B = 4 H_c B_r$ [W/m³]

따라서, 체적을 v[m³], 주파수를 f[Hz]라 하면 구하는 에너지 P_h는 다음과 같다.

$P_h = fv w_h$
$= 4fv H_c B_r$
$= 4 \times 60 \times 20 \times 10^{-6} \times 2 \times 5$
$= 4.8 \times 10^{-2}$ [W]

10 무한 평면 도체로부터 거리 a[m]인 곳에 점전하 Q[C]이 있을 때, 도체 표면에 유도되는 최대 전하 밀도는 몇 [C/m²]인가?

① $\dfrac{Q}{2\pi\varepsilon_0 a^2}$ ② $\dfrac{Q}{4\pi a^2}$

③ $-\dfrac{Q}{2\pi a^2}$ ④ $\dfrac{Q}{4\pi\varepsilon_0 a^2}$

해설 무한 평면 도체면상 점$(0, y)$의 전계 세기 E는

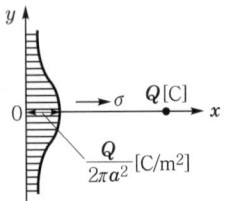

$E = -\dfrac{Qa}{2\pi\varepsilon_0 (a^2 + y^2)^{\frac{3}{2}}}$ [V/m]

도체 표면상의 면전하 밀도 σ는

$\sigma = D = \varepsilon_0 E = -\dfrac{Qa}{2\pi(a^2+y^2)^{\frac{3}{2}}}$ [C/m²]

최대 면밀도는 $y = 0$인 점이므로

$\therefore \sigma_{\max} = -\dfrac{Q}{2\pi a^2}$ [C/m²]

11 무한히 넓은 두 장의 도체판을 d[m]의 간격으로 평행하게 놓은 후, 두 판 사이에 V[V]의 전압을 가한 경우 도체판의 단위 면적당 작용하는 힘은 몇 [N/m²]인가?

① $f = \varepsilon_0 \dfrac{V^2}{d}$ ② $f = \dfrac{1}{2}\varepsilon_0 \dfrac{V^2}{d}$

③ $f = \dfrac{1}{2}\varepsilon_0 \left(\dfrac{V}{d}\right)^2$ ④ $f = \dfrac{1}{2}\dfrac{1}{\varepsilon_0}\left(\dfrac{V}{d}\right)^2$

해설 단위 면적당 작용하는 힘

$f = \dfrac{1}{2}\varepsilon_0 E^2 = \dfrac{1}{2}Ed = \dfrac{d^2}{2\varepsilon_0}$ [N/m²]

$f = \dfrac{1}{2}\varepsilon_0 E^2 = \dfrac{1}{2}\varepsilon_0 \left(\dfrac{V}{d}\right)^2$ [N/m²]

정답 08. ② 09. ④ 10. ③ 11. ③

12 투자율을 μ라 하고 공기 중의 투자율 μ_0와 비투자율 μ_s의 관계에서 $\mu_s = \dfrac{\mu}{\mu_0} = 1 + \dfrac{\chi}{\mu_0}$로 표현된다. 이에 대한 설명으로 알맞은 것은? (단, χ는 자화율이다.)

① $\chi > 0$인 경우 역자성체
② $\chi < 0$인 경우 상자성체
③ $\mu_s > 1$인 경우 비자성체
④ $\mu_s < 1$인 경우 역자성체

해설 비투자율 $\mu_s = \dfrac{\mu}{\mu_0} = 1 + \dfrac{\chi}{\mu_0}$에서
$\mu_s > 1$, 즉 $\chi > 0$이면 상자성체
$\mu_s < 1$, 즉 $\chi < 0$이면 역자성체

13 반지름 a, b ($a < b$)인 동심원통 전극 사이에 고유 저항 ρ의 물질이 충만되어 있을 때, 단위 길이당의 저항[Ω/m]은?

① $2\pi\rho\ln\dfrac{b}{a}$
② $2a\rho$
③ $\dfrac{\rho}{2\pi\ln\dfrac{b}{a}}$
④ $\dfrac{\rho}{2\pi}\ln\dfrac{b}{a}$

해설 동심원통의 단위 길이당 정전 용량은
$C_0 = \dfrac{2\pi\varepsilon}{\ln\dfrac{b}{a}}$[F/m]이므로 $RC = \rho\varepsilon$에서
$R = \dfrac{\rho\varepsilon}{C} = \dfrac{\rho\varepsilon}{\dfrac{2\pi\varepsilon}{\ln\dfrac{b}{a}}} = \dfrac{\rho}{2\pi}\ln\dfrac{b}{a}$[Ω/m]이다.

14 한 변이 L[m]되는 정방형의 도선 회로에 전류 I[A]가 흐르고 있을 때, 회로 중심에서의 자속 밀도는 몇 [Wb/m²]인가?

① $\dfrac{2\sqrt{2}}{\pi}\dfrac{I}{L}$
② $\dfrac{2\sqrt{2}}{\pi}\mu_0\dfrac{I}{L}$
③ $\dfrac{2\sqrt{2}}{\pi}\dfrac{L}{I}$
④ $\dfrac{2\sqrt{2}}{\pi}\mu_0\dfrac{L}{I}$

해설 한 변이 L[m]되는 정방형 회로의 중심 자계
$H_0 = \dfrac{2\sqrt{2}\,I}{\pi L}$[AT/m]
자속 밀도 B는
$\therefore B = \mu_0 H_0 = \dfrac{2\sqrt{2}}{\pi}\mu_0\dfrac{I}{L}$[Wb/m²]

15 그림과 같이 반지름 a[m]의 한 번 감긴 원형 코일이 균일한 자속 밀도 B[Wb/m²]인 자계에 놓여 있다. 지금 코일면을 자계와 나란하게 전류 I[A]를 흘리면 원형 코일이 자계로부터 받는 회전 모멘트는 몇 [N·m/rad]인가?

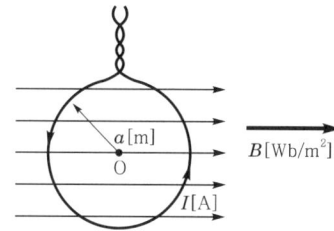

① πaBI
② $2\pi aBI$
③ $\pi a^2 BI$
④ $2\pi a^2 BI$

해설 $T = NBIS\cos\theta$
문제 조건에서 $\theta = 0°$이므로
$\therefore T = 1 \times BI \times \pi a^2 \times \cos 0°$
$= \pi a^2 BI$[N·m/rad]

16 쌍극자 모멘트가 M[C·m]인 전기 쌍극자에서 점 P의 전계는 $\theta = \dfrac{\pi}{2}$에서 어떻게 되는가? (단, θ는 전기 쌍극자의 중심에서 축 방향과 점 P를 잇는 선분의 사이각이다.)

① 0
② 최소
③ 최대
④ $-\infty$

해설 전계의 세기
$E = \dfrac{M}{4\pi\varepsilon_0 r^3}\sqrt{1+3\cos^2\theta}$ [V/m]
$\therefore$ 점 P의 전계는 $\theta = 0°$일 때 최대이고, $\theta = 90°$일 때 최소가 된다.

정답 12. ④ 13. ④ 14. ② 15. ③ 16. ②

17 회로에서 단자 a-b 간에 V의 전위차를 인가할 때 C_1의 에너지는?

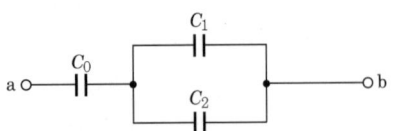

① $\dfrac{C_1^2 V^2}{2}\left(\dfrac{C_1+C_2}{C_0+C_1+C_2}\right)^2$

② $\dfrac{C_1 V^2}{2}\left(\dfrac{C_0}{C_0+C_1+C_2}\right)^2$

③ $\dfrac{C_1 V^2}{2}\dfrac{C_0(C_1+C_2)}{(C_0+C_1+C_2)^2}$

④ $\dfrac{C_1 V^2}{2}\dfrac{C_0^2 C_2}{(C_0+C_1+C_2)}$

해설
$W=\dfrac{1}{2}C_1 V_1^2[\text{J}]=\dfrac{1}{2}C_1\left(\dfrac{C_0}{C_0+C_1+C_2}\times V\right)^2$
$=\dfrac{1}{2}C_1 V^2\left(\dfrac{C_0}{C_0+C_1+C_2}\right)^2$

18 단면적 15[cm²]의 자석 근처에 같은 단면적을 가진 철편을 놓을 때 그곳을 통하는 자속이 3×10^{-4}[Wb]이면 철편에 작용하는 흡인력은 약 몇 [N]인가?

① 12.2   ② 23.9
③ 36.6   ④ 48.8

해설
단위 면적당 작용력 $f=\dfrac{F}{S}=\dfrac{B^2}{2\mu_0}$

자속 밀도 $B=\dfrac{\phi}{S}$ [Wb/m²]

자석 표면에서 작용력 F

$F=fS=\dfrac{B^2}{2\mu_0}\cdot S=\dfrac{\left(\dfrac{\phi}{S}\right)^2}{2\mu_0}S=\dfrac{\phi^2}{2\mu_0 S}$

$=\dfrac{(3\times 10^{-4})^2}{2\times 4\pi\times 10^{-7}\times 15\times 10^{-4}}$

$=23.87 \fallingdotseq 23.9$[N]

19 평행 평판 공기 콘덴서의 양 극판에 $+\sigma$[C/m²], $-\sigma$[C/m²]의 전하가 분포되어 있다. 이 두 전극 사이에 유전율 ε[F/m]인 유전체를 삽입한 경우의 전계[V/m]는? (단, 유전체의 분극 전하 밀도를 $+\sigma'$[C/m²], $-\sigma'$[C/m²]이라 한다.)

① $\dfrac{\sigma}{\varepsilon_0}$ ② $\dfrac{\sigma+\sigma'}{\varepsilon_0}$

③ $\dfrac{\sigma}{\varepsilon_0}-\dfrac{\sigma'}{\varepsilon}$ ④ $\dfrac{\sigma-\sigma'}{\varepsilon_0}$

해설
• 유전체의 전계의 세기 $E=\dfrac{\sigma-\sigma'}{\varepsilon_0}=\dfrac{D-P}{\varepsilon_0}$

• 분극의 세기 $P=D-\varepsilon_0 E$

20 2[C]의 점전하가 전계 $E=2a_x+a_y-4a_z$ [V/m] 및 자계 $B=-2a_x+2a_y-a_z$ [Wb/m²] 내에서 $v=4a_x-a_y-2a_z$ [m/s]의 속도로 운동하고 있을 때, 점전하에 작용하는 힘 F는 몇 [N]인가?

① $-14a_x+18a_y+6a_z$
② $14a_x-18a_y-6a_z$
③ $-14a_x+18a_y+4a_z$
④ $14a_x+18a_y+4a_z$

해설
$F=q(E+v\times B)$
$=2(2a_x+a_y-4a_z)+2(4a_x-a_y-2a_z)$
$\quad\times(-2a_x+2a_y-a_z)$
$=2(2a_x+a_y-4a_z)+2\begin{vmatrix}a_x & a_y & a_z \\ 4 & -1 & -2 \\ -2 & 2 & -1\end{vmatrix}$
$=2(2a_x+a_y-4a_z)+2(5a_x+8a_y+6a_z)$
$=14a_x+18a_y+4a_z$ [N]

정답 17. ② 18. ② 19. ④ 20. ④

2025년 전기산업기사 제2회 CBT 기출복원문제

01 $E = i + 2j + 3k$[V/cm]로 표시되는 전계가 있다. $0.02[\mu C]$의 전하를 원점으로부터 $r = 3i$[m]로 움직이는 데 필요로 하는 일[J]은?

① 3×10^{-6}
② 6×10^{-6}
③ 3×10^{-8}
④ 6×10^{-8}

해설 전기적 일(W)
$$W = F \cdot r = QE \cdot r$$
$$= 0.02 \times 10^{-6} \times (i + 2j + 3k) \times 10^2 \cdot (3i)$$
$$= 6 \times 10^{-6}[J]$$

02 철심이 들어있는 환상 코일이 있다. 1차 코일의 권수 $N_1 = 100$회일 때 자기 인덕턴스는 0.01[H]였다. 이 철심에 2차 코일 $N_2 = 200$회를 감았을 때 1, 2차 코일의 상호 인덕턴스는 몇 [H]인가? (단, 이 경우 결합계수 $k = 1$로 한다.)

① 0.01
② 0.02
③ 0.03
④ 0.04

해설 $M = \dfrac{N_1 N_2}{R_m} = L_1 \dfrac{N_2}{N_1} = 0.01 \times \dfrac{200}{100} = 0.02[H]$

03 대전 도체 표면의 전하 밀도를 $\sigma[C/m^2]$이라 할 때, 대전 도체 표면의 단위 면적이 받는 정전 응력은 전하 밀도 σ와 어떤 관계에 있는가?

① $\sigma^{\frac{1}{2}}$에 비례
② $\sigma^{\frac{3}{2}}$에 비례
③ σ에 비례
④ σ^2에 비례

해설 정전 응력
$$f = \dfrac{\sigma^2}{2\varepsilon_0} = \dfrac{1}{2}\varepsilon_0 E^2 = \dfrac{D^2}{2\varepsilon_0} = \dfrac{1}{2}ED[N/m^2]$$

04 지면에 평행으로 높이 h[m]에 가설된 반지름 a[m]인 가공 직선 도체의 대지 간 정전 용량은 몇 [F/m]인가? (단, $h \gg a$이다.)

① $\dfrac{\pi\varepsilon_0}{\ln\dfrac{2h}{a}}$
② $\dfrac{2\pi\varepsilon_0}{\ln\dfrac{2h}{a}}$
③ $\dfrac{\pi\varepsilon_0}{\ln\dfrac{a}{2h}}$
④ $\dfrac{2\pi\varepsilon_0}{\ln\dfrac{a}{2h}}$

해설 도선의 단위 길이당 전하를 $+q_1$으로 하고, 대칭 위치에 $-q_1$이 있는 점을 가상하면 지면을 제거하더라도 조건은 만족하므로 두 도선 간의 전위차

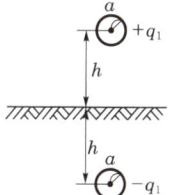

$$V = \dfrac{q_1}{\pi\varepsilon}\ln\dfrac{2h}{a}$$

∴ 정전 용량 $C' = \dfrac{q_1}{V} = \dfrac{\pi\varepsilon_0}{\ln\dfrac{2h}{a}}$[F/m]

∵ 도선과 지면 사이의 정전 용량 $C = 2C'$이므로

$$C = 2C' = \dfrac{2\pi\varepsilon_0}{\ln\dfrac{2h}{a}}[F/m]$$

05 전위 분포가 $V = 2x^2 + 3y^2 + z^2$[V]의 식으로 표시되는 공간의 전하 밀도 ρ는 얼마인가?

① $12\varepsilon_0[C/m^3]$
② $-12\varepsilon_0[C/m^3]$
③ $12\varepsilon_0[C/cm^3]$
④ $-12\varepsilon_0[C/cm^3]$

해설 푸아송의 방정식 $\nabla^2 V = -\dfrac{\rho}{\varepsilon_0}$

$$\nabla^2 V = \dfrac{\partial^2 V}{\partial x^2} + \dfrac{\partial^2 V}{\partial y^2} + \dfrac{\partial^2 V}{\partial z^2} = 4 + 6 + 2 = -\dfrac{\rho}{\varepsilon_0}$$

∴ $\rho = -12\varepsilon_0[C/m^3]$

정답 01.② 02.② 03.④ 04.② 05.②

부록 _ 과년도 출제문제

06 표피깊이 δ를 나타내는 식은? (단, 도전율 k[S/m], 주파수 f[Hz], 투자율 μ[H/m])

① $\delta = \dfrac{1}{\pi f \mu k}$ ② $\delta = \sqrt{\pi f \mu k}$

③ $\delta = \dfrac{1}{\sqrt{\pi f \mu k}}$ ④ $\delta = \pi f \mu k$

해설 표피효과 침투깊이 $\delta = \sqrt{\dfrac{\rho}{\pi \mu k}} = \sqrt{\dfrac{1}{\pi f \mu k}}$

즉, 주파수 f, 도전율 k, 투자율 μ가 클수록 δ가 작아지므로 표피효과가 커진다.

07 다음 조건 중 틀린 것은? (단, χ_m : 비자화율, μ_r : 비투자율이다.)

① $\mu_r \gg 1$이면 강자성체
② $\chi_m > 0$, $\mu_r < 1$이면 상자성체
③ $\chi_m < 0$, $\mu_r < 1$이면 반자성체
④ 물질은 χ_m 또는 μ_r의 값에 따라 반자성체, 상자성체, 강자성체 등으로 구분한다.

해설 비자화율 $\chi_m = \dfrac{\chi}{\mu_0} = \mu_r - 1$

㉠ 강자성체 $\mu_r \gg 1$, $\chi_m \gg 0$
㉡ 상자성체 $\mu_r > 1$, $\chi_m > 0$
㉢ 반자성체 $\mu_r < 1$, $\chi_m < 0$

08 공기 중에서 무한 평면 도체 표면 아래의 1[m] 떨어진 곳에 1[C]의 점전하가 있다. 전하가 받는 힘의 크기는 몇 [N]인가?

① 9×10^9 ② $\dfrac{9}{2} \times 10^9$

③ $\dfrac{9}{4} \times 10^9$ ④ $\dfrac{9}{16} \times 10^9$

해설 $F = \dfrac{Q^2}{16\pi\varepsilon_0 a^2} = -\dfrac{1^2}{16\pi\varepsilon_0 \times 1^2}$

$= -\dfrac{1}{16\pi\varepsilon_0}$

$= -\dfrac{9}{4} \times 10^9$[N](흡인력)

09 시간적으로 변화하지 않는 보존적인 전계가 비회전성(非回轉性)이라는 의미를 나타낸 식은?

① $\nabla \cdot E = 0$ ② $\nabla \cdot E = \infty$

③ $\nabla \times E = 0$ ④ $\nabla^2 E = 0$

해설 $\oint_c E \cdot dl = 0$ (보존적)

rot$E = \nabla \times E = 0$ (비회전성)

10 그림과 같이 전류 I[A]가 흐르는 반지름 a[m]의 원형 코일의 중심으로부터 x[m]인 자계의 세기는 몇 [AT/m]인가? (단, θ는 각 APO라 한다.)

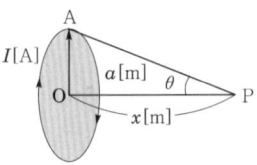

① $\dfrac{I}{2a}\sin^3\theta$ ② $\dfrac{I}{2a}\cos^3\theta$

③ $\dfrac{I}{2a}\sin^2\theta$ ④ $\dfrac{I}{2a}\cos^2\theta$

해설 원형 코일 중심축상 자계의 세기

$H = \dfrac{a^2 \cdot I}{2(a^2+x^2)^{\frac{3}{2}}}$[AT/m] $= \dfrac{I}{2a}\dfrac{a^3}{(a^2+x^2)^{\frac{3}{2}}}$

여기서, $\sin\theta = \dfrac{a}{\sqrt{a^2+x^2}}$, $\sin^3\theta = \dfrac{a^3}{(a^2+x^2)^{\frac{3}{2}}}$

$\therefore H = \dfrac{I}{2a}\sin^3\theta$

11 자계의 세기가 H인 자계 중에 직각으로 속도 v로 발사된 전하 Q가 그리는 원의 반지름 r은?

① $\dfrac{mv}{QH}$ ② $\dfrac{mv^2}{QH}$

③ $\dfrac{mv}{\mu HQ}$ ④ $\dfrac{mv^2}{\mu HQ}$

정답 06.③ 07.② 08.③ 09.③ 10.① 11.③

[해설] **전자의 원운동**
구심력=원심력

$$QvB = \frac{mv^2}{r}$$

$$\therefore r = \frac{mv^2}{QvB} = \frac{mv}{QB} = \frac{mv}{\mu HQ}[m]$$

12 그림과 같이 평행한 두 개의 무한 직선 도선에 전류가 각각 I, $2I$인 전류가 흐른다. 두 도선 사이의 점 P에서 자계의 세기가 0이다. 이때 $\frac{a}{b}$는?

① 4
② 2
③ $\frac{1}{2}$
④ $\frac{1}{4}$

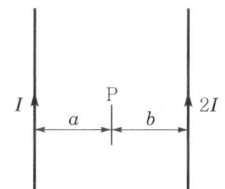

[해설] $H_1 = \frac{I}{2\pi a}$, $H_2 = \frac{2I}{2\pi b}$

$H_1 = H_2$ 일 때, 자계의 세기가 0일 때

$H_1 = H_2$ 이므로 $\frac{I}{2\pi a} = \frac{2I}{2\pi b}$

$\frac{1}{a} = \frac{2}{b} \Rightarrow \frac{a}{b} = \frac{1}{2}$

13 자속 밀도 B [Wb/m²]가 도체 중에서 f [Hz]로 변화할 때 도체 중에 유기되는 기전력 e는 무엇에 비례하는가?

① $e \propto Bf$
② $e \propto \frac{B}{f}$
③ $e \propto \frac{B^2}{f}$
④ $e \propto \frac{f}{B}$

[해설] $\phi = \phi_m \sin\omega t = B_m S \sin 2\pi ft$ [Wb]라 하면
유기 기전력 e는

$e = -N\frac{d\phi}{dt} = -N \cdot \frac{d}{dt}(B_m S \sin 2\pi ft)$

$= -2\pi f N B_m S \cos 2\pi ft$ [V]

$\therefore e \propto Bf$

14 유전율 ε, 투자율 μ인 매질 중을 주파수 f [Hz]의 전자파가 전파되어 나갈 때의 파장은 몇 [m]인가?

① $f\sqrt{\varepsilon\mu}$
② $\frac{1}{f\sqrt{\varepsilon\mu}}$
③ $\frac{f}{\sqrt{\varepsilon\mu}}$
④ $\frac{\sqrt{\varepsilon\mu}}{f}$

[해설] $v = \frac{1}{\sqrt{\varepsilon\mu}}$ [m/s]이므로

$\lambda = \frac{v}{f} = \frac{\frac{1}{\sqrt{\varepsilon\mu}}}{f} = \frac{1}{f\sqrt{\varepsilon\mu}}$ [m]

15 $\varepsilon_1 > \varepsilon_2$의 유전체 경계면에 전계가 수직으로 입사할 때 경계면에 작용하는 힘과 방향에 대한 설명으로 옳은 것은?

① $f = \frac{1}{2}\left(\frac{1}{\varepsilon_2} - \frac{1}{\varepsilon_1}\right)D^2$의 힘이 ε_1에서 ε_2로 작용

② $f = \frac{1}{2}\left(\frac{1}{\varepsilon_1} - \frac{1}{\varepsilon_2}\right)E^2$의 힘이 ε_2에서 ε_1로 작용

③ $f = \frac{1}{2}(\varepsilon_2 - \varepsilon_1)E^2$의 힘이 ε_1에서 ε_2로 작용

④ $f = \frac{1}{2}(\varepsilon_1 - \varepsilon_2)D^2$의 힘이 ε_2에서 ε_1로 작용

[해설] 전계가 경계면에 수직이므로 $f = \frac{1}{2}(E_2 - E_1)$

$D^2 = \frac{1}{2}\left(\frac{1}{\varepsilon_2} - \frac{1}{\varepsilon_1}\right)D^2$ [N/m²]인 인장 응력이 작용한다.

$\varepsilon_1 > \varepsilon_2$이므로 ε_1에서 ε_2로 작용한다.

16 무한장 직선 도체에 선전하 밀도 λ[C/m]의 전하가 분포되어 있는 경우, 이 직선 도체를 축으로 하는 반지름 r[m]의 원통면상의 전계[V/m]는?

① $\frac{\lambda}{2\pi\varepsilon_0 r^2}$
② $\frac{\lambda}{2\pi\varepsilon_0 r}$
③ $\frac{\lambda}{4\pi\varepsilon_0 r^2}$
④ $\frac{\lambda}{4\pi\varepsilon_0 r}$

정답 12. ③ 13. ① 14. ② 15. ① 16. ②

해설 가우스의 정리

- 전기력선 $N = \int_s E n dS = E \int_s dS$
  $= E 2\pi r l = \dfrac{Q}{\varepsilon_0} = \dfrac{\lambda l}{\varepsilon_0}$ [line]

- 전계의 세기 $E = \dfrac{\lambda l/\varepsilon_0}{2\pi r l} = \dfrac{\lambda}{2\pi\varepsilon_0 r}$ [V/m]

17 맥스웰(Maxwell) 전자 방정식의 물리적 의미 중 틀린 것은?

① 자계의 시간적 변화에 따라 전계의 회전이 발생한다.
② 전도 전류와 변위 전류는 자계를 발생시킨다.
③ 고립된 자극이 존재한다.
④ 전하에서 전속선이 발산한다.

해설 맥스웰의 전자 기초 방정식에서
$\left.\begin{array}{l} \operatorname{div} B = 0 \\ \nabla \cdot B = 0 \end{array}\right\}$ N, S극은 공존하며 자속은 연속이다.

18 비투자율 μ_s, 길이 l인 철심에 권수 N인 환상 솔레노이드 코일이 있다. 이 철심에 길이 l_1인 미소 공극을 만들었을 때, 공극 자계 세기 H_A와 철심 자계 세기 H_F의 비 $\left(\dfrac{H_F}{H_A}\right)$는?

① μ_s
② $\dfrac{1}{\mu_s}$
③ $\dfrac{\mu_s(l-l_1)}{l_1}$
④ $\dfrac{l_1}{\mu_s(l-l_1)}$

해설 공극에 있어서 자속의 퍼짐이 없으면 철심 내와 공극부의 자속 밀도가 같으므로
$H_F = \dfrac{B}{\mu}$
$H_A = \dfrac{B}{\mu_0} = \mu_s H_F$
$\therefore \dfrac{H_F}{H_A} = \dfrac{1}{\mu_s}$

19 환상 솔레노이드 코일에 흐르는 전류가 2[A]일 때, 자로의 자속이 10^{-2}[Wb]였다고 한다. 코일의 권수를 500회라고 하면, 이 코일의 자기 인덕턴스는 몇 [H]인가? (단, 코일의 전류와 자로의 자속과의 관계는 비례하는 것으로 한다.)

① 2.5
② 3.5
③ 4.5
④ 5.5

해설 $\phi = N\phi = LI$[Wb·T]
$\therefore L = \dfrac{N\phi}{I} = \dfrac{500 \times 1 \times 10^{-2}}{2} = 2.5$[H]

20 한 변의 길이가 1[m]인 정삼각형의 두 정점 B, C에 10^{-4}[C]의 점전하가 있을 때, 다른 또 하나의 정점 A의 전계[V/m]는?

① 9.0×10^5
② 15.6×10^5
③ 18.0×10^5
④ 31.2×10^5

해설

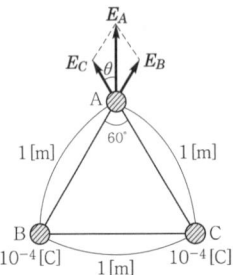

$E_B = 9 \times 10^9 \times \dfrac{Q_B}{r_B^{\,2}} = 9 \times 10^9 \times \dfrac{10^{-4}}{1^2}$
$= 9 \times 10^5$[V/m]
$E_C = 9 \times 10^9 \times \dfrac{Q_C}{r_C^{\,2}} = 9 \times 10^9 \times \dfrac{10^{-4}}{1^2}$
$= 9 \times 10^5$[V/m]
$\therefore E_A = 2E_B \cos\theta = 2E_B \cos 30°$
$= 2 \times 9 \times 10^5 \times \dfrac{\sqrt{3}}{2}$
$= 15.6 \times 10^5$[V/m]

정답 17. ③ 18. ② 19. ① 20. ②

2025년 전기기사 제3회 CBT 기출복원문제

01 유전체 내의 전속 밀도를 정하는 원천은?

① 유전체의 유전율이다.
② 분극 전하만이다.
③ 진전하만이다.
④ 진전하와 분극 전하이다.

해설 $D = \varepsilon_0 E + P = \varepsilon_0 E + \sigma_p [C/m^2]$

$E = \dfrac{\sigma - \sigma_p}{\varepsilon_0}$ [V/m]

$\therefore D = \varepsilon_0 \cdot \dfrac{\sigma - \sigma_p}{\varepsilon_0} + \sigma_p = \sigma - \sigma_p + \sigma_p = \sigma$

여기서, σ_p : 분극 전하 밀도[C/m²]
σ : 진전하 밀도[C/m²]

즉, 전속 밀도 D는 진전하 밀도 σ에 의해 결정된다.

02 역자성체에서 비투자율(μ_s)은 어느 값을 갖는가?

① $\mu_s = 1$　　② $\mu_s < 1$
③ $\mu_s > 1$　　④ $\mu_s = 0$

해설 비투자율 $\mu_s = \dfrac{\mu}{\mu_0} = 1 + \dfrac{x_m}{\mu_0}$

$\mu_s > 1 (x_m > 0)$이면 상자성체,
$\mu_s < 1 (x_m < 0)$이면 역자성체이다.

03 내부 도체 반지름이 10[mm], 외부 도체의 내반지름이 20[mm]인 동축 케이블에서 내부 도체 표면에 전류 I가 흐르고, 얇은 외부 도체에 반대 방향인 전류가 흐를 때 단위 길이당 외부 인덕턴스는 약 몇 [H/m]인가?

① 0.28×10^{-7}　　② 1.39×10^{-7}
③ 2.03×10^{-7}　　④ 2.78×10^{-7}

해설 인덕턴스 $L = \dfrac{\phi}{I} = \dfrac{\mu_0}{2\pi} \ln \dfrac{b}{a}$

$= \dfrac{4\pi \times 10^{-7}}{2\pi} \ln \dfrac{20}{10}$

$= 1.39 \times 10^{-7}$ [H/m]

04 패러데이관(Faraday tube)의 성질에 대한 설명으로 틀린 것은?

① 패러데이관 중에 있는 전속수는 그 관 속에 진전하가 없으면 일정하며 연속적이다.
② 패러데이관의 양단에는 양 또는 음의 단위 진전하가 존재하고 있다.
③ 패러데이관 한 개의 단위 전위차당 보유 에너지는 $\dfrac{1}{2}$[J]이다.
④ 패러데이관의 밀도는 전속 밀도와 같지 않다.

해설 **패러데이관의 성질**
- 패러데이관 내의 전속선의 수는 일정하다.
- 패러데이관 양단에는 정·부의 단위 전하가 있다.
- 패러데이관의 밀도는 전속 밀도와 같다.
- 단위 전위차당 패러데이관의 보유 에너지는 $\dfrac{1}{2}$[J]이다.

05 전계 E의 x, y, z 성분을 E_x, E_y, E_z라 할 때 $\text{div} E$는?

① $\dfrac{\partial E_x}{\partial x} + \dfrac{\partial E_y}{\partial y} + \dfrac{\partial E_z}{\partial z}$

② $i\dfrac{\partial E_x}{\partial x} + j\dfrac{\partial E_y}{\partial y} + k\dfrac{\partial E_z}{\partial z}$

③ $\dfrac{\partial^2 E_x}{\partial x^2} + \dfrac{\partial^2 E_y}{\partial y^2} + \dfrac{\partial^2 E_z}{\partial z^2}$

④ $i\dfrac{\partial^2 E_x}{\partial x^2} + j\dfrac{\partial^2 E_y}{\partial y^2} + k\dfrac{\partial^2 E_z}{\partial z^2}$

정답 01. ③ 02. ② 03. ② 04. ④ 05. ①

해설 $\text{div}\,E = \nabla \cdot E$
$= \left(i\dfrac{\partial}{\partial x}+j\dfrac{\partial}{\partial y}+k\dfrac{\partial}{\partial z}\right) \cdot (iE_x+jE_y+kE_z)$
$= \dfrac{\partial E_x}{\partial x}+\dfrac{\partial E_y}{\partial y}+\dfrac{\partial E_z}{\partial z}$

06 직교하는 무한 평판 도체와 점전하에 의한 영상 전하는 몇 개 존재하는가?

① 2 ② 3
③ 4 ④ 5

해설 영상 전하의 개수 $n = \dfrac{360°}{\theta}-1 = \dfrac{360°}{90°}-1 = 3$개
여기서, θ : 무한 평면 도체 사이의 각

07 다음의 관계식 중 성립할 수 없는 것은? (단, μ는 투자율, χ는 자화율, μ_0는 진공의 투자율, J는 자화의 세기이다.)

① $J = \chi B$
② $B = \mu H$
③ $\mu = \mu_0 + \chi$
④ $\mu_s = 1 + \dfrac{\chi}{\mu_0}$

해설
- 자화의 세기 $J = \mu_0(\mu_s - 1)H = \chi H$
- 자속 밀도 $B = \mu_0 H + J$
  $= (\mu_0 + \chi)H = \mu_0 \mu_s H = \mu H$
- 비투자율 $\mu_s = 1 + \dfrac{\chi}{\mu_0}$

08 자유 공간 중에서 $x = -2$, $y = 4$[m]를 통과하고 z축과 평행인 무한장 직선 도체에 $+z$축 방향으로 직류 전류 I[A]가 흐를 때, 점 (2, 4, 0)[m]에서의 자계 H[A/m]는?

① $\dfrac{I}{4\pi}a_y$
② $-\dfrac{I}{4\pi}a_y$
③ $-\dfrac{I}{8\pi}a_y$
④ $\dfrac{I}{8\pi}a_y$

해설 $H = \dfrac{I}{2\pi r} = \dfrac{I}{2\pi \times 4}a_y = \dfrac{I}{8\pi}a_y$ [AT/m]

09 진공 중에 서로 떨어져 있는 두 도체 A, B가 있다. 도체 A에만 1[C]의 전하를 줄 때, 도체 A, B의 전위가 각각 3[V], 2[V]이었다. 지금 도체 A, B에 각각 1[C]과 2[C]의 전하를 주면 도체 A의 전위는 몇 [V]인가?

① 6 ② 7
③ 8 ④ 9

해설 각 도체의 전위
$V_1 = P_{11}Q_1 + P_{12}Q_2$, $V_2 = P_{21}Q_1 + P_{22}Q_2$에서
A 도체에만 1[C]의 전하를 주면
$V_1 = P_{11}\times 1 + P_{12}\times 0 = 3$ ∴ $P_{11} = 3$
$V_2 = P_{21}\times 1 + P_{22}\times 0 = 2$ ∴ $P_{21}(=P_{12}) = 2$
A, B에 각각 1[C], 2[C]을 주면 A 도체의 전위는
$V_1 = 3\times 1 + 2\times 2 = 7$[V]

10 미분 방정식의 형태로 나타낸 맥스웰의 전자계 기초 방정식에 해당되는 것은?

① $\text{rot}\,E = -\dfrac{\partial B}{\partial t}$, $\text{rot}\,H = \dfrac{\partial D}{\partial t}$, $\text{div}\,D = 0$, $\text{div}\,B = 0$

② $\text{rot}\,E = -\dfrac{\partial B}{\partial t}$, $\text{rot}\,H = i+\dfrac{\partial D}{\partial t}$, $\text{div}\,D = \rho$, $\text{div}\,B = 0$

③ $\text{rot}\,E = -\dfrac{\partial B}{\partial t}$, $\text{rot}\,H = i+\dfrac{\partial D}{\partial t}$, $\text{div}\,D = \rho$, $\text{div}\,B = H$

④ $\text{rot}\,E = -\dfrac{\partial B}{\partial t}$, $\text{rot}\,H = i$, $\text{div}\,D = 0$, $\text{div}\,B = 0$

해설 맥스웰의 전자계 기초 방정식
- $\text{rot}\,E = \nabla\times E = -\dfrac{\partial B}{\partial t} = -\mu\dfrac{\partial H}{\partial t}$ (패러데이 전자 유도 법칙의 미분형)
- $\text{rot}\,H = \nabla\times H = i+\dfrac{\partial D}{\partial t}$ (앙페르 주회 적분 법칙의 미분형)
- $\text{div}\,D = \nabla\cdot D = \rho$ (가우스 정리의 미분형)
- $\text{div}\,B = \nabla\cdot B = 0$ (가우스 정리의 미분형)

정답 06.② 07.① 08.④ 09.② 10.②

11 3개의 콘덴서 $C_1 = 1[\mu F]$, $C_2 = 2[\mu F]$, $C_3 = 3[\mu F]$을 직렬 연결하여 600[V]의 전압을 가할 때, C_1 양단 사이에 걸리는 전압은 약 몇 [V]인가?

① 55　　② 164
③ 327　　④ 382

해설 합성 정전 용량

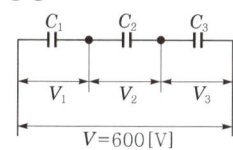

$\dfrac{1}{C_0} = \dfrac{1}{C_1} + \dfrac{1}{C_2} + \dfrac{1}{C_3} = 1 + \dfrac{1}{2} + \dfrac{1}{3} = \dfrac{11}{6}$

$\therefore C_0 = \dfrac{6}{11}[\mu F]$

C_1 양단의 전압

$V_1 = \dfrac{C_0}{C_1}V = \dfrac{6}{11}V = \dfrac{6}{11} \times 600 ≒ 327[V]$

12 전자파의 특성에 대한 설명으로 틀린 것은?
① 전자파의 속도는 주파수와 무관하다.
② 전파 E_x를 고유 임피던스로 나누면 자파 H_y가 된다.
③ 전파 E_x와 자파 H_y의 진동 방향은 진행 방향에 수평인 종파이다.
④ 매질이 도전성을 갖지 않으면 전파 E_x와 자파 H_y는 동위상이 된다.

해설 전자파
• 전자파의 속도 $v = \dfrac{1}{\sqrt{\varepsilon\mu}}[m/s]$
매질의 유전율, 투자율과 관계가 있다.
• 고유 임피던스 $\mu = \dfrac{E_x}{H_y} = \sqrt{\dfrac{\mu}{\varepsilon}}$
$\therefore H_y = \dfrac{E_x}{\mu}$
• 전파 E_x와 자파 H_y의 진동 방향은 진행 방향에 수직인 횡파이다.

13 $q[C]$의 전하가 진공 중에서 $v[m/s]$의 속도로 운동하고 있을 때, 이 운동 방향과 θ의 각으로 $r[m]$ 떨어진 점의 자계의 세기[AT/m]는?

① $\dfrac{q\sin\theta}{4\pi r^2 v}$　　② $\dfrac{v\sin\theta}{4\pi r^2 q}$
③ $\dfrac{qv\sin\theta}{4\pi r^2}$　　④ $\dfrac{v\sin\theta}{4\pi r^2 q^2}$

해설 비오-사바르의 법칙(Biot-Savart's law)

자계의 세기 $H = \dfrac{Il}{4\pi r^2}\sin\theta$

전류 $I = \dfrac{q}{t}$, 속도 $v = \dfrac{l}{t}$, $l = v \cdot t$이므로

$Il = \dfrac{q}{t} \cdot vt = qv$

따라서, 자계의 세기 $H = \dfrac{qv}{4\pi r^2}\sin\theta[AT/m]$

14 유전율 ε, 전계의 세기 E인 유전체의 단위 체적에 축적되는 에너지[J/m^3]는?

① $\dfrac{E}{2\varepsilon}$　　② $\dfrac{\varepsilon E}{2}$
③ $\dfrac{\varepsilon E^2}{2}$　　④ $\dfrac{\varepsilon^2 E^2}{2}$

해설 단위 체적당 에너지 밀도
단위 전위차를 가진 부분을 Δl, 단면적을 ΔS라 하면

$W = \dfrac{1}{2}\dfrac{1}{\Delta l \Delta S} = \dfrac{1}{2}E \cdot D (D = \varepsilon E)$

$= \dfrac{1}{2}\dfrac{D^2}{\varepsilon} = \dfrac{1}{2}\varepsilon E^2[J/m^3]$

여기서, $\dfrac{1}{\Delta l}$: 전위 경도

　　　$\dfrac{1}{\Delta S}$: 패러데이관의 밀도, 즉 전속 밀도

15 전위 함수가 $V = 2x + 5yz + 3$일 때, 점 (2, 1, 0)에서의 전계의 세기는?

① $-2i - 5j - 3k$　　② $i + 2j + 3k$
③ $-2i - 5k$　　④ $4i + 3k$

정답 11. ③　12. ③　13. ③　14. ③　15. ③

[해설]
$$E = -\operatorname{grad} V = -\nabla V$$
$$= -\left(\frac{\partial}{\partial x}i + \frac{\partial}{\partial y}j + \frac{\partial}{\partial z}k\right)(2x + 5yz + 3)$$
$$= -(2i + 5zj + 5yk)[\text{V/m}]$$
$$\therefore [E]_{x=2,\ y=1,\ z=0} = -2i - 5k[\text{V/m}]$$

16 자기 회로와 전기 회로의 대응으로 틀린 것은?

① 자속 ↔ 전류
② 기자력 ↔ 기전력
③ 투자율 ↔ 유전율
④ 자계의 세기 ↔ 전계의 세기

[해설]

자기회로	전기회로
기자력 $F = NI$	기전력 E
자기저항 $R_m = \dfrac{l}{\mu S}$	저항 $R = \dfrac{l}{kS}$
자속 $\phi = \dfrac{F}{R_m}$	전류 $I = \dfrac{E}{R}$
투자율 μ	도전율 k
자계의 세기 H	전계의 세기 E

17 송전선의 전류가 0.01초 사이에 10[kA] 변화될 때 이 송전선에 나란한 통신선에 유도되는 유도 전압은 몇 [V]인가? (단, 송전선과 통신선 간의 상호 유도 계수는 0.3[mH]이다.)

① 30
② 300
③ 3,000
④ 30,000

[해설] 유도 전압
$$V = M\frac{dI}{dt} = 0.3 \times 10^{-3} \times \frac{10 \times 10^3}{0.01} = 300[\text{V}]$$
$$e = -M\frac{di}{dt}$$
$$= -0.3 \times 10^{-3} \times \frac{10 \times 10^3}{0.01} = -300[\text{V}]$$
여기서, − : 역방향

18 반경 r_1, r_2인 동심구가 있다. 반경 r_1, r_2인 구껍질에 각각 $+Q_1$, $+Q_2$의 전하가 분포되어 있는 경우 $r_1 \leq r \leq r_2$에서의 전위는?

① $\dfrac{1}{4\pi\varepsilon_0}\left(\dfrac{Q_1 + Q_2}{r}\right)$

② $\dfrac{1}{4\pi\varepsilon_0}\left(\dfrac{Q_1}{r_1} + \dfrac{Q_2}{r_2}\right)$

③ $\dfrac{1}{4\pi\varepsilon_0}\left(\dfrac{Q_2}{r} + \dfrac{Q_1}{r_2}\right)$

④ $\dfrac{1}{4\pi\varepsilon_0}\left(\dfrac{Q_1}{r} + \dfrac{Q_2}{r_2}\right)$

[해설] 반경 r의 전위는 외구 표면 전위(V_2) $r \sim r_2$의 사이의 전위차(Vr_2)의 합이므로
$$\therefore V = V_2 + Vr_2$$
$$= \frac{Q_1 + Q_2}{4\pi\varepsilon_0 r_2} + \frac{Q_1}{4\pi\varepsilon_0}\left(\frac{1}{r} - \frac{1}{r_2}\right)$$
$$= \frac{1}{4\pi\varepsilon_0}\left(\frac{Q_1}{r} + \frac{Q_2}{r_2}\right)[\text{V}]$$

19 진공 중에서 $+q[\text{C}]$과 $-q[\text{C}]$의 점전하가 미소 거리 $a[\text{m}]$만큼 떨어져 있을 때 이 쌍극자가 P점에 만드는 전계[V/m]와 전위 [V]의 크기는?

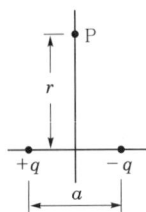

① $E = \dfrac{qa}{4\pi\varepsilon_0 r^2}$, $V = 0$

② $E = \dfrac{qa}{4\pi\varepsilon_0 r^3}$, $V = 0$

③ $E = \dfrac{qa}{4\pi\varepsilon_0 r^2}$, $V = \dfrac{qa}{4\pi\varepsilon_0 r}$

④ $E = \dfrac{qa}{4\pi\varepsilon_0 r^3}$, $V = \dfrac{qa}{4\pi\varepsilon_0 r^2}$

정답 16. ③ 17. ② 18. ④ 19. ②

해설 전기 쌍극자와 전계의 세기

$$E = \frac{M}{4\pi\varepsilon_0 r^3}\sqrt{1+3\cos\theta^2}$$

전기 쌍극자 모멘트 $M = q \cdot a [\text{C} \cdot \text{m}]$
$\theta = 90°$ 이므로 $\cos 90° = 0$

$$\therefore E = \frac{M}{4\pi\varepsilon_0 r^3} = \frac{q \cdot a}{4\pi\varepsilon_0 r^3} [\text{V/m}]$$

전기 쌍극자의 전위

$$V = \frac{M}{4\pi\varepsilon_0 r^2}\cos\theta [\text{V}]$$

$\theta = 90°$ 이므로 $\cos 90° = 0$
$\therefore V = 0 [\text{V}]$

20 평등 자계와 직각 방향으로 일정한 속도로 발사된 전자의 원운동에 관한 설명으로 옳은 것은?

① 플레밍의 오른손 법칙에 의한 로렌츠의 힘과 원심력의 평형 원운동이다.
② 원의 반지름은 전자의 발사 속도와 전계의 세기의 곱에 반비례한다.
③ 전자의 원운동 주기는 전자의 발사 속도와 무관하다.
④ 전자의 원운동 주파수는 전자의 질량에 비례한다.

해설 전자의 원운동은 힘의 평형에서

로렌츠의 힘=원심력 $eBv = \dfrac{mv^2}{r}$ 일 때

- 반경 $r = \dfrac{mv}{eB} [\text{m}]$
- 각속도 $\omega = \dfrac{eB}{m} [\text{rad/s}] = 2\pi f(2\pi n)$
- 주기 $T = \dfrac{1}{f} = \dfrac{2\pi m}{eB} [\text{s}]$

따라서, 원운동의 주기는 발사 속도와 무관하고 로렌츠의 힘은 플레밍의 왼손 법칙에 의한다.

정답 20. ③

2025년 제3회 CBT 기출복원문제

01 액체 유전체를 넣은 콘덴서의 용량이 20[μF] 이다. 여기에 500[V]의 전압을 가했을 때의 누설 전류는 몇 [mA]인가? (단, 고유 저항 $\rho = 10^{11}[\Omega \cdot m]$, 비유전율 $\varepsilon_s = 2.2$이다.)

① 4.1　　② 4.5
③ 5.1　　④ 5.6

[해설] $RC = \rho\varepsilon$에서 $R = \dfrac{\rho\varepsilon}{C}$이므로

$$I = \frac{V}{R} = \frac{CV}{\rho\varepsilon} = \frac{CV}{\rho\varepsilon_0\varepsilon_s}$$

$$= \frac{20 \times 10^{-6} \times 500}{10^{11} \times 8.855 \times 10^{-12} \times 2.2}$$

$$\fallingdotseq 5.1 \times 10^{-3}[A]$$

$$= 5.1[mA]$$

02 자기 인덕턴스 50[mH]의 회로에 흐르는 전류가 매초 100[A]의 비율로 감소할 때 자기 유도 기전력은?

① $5 \times 10^{-4}[mV]$　　② 5[V]
③ 40[V]　　④ 200[V]

[해설] $e = L \cdot \dfrac{di}{dt} = 50 \times 10^{-3} \times \dfrac{100}{1} = 5[V]$

03 지표면에 대지로 향하는 300[V/m]의 전계가 있다면 지표면의 전하 밀도의 크기는 몇 [C/m²]인가?

① 1.33×10^{-9}　　② 2.66×10^{-9}
③ 1.33×10^{-7}　　④ 2.66×10^{-7}

[해설] 전계의 방향이 표면이므로 지표면의 전하는 부 (−)이다.

$$E = -\frac{\rho_s}{\varepsilon_0}[V/m]$$

$$\therefore \rho_s = -\varepsilon_0 E$$

$$= -8.855 \times 10^{-12} \times 300$$

$$= -2.66 \times 10^{-9}[C/m^2]$$

04 $C = 5[\mu F]$인 평행판 콘덴서에 5[V]인 전압을 걸어줄 때 콘덴서에 축적되는 에너지는 몇 [J]인가?

① 6.25×10^{-5}　　② 6.25×10^{-3}
③ 1.25×10^{-5}　　④ 1.25×10^{-3}

[해설] $W = \dfrac{1}{2}CV^2 = \dfrac{1}{2} \times 5 \times 10^{-6} \times 5^2$

$$= 6.25 \times 10^{-5}[J]$$

05 전류 $I[A]$가 반지름 $a[m]$의 원주를 균일하게 흐를 때, 원주 내부의 중심에서 $r[m]$ 떨어진 원주 내부점의 자계 세기는 몇 [AT/m] 인가?

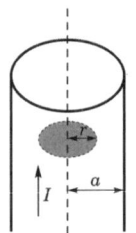

① $\dfrac{Ir}{2\pi a^2}$　　② $\dfrac{Ir}{2\pi a}$
③ $\dfrac{Ir}{\pi a^2}$　　④ $\dfrac{Ir}{\pi a}$

[해설] 그림에서 내부에 앙페르의 주회 적분 법칙을 적용하면

$$2\pi r \cdot H_i = I \times \frac{\pi r^2}{\pi a^2}$$

$$\therefore H_i = \frac{Ir}{2\pi a^2}[AT/m]$$

[정답] 01. ③　02. ②　03. ②　04. ①　05. ①

06 전계 내에서 폐회로를 따라 전하를 일주시킬 때 전계가 행하는 일은 몇 [J]인가?

① ∞ ② π
③ 1 ④ 0

해설 폐회로를 따라 단위 정전하를 일주시킬 때 전계가 하는 일은 0이다. 즉, 정전계는 에너지 보존적이다.
$\oint_c \boldsymbol{E} \cdot dl = 0$

07 두 개의 자하 m_1, m_2 사이에 작용되는 쿨롱의 법칙으로서 자하 간의 자기력에 대한 설명으로 옳지 않은 것은?

① 두 자하가 동일 극성이면 반발력이 작용한다.
② 두 자하가 서로 다른 극성이면 흡인력이 작용한다.
③ 두 자하의 거리에 반비례한다.
④ 두 자하의 곱에 비례한다.

해설 $\boldsymbol{F} = \dfrac{1}{4\pi\mu_0} \times \dfrac{m_1 m_2}{r^2}$ [H]

08 자계 B의 안에 놓여 있는 전류 I의 회로 C가 받는 힘 F의 식으로 옳은 것은? (단, dl은 미소 변위이다.)

① $\boldsymbol{F} = \oint_c (Idl) \times \boldsymbol{B}$
② $\boldsymbol{F} = \oint_c (I\boldsymbol{B}) \times dl$
③ $\boldsymbol{F} = \oint_c (I^2 dl) \cdot \boldsymbol{B}$
④ $\boldsymbol{F} = \oint_c (-I^2 \boldsymbol{B}) \cdot dl$

해설 자속 밀도 $\boldsymbol{B}$[Wb/m^2] 중에 있는 길이 l[m]의 도선에 전류 I[A]가 흐를 때, 작용하는 힘은
$\boldsymbol{F} = Il\boldsymbol{B}\sin\theta$ [N]
$d\boldsymbol{F} = Idl \times \boldsymbol{B}$ [N]
$\therefore \boldsymbol{F} = \oint_c (Idl) \times \boldsymbol{B}$ [N]

09 판자석의 세기가 P[Wb/m] 되는 판자석을 보는 입체각 ω인 점의 자위는 몇 [A]인가?

① $\dfrac{P}{4\pi\mu_0 \omega}$ ② $\dfrac{P\omega}{4\pi\mu_0}$
③ $\dfrac{P}{2\pi\mu_0 \omega}$ ④ $\dfrac{P\omega}{2\pi\mu_0}$

해설 판 전체에 대한 자위
$u = \int du = \dfrac{P}{4\pi\mu_0} \int d\omega = \dfrac{P}{4\pi\mu_0} \cdot \omega$ [A]
단, 입체각 $\omega = 2\pi(1-\cos\theta)$

10 두께 d[m]인 판상 유전체의 양면 사이에 150[V]의 전압을 가하였을 때 내부에서의 전계가 3×10^4[V/m]이었다. 이 판상 유전체의 두께는 몇 [mm]인가?

① 2 ② 5
③ 10 ④ 20

해설 $E = \dfrac{V}{d}$ [V/m]
$\therefore d = \dfrac{V}{E} = \dfrac{150}{3 \times 10^4} = 0.005$[m] = 5[mm]

11 반지름 a[m]인 접지 도체구의 중심에서 r[m] 되는 거리에 점전하 Q[C]를 놓았을 때 도체구에 유도된 총 전하는 몇 [C]인가?

① 0 ② $-Q$
③ $-\dfrac{a}{r}Q$ ④ $-\dfrac{r}{a}Q$

해설
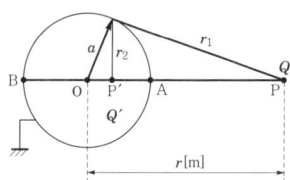

영상점 P'의 위치는 OP' = $\dfrac{a^2}{r}$ [m]
영상 전하의 크기는
$\therefore Q' = -\dfrac{a}{r}Q$ [C]

정답 06.④ 07.③ 08.① 09.② 10.② 11.③

12 여러 가지 도체의 전하 분포에 있어서 각 도체의 전하를 n배할 경우 중첩의 원리가 성립하기 위해서는 그 전위는 어떻게 되는가?

① $\frac{1}{2}n$배가 된다.
② n배가 된다.
③ $2n$배가 된다.
④ n^2배가 된다.

해설 $V_i = p_{i1}Q_1 + p_{i2}Q_2 + \cdots + p_{in}Q_n$에서 각 전하가 n배가 되면 V_i는 n배가 된다.

13 자극의 세기가 8×10^{-6}[Wb]이고, 길이가 30[cm]인 막대 자석을 120[AT/m] 평등 자계 내에 자력선과 30°의 각도로 놓았다면 자석이 받는 회전력은 몇 [N·m]인가?

① 1.44×10^{-4}
② 1.44×10^{-5}
③ 2.88×10^{-4}
④ 2.88×10^{-5}

해설 자계 내에 막대 자석이 받는 회전력
$T = MH\sin\theta$
$= mlH\sin\theta$
$= 8 \times 10^{-6} \times 0.3 \times 120 \times \sin 30°$
$= 1.44 \times 10^{-4}$[N·m]

14 권수가 N인 철심이 든 환상 솔레노이드가 있다. 철심의 투자율을 일정하다고 하면, 이 솔레노이드의 자기 인덕턴스 L[H]은? (단, 여기서 R_m은 철심의 자기 저항이고, 솔레노이드에 흐르는 전류를 I라 한다.)

① $L = \frac{R_m}{N^2}$
② $L = \frac{N^2}{R_m}$
③ $L = R_m N^2$
④ $L = \frac{N}{R_m}$

해설 $L = \frac{N\phi}{I} = \frac{N \cdot \frac{F}{R_m}}{I} = \frac{N \cdot \frac{NI}{R_m}}{I} = \frac{N^2}{R_m}$[H]

15 속도 v[m/s] 되는 전자가 자속 밀도 B[Wb/m²]인 평등 자계 중에 자계와 수직으로 입사했을 때 전자 궤도의 반지름 r은 몇 [m]인가?

① $\frac{ev}{mB}$
② $\frac{mB}{ev}$
③ $\frac{eB}{mv}$
④ $\frac{mv}{eB}$

해설 전자의 원운동
- 회전 반경 : $r = \frac{mv}{eB}$[m]
- 각속도 : $\omega = \frac{eB}{m}$[rad/s]
- 주기 : $T = \frac{2\pi m}{eB}$[s]

16 변위 전류 밀도를 나타낸 식은? (단, ϕ는 자속, D는 전속 밀도, B는 자속 밀도, $N\phi$는 자속 쇄교수이다.)

① $i_d = \frac{d(N\phi)}{dt}$
② $i_d = \frac{d\phi}{dt}$
③ $i_d = \frac{dD}{dt}$
④ $i_d = \frac{dB}{dt}$

해설 변위 전류 밀도 $i_d = \frac{\partial D}{\partial t}$[A/m²]로 전속 밀도의 시간적 변화이다.

17 다음 중 맥스웰의 전자 방정식으로 옳지 않은 것은?

① $\text{rot}H = i + \frac{\partial D}{\partial t}$
② $\text{rot}E = -\frac{\partial B}{\partial t}$
③ $\text{div}B = \phi$
④ $\text{div}D = \rho$

해설 $\text{div}B = \nabla \cdot B = 0$

정답 12. ② 13. ① 14. ② 15. ④ 16. ③ 17. ③

18 두 유전체가 접했을 때 $\dfrac{\tan\theta_1}{\tan\theta_2} = \dfrac{\varepsilon_1}{\varepsilon_2}$ 의 관계식에서 $\theta_1 = 0°$일 때의 표현으로 틀린 것은?

① 전속 밀도는 불변이다.
② 전기력선은 굴절하지 않는다.
③ 전계는 불연속적으로 변한다.
④ 전기력선은 유전율이 큰 쪽에 모여진다.

해설 $\theta_1 = 0°$, 즉 전계가 경계면에 수직일 때
- 입사각 $\theta_1 = 0$, 굴절각 $\theta_2 = 0$: 굴절하지 않는다.
- $D_1\cos\theta_1 = D_2\cos\theta_2$, $D_1 = D_2$: 전속 밀도는 불변(연속)이다.
- $E_1\sin\theta_1 = E_2\sin\theta_2$, $E_1 \neq E_2$: 전계는 불연속이다.
- 전속은 유전율이 큰 쪽으로 모이려는 성질이 있고, 전기력선은 유전율이 작은 쪽으로 모인다.

19 어떤 콘덴서에 비유전율 ε_s인 유전체로 채워져 있을 때의 정전 용량 C와 공기로 채워져 있을 때의 정전 용량 C_0의 비 $\dfrac{C}{C_0}$는?

① ε_s ② $\dfrac{1}{\varepsilon_s}$
③ $\sqrt{\varepsilon_s}$ ④ $\dfrac{1}{\sqrt{\varepsilon_s}}$

해설
- 정전 용량 $C_0 = \dfrac{\varepsilon_0 S}{d}$, $C = \dfrac{\varepsilon S}{d}$
- 비유전율 $\varepsilon_s = \dfrac{C}{C_0} = \dfrac{\varepsilon}{\varepsilon_0}$

20 강자성체의 자속 밀도 B의 크기와 자화의 세기 J의 크기를 비교할 때 옳은 것은?

① J는 B보다 약간 크다.
② J는 B보다 대단히 크다.
③ J는 B보다 약간 작다.
④ J는 B보다 대단히 작다.

해설 $B = \mu_0 H + J = 4\pi \times 10^{-7} H + J$
∴ $J = B - \mu_0 H \, [\text{Wb/m}^2]$
따라서, J는 B보다 약간 작다.

정답 18. ④ 19. ① 20. ③

"할 수 있다고 믿는 사람은 그렇게 되고,
할 수 없다고 믿는 사람 역시 그렇게 된다."

- 샤를 드골 -

전기 시리즈 감수위원

구영모 연성대학교
김우성, 이돈규 동의대학교
류선희 대양전기직업학교
박동렬 서영대학교
박명석 한국폴리텍대학 광명융합캠퍼스
박재준 중부대학교

신재현 경기인력개발원
오선호 한국폴리텍대학 화성캠퍼스
이재원 대산전기직업학교
차대중 한국폴리텍대학 안성캠퍼스
허동렬 경남정보대학교

가나다 순

①전기자기학

2021. 2. 15. 초 판 1쇄 발행
2026. 1. 7. 5차 개정증보 5판 1쇄 발행

검인

지은이 | 전수기
펴낸이 | 이종춘
펴낸곳 | BM ㈜도서출판 성안당

주소 | 04032 서울시 마포구 양화로 127 첨단빌딩 3층(출판기획 R&D 센터)
       | 10881 경기도 파주시 문발로 112 파주 출판 문화도시(제작 및 물류)
전화 | 02) 3142-0036
      | 031) 950-6300
팩스 | 031) 955-0510
등록 | 1973. 2. 1. 제406-2005-000046호
출판사 홈페이지 | www.cyber.co.kr
ISBN | 978-89-315-1431-5 (13560)
정가 | 22,000원

이 책을 만든 사람들
책임 | 최옥현
진행 | 박경희
교정·교열 | 김원갑
전산편집 | 이다혜
표지 디자인 | 박원석
홍보 | 김계향, 임진성, 김주승, 최정민, 이해솜
국제부 | 이선민, 조혜란
마케팅 | 구본철, 차정욱, 오영일, 나진호, 강호묵
마케팅 지원 | 장상범
제작 | 김유석

이 책의 어느 부분도 저작권자나 BM ㈜도서출판 성안당 발행인의 승인 문서 없이 일부 또는 전부를 사진 복사나 디스크 복사 및 기타 정보 재생 시스템을 비롯하여 현재 알려지거나 향후 발명될 어떤 전기적, 기계적 또는 다른 수단을 통해 복사하거나 재생하거나 이용할 수 없음.

※ 잘못된 책은 바꾸어 드립니다.

시험 직전 한눈에 보는 전기자기학 암기노트

1 벡터

(1) 벡터의 곱
① 내적, 스칼라적
$$A \cdot B = |A||B|\cos\theta$$
② 외적, 벡터적
  ㉠ $A \times B = |A||B|\sin\theta \vec{n}$
  ㉡ 외적의 크기($|A \times B|$) : 평행사변형의 면적

(2) 미분 연산자
① nabla 또는 del : ∇
$$\nabla = \frac{\partial}{\partial x}i + \frac{\partial}{\partial y}j + \frac{\partial}{\partial z}k$$
② 라플라시안(Laplacian)
$$\nabla^2 = \frac{\partial^2}{\partial x^2} + \frac{\partial^2}{\partial y^2} + \frac{\partial^2}{\partial z^2}$$

(3) 벡터의 미분
① 스칼라의 기울기(구배)
$$\operatorname{grad}\phi = \nabla\phi = \left(i\frac{\partial}{\partial x} + j\frac{\partial}{\partial y} + k\frac{\partial}{\partial z}\right)\phi$$
$$= i\frac{\partial\phi}{\partial x} + j\frac{\partial\phi}{\partial y} + k\frac{\partial\phi}{\partial z}$$
② 벡터의 발산
$$\operatorname{div} A = \nabla \cdot A$$
$$= \left(i\frac{\partial}{\partial x} + j\frac{\partial}{\partial y} + k\frac{\partial}{\partial z}\right) \cdot (iA_x + jA_y + kA_z)$$
$$= \frac{\partial}{\partial x}A_x + \frac{\partial}{\partial y}A_y + \frac{\partial}{\partial z}A_z$$
③ 벡터의 회전
$$\operatorname{rot} A = \operatorname{curl} A = \nabla \times A$$

(4) 스토크스(Stokes)의 정리와 발산의 정리
① 스토크스의 정리 : $\oint A \cdot dl = \int_s \operatorname{rot} A \cdot ds$
② 발산의 정리 : $\int_s A \cdot ds = \int_v \operatorname{div} A \cdot dv$

2 진공 중의 정전계

(1) 쿨롱의 법칙
두 전하 사이에 작용하는 힘
$$F = K\frac{Q_1 Q_2}{r^2} = \frac{Q_1 Q_2}{4\pi\varepsilon_0 r^2} = 9 \times 10^9 \frac{Q_1 Q_2}{r^2} [N]$$
진공의 유전율 $\varepsilon_0 = 8.855 \times 10^{-12} [F/m]$

(2) 전계의 세기
$$E = \frac{F}{q} = \frac{1}{4\pi\varepsilon_0} \times \frac{Q}{r^2} = 9 \times 10^9 \times \frac{Q}{r^2} [N/C]$$

(3) 가우스(Gauss)의 법칙
전기력선의 총수 $N = \int_s E \cdot ds = \frac{Q}{\varepsilon_0}$

(4) 가우스 정리에 의한 전계의 세기
① 점전하에 의한 전계의 세기
$$E = \frac{Q}{4\pi\varepsilon_0 r^2} = 9 \times 10^9 \frac{Q}{r^2} [V/m]$$
② 무한 직선 전하에 의한 전계의 세기
$$E = \frac{\lambda}{2\pi\varepsilon_0 r} = 18 \times 10^9 \frac{\lambda}{r} [V/m]$$
③ 무한 평면 전하에 의한 전계의 세기
$$E = \frac{\rho_s}{2\varepsilon_0} [V/m]$$
④ 무한 평행판에서의 전계의 세기
  ㉠ 평행판 외부 전계의 세기 : $E_o = 0$
  ㉡ 평행판 사이의 전계의 세기 : $E_i = \frac{\rho_s}{\varepsilon_0} [V/m]$
⑤ 도체 표면에서의 전계의 세기
$$E = \frac{\rho_s}{\varepsilon_0} [V/m]$$
⑥ 중공 구도체의 전계의 세기
  ㉠ 내부 전계의 세기($r < a$) : $E_i = 0$
  ㉡ 표면 전계의 세기($r = b$) : $E = \frac{Q}{4\pi\varepsilon_0 b^2} [V/m]$
  ㉢ 외부 전계의 세기($r > b$) : $E_o = \frac{Q}{4\pi\varepsilon_0 r^2} [V/m]$
⑦ 전하가 균일하게 분포된 구도체
  ㉠ 외부에서의 전계의 세기($r > a$) : $E_o = \frac{Q}{4\pi\varepsilon_0 r^2} [V/m]$
  ㉡ 표면에서의 전계의 세기($r = a$) : $E = \frac{Q}{4\pi\varepsilon_0 a^2} [V/m]$
  ㉢ 내부에서의 전계의 세기($r < a$) : $E_i = \frac{rQ}{4\pi\varepsilon_0 a^3} [V/m]$
⑧ 전하가 균일하게 분포된 원주(원통) 도체
  ㉠ 외부에서의 전계의 세기($r > a$) : $E_o = \frac{\rho_l}{2\pi\varepsilon_0 r} [V/m]$
  ㉡ 표면에서의 전계의 세기($r = a$) : $E = \frac{\rho_l}{2\pi\varepsilon_0 a} [V/m]$
  ㉢ 내부에서의 전계의 세기($r < a$) : $E_i = \frac{r\rho_l}{2\pi\varepsilon_0 a^2} [V/m]$

(5) 전위
$$V_p = \frac{W}{Q} = -\int_\infty^r E \cdot dr = \int_r^\infty E \cdot dr [J/C] = [V]$$

(6) 전위 경도
$$E = -\operatorname{grad} V = -\nabla V$$

(7) 푸아송 및 라플라스 방정식
① 푸아송(Poisson) 방정식
$$\nabla^2 V = -\frac{\rho_v}{\varepsilon_0}$$
② 라플라스(Laplace) 방정식
$\rho_v = 0$일 때 $\nabla^2 V = 0$

(8) 전기 쌍극자

① 전위
$$V = \frac{Q\delta}{4\pi\varepsilon_0 r^2}\cos\theta = \frac{M}{4\pi\varepsilon_0 r^2}\cos\theta \text{ [V]}$$

② 전계의 세기

㉠ r성분의 전계의 세기 : $E_r = \dfrac{2M}{4\pi\varepsilon_0 r^3}\cos\theta$ [V/m]

㉡ θ성분의 전계의 세기 : $E_\theta = \dfrac{M}{4\pi\varepsilon_0 r^3}\sin\theta$ [V/m]

㉢ 전전계의 세기
$$E = \sqrt{E_r^2 + E_\theta^2} = \frac{M}{4\pi\varepsilon_0 r^3}\sqrt{1 + 3\cos^2\theta} \text{ [V/m]}$$

3 도체계와 정전용량

(1) 도체 모양에 따른 정전용량

① 구도체의 정전용량
$$C = \frac{Q}{V} = 4\pi\varepsilon_0 a = \frac{1}{9}\times 10^{-9}\times a \text{ [F]}$$

② 동심구의 정전용량
$$C = \frac{4\pi\varepsilon_0}{\dfrac{1}{a}-\dfrac{1}{b}} = \frac{4\pi\varepsilon_0 ab}{b-a} \text{ [F]}$$

③ 동심원통 도체(동축케이블)의 정전용량
$$C = \frac{2\pi\varepsilon_0 l}{\ln\dfrac{b}{a}} \text{ [F]}$$

④ 평행판 콘덴서의 정전용량
$$C = \frac{\varepsilon_0 S}{d} \text{ [F]}$$

⑤ 평행 왕복도선 간의 정전용량
단위길이당 정전용량($d \gg a$인 경우)
$$C = \frac{\pi\varepsilon_0}{\ln\dfrac{d}{a}} \text{ [F/m]}$$

(2) 콘덴서 연결

① 콘덴서 병렬 연결(V=일정)
합성 정전용량 : $C_0 = C_1 + C_2$ [F]

② 콘덴서 직렬 연결(Q=일정)
합성 정전용량 : $\dfrac{1}{C_0} = \dfrac{1}{C_1} + \dfrac{1}{C_2}$, $C_0 = \dfrac{C_1 C_2}{C_1 + C_2}$ [F]

(3) 정전에너지
$$W = \frac{Q^2}{2C} = \frac{1}{2}CV^2 = \frac{1}{2}QV \text{ [J]}$$

(4) 정전 흡인력
$$f = \frac{1}{2}\varepsilon_0 E^2 = \frac{D^2}{2\varepsilon_0} = \frac{1}{2}ED \text{ [N/m}^2\text{]}$$

4 유전체

(1) 복합 유전체의 정전용량

① 서로 다른 유전체를 극판과 수직으로 채우는 경우

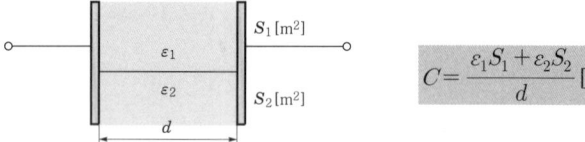

$$C = \frac{\varepsilon_1 S_1 + \varepsilon_2 S_2}{d} \text{ [F]}$$

② 서로 다른 유전체를 극판과 평행하게 채우는 경우

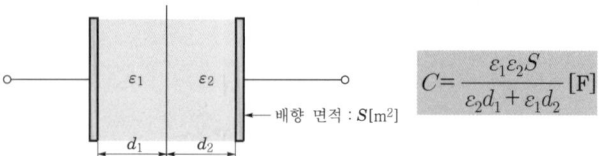

$$C = \frac{\varepsilon_1 \varepsilon_2 S}{\varepsilon_2 d_1 + \varepsilon_1 d_2} \text{ [F]}$$

③ 공기 콘덴서에 유전체를 판 간격 절반만 평행하게 채운 경우

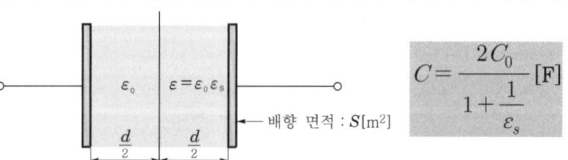

$$C = \frac{2C_0}{1 + \dfrac{1}{\varepsilon_s}} \text{ [F]}$$

(2) 전속밀도 D [C/m²]

전속밀도는 **단위면적당 전속의 수**

* 전속밀도와 전계의 세기와의 관계 : $D = \varepsilon E$ [C/m²]

(3) 분극의 세기
$$P = D - \varepsilon_0 E = D\left(1 - \frac{1}{\varepsilon_s}\right) = \varepsilon_0 \varepsilon_s E - \varepsilon_0 E = \varepsilon_0(\varepsilon_s - 1)E = \chi E \text{ [C/m}^2\text{]}$$

① 분극률 : $\chi = \varepsilon_0(\varepsilon_s - 1)$

② 비분극률 : $\dfrac{\chi}{\varepsilon_0} = \chi_e = \varepsilon_s - 1$

(4) 유전체 경계면에 작용하는 힘

① 전계가 경계면에 수직으로 입사 시($\varepsilon_1 > \varepsilon_2$)
$$f = \frac{1}{2}\left(\frac{1}{\varepsilon_2} - \frac{1}{\varepsilon_1}\right)D^2 \text{ [N/m}^2\text{]}$$

② 전계가 경계면에 수평으로 입사 시($\varepsilon_1 > \varepsilon_2$)
$$f = \frac{1}{2}(\varepsilon_1 - \varepsilon_2)E^2 \text{ [N/m}^2\text{]}$$

5 전기영상법

(1) 접지 무한 평면도체와 점전하

① 영상전하(Q') : $Q' = -Q$ [C]

② 무한 평면과 점전하 사이에 작용하는 힘 : $F = -\dfrac{Q^2}{16\pi\varepsilon_0 d^2}$ [N]

(2) 무한 평면도체와 선전하

① 영상 선전하 밀도 : $\lambda' = -\lambda$ [C/m]

② 무한 평면과 선전하 사이에 작용하는 단위길이당 작용하는 힘
$$F = -\lambda E = -\frac{\lambda^2}{4\pi\varepsilon_0 h} \text{ [N/m]}$$

(3) 접지 구도체와 점전하

① 영상전하의 위치 : **구 중심에서 $\dfrac{a^2}{d}$인 점**

② 영상전하의 크기 : $Q' = -\dfrac{a}{d}Q$ [C]

③ 구도체와 점전하 사이에 작용하는 힘
$$F = \frac{QQ'}{4\pi\varepsilon_0\left(d - \dfrac{a^2}{d}\right)^2} = \frac{-adQ^2}{4\pi\varepsilon_0(d^2 - a^2)^2} \text{ [N]}$$

6 전류

(1) 전류밀도
$$J = \frac{I}{S} = Qv = nev = ne\mu E = kE = \frac{E}{\rho} \text{ [A/m}^2\text{]}$$

(2) 전기저항과 정전용량의 관계
$$RC = \rho\varepsilon, \quad \frac{C}{G} = \frac{\varepsilon}{k}$$

(3) 전기의 여러 가지 현상

① 제벡효과 : **서로 다른 금속을 접속하고 접속점을 서로 다른 온도를 유지하면** 기전력이 생겨 일정한 방향으로 전류가 흐른다. 이러한 현상을 제벡효과(Seebeck effect)라 한다.

② 펠티에 효과 : **서로 다른 두 금속에서 다른 쪽 금속으로 전류를 흘리면** 열의 발생 또는 흡수가 일어나는데 이 현상을 펠티에 효과라 한다.

③ 톰슨효과 : 동종의 금속에서도 각 부에서 온도가 다르면 그 부분에서 열의 발생 또는 흡수가 일어나는 효과를 톰슨효과라 한다.

7 진공 중의 정자계

(1) 자계의 쿨롱의 법칙

① 두 자하(자극) 사이에 미치는 힘

$$F = K\frac{m_1 m_2}{r^2} = \frac{1}{4\pi\mu_0}\frac{m_1 m_2}{r^2} = 6.33 \times 10^4 \frac{m_1 m_2}{r^2} [N]$$

② 진공의 투자율 : $\mu_0 = 4\pi \times 10^{-7} = 12.56 \times 10^{-7} [H/m]$

(2) 자계의 세기

① 자계의 세기

$$H = \frac{1}{4\pi\mu}\frac{m}{r^2} = 6.33 \times 10^4 \frac{m}{r^2} [AT/m] = [N/Wb]$$

② 쿨롱의 힘과 자계의 세기와의 관계

$$F = mH[N], \quad H = \frac{F}{m}[A/m], \quad m = \frac{F}{H}[Wb]$$

(3) 자기 쌍극자

① 자위

$$U = \frac{ml}{4\pi\mu_0 r^2}\cos\theta = \frac{M}{4\pi\mu_0 r^2}\cos\theta = 6.33 \times 10^4 \frac{M\cos\theta}{r^2}[A]$$

② 자계의 세기

$$H = \frac{M}{4\pi\mu_0 r^3}\sqrt{1 + 3\cos^2\theta}\,[AT/m]$$

(4) 막대자석의 회전력

$$T = MH\sin\theta = mlH\sin\theta [N\cdot m]$$

(5) 앙페르의 오른나사법칙

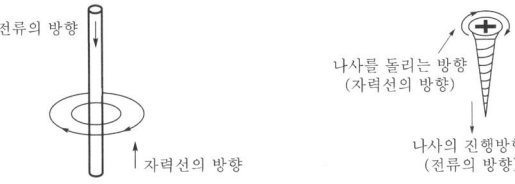

전류에 의한 자계의 방향을 결정하는 법칙

(6) 앙페르의 주회적분법칙

자계 경로를 따라 선적분한 값은 폐회로 내의 전류 총합과 같다.

$$\oint H \cdot dl = \Sigma I$$

(7) 앙페르의 주회적분법칙 계산 예

① 무한장 직선 전류에 의한 자계의 세기

$$H = \frac{I}{2\pi r}[A/m]$$

② 반무한장 직선 전류에 의한 자계의 세기

$$H = \frac{I}{2\pi r} \times \frac{1}{2} = \frac{I}{4\pi r}[A/m]$$

③ 무한장 원통 전류에 의한 자계의 세기

㉠ 전류가 균일하게 흐르는 경우

• 외부 자계의 세기$(r > a)$: $H_o = \dfrac{I}{2\pi r}[AT/m]$

• 내부 자계의 세기$(r < a)$: $H_i = \dfrac{\frac{r^2}{a^2}I}{2\pi r} = \dfrac{rI}{2\pi a^2}[AT/m]$

㉡ 전류가 표면에만 흐르는 경우

• 외부 자계의 세기$(r > a)$: $H_o = \dfrac{I}{2\pi r}[AT/m]$

• 내부 자계의 세기$(r < a)$: $H_i = 0$

④ 무한장 솔레노이드의 자계의 세기

㉠ 내부 자계의 세기 : $H = \dfrac{N}{l}I = nI[AT/m]$

㉡ 외부 자계의 세기 : $H_o = 0[AT/m]$

⑤ 환상 솔레노이드의 자계의 세기

㉠ 내부 자계의 세기 : $H = \dfrac{NI}{2\pi a}[AT/m]$

㉡ 외부 자계의 세기 : $H_o = 0[AT/m]$

(8) 비오-사바르(Biot-Savart)의 법칙

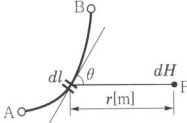

$$dH = \frac{Idl}{4\pi r^2}\sin\theta [AT/m]$$

(9) 원형 전류 중심축상의 자계의 세기

① 중심축상의 자계의 세기 : $H = \dfrac{a^2 I}{2(a^2 + x^2)^{\frac{3}{2}}}[AT/m]$

② 원형 전류(코일) 중심점의 자계의 세기

$$H = \frac{I}{2a}[A/m], \quad H = \frac{NI}{2a}[AT/m]$$

(10) 각 도형 중심 자계의 세기

① 정삼각형 중심 자계의 세기 : $H = \dfrac{9I}{2\pi l}[AT/m]$

② 정사각형(정방형) 중심 자계의 세기 : $H = \dfrac{2\sqrt{2}I}{\pi l}[AT/m]$

③ 정육각형 중심 자계의 세기 : $H = \dfrac{\sqrt{3}I}{\pi l}[AT/m]$

(11) 플레밍의 왼손법칙

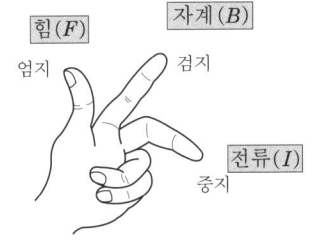

① 자계 중의 도체 전류에 의한 전자력
$F = IlB\sin\theta [N]$

② 하전 입자가 받는 힘
$F = qvB\sin\theta [N]$

③ 로렌츠의 힘
$F = qE + q(v \times B) = q(E + v \times B)[N]$

(12) 전자의 원운동

① 원 반지름 : $r = \dfrac{mv}{eB}[m]$

② 각속도 : $\omega = \dfrac{v}{r} = \dfrac{eB}{m}[rad/s]$

③ 주기 : $T = \dfrac{1}{f} = \dfrac{2\pi}{\omega} = \dfrac{2\pi m}{eB}[s]$

(13) 평행 전류 도선 간에 작용하는 힘

$$F = \frac{\mu_0 I_1 I_2}{2\pi d} = \frac{2I_1 I_2}{d} \times 10^{-7}[N/m]$$

8 자성체 및 자기회로

(1) 자성체의 종류

① 강자성체$(\mu_s \gg 1)$: 철(Fe), 코발트(Co), 니켈(Ni)

② 상자성체$(\mu_s > 1)$: 알루미늄, 백금, 공기

③ 반(역)자성체$(\mu_s < 1)$: 은(Ag), 구리(Cu), 비스무트(Bi), 물

(2) 자화의 세기

$$J = B - \mu_0 H = B\left(1 - \frac{1}{\mu_s}\right) = \mu_0(\mu_s - 1)H = \chi H [Wb/m^2]$$

① 자화율 : $\chi = \mu_0(\mu_s - 1)$

② 비자화율 : $\dfrac{\chi}{\mu_0} = \chi_m = \mu_s - 1$

(3) 영구자석 및 전자석의 재료

① 영구자석의 재료 : 잔류자기와 보자력 모두 크므로 히스테리시스 루프 면적이 크다.

② 전자석의 재료 : 잔류자기는 크고, 보자력은 작으므로 히스테리시스 루프 면적이 적다.

(4) 자기 옴의 법칙

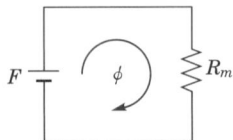

① 자속 : $\phi = \dfrac{F}{R_m}$ [Wb]

② 기자력 : $F = NI$ [AT]

③ 자기저항 : $R_m = \dfrac{l}{\mu S}$ [AT/Wb]

(5) 전기회로와 자기회로의 대응관계

전기회로		자기회로	
도전율	k [℧/m]	투자율	μ [H/m]
전기저항	$R = \rho \dfrac{l}{S} = \dfrac{l}{kS}$ [Ω]	자기저항	$R_m = \dfrac{l}{\mu S}$ [AT/Wb]
기전력	E [V]	기자력	$F = NI$ [AT]
전류	$I = \dfrac{E}{R}$ [A]	자속	$\phi = \dfrac{F}{R_m} = \dfrac{\mu SNI}{l}$ [Wb]
전류밀도	$i = \dfrac{I}{S}$ [A/m²]	자속밀도	$B = \dfrac{\phi}{S}$ [Wb/m²]

(6) 공극을 가진 자기회로

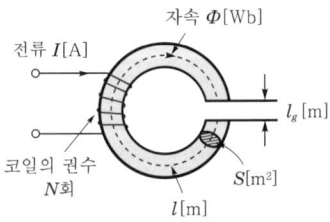

① 합성 자기저항

$R_m' = R_m + R_{l_g} = \dfrac{l}{\mu_0 \mu_s S} + \dfrac{l_g}{\mu_0 S} = \dfrac{l + \mu_s l_g}{\mu S}$ [AT/Wb]

② 공극 존재 시 자기저항비 : $\dfrac{R_m'}{R_m} = \dfrac{l + \mu_s l_g}{l} = 1 + \dfrac{\mu_s l_g}{l}$ 배

(7) 자계에너지 밀도

$W = \dfrac{B^2}{2\mu} = \dfrac{1}{2}\mu H^2$ [J/m³]

(8) 전자석의 흡인력

$F = \dfrac{1}{2}\mu_0 H^2 S = \dfrac{B^2}{2\mu_0} S$ [N]

9 전자유도

(1) 패러데이의 법칙 : 유도기전력의 크기 결정식

$$e = -N\dfrac{d\phi}{dt}$$ [V]

(2) 렌츠의 법칙 : 유도기전력의 방향 결정식

전자유도에 의해 발생하는 기전력은 자속의 증감을 방해하는 방향으로 발생된다.

(3) 플레밍의 오른손법칙

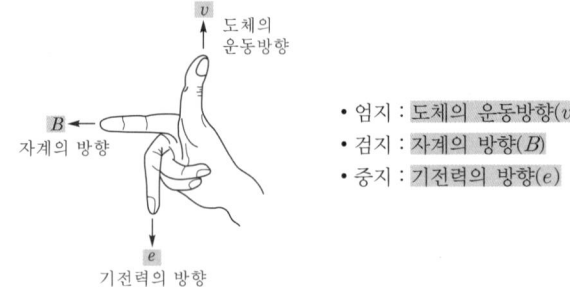

- 엄지 : 도체의 운동방향(v)
- 검지 : 자계의 방향(B)
- 중지 : 기전력의 방향(e)

(4) 자계 내를 운동하는 도체에 발생하는 기전력

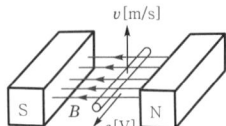

$e = vBl\sin\theta$ [V]

10 인덕턴스

(1) 자기 인덕턴스

$L = \dfrac{N\phi}{I} = \dfrac{NBS}{I}$ [H]

(2) 각 도체의 자기 인덕턴스

① 환상 솔레노이드의 자기 인덕턴스

$L = \dfrac{N\phi}{I} = \dfrac{\mu S N^2}{2\pi a} = \dfrac{\mu S N^2}{l}$ [H]

② 무한장 솔레노이드의 자기 인덕턴스

$L = \dfrac{n\phi}{I} = \mu S n^2 = \mu \pi a^2 n^2$ [H/m]

③ 원통(원주) 도체의 자기 인덕턴스

$L = \dfrac{\mu l}{8\pi}$ [H]

④ 동심 원통(동축 케이블) 사이의 자기 인덕턴스

$L = \dfrac{\phi}{I} = \dfrac{\mu_0}{2\pi} \ln \dfrac{b}{a}$ [H/m]

⑤ 평행 왕복도선 간의 자기 인덕턴스

$L = \dfrac{\phi}{I} = \dfrac{\mu_0}{\pi} \ln \dfrac{d}{a}$ [H/m]

(3) 상호 인덕턴스

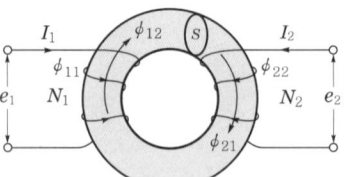

상호 인덕턴스 : $M = M_{12} = M_{21} = \dfrac{N_1 N_2}{R_m} = \dfrac{\mu S N_1 N_2}{l}$ [H]

11 전자장

(1) 변위전류 밀도

$i_d = \dfrac{I_d}{S} = \dfrac{\partial D}{\partial t} = \varepsilon \dfrac{\partial E}{\partial t}$ [A/m²]

(2) 맥스웰의 전자방정식

① 맥스웰의 제1기본 방정식

$\operatorname{rot} H = \operatorname{curl} H = \nabla \times H = i + \dfrac{\partial D}{\partial t} = i + \varepsilon \dfrac{\partial E}{\partial t}$

② 맥스웰의 제2기본 방정식

$\operatorname{rot} E = \operatorname{curl} E = \nabla \times E = -\dfrac{\partial B}{\partial t} = -\mu \dfrac{\partial H}{\partial t}$

③ 정전계의 가우스 미분형

$\operatorname{div} D = \nabla \cdot D = \rho$

④ 정자계의 가우스 미분형

$\operatorname{div} B = \nabla \cdot B = 0$

(3) 전자파

① 전자파의 전파속도

$v = \dfrac{1}{\sqrt{\varepsilon\mu}} = \dfrac{1}{\sqrt{\varepsilon_0 \mu_0}} \dfrac{1}{\sqrt{\varepsilon_s \mu_s}} = \dfrac{3 \times 10^8}{\sqrt{\varepsilon_s \mu_s}} = \dfrac{C_0}{\sqrt{\varepsilon_s \mu_s}}$ [m/s]

② 고유 임피던스(=파동 임피던스)

$\eta = \dfrac{E}{H} = \sqrt{\dfrac{\mu}{\varepsilon}} = \sqrt{\dfrac{\mu_0}{\varepsilon_0}} \sqrt{\dfrac{\mu_s}{\varepsilon_s}} = 120\pi \sqrt{\dfrac{\mu_s}{\varepsilon_s}} = 377 \sqrt{\dfrac{\mu_s}{\varepsilon_s}}$ [Ω]